"十二五"普通高等教育本科国家级规划教材

软件开发技术基础

第 4 版

赵英良　仇国巍　卫颜俊　编著

U0331636

机械工业出版社

本书介绍了软件开发中常用的基本原理、方法和技术。主要内容包括软件开发方法、数据结构及其应用、操作系统及应用程序开发、数据管理及应用程序开发、网络及应用程序开发、多媒体编程技术及实验等。本书以 Python 语言为程序的承载语言，包括可视化程序设计、进程及线程程序设计、数据库应用程序设计、图形图像和音视频程序设计等内容。除第 1 章外，每章都有实例并附适量的习题。在实例中融入思政元素，让读者在技术学习中感受中国文化，感受美和力量。

本书结构合理、条理清晰、内容实用，可作为普通高等院校理工类非计算机专业的软件技术、软件开发类课程的教材，也可供相关开发人员参考。

本书配有授课电子课件等资料，需要的教师可登录 www.cmpedu.com 免费注册，审核通过后下载，或联系编辑索取（微信：13146070618，电话：010-88379739）。

图书在版编目（CIP）数据

软件开发技术基础／赵英良，仇国巍，卫颜俊编著.
4 版 . -- 北京：机械工业出版社，2024.8. --（"十二五"普通高等教育本科国家级规划教材）. -- ISBN 978
-7-111-76568-4

Ⅰ．TP311.52

中国国家版本馆 CIP 数据核字第 2024VM7199 号

机械工业出版社（北京市百万庄大街 22 号　邮政编码 100037）
策划编辑：解　芳　　　责任编辑：解　芳　王海霞
责任校对：韩佳欣　梁　静　责任印制：张　博
北京华宇信诺印刷有限公司印刷
2024 年 9 月第 4 版第 1 次印刷
184mm×260mm · 19.75 印张 · 513 千字
标准书号：ISBN 978-7-111-76568-4
定价：79.90 元

电话服务　　　　　　　　　网络服务
客服电话：010-88361066　　机 工 官 网：www.cmpbook.com
　　　　　010-88379833　　机 工 官 博：weibo.com/cmp1952
　　　　　010-68326294　　金 书 网：www.golden-book.com
封底无防伪标均为盗版　机工教育服务网：www.cmpedu.com

前　　言

信息技术日新月异的发展和人工智能取得的突破性进展，使得 AI 应用渗透到各行各业和百姓生活的方方面面；Python 语言超过长期占据榜首的 C 和 Java 成为"人工智能语言"，火遍大学各专业。本书前三版受到读者欢迎和专家认可，为适应日新月异的新技术，本书做了如下修订。

1. 承载语言改为 Python

Python 语言易学易用，资源极其丰富，绝大多数资源免费开源，对非计算机专业人员解决应用问题非常友好。本书所有程序改为基于 Python 语言实现。

2. 增加了课程思政的内容

"让读者在技术学习中感受中国文化，感受美和力量"是本书课程思政的思想。本书在需要显示的信息中，注意引入有意义、有价值、有力量的信息，例如第 3 章、第 4 章涉及历史和考古、珍稀动物、古诗词、艺术等内容，读者可以以此为线索进一步了解有关知识，感受中国历史和中国文化。

3. 对内容进行了调整和修改

结合信息技术的发展，适应新时代的社会需求，本书内容主要修改如下。

第 1 章　软件开发方法，增加了"1.2.6 面向对象软件开发的常用工具"，在"1.1.3 生命周期模型"中增加了"敏捷软件开发"的内容。

第 2 章　数据结构及其应用，增加了应用实例。

第 3 章　操作系统及应用程序开发，增加了"3.3.5 图形界面"应用程序的编写（Python实现）和"3.4 实例：图片浏览器"应用实例。

第 4 章　数据管理及应用程序开发，对非关系数据库和大数据的概念进行了介绍，数据库应用基于 MySQL 实现，增加了图形界面的数据库管理工具 Navicat 的介绍。

第 5 章　网络及应用程序开发，增加了"5.4 Internet 协议模块编程"，介绍了 Web 服务器的建立、网页文件的爬取和内容解析等内容。

第 6 章　多媒体编程技术，进行了全面更新，新内容包括数据可视化、数字图像处理、数字音视频处理等方面的内容。

本书主要特色如下。

1）内容新颖。本书不是 Python 语言入门的教材，而是使 Python 进入实用的教材。以 Python 为承载语言，综合 Python 软件开发涉及的图形界面、操作系统功能调用、数据库应用开发、网络应用开发、多媒体应用开发。

2）内容更实用。内容实用一直是本书的宗旨。本次修订，增加了大量实例，给读者应用本书内容编写应用程序提供示范。

3）课程思政润无声。本书的课程思政内容，不必占用课堂时间，使读者在潜移默化中了解历史文化，如果再查阅相关资料，必会有更大的收获。

本书第 4 版由赵英良编写第 1 章、第 3 章和实验 5、6，仇国巍编写第 2 章、第 6 章、实验 1~4 和实验 12~15，卫颜俊编写第 4、5 章和实验 7~11。本书得到西安交通大学"十四五"教材规划项目的资助以及机械工业出版社、西安交通大学计算机教学实验中心同事的帮助和支持，在此一并致谢。同时，也向本书前三版的作者和参考文献的作者表示感谢。

本书尽管经过认真的设计和精心的编写，但由于认识水平有限，仍会有所不足，恳请广大读者和专家提出宝贵意见和建议。

编　者

目　　录

第1章 软件开发方法

计算机程序是根据用户需求，用计算机语言描述的适合计算机执行的指令（或语句）序列。而软件是比程序外延更大的一个概念。**计算机软件**是计算机程序、数据及相关文档的集合。其中的数据是计算机处理的对象，文档是与程序的开发、维护和使用有关的图文资料。软件的开发比程序的编写需要考虑更多的问题。程序编写只是软件开发过程中的一个阶段。

1.1 软件工程概述

从 20 世纪 60 年代开始，软件界在感受计算机应用造福人类的喜悦的同时，在软件的开发和使用过程中常常受到许多问题的困扰。

以 IBM 公司的 OS/360 操作系统为例。它共有 4000 多个模块、100 万行指令，共投入 5000 人年，耗资 5 亿美元，但在交付使用的系统中仍找出 2000 个以上的错误。

在客观上，软件不同于硬件。软件开发实质上是逻辑思维的过程，在写出程序并在计算机上运行之前，软件开发的进展情况难以掌握，质量也难以评价，因此管理软件开发过程十分困难。同时，软件规模和复杂度呈指数级增长。成百上千人共同开发一个大型系统时，大量的通信、后勤工作成为问题。这常常是造成软件开发失败多、费用高的重要原因。人们面临的不仅是技术问题，还有管理问题。管理不善必然导致失败。

20 世纪六七十年代，计算机软件的开发和维护过程中所遇到的一系列严重问题称为"**软件危机**"（Software Crisis）。

软件危机主要体现在：

1）**软件开发进度难以预测**。拖延工期几个月甚至几年的现象并不罕见，这种情况降低了软件开发组织的信誉。据一项研究统计结果表明：只有 15% 的项目是按计划进度完成的。

2）**软件开发成本难以控制**。同样的研究统计结果表明：仅有 10% 的项目是按费用计划完成的。

3）**用户对软件产品的功能要求难以满足**。用户需求表达不准确，开发人员对需求理解不充分，导致软件不符合用户的实际需要。

4）**软件产品的质量无法保证，系统中的错误难以消除**。软件是逻辑产品，质量问题很难以统一的标准度量，因而造成质量控制困难。据统计数据表明，在美国，软件开发项目的开发时间平均超出计划时间的 50%；所有大型系统中，大约有 3/4 的系统有运行问题，有的甚至根本不能使用。英国国防部猎迷机载预警系统的需求和设计修改了无数次，还开发了复杂的多处理系统的不少功能软件，但该项目最终还是被取消。

5）**软件产品难以维护**。软件产品本质上是开发人员的逻辑思维活动的代码化描述，他人难以理解和替代。开发过程中因规范、标准、编程风格、文档资料、检测手段等很难统一，导致开发出的软件系统可维护性差。

6）**软件通常缺少文档资料**。软件的文档是开发组织和用户之间权利与义务的合同书，是系统总体设计者向开发人员下达的任务书，是系统维护人员的技术指导手册，是用户的操作说明书。缺乏必要的文档或者文档不合格，将给软件开发、维护带来严重的后果。

7）**软件成本不断提高**。由于微电子学技术的进步和生产自动化程度的提高，硬件的成本逐年下降，而软件的开发却需要大量的人力，软件规模和数量的增大更使软件成本不断上升。1985 年，在美国，软件成本大约占计算机系统总成本的 90%。

8）**软件开发生产率的提高速度难以匹配社会需求的增长率**。

1.1.1　软件的特征

软件在设计、开发、生产、维护和使用等方面都与硬件有明显的差异。了解这些差异有助于了解软件危机产生的原因和解决方法。

1. 软件产品的特征

1）**软件是一种逻辑的产品**。硬件是看得见、摸得着的物理部件或设备。在研制硬件产品时，人的创造性活动表现在把原材料转变成有形的物理产品。例如，研制出一种新型的计算机主板、CPU 芯片、可重写的光盘、高速路由器等。

而软件产品是以程序和文档的形式存在的，通过在计算机上运行来体现它的作用。在研制软件产品的过程中，人们的生产活动表现在：要创造性地抽象出问题的求解模型，然后根据求解模型写出程序，最后经过调试、运行程序得到求解问题的结果。整个生产、开发过程是在无形化方式下完成的，其能见度极差，这给软件开发、生产过程的管理带来极大的困难。

2）**软件产品质量的体现方式不同**。软件产品质量的体现方式不同表现在两个方面。硬件产品设计定型后可以批量生产，产品质量通过 ISO 9000 等质量体系可以得到保障。但是生产、加工过程一旦失误，硬件产品可能就会因为质量问题而报废。而软件产品不能用传统意义上的制造进行生产，就目前软件开发技术而言，软件生产还是"定制"的，只能针对特定问题进行设计或实现。但是软件产品一旦设计和实现后，其生产过程只是复制而已，而复制生产出来的软件质量是相同的。设计出来的软件即使出现质量问题，产品也不会报废，通过修改、测试，还可以将"报废"的软件"修复"，让其投入正常运行。可见，软件的质量保证机制比硬件具有更大的灵活性。

3）**软件产品的成本构成不同**。硬件产品的成本构成中，有形的物质占了相当大的比重，例如，工厂、矿山、设备、运输机械、原材料等，人力资源占的比例相对较小。就硬件产品生存周期而言，成本构成中设计、生产环节占绝大部分，而售后服务只占少部分。

软件生产主要靠脑力劳动。软件产品的成本构成中人力资源占了相当大的比重。软件产品的生产成本主要在开发和研制上。研制成功后，产品生产就简单了，通过复制就能批量生产。

随着计算机应用领域的不断拓宽，对软件的需求越来越多，软件的生产费用也在不断增加，导致生产成本不断增加。

4）**软件产品的失败曲线不同**。硬件产品存在老化和折旧问题。当一个硬件部件磨损时，可以用一个新部件去替换它。硬件会因为主要部件的磨损而最终被淘汰。

对于软件而言，不存在折旧和磨损问题，如果需要的话，就可以永远使用下去。但是软件故障的排除要比硬件故障的排除复杂得多。软件故障主要是软件设计或编码存在错误所致，必须重新设计和编码（设计、测试和调试）才能解决问题。

软件在其开发初始阶段存在很高的失败率，这是由需求分析不切合实际或设计错误等引起的。当开发过程中的错误被纠正后，其失败率便下降到一定水平并保持相对稳定，直到该软件被废弃不用。在软件进行大的改动时，也会导致失败率急剧上升。

5）大多数软件仍然是定制生产的。硬件产品一旦设计定型，其生产技术、加工工艺和流程管理也就确定下来，这样便于实现硬件产品的标准化、系列化成批生产。由于硬件产品具有标准的框架和接口，不论哪个厂家的产品，用户买来都可以集成、组装和替换使用。

尽管软件产品复用是软件界孜孜不倦追求的目标，在某些局部范围内几家领军软件企业也建立了一些软件组件复用的技术标准，例如，OMG 的 CORBA、Microsoft 的 COM、SUN（2009年被 ORACLE 收购）的 J2EE，但是目前还做不到大范围使用软件替代品。大多数软件仍然是为特定任务或用户定制的。

由于软件的特殊性，在设计、开发、生产、维护和使用等方面也需要考虑不同的策略和方法。

2. 产生软件危机的原因

Standish Group 在 1995 年做了大量的调查研究后得出软件项目失败的原因，并按其重要程度进行了排序，如表 1-1 所示。

表 1-1　软件项目失败的原因

序号	主 要 因 素	所占百分比（%）
1	Incomplete Requirements（不完整的需求）	13.1
2	Lack of User Involvement（缺乏用户参与）	12.4
3	Lack of Resources（缺乏资源）	10.6
4	Unrealistic Expectations（不实际的期望）	9.9
5	Lack of Executive Support（缺乏执行的支持）	9.3
6	Changing Requirements & Specifications（需求和规格的变化）	8.7
7	Lack of Planning（缺乏计划）	8.1
8	Do not Need It Any Longer（不再需要）	7.5
9	Lack of IT Management（缺乏 IT 管理）	6.2
10	Technology Illiteracy（技术落后/技术盲区）	4.3
11	Others（其他）	9.9

从表 1-1 的 1、2、4、6、8 可以看出，用户需求不稳定、不清晰、不完整是项目失败的主要原因。软件开发方法的研究应针对项目失败的原因系统地提出解决办法。

3. 解决软件危机的途径

如何解决软件危机，如何提高软件的生产效率和软件产品的可维护性，这一直是困扰软件界的难题。人们经过长期的研究和探索，开始寻找解决软件危机的途径。

解决软件危机要从**组织管理措施**和**技术方法**两个方面综合考虑，才能从根本上解决问题，缺一不可。

硬件生产和软件生产的效率之所以有如此巨大的差别，除了这两类产品的特征因素外，主要原因之一是组织管理方式。硬件生产早已采用现代化的工程管理方式对生产环节各要素实现统一管理、优化调度、最佳组合；充分发挥有限资源的最大潜能；机械化、自动化的生产线取代了人的体力操作，严密的质量检测仪器取代了人的脑力劳动等。而软件生产还是个体劳动方式，自产自销，手工劳动，不成规模，生产效率低下，质量检测还是凭个人经验。

软件开发不应是个体劳动的神秘技巧，而应该是一种组织良好、管理严密、各类人员协同配合、共同完成的工程项目。软件生产也必须采用现代化、社会化的组织管理方式，必须充分吸取和借鉴人类长期以来从事各种工程项目所积累的行之有效的原理、概念、技术和方法，特别要吸取几十年来人类从事计算机硬、软件研究和开发的经验教训。

总之，为了解决软件危机，既要有技术措施（方法和工具），又要有严谨的组织管理措施。软件工程正是从管理和技术两方面，研究如何更好地开发和维护软件的一门新兴学科。

1.1.2　软件工程

1968 年，在北大西洋公约组织举行的一次学术会议上，讨论了摆脱软件危机的办法，软件工程的概念被首次提出。

1. 软件工程的定义

会上，德国人 Fritz Bauer 提出，"软件工程是建立并使用完善的工程化原则，以较经济的手段获得能在实际机器上有效运行的可靠软件的一系列方法。"

1993 年，IEEE（Institute of Electrical and Electronic Engineers，电气与电子工程师学会）给出的定义是"**将系统的、规范的和可度量的方法应用于软件的开发、运行和维护的过程，即将工程化应用于软件中**"。

国标 GB/T 11457—2006《信息技术　软件工程术语》对软件工程的定义是"**应用计算机科学理论和技术以及工程管理原则和方法，按预算和进度，实现满足用户要求的软件产品的定义、开发、发布和维护的工程或进行研究的学科**"。

2. 软件工程的目标

软件工程的目标是在给定成本、进度的前提下，开发出具有有效性、可靠性、可理解性、可维护性、可重用性、可适应性、可移植性、可追踪性和可操作性且满足用户需求的产品。其基本目标是：

1）提高软件的生产效率，更快、更多地开发软件，按时完成开发任务。

2）达到软件要求的功能。

3）取得较好的软件性能，包括易于移植、易于维护、可靠性高等。

4）降低软件的开发成本。

3. 软件工程的研究内容

基于软件工程的目标，软件工程研究的主要内容包括软件开发技术和软件工程管理两方面。

（1）软件开发技术

软件开发技术包括软件开发方法学、软件开发过程、软件开发工具和软件开发环境，其主体内容是软件开发方法学。

软件开发方法学是根据不同的软件类型，按不同的观点和原则，对软件开发中应遵循的策略、原则、步骤和必须产生的文档资料做出规定，从而使软件的开发能够规范化和工程化，以克服早期的手工方式生产时的随意性和非规范性。

软件开发过程是把用户要求转化为软件产品的过程，此过程包括把用户要求转换为软件需求，把软件需求转化为设计，用代码来实现设计，对代码进行测试，有时还包括安装和验收等。

软件开发工具是一些计算机程序，用来帮助开发、测试、分析或维护计算机程序或它的文件。例如，编辑程序、流程图绘制程序、反编译程序等。

软件开发环境（Software Development Environment，SDE）指支持软件产品开发的软件系统。它由软件工具和环境集成机制构成，前者用以支持软件开发的相关过程、活动和任务，后者为工具集成和软件的开发、维护及管理提供统一的支持。

（2）软件工程管理

软件工程管理要求按照预先制订的计划、进度和预算执行，以实现预期的经济效益和社会效益。统计表明，多数软件项目的失败并不是技术原因造成的，而是管理不当造成的。

软件工程管理包括软件管理学、软件工程经济学、软件心理学等内容。

软件管理学包括人员组织、进度安排、质量保证、配置管理（对软件开发中产生的各种实体的功能、特性等进行标识、说明，并控制它们的变更）和项目计划等。

软件工程经济学是研究软件开发中成本的估算、成本效益分析的方法和技术，用经济学的观点来研究、分析如何有效地开发、发布软件产品和支持用户使用这一产品。

软件心理学从个体心理、人类行为、组织行为和企业文化等角度来研究软件管理与软件工程。

4. 软件开发方法

软件开发方法指开发软件采用的观点、策略和原则。目前广泛使用的软件开发方法有结构化方法和面向对象方法。

（1）结构化方法

1969 年，E. W. Dijkstra 在他多年研究和实践探索的基础上提出了结构化程序设计的方法：即从程序的结构和风格上研究程序设计方法。程序设计采用三大基本结构（顺序结构、分支结构和循环结构）进行规范化设计，使程序具有良好的结构框架，便于阅读、交流和修改。

结构化方法的主要思想是：自顶向下、逐步求精、模块化设计和语句结构化。

1）自顶向下。将复杂的大问题分解为相对简单的小问题，找出每个问题的关键、重点所在，然后用精确的思维定性、定量地去描述问题。其核心本质是"分解"。

2）逐步求精。将现实问题经过几次抽象（细化）处理，最后到求解域中只是一些简单的算法描述和算法实现问题。即将系统功能按层次进行分解，每一层不断将功能细化，到最后一层都是功能单一、简单易实现的模块。求解过程可以划分为若干个阶段，在不同阶段采用不同的工具来描述问题。在每个阶段有不同的规则和标准，产生出不同阶段的文档资料。

3）模块化设计。逐步求精的结果是得到一系列以功能块为单位的算法描述。模块化的标准遵循模块独立性准则，即模块内具有较强的内聚性，模块间具有较小的耦合性。模块化的目的是降低程序复杂度，使程序设计、调试和维护等操作简单化。

4）语句结构化。语句结构化的目的是使程序具有良好的可读性。为此，要求实现模块算法必须：

① 只有一个入口，一个出口。

② 只用三种基本结构的语句（顺序结构、分支结构和循环结构）。

③ 不用 GOTO 语句。

④ 尽量使用标准子函数（过程）。

结构化方法虽然有许多优点，也确实在传统应用领域取得了辉煌的成就，促进了计算机软件产业的发展，但是随着应用领域的不断拓宽，应用规模不断扩大，结构化方法的缺点也逐渐地暴露出来。主要归纳为：

① 过分强调分阶段实施，使得开发过程各个阶段之间存在严重的顺序性和依赖性。

② 很难将一个复杂的问题化简、分解。

③ 设计方法存在很大的主观随意性。

④ 基于功能分解的系统结构难以修改和扩充。

⑤ 思维成果的可重用性很差。

⑥ 数据和对数据的处理是分离的。

⑦ 忽视了人在软件开发过程中的地位和作用。

存在的这些问题正是人们探索新的方法学的突破口和研究热点。面向对象的程序设计方法就是人们研究、探索出的一个阶段性成果，而结构化方法被称为传统的软件开发方法。

（2）面向对象方法

面向对象（Object Oriented，OO）方法的思想最早出现于挪威奥斯陆大学和挪威计算中心共同研制的仿真语言 SIMULA67 中。1980 年美国加州的 Xerox 研究中心推出 Smalltalk 80 语言，使得面向对象方法得以较完善地实现。20 世纪 90 年代初，面向对象方法和面向对象程序设计语言开始成熟。如今，面向对象方法已经辐射和影响到计算机的各个领域。

视频：类和对象

面向对象方法是人类借助计算机认识和模拟客观世界的一种方法。它将客观世界看成是由许多不同种类的对象构成的。通过分析、研究客观世界中的实体、实体的属性及其相互关系，从中抽象出求解问题的对象，最后求解这些对象，得到问题的解。这一过程更接近人类认识问题、解决问题的思维方式，使得计算机求解的对象与客观事物具有一一对应的关系。

1）面向对象方法简介。

面向对象方法是基于"对象、类、继承性、消息机制和多态性等技术特征"的构造软件系统的开发方法。概括地讲，面向对象方法具有以下几个要点：

① 把对象（Object）作为一种统一的软件构件，它将数据及在数据上的操作行为融合为一体。面向对象方法处理的基本元素是对象；程序是由对象组成的，复杂的对象是由简单的对象组合而形成的。面向对象方法用对象分解代替了传统方法的功能分解。

② 软件中的类（Class）是一类事物的描述。每个类都有自己的属性（数据）和方法（对数据的操作），具体的对象只是类中的一个实例，把所有对象都用类来表示。

③ 类具有层次结构，子类可以继承父类的特性和方法（继承性）。

④ 对象之间只能通过传递消息构成相互之间的联系（消息机制）。

计算机求解问题是把客观世界的问题空间抽象并描述为计算机可求解的解空间。传统方法在问题空间和解空间之间存在着很大距离。而面向对象方法围绕着客观世界的概念来组织求解模型，力图缩短这种求解距离。

传统方法将被处理的对象描述为数据，而把对象状态的变化描述为函数。数据和函数是分离的。这种分离使得用传统方法描述现实世界变得复杂。而现实中，每个具体的事物（对象）都具有其属性和功能，事物随着时间推移或接受外界的信息会改变自身的属性和状态，这正是面向对象思想的由来。面向对象方法把软件看作相互协作而又彼此独立的对象的集合。每个对象是属性（数据）和功能（函数，术语称为方法）的整体。由于解空间与问题空间结构的一致性，用面向对象方法开发的程序易于理解和维护。

2）面向对象方法实施的基本步骤。

面向对象方法包括面向对象分析、面向对象设计、面向对象编程和面向对象测试等过程。

① 面向对象分析。面向对象分析类似于结构化方法中的问题建模，不同的是，面向对象

分析是把问题空间中客观存在的实体抽象出来作为模型中的对象。具体表现在：

- 用对象的属性和服务分别描述事物的静态特征和行为。
- 问题空间中有哪些值得考虑的事物，就在模型中创建哪些对象。
- 对象及其服务的命名尽量与客观实体一致。

可以看出，面向对象分析方法中对问题空间的观察、分析和认识是非常直接的，所采用的概念及术语与问题空间中的实体保持一致，因此，用面向对象分析法建立的模型能够较好地映射问题空间。

② 面向对象设计。面向对象设计包括两方面的工作：一是把面向对象分析模型直接搬到面向对象设计中来作为系统设计的一个部分；二是针对具体实现中的人机界面、数据存储、任务管理等因素补充一些与实现有关的内容。这些内容与面向对象分析采用相同的表示法和模型结构。

在分析和设计阶段采用一致的表示法是面向对象方法与传统方法的重要区别之一。这使得从面向对象分析到面向对象设计不存在转换，只需进行局部的修改或调整，并增加几个与实现有关的独立部分即可。

③ 面向对象编程。面向对象编程也称为面向对象的实现。即用面向对象程序设计语言编码实现系统。面向对象程序设计语言支持对象类的描述，支持继承机制的实现等面向对象的特征。结构化方法中的变量用对象代替，而原来与变量分离的函数被集成到对象之中，对象是数据和函数的统一整体。

④ 面向对象测试。面向对象测试的主要特点：一是利用对象的封装性，以类为基本单位进行，只需针对类定义范围内的属性和服务以及有限的对外接口所涉及的部分即可；二是利用对象的继承性，若父类已被测试或父类是可重用构件，则对子类的测试重点只是那些新定义的属性和服务。

⑤ 面向对象的软件维护。面向对象方法为改进软件维护提供了有效的途径。面向对象方法在各个阶段表示的一致性，使得实现的程序与问题空间是一致的，便于理解和阅读，也为纠错和功能扩充提供了便利。系统维护过程中的难点是系统功能的变化以及由此产生的影响。在面向对象方法中，对象的封装性使一个对象的修改对其他对象的影响很小，从而可以减少错误传播所产生的"波动效应"，使得用面向对象方法开发的软件更容易维护。

3）面向对象方法的主要优点。

① 与人类习惯的思维方式一致。人的认识过程是从一般到特殊的渐进思维过程。面向对象方法顺应了这个规律，从寻找要求解的对象"是什么"开始，认识事物及其本质规律，主观随意性受到限制。而传统方法是从"怎样做"开始，主观随意性太大。

② 稳定性好。传统方法"以过程为中心"，求解结果完全基于功能和性能的分解。当外部环境或功能需求发生变化时，将引起对软件整体结构的修改，这样的系统是不稳定的。面向对象方法"以对象为中心"，在分析、研究对象及其属性的过程中，根据其内在规律建立求解模型。基于这种方法建立的软件系统，不管外部环境或功能需求如何变化，其内在的规律不变，因而不会引起软件结构的整体变化，所以对系统的稳定性影响不大。

③ 可重用性好。对象类采用封装机制，使其内部实现与外界完全隔离，具有较强的独立性，较好地解决了"软件复杂性控制"问题。再有，对象类具有继承性，类的继承关系使得公共类的特性能够共享，由此产生的软件具有较好的可重用性。

④ 可维护性好。由于稳定性较好，即使进行局部修改，也不会影响全局；用面向对象方法建立的软件易于阅读和理解；系统功能的扩充，可通过在原有类的基础上派生新的子类来实

现；由于派生类继承原有类的特性，系统易于测试和调试，从而使系统具有较好的可维护性。面向对象技术普遍应用到各类应用软件开发中。

1.1.3　生命周期模型

通常将软件产品从提出开发要求开始，经过需求分析、设计、编码、测试、使用，直到该软件产品被淘汰为止的整个过程称为**软件生命周期**，也叫软件生存周期。完成软件产品的一组相关活动称为**软件过程**。

1. 软件生命周期各阶段的任务

软件生命周期分为软件定义、软件开发和运行维护（也叫软件维护）三个时期，每个时期又进一步划分成若干阶段。

（1）软件定义时期

软件定义时期的任务是：确定软件开发项目必须完成的总目标；确定项目的可行性；导出实现项目目标应采取的策略及系统必须完成的功能；估计完成该项目需要的资源和成本并制定项目进度表。这个时期的工作通常又称为系统分析，由系统分析员负责完成。软件定义时期通常有三个阶段：问题定义、可行性研究和需求分析。

问题定义阶段回答"要解决的问题是什么"，通过对客户的访问调查，形成关于问题的性质、工程目标和工程规模的书面报告。

可行性研究阶段回答"对于上一个阶段所确定的问题有行得通的解决方法吗"，研究软件的范围，探究是否值得去做，是否有可行的解决办法。

需求分析阶段准确地确定"为了解决这个问题，目标系统必须做什么"，主要是确定目标系统必须具备哪些功能。需求分析阶段确定的系统逻辑模型是以后设计和实现目标系统的基础，因此必须准确完整地体现用户的需求。这一阶段的一项重要任务是用文档准确地记录对目标系统的需求，这一文档称为需求规格说明书或系统分析说明书。

（2）软件开发时期

软件开发时期设计和实现前一时期定义的软件。它通常由 4 个阶段组成：总体设计、详细设计、编码和测试，其中前两个阶段又称为**系统设计**，后两个阶段又称为**系统实现**。

总体设计阶段的任务是"概括地说应该怎样实现目标系统"，又称**概要设计**。总体设计的一项重要任务是设计软件的**体系结构**，也就是确定软件由哪些部分组成以及这些部分之间的关系。每一个部分称为一个**模块**。概要设计应给出几种方案以及每种方案的优缺点，从中选出最佳方案。

总体设计的解决方案比较概括和抽象。**详细设计**阶段的任务就是把解决方案具体化，把概括的模块再细分成更具体的模块，给出每个模块的数据结构和算法。详细设计也称**模块设计**。这一阶段完成的主要文档是**详细规格说明书**，它类似于工程领域中的工程蓝图。注意，详细设计的任务仍不是编写程序。

编码阶段的任务是根据系统设计写出功能正确、容易理解、容易维护的程序模块。

测试阶段的任务是运行程序以检验程序是否达到了设计要求，包括功能和性能方面。如果发现了错误，就应该找到错误所在并更正错误。发现的错误越多，程序中的错误就越少，软件的可靠性就越高。所以，测试的数据和过程应经过设计，让错误暴露。

编码阶段对每个模块的测试称为**单元测试**；将模块组装起来形成系统进行的测试称为**集成测试**；按照需求规格说明书的要求由用户进行的测试称为**验收测试**（也叫确认测试）。

（3）软件维护时期

软件维护时期的主要任务是使软件持久地满足用户的需要。当软件在使用过程中发现错误时，应该加以改正；当环境改变时，应该修改软件以适应新的环境；当用户有新的要求时，应该及时改进软件以满足用户的新需要。软件维护时期一般不再划分阶段，但每一次维护活动都相当于一次简化了的定义和开发过程。

2. 软件生命周期模型

软件生命周期阶段的划分和实施的顺序、要求并不唯一。软件开发中如何划分阶段，完成哪些工作，如何评价和评审，它们的顺序如何等的组织方案称为**软件生命周期模型**，也叫**软件过程模型**、**软件工程模型**、**软件开发模型**。典型的软件生命周期模型有瀑布模型、快速原型模型、增量模型和螺旋模型等。为描述方便，常常将问题的定义和可行性研究概括到用户需求中，把总体设计和详细设计合并为系统设计。

（1）瀑布模型（Waterfall Model）

瀑布模型是 1970 年由著名软件工程专家 Winston Royce 提出的，直到 20 世纪 80 年代早期，它一直是唯一被广泛采用的软件开发模型。

瀑布模型将软件生命周期中的各个阶段依线性顺序连接。每个阶段的结果是一个或多个经过核准的文档。直到上一个阶段完成，下一个阶段才能启动（见图 1-1）。瀑布模型并不是简单的线性模型，它允许开发活动的多次反复。

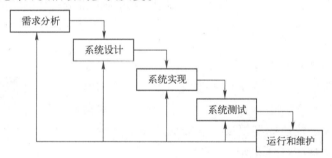

图 1-1　瀑布模型

瀑布模型的特点是阶段之间具有顺序性和依赖性，前一阶段的输出文档是后一阶段的输入文档，前一阶段工作完成后才能开始后一阶段的工作；每个阶段必须完成规定的文档，并且对文档进行评审以确保质量；当发现前面阶段的错误时，回到前面阶段逐步进行修正再继续后面阶段的任务；不会过早地考虑实现。

瀑布模型的优点是：强制开发人员采用规范化的方法；强调文档的作用，使软件维护比较容易；每个阶段都要严格地验证，减少随意性。它的优点也是它的缺点，一是按照规范和经过验证的文档开发，使得它难以及时响应用户需求的变更；二是如果软件需求不太明确，无法进行软件开发工作。

瀑布模型适用于开发嵌入式系统、关键性系统和大型软件系统等安全性要求高、规模大的系统。

（2）快速原型模型（Rapid Prototype Model）

快速原型是快速建立起来的可以在计算机上运行的程序，它所完成的功能往往是最终产品功能的一个子集。快速原型模型首先快速建立反映用户主要需求的系统原型，包括输入、输出、界面、报表等，让用户试用，了解目标系统的概貌。用户试用后提出修改意见，开发人员按照用户意见不断修改原型系统，直到用户确认原型系统确实能实现所需的功能，开发人员据此编写规格说明书，根据这份文档完成满足用户需求的软件。

快速原型模型的关键在于尽可能快速地构造出系统原型，一旦确定了客户的真正需求，所构造的原型可能会被丢弃。因此，原型系统的内部结构并不重要，重要的是必须迅速建立原型，随之迅速修改原型，以反映客户的需求。它具有快速了解用户需求、缩短开发周期和降低开发成本等优点。

（3）增量模型（Incremental Model）

增量模型也称渐增模型。在增量模型中，软件被作为一系列的增量构件来设计、实现、集成和测试。在使用增量模型时，第一个增量往往是实现基本需求的核心构件。该核心构件交付用户使用后，经过评价形成下一个增量的开发计划，它包括对核心构件的修改和增加具有新功能的构件。这个过程在每个增量发布后不断重复，直到产生最终的完善产品（见图1-2）。

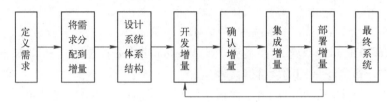

图1-2 增量模型

增量模型的优点是：能够在短时间内向用户提交可完成部分工作的产品；减少全新软件给用户带来的不适应。其缺点是每一个新的增量构件必须不能破坏原来已经开发出的产品，这就要求在实现各个构件前就完成了全部需求分析和系统设计，对需求和设计的要求高。

（4）螺旋模型（Spiral Model）

软件开发带有风险，如不满足用户需求、技术储备不足、不能按时完工、成本超出预算、市场竞争和管理不善等。这些会使项目失败或造成经济损失。快速原型模型可以降低产品不能满足用户需求带来的风险，但不能应对所有风险。

视频：软件生命周期模型2

1988年，Barry Boehm发表了"螺旋模型"。它不是将软件过程用一系列活动和活动间的回溯来表示，而是将过程用螺旋线表示（见图1-3）。在螺旋线中，每个周期表示软件过程的一个阶段。最里面的周期与系统的定义和可行性有关，下一个周期与需求定义有关，再下一个周期与系统设计有关，等等。每个周期有4个环节：制订计划、风险分析、开发实施和用户评估。

螺旋模型的每个周期首先是确定该阶段的目标以及为完成这些目标选择的方案及其约束条件；然后从风险角度分析方案的开发策略，努力排除各种潜在的风险，有时需要通过建造原型来完成。如果某些风险不能排除，则立即终止该方案，否则启动下一个开发步骤；随后的开发实施阶段相当于局部的瀑布模型；最后，评价该周期的结果，并制订下一个周期的计划。开发活动围绕这四个环节螺旋式地重复执行，直到最终得到用户认可的产品。

螺旋模型将瀑布模型和快速原型模型结合起来，强调了其他模型所忽视的风险分析，特别适合于内部开发的大型复杂系统。螺旋模型的风险分析有利于掌控项目，开发出高质量的产品，但要求开发团队具有丰富的风险评估知识和经验。

（5）敏捷软件开发

传统软件开发模型强调按部就班，文档要求严格，然而，要求用户不改变需求是不现实的。当用户修改需求时，用户和开发人员产生矛盾，导致程序结构修改困难，编码维护困难。敏捷开发应运而生。

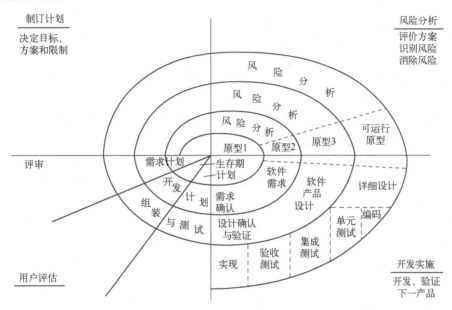

图 1-3　软件开发螺旋模型

2001 年 2 月，17 位软件开发专家在美国犹他州滑雪胜地雪鸟召开了一次会议，提出了敏捷开发（Agile）的概念，成立敏捷联盟，并共同签署了《敏捷宣言》。

1）《敏捷宣言》。

《敏捷宣言》实际上是一种软件开发的哲学。《敏捷宣言》中写道："我们正在发现更好的方法来开发软件，并帮助他人这样做。"《敏捷宣言》的核心价值观是：

- **个体和交互优于过程和工具。**
- **可工作的软件优于面面俱到的文档。**
- **客户合作优于合同谈判。**
- **响应变化优于遵循计划。**

并且在最后写道："虽然右边的产品有其价值，但我们更看重左边。"

在敏捷开发的哲学中，人是项目成功最关键的因素，如果缺少优秀的人，再好的方法、过程、工具也无法避免失败。这里优秀的意思是：努力、默契、沟通、交流、合作无间。敏捷开发认为，代码是软件的核心，代码是传递信息的最佳文档，与其花大量时间编写冗长的文档，不如写出可用的代码。它强调写必要的文档，文档应短小精悍，言简意赅。敏捷开发强调客户参与的重要性，认为软件的客户应该和开发人员一起工作，给团队提供频繁的反馈。敏捷开发改变了对客户需求的认识，认为应快速响应用户需求，制订计划时应保持灵活性，时刻准备迎接来自业务和技术的改变。

2）敏捷开发的 12 条原则。

敏捷联盟提出 12 条更具体的软件开发指导原则。

① **通过及早、持续交付有价值的软件来满足客户需求**。有文章指出，初期交付的功能越少，最终交付的系统质量越高；交付越频繁，最终的质量也越高。尽早交付和频繁交付是希望不断获取用户的准确需求以修正软件。实践中的首次交付在几周内，以后每两周交付一次。

② **欢迎需求变化，即使是在软件开发的后期**。及时响应变化的需求，从变化中学习满足市场变化的知识，优化系统，努力保证软件的灵活性。

③ **频繁交付能用的软件，交付频率从两周到两个月或更短**。交付软件而不是交付文档。

④ **业务人员和开发人员必须合作，这种合作贯穿于每一天**。业务人员和开发人员必须频繁进行有意义的沟通和交流。

⑤ **围绕主动性强的人来立项，为他们提供必要的环境和支持**。为项目团队成员提供合适的环境和工具，避免负面影响。

⑥ **开发团队内部及跨团队之间最有效和最高效的信息传递方式是面对面交流**。面对面交流是团队沟通的主要方式，必要和紧急时才使用文档。

⑦ **能用起来的软件是衡量进度的基本依据**。以软件能满足多少用户需求来衡量项目进度。

⑧ **倡导可持续开发，开发人员和用户都应能够长期保持稳定、可持续的工作节奏**。不用明天的精力多完成今天的工作。

⑨ **持续保持对技术卓越和设计优良的关注**。保持整洁、健壮、高质量的代码，**不要把杂乱的代码留到明天**。

⑩ **简洁为本，极简就是消除浪费的艺术**。使用和目标一致的最简单的方法，不要试图构建华而不实的系统，不过多关注预测未来会出现的问题。

⑪ **最好的架构、需求和设计是从自组织团队中涌现出来的**。项目由团队共同负责，共同参与系统架构、需求或测试，共同解决项目中的所有问题，强调团队的力量。

⑫ **团队按固定的时间间隔反思提效方式，从行动上做出相应的优化和调整**。每隔一定的时间，团队都要对如何更有效地工作进行反思，然后行动，做出调整。

（6）极限编程

极限编程（eXtreme Programming，XP）是著名的敏捷方法，其要点如下。

1）**客户团队成员**。客户和开发人员一起紧密工作，最好在一个办公室中，彼此知晓对方所面临的问题，并一起解决。这里的客户指定义产品特性并给这些特性排列优先级的人或团体。

2）**用户故事**。用户故事实际是用户在某个场景下的需求描述。和用户反复讨论，在卡片上记下对软件需求的共识（不必太详细），依此进行工作量估算，排列优先级，进行计划安排。

3）**短交付周期**。每两周交付一次可工作的软件，演示给相关人员。

4）**验收测试**。用户通过验收测试捕获用户故事的细节。一旦通过验收测试，它就会被加入到可工作的运行系统中。验收测试的编写要先于或者同步于用户故事的实现。

5）**结对编程**。结对编程就是两人使用一台机器共同编码。一人写代码，另一人看，随时提出错误或可改进之处。结对的两人可经常交换角色，结对组合至少每天改变一次，在一轮迭代过程中，每个团队成员都应和其他成员结对工作过。结对编程可以相互学习，每个人都会对系统比较熟悉。有研究表明，结对编程非但不会降低团队效率，还会降低软件的缺陷率。

6）**测试驱动开发**。先写测试，编码以通过测试，这样的代码被定义为可测试的。测试先行在设计程序时需要考虑接口和易于测试的程序，使设计出来的程序便于调用和测试。

7）**集体所有权**。每个人都会参与 GUI、中间件、数据库等方面的工作，没有哪个人比别人在某个模块或技术上更权威。每个人对技术和每个模块同样熟悉。

8）**持续集成**。程序员每天会多次提交代码并进行集成，后面提交的人合并代码后提交，其中需要测试。

9）**可持续的开发速度**。XP 规则一般不允许团队过度加班。

10）**开放的工作空间**。团队在一个开放的办公空间一起工作，彼此之间可以交谈，随时沟通。

11）**规划游戏**。业务人员决定每个功能的重要性，开发人员决定实现功能所花的时间。客户挑选出预算不超过迭代周期上限的用户故事进行开发。

12）**简单设计**。尽可能把设计做得简单和富有表现力。关注本轮计划完成的用户故事，不必担心将来的事情。让当前系统实现的用户故事保持在最优的设计上。考虑可行的最简单的事情，不做不必要的事情，消除重复代码。

13）**重构**。重构就是在不改变代码行为的前提下，进行小步改造从而改进系统结构。每一步都微不足道，但它们叠加到一起就会显著改进系统的设计和架构。所以重构要持续进行，甚至每小时、每半小时就要进行一次。随时保持代码干净、简单和富有表现力，而不是在项目最后、迭代结束或每天下班前。

14）**隐喻**。隐喻是一种比喻，用一种事物暗喻另一种事物。使用隐喻，可以更好地理解系统，也可以发现系统设计的缺陷或错误。

（7）Scrum

Scrum 是一种敏捷过程模型，其原始含义是橄榄球运动中的"并列争球"。1995 年，Jeff Sutherland 和 Ken Schwaber 在一次会议上提出 Scrum 的概念。Scrum 的要点有 3 种制品、3 个角色和 4 项活动。

1）3 种制品。Scrum 的主要制品是产品待定项、冲刺待定项和代码增量。

产品待定项是产品需求或特征的优先级列表。相当于要开发的产品具有哪些功能或性能，优先级别如何。**冲刺待定项**是产品待定项的子集，是当前冲刺作为代码增量要完成的内容，也就是这一轮开发要做的事情。工作任务在较短的期限内完成称为一个**冲刺**（Sprint），每个冲刺周期是 2~4 周。**代码增量**是以前冲刺完成的所有产品待定项和当前冲刺要完成的所有产品待定项的并集。

2）3 个角色。

产品负责人（Productor Owner），即产品的拥有者或所有者，负责对产品待定项中的项目排序，以满足所有利益相关者的目标。

开发团队（Team），即合作紧密的开发团队，一般由 3~6 人组成。

敏捷教练（Scrum Master），是团队成员的引导者，负责每日的 Scrum 会议，解决团队成员在会议期间提出的困难，指导团队在相互帮助中完成工作任务。

3）4 项活动。

冲刺规划会。产品负责人提出开发目标以及将在开始的冲刺中完成的增量。敏捷教练和开发团队从冲刺待定项中选择项目，确定可以在冲刺中可作为增量交付的内容、需要做的工作以及角色分配。

每日站立会。每日站立会安排在每个工作日开始的 15 min，团队成员同步其活动并制订未来 24 小时的计划。团队成员需要回答三个问题：自上次团队例会后做了什么？遇到什么困难？下次例会前计划做什么？

敏捷教练主持会议并评估每个人的回答。每日站立会帮助团队尽早发现潜在问题，并力争清除下一次会议之前的困难。但每日站立会不是解决问题的会议，解决问题在线下进行。

演示评审会。开发团队认为增量已经完成时，就召开演示评审会，时间安排在冲刺结束时，时长一般为 4 h，主要内容是演示冲刺期间完成的软件增量。产品负责人可以决定接受或不接受该增量。如果不接受，产品利益相关者决定提供进行下一轮冲刺规划的反馈。此时可以在产品待定项中添加或删除特征。

冲刺回顾会。在下一次冲刺规划会前，敏捷教练与开发团队安排 3 h 的冲刺回顾会，讨论在过去的冲刺中哪些方面进展顺利？哪些方面需要改进？团队在下一个冲刺中将致力于改进什么？冲刺回顾的目的是不断优化工作方式，提高效率和质量。

1.2　软件开发过程

软件开发需要遵循一定的步骤来完成。将一组有序的任务称为过程，它涉及资源、约束和一系列活动，以产生一定的输出。软件开发过程包括：需求分析、软件设计、软件实现、软件测试及软件维护等一系列软件开发活动。

1.2.1　需求分析

软件需求是指用户对目标软件系统在功能、行为、性能、设计约束等方面的期望。需求分析的任务是发现需求、求精、建模和定义需求的过程。需求分析将创建所需的数据模型、功能模型和控制模型。

1. 软件需求要了解的问题

软件需求包括功能性需求和非功能性需求。功能性需求指对要处理的信息的输入、计算和输出的需求。非功能性需求是解决方案的质量特性，如响应时间、易用性、可维护性等。另外，软件需求也需要了解系统的限制条件，如环境、时间、资金等。可以通过回答如下问题来了解需求。

（1）功能性需求

- 系统将做什么？
- 系统什么时候做？
- 需要多种操作模式吗？
- 输入、输出数据及格式应该是什么？
- 需要进行哪些计算或数据转换？
- 数据计算的准确度要求有多高？
- 计算的精度要达到什么程度？
- 需要保留哪些数据？
- 接口输入的来源和格式是什么？
- 接口输出的去向和格式是什么？

（2）限制条件

- 构造系统需要哪些材料、人员或其他资源？
- 开发人员应该具有怎样的技能？
- 程序设计语言、软件开发工具、软件开发环境、运行环境有什么限制？
- 系统的用户有哪些类型？
- 每类用户的技术水平如何？

- 设备需要安放在哪儿？
- 设备安放在一个地方还是多个地方？
- 环境的限制有哪些？如温度、湿度、电磁、噪声、电源、供热、空调等。
- 系统的规模是否有限制？

（3）质量需求

- 有没有执行速度、响应时间或吞吐量的要求？
- 用户理解和使用软件系统的难易程度？
- 每类用户需要什么样的培训？
- 需要哪些文档？
- 每种文档的读者有哪些？
- 需要在多大程度上防止用户误操作？
- 每类用户的使用权限是什么？
- 需要在多大程度上防止盗窃或蓄意破坏措施？
- 平均失效间隔是多久？
- 失效后重新启动系统允许的最大时间是多久？
- 系统多久备份一次？
- 备份副本需要存放在不同的位置吗？
- 系统可能会在将来的什么时候，以什么方式被改变？
- 系统修改和增加功能的难易程度要求是怎样的？
- 从一个平台（计算机操作系统）向另一个平台移植系统的难易程度是怎样的？

系统需求是系统设计和软件开发的依据。只有充分了解了用户的准确需求，才能设计和开发出满足需求的实用的软件。

2. 软件需求活动的主要工作

归纳起来，软件需求活动需要做以下工作：

1）识别问题。通过调研和收集资料，了解用户的确切需求，并将用户提出的功能需求和特殊要求（如性能要求）等用双方都能理解的表达方式（例如，用图形符号或自然语言）逐条列出。在整个分析期间要和用户充分协商。

2）可行性研究。对于大型复杂问题而言，在用户限定的环境和功能要求范围内不一定存在可解性。因此要对用户的要求及实现环境从技术因素、经济因素和社会因素三个方面进行可行性研究，以确定问题是否可解。

3）分析建模。建立软件求解模型；分析信息的流向、类型，如何处理等问题；判定信息处理的类型。

4）需求规格化及编写文档。包括编写"需求规格说明书""用户使用手册（草案）""确认测试计划"和修改完善的"软件开发计划"等。

3. 需求规格说明书的内容

需求规格说明书的框架和内容如下：

1）概述。说明开发软件系统的目的、意义和背景；说明用户的特点、约束条件等。

2）需求说明。包括：功能说明（逐项列出各功能需求的序号、名称和简要说明）、性能说明（说明处理速度、响应时间、精度等）、输入输出要求、数据管理要求和故障处理要求等。

3）运行环境规定及技术路线。包括：设备（说明软件运行所需的硬件设备）、支持软件（说明软件运行所需的系统软件和开发工具）、接口及控制以及设计标准及规范。

4）限制。说明软件开发在成本、进度、设计和实现等方面的限制。

用户需求说明书的主要目的就是让用户明确什么是他们真正需要的。

结构化分析方法是结构化设计理论在需求分析阶段的运用。按照 Demarco 的定义，结构化分析就是使用数据流图、数据字典、结构化语言、判定表和判定树等工具，来建立一种称为结构化规格说明的新的目标文档。

4. 数据流图

数据流图（Data Flow Diagram，DFD）是描述数据处理过程的工具，是需求理解的逻辑模型的图形描述。数据流图用图形符号来表达数据流的输入、输出、逻辑加工和流向。

（1）数据流图的符号

DFD 由 4 种基本符号组成，如图 1-4 所示，其中：数据流用箭头表示，箭头旁边用文字加以标记；数据存储（数据文件）用双线表示，双线的上边用文字加以标记；加工（也叫处理）用圆圈表示，圆圈内用文字加以标记；指向加工的数据流是输入，离开加工的是数据流的输出。数据源点和终点用方框表示，方框中用文字加以标记，分别表示数据的来源及去向。

图 1-4 DFD 基本符号

在实际应用过程中，为了更清晰地描述数据流图所表达的内容，对 DFD 的 4 种符号做了进一步补充说明。

1）数据流。它由一定成分的数据组成，表示数据的流向。如登记表，它由姓名、性别、籍贯、毕业学校等信息组成。数据流的流向由箭头方向指出，可从源点流向加工，再从它流向另一个加工……最后从加工流向终点。可以有几股数据流流出或流入一个加工。

每条数据流均要命名，数据流名称写在数据流的箭头旁边。但从数据存储流入或流出到数据存储的数据流不必命名。命名时主要从它的组成和含义来考虑，名字起标识作用。

2）数据存储。是数据流在加工过程中产生的临时文件或加工过程中需要查找的信息。数据存储要命名，数据存储的名称要反映信息特征的组成含义。数据流反映了系统中流动的数据，表现出动态数据的特征；数据存储反映系统中静止的数据，表现出静态数据的特征。

3）加工。对数据执行的操作或变换称为加工。为了标识，要为每个加工命名，加工的名称应反映加工的含义。除了命名外，还要给加工编号，以便查出加工所在位置。

4）数据源点和终点。用来表示系统中数据的来龙去脉。

（2）数据流图的结构

为了描述复杂的软件系统的信息流向和加工，可采用分层 DFD，分层 DFD 有顶层、中间层和底层之分。

1）顶层。决定系统的范围，决定输入输出数据流，它说明系统的边界，把整个系统的功能抽象为一个加工，顶层 DFD 只有一张。

2）中间层。顶层之下是若干中间层，某一中间层既是它上一层加工的分解结果，又是它下一层若干加工的抽象，即它又可进一步分解。

3）底层。若一张 DFD 的加工不能进一步分解，这张 DFD 就是底层的了。底层 DFD 的加工是由基本加工构成的。所谓基本加工是指不能再进行分解的加工。

【例 1-1】职业培训中心管理系统。要为职业培训中心建立一个管理信息系统，该中心的主要任务是：

1）为就业前的社会青年开设培训课程，学习若干专业技术知识，为就业做准备。

2）举办各种专业培训班和短训班，使在职职工提高专业技术水平和技能服务。

3）参加学习的人员统称为学员。他们可以通过信函、电子邮件、电话等方式进行有关事项的咨询；或直接来报名学习；学员可能正在中心学习一些课程，由于某种原因不能继续学习，要注销；也可能是要缴纳费用。

4）该中心要对上述各种情况进行处理。处理过程是将学员发来的信件、电话、电子邮件收集分类后，按不同情况进行处理。

① 如果是报名，则将报名数据送给负责报名事务的职员，他们要查阅课程文件，检查某门课程是否额满，然后在学生文件、课程文件上登记，并开出报名单交财务部门，最后经复审后发出通知单单通知学员。

② 如果是付款，则由财务人员在账目文件上登记，再经复审后，给学员一张发票。

③ 如果是查询，则交查询部门查阅课程文件后给出答复。

④ 如果是注销原来已选修的课程，则由注销人员在课程、学生、账目文件上做相应修改，经复审后通知学员。

⑤ 对一些要求不合理的函电，中心将拒绝处理。

试画出该问题的分层数据流图。

解： 首先画顶层图。源点和终点都是学员，把整个系统功能抽象为"职业培训中心管理系统"。它的输入数据流是函电，它的输出数据是回函和通知单，如图 1-5a 所示。

然后对顶层图的加工进行分解，可分解为"函电处理""查询处理""综合处理"三个加工，得到图 0，它们的输入输出数据流如图 1-5b 所示。对"函电处理"加工进行分解，得到图 1，如图 1-5c 所示。对"综合处理"加工进行分解，得到图 2，如图 1-5d 所示。对图 2 的"报名处理"加工进行分解得到图 2.1，如图 1-5e 所示。

5. 数据字典

数据字典是数据流图中所有元素的定义（解释）的集合。

数据词典中有 4 种类型的条目：数据流、数据存储、数据项和加工。

在数据字典中，常使用定义式的方式描述数据的结构。常用的定义式符号见表 1-2。

表 1-2　常用的定义式符号

符　号	含　义
=	表示"等于""定义为"或"由什么组成"
[... | ...]	表示选择用"|"隔开的各项中的一项。"|"表示"或"
+	表示"和"
n{ ... }m	表示括号中的项重复 n 到 m 次
(...)	表示可选，即( )中的项可以没有
*　*	表示注释
..	连接符

1）数据流条目。数据流条目给出某个数据流的定义，包括数据流的名称、组成、来源、去向等。例如，下面是一个数据流的字典条目：

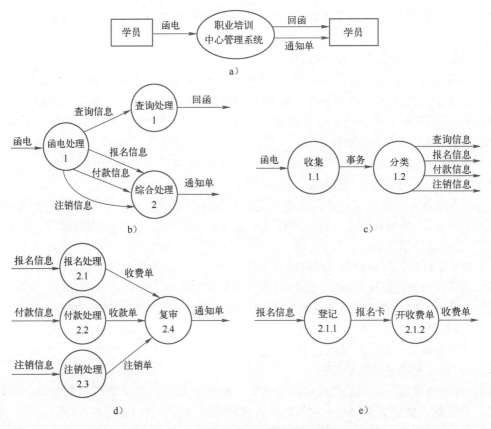

图 1-5　职业培训中心管理系统 DFD

a）顶层图　b）图0　c）图1　d）图2　e）图2.1

编号：D02-01
名称：报名信息
简述：学员报名时需要填写的基本信息
来源：函电处理
去向：报名处理
组成：姓名+性别+出生年月+身份证号+学历+单位+通信地址+邮政编码+联系电话+报名专业+爱好特长
　　　性别＝［男|女］
　　　出生年月＝年+月+日
　　　年＝4｛数字｝4
　　　月＝"01".."12"
　　　日＝"01".."31"
　　　身份证号＝18｛［数字|字母］｝18
　　　学历＝［博士研究生|硕士研究生|本科|大专|高中|中专|初中|小学|从未上学］
　　　……
流量：1 次/学年
高峰流量：1 次/学年，秋季，每次 2000 张

2）数据存储条目。数据存储条目给出某个数据文件的逻辑结构定义。同数据流类似，要写出数据存储的编号、名称、组成、来源、去向等信息。

3）数据项条目。数据项是数据的最小单位。数据项条目是对某个数据单项的定义，包括数据项的编号、名称、别名、简述、类型、长度、取值范围等。例如：

```
编号：I02-01
名称：性别
别名：无
简述：性别
类型：字符
长度：2
取值范围："男""女"
说明：无。
```

4）加工条目。数据处理条目即加工条目，又称小说明，它对数据流图中每一个不能再进一步分解的基本加工进行精确描述。数据处理条目包括加工的编号、名称、功能、激发条件、加工逻辑、优先级、执行频率和出错处理等，其中最基本的部分是加工逻辑。加工逻辑是指用户对这个加工的逻辑要求，即该加工的输出数据流同输入数据流之间的逻辑关系。

6. 结构化语言

结构化语言是介于自然语言和形式语言之间的一种语言，采用程序设计语言的控制结构（如顺序、选择、重复）作为加工说明的控制结构的外部框架，用自然语言来描述加工说明的内部处理，用祈使句型，明确地叙述做什么事情。例如，控制结构可以采用下列约定来表达：

- 顺序结构用语句的先后表示，先出现的语句先处理，后出现的语句后处理。
- 选择结构用类似程序设计语言的 if…else 结构表示。
- 循环结构用类似程序设计语言的 for、while 结构表示。

【例 1-2】 设报名信息的结构为：

$$报名信息 = 姓名 + 性别 + 出生年月 + 身份证号 + 学历 + 单位 + 通信地址 +$$
$$邮政编码 + 联系电话 + 报名专业 + 爱好特长$$

报名信息保存在一个文件中。每行是一名学员的报名信息。写出统计报名学员的男女生比例的结构化语言的表示。

解：统计男女生比例的结构化语言描述如下：

```
打开文件
读取一行信息
while 读取成功
    IF 性别="男"
        男生人数加 1
    ELSE
        女生人数加 1
    读取下一个学员信息
endwhile
男生比例 = 男生人数/（男生人数 + 女生人数）
女生比例 = 女生人数/（男生人数 + 女生人数）
```

7. 判定表

判定表是用表格方式描述处理逻辑的一种工具。一张判定表由四部分组成：左上部列出所有条件，左下部是所有可能做的操作，右上部是表示各种条件组合的矩阵，右下部是每种条件组合对应的动作。

【例 1-3】 表 1-3 是简化的某快递公司的运费表，按交通的便利程度将目的地分为三类：一类是本省市，交通便利；二类是交通便利的外省市；三类是交通不太便利的外省区。计价单位为：元/kg，不足 1 kg 按 1 kg 计算。请用判定表表示。

表 1-3　简化的某快递公司的运费表

目 的 地	首重/元	续重/（元/kg）
一类地区	8	6
二类地区	10	5
三类地区	15	6

解：该快递公司运费计算的判定表的表示如下（表 1-4），其中 w 为重量的上取整的整数，如实际重量为 1.3 kg 时，w 为 2。

表 1-4　某快递公司运费计算的判定表

决 策 规 则	序　号					
	1	2	3	4	5	6
是否一类地区	T	T	F	F	F	F
是否二类地区	F	F	T	T	F	F
w 是否 ≤ 1 kg	T	F	T	F	T	F
8	V					
10			V			
15					V	
8+(w-1)*6		V				
10+(w-1)*5				V		
15+(w-1)*6						V

注：T 表示 True，F 表示 False，V 表示该项有效。

8. 判定树

判定树是以一种从左向右生长的树形结构表示处理逻辑的工具。树的各个分支表示条件，分支的端点（叶子）表示该条件分支对应的处理。

【例 1-4】将例 1-3 中的运费用判定树表示。

解：该公司的运费计算用判定树表示如下（见图 1-6）。

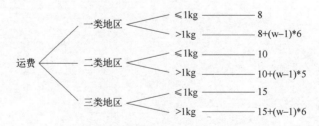

图 1-6　某快递公司运费计算的判定树

需求分析中，处理逻辑的表示不仅限于结构化语言、判定表和判定树，只要能清晰表达处理逻辑即可。

1.2.2　软件设计

在需求分析阶段已经确定了软件系统"做什么"的问题，系统设计阶段的任务则是解决软件系统"如何做"的问题，其目的是给出要实现系统的实施蓝图。

实施蓝图中要包括：系统在特定环境下完成需求描述中指定的任务和功能；系统具有健壮性，功能需求发生变化时易于更改。设计结果得到的是一个可供编码实现的设计模型，它要给出系统结构的框架、构成整个系统的所有功能模块、模块之间的关系、数据结构、模块功能实现的算法、用户接口和人机界面以及相应的文档（系统设计说明书等）。

系统设计分两个阶段：概要设计和详细设计，其工作流程如图 1-7 所示。

图 1-7　系统设计流程图

1. 概要设计

概要设计的主要任务是把需求分析得到的数据流程图转换为软件结构和数据结构。软件结构设计是将复杂系统按功能进行模块划分、建立模块的层次结构及调用关系、确定模块间的接口及人机界面等。数据结构设计包括数据特征的描述、确定数据的结构特性以及数据库的设计。概要设计建立的是目标系统的逻辑模型，与系统的具体实现无关。

概要设计有多种方法。在早期有模块化方法和功能分解方法；20 世纪 60 年代后期提出了面向数据流和面向数据结构的设计方法，近年来又提出面向对象的设计方法等。

【例 1-5】画出宾馆管理系统中的旅客入住登记子系统的软件结构图。旅客抵达宾馆后，前台服务接待员可根据旅客的性质办理入住登记手续。客人按性质分旅行社计划、团体和散客。客人的入住登录信息可供查询、修改、统计汇总。

解：软件结构图如图 1-8 所示。

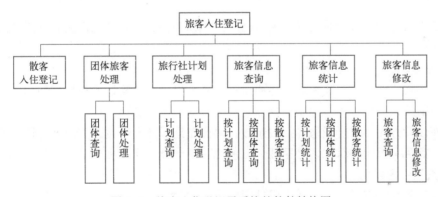

图 1-8　旅客入住登记子系统的软件结构图

2. 详细设计

详细设计的主要任务是设计每个模块的实现算法和所需的局部数据结构。

描述详细设计的工具大致分为三类：图形、表格和语言。无论使用哪类工具，其基本要求是能够准确、无二义性地描述算法及数据结构。常用的图形描述工具有程序流程图、N-S 图、PAD。语言描述工具有类语言（类 Pascal）、PDL（Program Design Language）等。

（1）N-S 图

为了限制流程图的随意性，1973 年 Nossi 和 Shneiderman 发表了题为《结构化程序的流程图技术》的文章，提出了用方框图来代替传统的程序流程图，通常把这种图称为 N-S 图或 N-S 盒图。

表示基本结构的 5 种 N-S 图如图 1-9 所示。

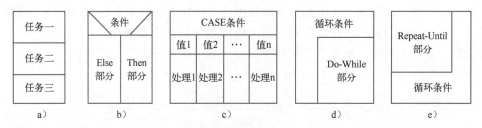

图 1-9　表示基本结构的 5 种 N-S 图

a）顺序结构　b）条件结构　c）多重分支结构　d）当型循环结构　e）直到型循环结构

（2）PAD

问题分析图（Problem Analysis Diagram，PAD）用二维树形结构的图来表示程序结构的控制流。表示基本结构的 4 种 PAD 如图 1-10 所示。

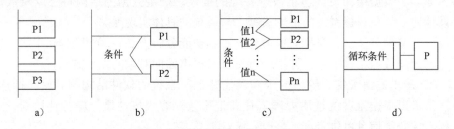

图 1-10　表示基本结构的 4 种 PAD

a）顺序结构　b）条件结构　c）多重分支结构　d）循环结构

程序流程图和伪语言的算法描述大家已经熟悉，表格类工具如判定表和判定树等，这里不再介绍。

3. 界面设计

对于大多数软件系统，还要进行界面设计。界面设计主要确认用户怎样使用本软件，软件和环境如何衔接。例如，为方便用户操作，应采用图形用户界面（GUI）。

在界面设计方面，需要考虑界面的组成、界面布局、界面颜色、如何响应用户操作等。在性能方面，需要考虑响应时间、易用性、方便性、便捷性、帮助和提示信息等。

4. 系统设计说明书

系统设计阶段结束后要交付系统设计说明书。它的前半部分在概要设计后完成，后半部分在详细设计后写出。编写系统设计说明书有双重目的：一是为编程和测试工作提供指南；二是软件交付使用后，为维护人员提供帮助。软件（系统）设计说明书的框架和内容如下：

1）概述。描述设计工作总的范围，包括系统目标、功能、接口等。

2）系统结构。用软件结构图说明本系统的模块划分，扼要说明每个模块的功能，按层次给出各模块之间的控制关系。

3）数据结构及数据库设计。对整个系统使用的数据结构及数据库进行设计，包括概念结构设计、逻辑结构设计和物理设计。用相应的图形和表格把设计结果描述出来。

4）接口设计。包括用户接口、内部接口和外部接口，说明人与软件之间以何种方式进行交互，软件系统内部各模块之间如何传递信息，本软件系统和其他软件、硬件系统如何交换信息。一般接口应定义接口的名称、功能、形式、语法格式、参数格式及含义、返回值格式及含义等。

5）模块设计。按模块功能详细描述每个模块的流程及数据结构。

每个设计步骤完成之后，都要进行复审。通过复审指出的错误和通过测试指出的错误有同等重要的效果。开发中较早发现错误，可以减少错误扩大的机会。

复审有两种方法：①非正式复查。由一个通晓全部设计的高级技术人员实施，复查者与设计者一起开会来复查所有技术文档。②正式的结构化审查。组织一个审查小组，事先查看设计文档，由设计者介绍情况，然后进行评价，使用正式的审查表、正式的错误报告。

5. 软件设计准则

为保证软件设计的质量，设计活动一般遵循下列原则：

1）模块化准则。应形成具有独立功能特征的模块。

模块化是将待开发的软件分解成若干小的简单的部分，每一部分就是一个模块。

2）模块独立性准则。应使模块之间和与外部环境之间接口的复杂性尽量地降低（低耦合），而模块内部各部分的关联程度要高（高内聚）。

耦合性是模块间互相连接的紧密程度的度量。一个模块直接访问另一个模块的内容，称为内容耦合，耦合度高，应避免。一个模块访问另一个模块时通过参数交换信息，称为数据耦合，耦合度低，提倡使用。

3）模块规模应适中。模块过大，则可理解性下降；模块过小，会使模块间的关系和系统结构变复杂。一般模块的大小应能写在一页纸内（不超过 60 行语句）。

4）软件结构准则。要有分层的组织结构，便于对软件各个构件进行控制；软件结构的深度和宽度要适中；具有合理的扇出数和扇入数。经验表明，好的软件结构通常是顶层高扇出，中间扇出较少，底层高扇入。

模块的扇入数是指模块的直接上层模块的个数；扇出数是指一个模块拥有的直接下层模块的个数。

5）模块的作用域应该在控制域内。模块的作用域是受该模块内的一个判断影响的所有模块的集合。模块的控制域是这个模块本身以及所有直接或间接从属于它的模块的集合。

在一个好的设计的系统中，所有受某个判断影响的模块都应从属于做出判断的模块，一般是模块本身或其直接下层模块。

6）使模块接口简单。使信息的传递简单并与其功能一致。

7）模块保持单入口、单出口。只通过参数传递信息，不出现内容耦合。

8）模块功能可预测。只要输入相同的数据，就能得到相同的结果。带有内部"存储器"的模块的功能可能是不可预测的，因为输出与当时内部"存储器"的状态有关。

6. 面向对象的设计

面向对象的设计，主要是对分析结果的细化，如类的层次划分，类之间关系的细化，类的属性和功能的细化，类功能的实现的进一步细化描述等。除需求分析阶段考虑的与软件业务功能相关的类之外，还需要设计与系统实现和交互相关的类，如窗口、对话框。

1.2.3 软件实现

软件实现的目的是定义代码的组织结构及形式。代码的形式包括源代码文件、二进制文件、可执行文件等。主要活动有编码实现和单元测试等。软件实现要注意使系统更易于使用和系统的可重用性。软件实现过程中的一个重要任务是选择合适的开发工具及系统软件、数据库软件、中间件等，同时要制定编程规范。

实践证明编程风格和使用的编程工具（开发语言）对程序质量、可读性、程序的维护等都会产生重要影响。

编程风格主要体现在如何描述源程序文件、数据说明、输入输出等。源程序文件书写包括变量名的命名、加入注解语句以及按缩进格式书写源程序等。数据说明要按不同类型数据的顺序以及字典顺序来说明，对数据结构要加注释说明。

1. 语句构造

语句构造一般遵循下列规则：

1）不要为节省空间而把多个语句写在同一行。

2）尽量避免复杂的条件测试。

3）尽量减少对"非"条件的测试。

4）避免使用多层嵌套的循环和分支。

5）利用括号使表达式的运算顺序清晰直观。

2. 输入输出

输入输出语句应考虑下述有关输入输出风格的规则：

1）保持输入格式简单。

2）对所有输入数据都进行校验。

3）使用特殊的符号或数据作为数据输入的结束标记，不要求用户先指定输入数据的个数。

4）当程序设计语言对格式有严格要求时，应保持输入格式的一致性。

5）检查输入项中重要组合的合法性。

6）给所有的输出数据加标记，并设计良好的输出报表。

7）用标记标明交互的输入请求，应规定可以使用的选择值或边界值。

8）要根据用户的不同类型、特点和要求设计输入方案，输入数据的格式要简单，应具有完备的出错检查和出错恢复措施。

3. 效率

效率主要指处理器时间和存储器容量两个方面。高效的程序要求处理时间短、占用存储空间少。但对效率的追求要适当，不要牺牲程序的清晰性和可读性来追求不必要的效率。效率的关键因素是软件的设计、算法和技术，也与程序的风格有关。这里只讲编程风格。

1）写程序之前先简化算术运算和逻辑运算的表达式。

2）尽量避免使用多维数组。

3）尽量避免使用指针和复杂的表。

4）使用执行时间短的算术运算。

5）不要混合使用不同的数据类型。

6）尽量使用整数运算和布尔表达式。

7）不要随意定义变量。

1.2.4　软件测试

软件系统构造出来以后，如何保证它能够正确地实现系统设计的功能？这就需要通过系统测试来验证。软件测试的目的就是检验实现的系统是否符合软件需求规格说明书的要求、验证软件构件间的交互作用、验证软件构件的正确集成、验证所有需求被正确地实现和识别并确保在软件发布之前缺陷被处理。测试分别从可靠性、功能性、应用性和系统性能等方面进行。

1. 什么是软件测试

软件工程专家 G. Myers 在定义测试时是这样描述的:

1) 测试是为了发现程序中的错误而执行程序的过程。

2) 好的测试方案是极可能发现迄今为止尚未发现的错误的测试方案。

3) 成功的测试是发现了迄今为止尚未发现的错误的测试。

由于测试的目的是暴露程序中的错误,从心理学角度看,由程序作者本人进行测试是不恰当的。通常由专职测试人员组成测试小组来完成测试工作。即使经过最严格的测试,在程序中仍有可能还存在没有被发现的错误,测试只能用于查找程序中的错误,并不能证明程序中没有错误。

根据软件功能、性能和操作流程组织的测试数据以及与之相关的测试规程的集合称为测试用例。测试就是通过测试用例检验程序是否存在某方面的问题。

2. 软件测试准则

为了达到测试的目的,人们总结出如下软件测试准则。

1) 所有测试应能追溯到用户需求。测试软件是否达到用户的需求。

2) 严格执行测试计划。测试前制订计划,软件设计的功能是什么? 可能的输入、应得到的输出、测试用例、环境和条件设置、测试顺序等都需要提前计划,甚至是在编码之前就已经制订好测试计划,严格执行。

3) 应从小规模的测试开始。从检查一段程序、一个模块开始,逐步添加模块进行测试,直到整个系统。

4) 充分注意测试中的群集现象。经验表明,程序中存在错误的概率与该程序已经发现的错误数成正比。这一现象说明,为提高测试效率,应充分注意那些经常出错的程序。

5) 穷举测试是不可能的。穷举测试是指把程序所有可能的执行路径都检查一遍。即使是中等规模的程序,其执行路径的排列数也是巨大的,实际上不能做到每个路径都检查一遍。

6) 应避免程序员检查自己的程序。

3. 白盒测试

软件测试方法有两类。一类是不考虑程序的实现方法、内部逻辑结构和内部特性,仅对软件实现的功能是否满足需求进行的测试,称为黑盒测试、功能测试或数据驱动测试。另一类是根据产品的内部工作过程检查内部成分,以确认每种内部操作都符合设计规格要求的测试,称为白盒测试或逻辑驱动测试。

白盒测试的基本原则是保证所测模块中每一个独立路径至少执行一次;保证所测模块所有判断的每一个分支至少执行一次;保证所测模块每一个循环都在边界条件和一般条件下至少各执行一次;验证所有内部数据结构的有效性。白盒测试的主要方法是逻辑覆盖。

逻辑覆盖是指一系列以程序内部的逻辑结构为基础的测试用例设计的技术。

(1) 语句覆盖

选择足够的测试用例,使程序中的每条语句都至少执行一次。

【例 1-6】 下列 Python 程序的功能是当 $x \in (0,1)$ 时, $y=1$;当 x 不属于 $(0,1)$ 时, $y=0$。设计符合语句覆盖要求的测试用例。

```
x = float(input())
if x>=1 or x<=0:
    y = 0
else:
    y = 1
print(y)
```

解： 当 x=1.5 时，执行语句 y=0；当 x=0.5 时，执行语句 y=1。

上例中的测试用例，使程序中的每条语句都至少执行了一次，而且得到了预期的正确结果。但是，如果将条件 x<=0 改为 x<-1，上述两个测试用例仍能保证"每条语句都至少执行一次"而且结果正确，但程序是错误的。所以语句覆盖测试是程序正确的必要条件而非充分条件。

（2）判定覆盖

判定覆盖也叫分支覆盖，是选择足够的测试用例，使得不仅每条语句都至少执行一次，而且每一个判断的每一种可能结果都至少被执行一次的测试方法。即除语句覆盖外，还要使得程序中的每个判断至少获得一次"真"值和"假"值。

【例1-7】 下列程序的功能是输入年、月，判断该月是多少天。设计测试用例，满足判定覆盖。

```
days = [0,31,28,31,30,31,30,31,31,30,31,30,31];
leap = False;
year = int(input())
month = int(input())
if (year%4==0 and year%100!=0) or (year%400==0):
    leap = True
if leap == True:
    days[2] = 29;
print("%d 年%d 月是%d 天"%(year,month,days[month]))
```

解： 上述程序对应的流程图如图1-11所示。若输入2012 2，a判定的结果为True，b判定的结果也为True，输出29，执行路径为acbde；若输入2013 2，a判定的结果为False，b判定的结果也为False，输出28，执行路径为abe。每条语句都执行过一次，两个判定的"真""假"均出现过，满足判定覆盖。但请注意，如果将a判定中的400改为200，则这两个测试用例均检验不出来这个错误。

（3）条件覆盖

条件覆盖的含义是，不仅使每条语句都执行一次，而且使判定表达式中的每个条件都取到各种可能的结果。

【例1-8】 为例1-7设计满足条件覆盖的测试用例。将程序中的条件列在表1-5中，设计测试用例，使每个条件至少出现一次True，至少出现一次False。

表1-5 条件覆盖检验表

条 件	测 试 用 例		
	2012，2	2013，2	2000，2
year%4==0	T	F	T
year%100!=0	T	T	F
year%400==0	F	F	T
leap==True	T	F	T
a判定	T	F	T

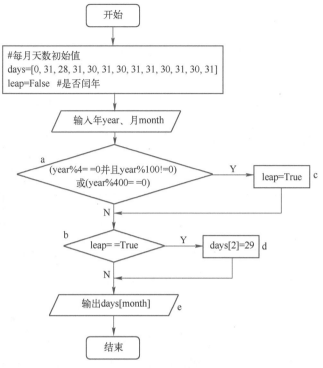

图 1-11 计算某月份天数的流程图

条件覆盖通常比判定覆盖强，因为它使判定表达式中的每个条件都取到了两个不同的结果，而判定覆盖只关心判定表达式的整体结果。但也会有满足条件覆盖却不满足判定覆盖的情况。总之，满足条件覆盖的程序仍不能保证正确。

（4）判定/条件覆盖

选取足够多的测试用例，使判定表达式中的每个条件都取到各种可能的值，而且使每个判定表达式也都取到各种可能的值。但判定/条件覆盖并不一定比条件覆盖强，如例 1-8 条件覆盖的测试用例也满足判定/条件覆盖。

（5）条件组合覆盖

它要求选取足够的测试用例，使得每个判定表达式中条件的各种可能组合至少出现一次。

对例 1-7 中的 a 判定，产生表 1-6 所示的条件组合。但实际上是找不到条件组合 1、7 这样的测试用例的，其他可以找到，满足其他组合条件的测试用例即满足条件组合覆盖。

表 1-6 条件组合覆盖的条件组合举例

序 号	条 件 组 合		序 号	条 件 组 合	
	year%4==0 且 year%100!=0	year%400==0		year%4==0	year%100!=0
1	T	T	5	T	T
2	T	F	6	T	F
3	F	F	7	F	F
4	F	T	8	F	T

条件组合覆盖是比较强的测试条件。满足条件组合覆盖的测试用例，也一定满足判定覆盖、条件覆盖和判定/条件覆盖。但满足条件组合覆盖的测试用例并不一定使程序中的每条可

能的路径都执行到。

（6）路径覆盖

执行足够的测试用例，使程序中所有可能的路径都至少经历一次。

例如，对图 1-12 的程序，可能的路径是 bcdef、bdef、bcdf、bdf。

除逻辑覆盖外，常用的白盒测试方法还有控制结构测试，包括基本路径测试、条件测试和循环测试等。

4. 黑盒测试

黑盒测试只检查程序功能是否按照需求规格说明书的规定正常使用，程序是否能适当地接收用户的输入并产生正确的输出，保持外部信息的完整性。黑盒测试主要诊断功能错误、遗漏、界面错误和数据访问错误，检查性能是否达到要求等。

黑盒测试法主要有等价类划分、边值分析、错误推测等方法。

（1）等价类划分

在很多情况下，穷举所有的输入是不现实的。等价类划分把输入域划分成若干个数据类，每类中的一个典型值在测试中与这一类中所有其他值的作用相同，从每类中选取一组（或几组）数据作为测试用例，每个测试用例发现一类错误。

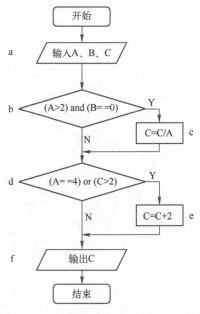

图 1-12　路径覆盖举例

进行等价类划分需要经验，以下是等价类划分的一些启发式原则：

1）如果规定了输入数据的取值范围，则可以确定一个有效等价类和两个无效等价类。例如，如果规定输入区间 $[x_1,x_2]$，则区间本身是一个有效等价类，$(-\infty,x_1)$，$(x_2,+\infty)$ 是两个无效等价类。

2）如果规定了输入数据的个数，可以按数量划分出一个有效等价类和两个无效等价类。

3）如果规定了输入数据的一组值，而且软件要对每个输入值分别进行处理，则可以为每一个值确定一个有效等价类，根据这组值确定一个无效等价类（任何不允许的输入值）。

4）如果规定了输入数据必须遵守的规则或者限制条件，则可以确定一个有效等价类（即符合规则）和若干个无效等价类（即各种违反规则的数据类别）。

5）如果规定输入数据为整型，则可以划分出正整数、零、负整数和小数作为等价类。也可以使用 $(-\infty,-32769]$，$[-32768,32767]$，$[32768,\infty)$ 作为等价类。

以上启发式原则只是测试中可能遇到的情况中的一小部分，测试用例需要不断思考并积累经验。这些启发式原则不仅适用于对输入数据的测试，也适用于输出结果的正确性测试。

（2）边值分析

经验表明，程序最容易在数据的边界情况发生错误。因此，设计边界值处的测试用例，更容易发现程序的错误。

边值分析也需要经验。通常，输入等价类和输出等价类的边界就是应该着重测试的边界情况。选取的测试用例应刚好等于、刚刚小于和刚刚大于边界的值。例如，一个输入数据允许输入 $[0,100]$ 区间的整数，那么，边值分析的测试用例是 -1，0，1，99，100，101。若输入条件规定值的个数，则分别以值的最大和最小个数，以及接近最大和最小的个数作为测试用例，如文件有 1~255 个记录，则应取 0、1、255、256 这几个值。

设计测试用例时，通常总是联合使用等价类划分和边值分析两种方法。

（3）错误推测

编写程序时，程序员总是在某些情况出错，如作除法时，没有考虑除数为 0 的情况；处理正整数时，没有考虑负数和小数出现的处理；处理字符串时，没有考虑字符串为空的情况；处理数组时，没有考虑越界的情况；处理比较时，没有考虑相等的情况等。

错误推测实际上是根据经验列出程序中所有可能发生错误和容易发生错误的情况，选取测试用例，检验程序是否有错。

5. 测试步骤

软件测试一般有 4 个步骤：单元测试、集成测试、验收测试和系统测试。

1）单元测试。对一个模块或几个模块组成的小功能单元进行的测试，目的是发现各个模块内部存在的错误，一般以白盒测试技术为主，多个模块可以并行进行。单元测试也叫模块测试。

单元测试的模块通常不是一个能独立运行的程序，这时就要创造一个环境使模块能够执行。这个环境可以是真实的，也可以是模拟的。模拟环境时，构造另一个模块，去调用被测模块，传递参数给被测模块，这个模块称为驱动（Driver）模块。被测模块中还会调用其他模块。构造一个模块供被测模块调用，以使被测模块能够执行，这样的模块称为桩（Stub）模块。

单元测试的依据是详细设计说明书和源程序。

2）集成测试。将模块按照设计要求组装起来进行测试，称为**集成测试**或**组装测试**，目的是发现和接口有关的错误。测试内容包括接口、全局数据结构、边界条件和非法输入等方面。集成测试的依据是概要设计说明书。测试策略可以边组装边测试，称为**增量方式组装**；也可以一次组装完毕后再测试，称为**非增量方式组装**。增量方式的组装可以从主控模块开始，称为**自顶向下的增量方式**；也可以从最底层的模块开始，称为**自底向上的增量方式**。

3）验收测试。验收测试的任务是验证软件的功能和性能以及其他特性是否满足了需求规格说明中规定的各项指标，以及软件配置是否完全、正确。验收测试也叫确认测试。

验收测试一般以一系列的黑盒测试来验证是否与需求规格说明的描述相符，测试计划中要列出这类测试的规程并专为其设计测试用例、计划和规程，它应能证实：所有功能需求均已满足；所有性能需求均已达到；所有文档均已改正；其他需求已满足。

4）系统测试。将集成测试的软件系统作为计算机系统的一个元素，与计算机硬件、外设、支持软件、数据和人员等元素组合在一起，对计算机系统进行一系列的组装测试和验收测试。系统测试的目的是验证软件在真实的实际运行环境下是否达到了设计要求。

6. 调试

调试是在测试发现错误之后排除错误的过程。调试程序查找错误的效率，取决于采用的调试技术、调试策略和有关调试的启发性原则。

常用的调试技术有：输出存储器内容；在程序中添加打印语句；使用调试工具。

常用的调试策略有：试探法、回溯法、对分查找法、归纳法和演绎法等。

1）试探法。调试人员分析错误征兆，猜测故障的大致位置，然后使用调试技术获取程序中存疑处附近的信息。这种策略通常是缓慢而低效的，一般不被采用。

2）回溯法。调试人员检查错误征兆，确定最先发现"症状"的地方，然后人工沿程序的控制流往回追踪源程序代码，直到找出错误根源或确定故障范围为止。回溯法对小程序而言是一种比较好的调试策略，但是对于一些大规模的程序来说，就不适合用此方法了。

3）对分查找法。如果知道每个变量在程序内若干个关键点的正确值，则可以用赋值语句或输入语句在程序中关键点附近"注入"这些变量的正确值，然后检查程序的输出。如果输出结果是正确的，则故障在程序的前半部分；反之，在后半部分。对于程序中有故障的那部分再重复使用这个方法，直到把故障范围缩小到容易诊断的程度为止。

4）归纳法。归纳法是从个别推断一般的方法，它从线索出发，通过分析这些线索之间的关系而找到故障。

5）演绎法。演绎法是从一般原理或前提出发，经过删除和精化的过程推导出结论。用演绎法调试开始时先列出可能成立的原因或假设，然后依次地排除列举出的原因。最后，证明剩下的原因是错误的根源。

1.2.5　软件维护

软件维护是软件生存周期中非常重要的一个阶段。有人把维护比喻为一座冰山，显露出来的部分不多，大量的问题都是隐藏的。平均而言，大型软件的维护成本是开发成本的 4 倍左右。国外许多软件开发组织把 60%以上的人力用于维护已投入运行的软件。软件维护的困难性通常是由于软件需求分析和开发方法的缺陷造成的。

1. 软件维护的原因

软件维护源于软件更改的需要。软件变更的原因主要有：

1）软件的原有功能和性能不再适应用户的要求。

2）软件的工作环境改变了（例如，增加外部设备）。

3）软件运行中发现错误，需要修改。

2. 维护活动分类

由于各种原因而引发的维护活动可以归纳为以下 4 种类型：

1）校正性维护。为识别和纠正软件性能上的错误而进行的维护（约占维护工作的 15%）。

2）适应性维护。为使软件适应硬件和环境变化而进行的维护（约占 25%）。

3）完善性维护。为增加软件功能、增强软件性能、提高运行效率而进行的维护（占 55%）。

4）预防性维护。为提高软件的可维护性和可靠性而进行的维护（占 5%）。

3. 软件的可维护性

软件的可维护性是指维护人员理解、修改软件的难易程度。软件的可维护性因素主要包括：可理解性、可测试性、可修改性、可靠性和可使用性。

提高软件的可维护性必须从软件生存周期各个阶段的工作入手，每个阶段都把可维护性原则贯彻到阶段的开发活动过程中，并按规范对阶段工作进行评估，以保证各个阶段的工作按质按量完成。

文档是影响软件可维护性的决定性因素。需要维护的系统，一般都是经过长期实际运行考验的系统。因此人们感兴趣的并不是系统是否可运行，而是在特殊情况下如何使系统也能正常地运行。所以对于维护人员来说，文档比程序代码更重要。

文档分为用户文档和系统文档两类：前者主要描述系统功能和使用方法；而后者则是描述系统设计、实现和测试等各方面的内容。总之，系统文档应该是系统的一部技术词典大全，软件开发人员和系统维护人员从中能方便地找到理解、维护、修改系统的全部参考资料和信息。

1.2.6　面向对象软件开发的常用工具

面向对象的软件开发方法，使用统一建模语言（Unified Modeling Language，UML）进行系统的分析和设计。UML 是用于面向对象的软件开发的一组建模工具，它包括一系列的图形建模方法，常用的有用例图、类图、顺序图、状态图和活动图等，下面进行简单介绍。

1. 用例图（Use Case Diagram）

用例图使用图形化的方式描述用户和系统之间的交互。用例图包含的主要元素是参与者和用例。参与者是使用该系统的人或其他系统，用例是系统功能的模块。参与者和用例之间的连线表示他们之间的交互。图 1-13 是一个用例图的示例，其中线形小人表示参与者，椭圆表示用例。矩形框表示系统边界。除用例图本身外，还需要通过文字或其他工具对用例进行描述，类似结构化中的加工说明，才能把用例描述得更清楚。

2. 类图（Class Diagram）

客观世界是由一个个对象组成的，具有相同属性和功能的对象可以被划分为同一个类别。类图通过系统中的类以及各类之间的关系来描述系统的静态结构。

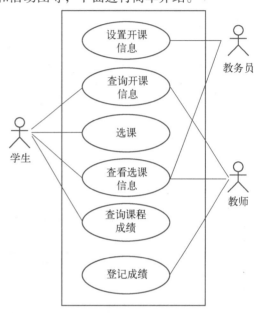

图 1-13　教务管理用例图

类图中的主要元素是类，每个类用一个三部分组成的矩形表示，顶端是类的名称，中间是类的属性，下方是类的操作。类和类之间可能会有联系。如果一个类是另一个类的一部分，则称它们之间是**泛化关系**，例如对话框是一种特殊的窗口，一般类称为**父类**（如窗口），特殊类称为**子类**（如对话框），子类具有父类的特征和功能，它们之间用指向父类的空心三角形状的箭头表示；如果一个类由其他类别的对象组成，则称它们之间是**组合关系**，如窗口由按钮、文本框等类别的对象组成，用指向组合类的实心菱形表示；如果类的对象之间有操作或对应关系，则称它们是**关联关系**，如学生选修课程，则它们之间就是一种关联关系，它们之间画一条线，称为**关联路径**，关联路径旁边写上关联名称，如"选课"。

在教务系统中，有学生、教师、教务员、课程等类别的对象，类图如图 1-14 所示。

类图与数据模型有许多相似之处，区别是类不仅描述了系统内部信息的结构，也包含了系统内部的行为，系统通过自身的行为与外部事物进行交互。

3. 顺序图（Sequence Diagram）

顺序图用于描述参与者和系统中的对象（如用例）进行交互的交互序列。顺序图中，纵向向下代表时间的发展方向，横向顶部是一些对象，向下的线表示生命线，是对象的生存期，对象之间带箭头的连线表示它们之间的消息发送，连线旁边标注消息的名称或内容。图 1-15 是教务管理的学生选课顺序图。

4. 状态图（State Diagram）

状态图描述一个类的实例的状态、收到事件的响应及状态转换过程。它对模型的动态行为建模。

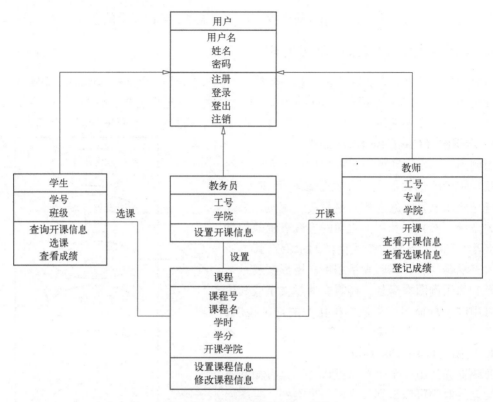

图 1-14　教务管理类图的一部分

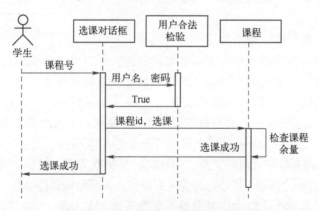

图 1-15　教务管理的学生选课顺序图

状态图中的主要元素是状态和转换。状态是对象所处的某个环境或属性的某一组取值，如用户的已登录、申请的待审核等。转换是特定事件发生或特定条件满足时，对象从一个状态到另一个状态转变的一系列动作或活动。图 1-16 是某系统用户注册、登录的状态转换图，其中左上角的五边形中是**类的名称**，实心圆表示**起始状态**，圆角矩形表示**状态**，其中文字是**状态名称**，带箭头的线表示**状态的转换**，线上的文字称为**转换标签**，[ ] 前是事件**名称**，[ ] 中是事件的**条件**，只有条件满足时，状态才会转换。

5. 活动图（Activity Diagram）

活动图描述做一件事情的操作过程，用于描述业务过程和类的操作。活动图的主要元素包括动作、活动、控制流、判断、泳道、并发路径等（见图 1-17）。

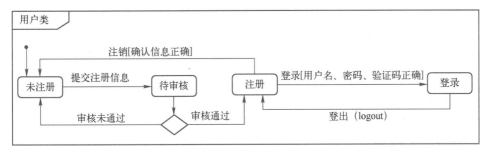

图 1-16 用户注册、登录的状态转换图

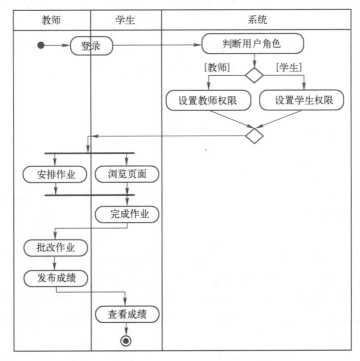

图 1-17 某系统一次作业布置的活动图

动作代表一个操作，如创建对象、计算函数值、发送消息、调用接口等。动作仅有描述，不作命名，描述内容就是动作的内容。动作用圆角矩形表示，描述内容写在其中。

活动是一系列动作，用于实现动作序列的简化，其描述与动作相同。活动可以代表一个复杂的过程，可以另附活动图对其展开表示。

控制流表示动作的执行顺序，用带箭头的直线表示，从一个动作指向另一个动作，表示前一个动作完成后执行下一个动作。

判断是用于表示按条件执行的动作，用小菱形表示，有一个指向它的控制流，有多个导出的控制流，导出的控制流上写条件。判断导出的多个控制流会再次合并在一起，用一个小菱形表示，它有多个汇入控制流和一个导出控制流。

泳道是为了标明动作的执行对象而设计的，将同一个对象执行的动作画在一列中，每列就是一个泳道，这样在表示动作流程的同时标明了由谁执行这些动作。

并发路径说明多个可以同时执行的动作序列，它由黑色的粗直线表示，由此引出多条控制流，它们可以同时执行，其合并也用一条黑色的粗直线表示。

开始和终止，用黑色圆点表示动作序列的开始，用圆中再画一个实心圆表示动作序列的结束。

图 1-17 表示登录后，教师可以安排作业，然后学生可以完成作业，学生完成作业后，教师批改作业、发布成绩，然后学生可以查看成绩，一次作业布置的完整过程结束。

UML 的图形工具还有很多，本书不再介绍，请读者需要时参考其他资料。

1.3 计算模式简述

计算机应用系统中数据与应用程序的分布方式称为计算机应用系统的计算模式，有时也称为企业计算模式。不同的计算模式，对软件的结构和设计有重要影响。

计算机应用系统已经历了三种计算模式：集中式计算模式、客户端/服务器（Client/Serve，C/S）计算模式和浏览器/服务器（Browser/Server，B/S）计算模式。

1.3.1 集中式计算模式

集中式计算模式包括单主机-单终端计算模式、单主机-多终端计算模式和文件服务器计算模式。

单主机计算模式的早期阶段，计算机应用系统所用的操作系统为单用户操作系统，系统一般只有一个控制台，限于单项应用。一套计算机系统同时只为一个用户服务。DOS 下未联网的 PC 应用就是这种模式。

多个用户通过终端连接到一台计算机主机上，每个用户都感觉好像是在独自享用计算机的资源，但实际上主机是在分时轮流为每个终端用户服务。在主机/终端系统中，所有数据和程序都在主机上进行集中管理，各终端只相当于一个显示器加键盘的功能，这是多终端的计算模式。在多终端的计算模式中，主机负担过重，所有的计算、存储都集中在主机上，一旦主机出故障，系统将全面瘫痪；扩充不易，当用户量不断增加时，必须更换主机，否则服务质量就要受到影响。

20 世纪 80 年代初，随着局域网的兴起，联网的微机有两种角色：一种称为服务器，专门为网络上的其他用户提供共享文件（或数据），因此被称为文件服务器。它是网络的核心，管理网络通信，网络操作系统也安装在文件服务器中；另一种称为工作站，它可访问文件服务器中的数据和文件，而本工作站的资源不被其他工作站或服务器共享。当工作站需要使用文件服务器中的共享资源（文件）时，将该文件（数据或程序）传输到本地工作站上，在本地工作站上运行程序和处理数据。这是文件服务器计算模式。

1.3.2 C/S 计算模式

客户端/服务器系统也称 C/S（Client/Server）系统，它是基于局域网/广域网的系统。在 C/S 系统中存在着服务器和客户端，为了充分利用客户端的计算能力，计算和事务处理在服务器和客户端之间分配。服务器承担数据的集中管理、通信和客户管理的任务。因为数据在服务器端，对数据的处理和计算都在服务器端执行，而人机界面和一些需要实时响应的事件或人机交互的处理等在客户端进行，这些程序都运行在客户端。

1. 两层 C/S 系统结构

在两层 C/S 系统结构中，第一层是客户端软件，由应用程序和相应的数据库连接程序组成，企业的业务过程都在程序中表现。第二层是数据库服务器，根据客户端软件的请求进行数据库操作，然后将结果传送给客户端软件。两层应用软件的开发工作主要集中在客户端，客户端软件不但要完成用户界面和数据显示的工作，还要完成一部分对商业和应用逻辑的处理工作，导致产生"胖"客户端。两层 C/S 系统不能进行有效的扩展，使这些系统不能支持大量用户的访问和高容量事务处理的应用。

2. 三层 C/S 系统结构

三层 C/S 系统结构从客户端上取消了商业和应用逻辑，将它们移到中间层（即应用服务器）上，如图 1-18 所示。客户端上只需安装具有用户界面和简单的数据处理功能的应用程序，负责处理与用户的交互和与应用服务器的交互。应用服务器负责处理商业和应用逻辑，即接受客户端应用程序的请求，然后根据商业和应用逻辑将这个请求转化为数据库请求后与数据库服务器交互，并将与数据库服务器交互的结果传送给客户端应用程序。数据库服务器软件根据应用服务器发送的请求进行数据库操作，并将操作的结果传送给应用服务器。

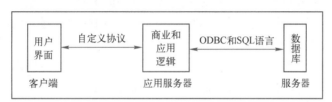

图 1-18　三层 C/S 系统结构

三层 C/S 系统结构的特点是用户界面与商业和应用逻辑位于不同的平台上，所有用户都可以共享商业和应用逻辑，开发和管理工作向服务器端转移，使得分布的数据处理成为可能，因而管理和维护变得相对简单。

3. C/S 系统结构的优点

1）分布数据。数据库可以分布在多个数据库服务器上。

2）分布过程。不同的过程（事务处理、数据库连接等）可以在不同服务器上进行。

3）客户为中心。把需要在客户端执行的程序和为客户端定制的程序放在客户端，以使客户得到快速响应。

4）异构硬件和软件。在 C/S 系统结构中很容易加入多层结构，屏蔽不同的硬件和软件。加入的应用服务器可以基于不同的操作系统（如 Linux、Windows）和计算机主机。

1.3.3　B/S 计算模式

B/S 计算模式是"浏览器+服务器"的计算模式。浏览器是一个用于文档检索和显示的客户应用程序，并通过 HTTP 与 Web 服务器相连。

1. B/S 系统结构

B/S 是一种 Browser/Web/Database 三层结构的系统。第一层客户端是用户与整个系统的接口。客户端的应用程序就是一个通用的浏览器。浏览器将 HTML 代码转化成图文并茂且具有一定交互功能的网页。第二层是 Web 服务器。Web 服务器启动相应的进程来响应处理请求，并动态生成一串嵌入了处理结果的 HTML 代码，返回给客户端的浏览器。如果客户端提交的请求包括数据的存取，Web 服务器还要与数据库服务器协同完成这一处理工作。第三层是数据库服务器，其任务是负责协调不同的 Web 服务器发出的应用请求，管理数据库（见图 1-19）。

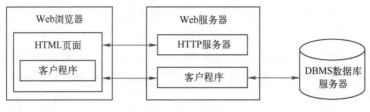

图 1-19　B/S 系统结构

2. B/S 系统结构的特点

1）简化了客户端。客户端只需要安装通用的浏览器软件，不但可以节省客户端的硬盘空间与内存，而且使安装过程更加简便、网络结构更加灵活。

2）简化了系统的开发和维护。系统的开发者只需把所有的功能都在 Web 服务器上实现，并就不同的功能为各个组别的用户设置权限即可。各个用户通过 HTTP 请求在权限范围内调用 Web 服务器上不同的处理程序，从而完成对数据的查询或修改。

3）用户的操作变得更简单。客户端只是一个简单易用的浏览器。无论是决策层还是操作层的人员，都无须培训就可以直接使用。

4）特别适用于网上信息发布，而这种网上信息发布的功能恰是现代企业所需的。这使得企业的大部分书面文件可以被电子文件取代，从而提高了企业的工作效率，使企业行政手续简化，节省人力、物力。

3. MVC 模式

MVC（Model-View-Controller，模型-视图-控制器）是一种 Web 设计模式，它将应用程序的输入、处理和输出分开。MVC 应用程序被分成三个核心层：视图层（View）、模型层（Model）和控制器层（Controller）（见图 1-20）。

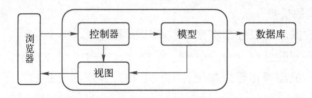

图 1-20　MVC 模式各层之间的关系

视图层负责格式化数据并把它们呈现给用户，提供数据展示、用户交互、数据验证、界面设计等功能。视图层不做数据的处理，只是呈现数据和用户操作的方式。

模型层负责数据逻辑（业务规则）的处理和实现数据操作（如在数据库中存取数据）。被模型返回的数据是中立的，就是说模型与数据格式无关，这样一个模型能为多个视图提供数据。由于应用于模型的代码只需写一次就可以被多个视图重用，因此减少了代码重复。

控制器层负责接收并转发请求，对请求调用模型进行处理后，指定视图将响应结果发送给客户端。

MVC 模式的优点是：多个视图共享一个模型，提高代码重用性；MVC 三个模块相互独立，实现模块的低耦合；控制器提高了应用程序的灵活性和可配置性。

4. AJAX 技术

传统的网页如果需要更新内容，必须重载整个网页页面。AJAX（Asynchronous JavaScript and XML，异步 JavaScript 和 XML）通过在后台与服务器进行少量数据交换，可以使网页实现异步更新。这意味着可以在不重新加载整个网页的情况下，对网页的某部分进行更新。

1.4 习题

一、名词解释

1. 软件的特征　　　　　2. 软件工程　　　　　3. 软件开发的结构化方法

4. 软件开发的面向对象方法　5. 软件的生命周期　　6. 瀑布模型

7. 敏捷软件开发　　　　8. 软件测试　　　　　9. 软件的调试

10. 白盒测试　　　　　11. 黑盒测试　　　　12. UML

13. C/S 计算模式　　　14. B/S 计算模式

二、填空题

1. 计算机软件是_____、_____及_____的集合。

2. "软件产品是以程序和文档的形式存在的，通过在计算机上运行来体现它的作用。" "整个生产、开发过程是在无形化方式下完成的，其能见度极差"描述的是软件的_____特征。

3. 20 世纪六七十年代，计算机软件的开发和维护过程中所遇到的一系列严重问题称为_____。

4. 软件危机的表现包括_____、_____、_____、_____、_____、_____、_____、_____。

5. 软件开发技术包括_____、_____、_____和_____。

6. 软件工程管理包括_____、_____和_____。

7. 将软件产品从提出开发要求开始，经过_____、_____、_____、_____、_____，直到该软件产品被淘汰为止的整个过程称为软件生命周期。

8. "将软件生命周期中各个阶段依线性顺序连接，每个阶段的结果是一个或多个经过核准的文档。直到上一个阶段完成，下一个阶段才能启动"描述的是_____软件开发模型。

9. 软件测试方法分_____和_____两大类。

10. 逻辑覆盖属于_____测试方法，等价类划分属于_____测试方法。

11. 软件测试一般分 4 步，它们是_____、_____、_____和_____。

12. 软件维护活动分_____、_____、_____和_____四类。

13. 计算机应用的发展经历了_____、_____和_____计算模式。

14. 常说的"胖"客户端是指_____系统。

15. 网购系统属于_____计算模式。

三、选择题

1. 软件的开发过程是指（　　）。

　A. 软件开发过程中使用的技术和工具　　B. 把用户要求转化为软件产品的过程

　C. 软件项目的任务　　　　　　　　　D. 软件开发的工作

2. 软件开发方法是（　　）。

　A. 指导软件开发的一系列规则和约定　　B. 软件开发的步骤

　C. 软件开发技术　　　　　　　　　　D. 软件开发的思想

3. 瀑布模型的主要特点是（　　）。

A. 将开发过程严格地划分为一系列有序的活动

B. 将过程分解为阶段

C. 提供了有效的管理模式

D. 缺乏灵活性

4. 客户端/服务器系统是基于（　　　）工作方式的。

    A. 人机交互　　　　　B. 图形界面　　　　　C. 不平等　　　　　D. 请求/服务

5. 下列描述中，符合结构化程序设计风格的是（　　　）。

A. 使用顺序、选择和重复（循环）三种基本结构表示程序的控制逻辑

B. 模块只有一个入口，可以有多个出口

C. 注重提高程序的执行效率

D. 使用 goto 语句

6. 下列选项中，（　　　）不是产生软件危机的原因。

    A. 软件是逻辑产品　　　　　　　　　　B. 软件越来越大

    C. 硬件生产效率高　　　　　　　　　　D. 开发团队管理复杂

7. 下列选项中，（　　　）不是软件项目失败的原因。

    A. 需求变化　　　　B. 人员成本增加　　　　C. 缺乏用户参与　　　D. 不完整的需求

8. 下列模型中，（　　　）不是软件工程模型。

    A. 增量模型　　　　B. 螺旋模型　　　　C. 快速原型模型　　D. COCOMO 模型

9. 下列概念中，不属于面向对象方法的是（　　　）。

    A. 对象　　　　　　B. 继承　　　　　　C. 类　　　　　　　D. 过程调用

10. 下列选项中，（　　　）不是软件复用的复用件。

    A. 逻辑电路　　　　B. 设计方案　　　　C. 测试用例　　　　D. 项目计划

11. 需求分析阶段可使用的工具是（　　　）。

    A. 程序流程图　　　B. 数据流图　　　　C. 算法语言　　　　D. 数据结构

12. 基于 Web 的应用，可选用的开发语言是（　　　）。

    A. C++　　　　　　B. C　　　　　　　C. VB　　　　　　D. Java

13. 下列各项中，不是敏捷软件开发原则的是（　　　）。

A. 设计好完整的软件系统并经过评审后再开始软件实现

B. 频繁交付可用的软件

C. 业务人员和开发人员紧密合作

D. 简洁为本，不过多考虑构造完美的系统

14. 在结构化方法中，用数据流程图（DFD）作为描述工具的软件开发阶段是（　　　）。

    A. 可行性分析　　　B. 需求分析　　　　C. 详细设计　　　　D. 程序编码

15. 在软件开发中，下列任务不属于设计阶段的是（　　　）。

    A. 数据结构设计　　　　　　　　　　　B. 给出系统模块结构

    C. 定义模块算法　　　　　　　　　　　D. 定义需求并建立系统模型

16. 下列不属于软件设计原则的是（　　　）。

    A. 抽象　　　　　　B. 模块化　　　　　C. 自底向上　　　　D. 信息隐蔽

17. UML 主要应用于（　　　）。

    A. 基于螺旋模型的结构化开发　　　　　B. 基于需求动态定义的原型化方法

  C. 基于对象的面向对象的方法　　　　　　　D. 基于数据的数据流开发

18. 下列哪项不是用例图的组成要素的是（　　　）。

  A. 参与者　　　　　　B. 用例　　　　　　C. 系统边界　　　　　D. 泳道

19. 下列关于类图的说法中正确的是（　　　）。

  A. 类图通过系统中的类和类之间的关系描述了系统的静态特性

  B. 类图和数据模型有许多相似之处，区别是数据模型不仅描述了系统内部信息的结构，也包含了系统的内部行为

  C. 类图是由参与者、用例、类、类间关系组成的

  D. 类图的目的在于描述系统的运行方式，而不是系统的组成结构

20. 活动图中用于对动作按照负责对象分组的元素是（　　　）。

  A. 控制流　　　　　　B. 判断节点　　　　　C. 泳道　　　　　　D. 并发路径

四、判断题

1. 计算机软件就是计算机程序。　　　　　　　　　　　　　　　　　　　　（　　　）

2. 结构化方法已过时，将被淘汰，取而代之的是面向对象方法。　　　　　　（　　　）

3. “自顶向下、逐步求精、模块化设计”的思想是现代软件工程方法学的核心思想。

  　　　　　　　　　　　　　　　　　　　　　　　　　　　　　　　　　（　　　）

4. 软件生命周期可以划分为软件定义、软件实现和软件测试三个时期。　　　（　　　）

5. 修改一个软件错误的费用与该错误的性质有关，而与错误存在的时间无关。（　　　）

6. 设计方案和测试用例等是可以复用的软件元素。　　　　　　　　　　　　（　　　）

7. 随着 OO 方法应用的不断深入，软件危机将得到彻底解决。　　　　　　　（　　　）

8. 结构化方法和 OO 方法都不是万能的，它们具有各自适合的应用领域。　　（　　　）

9. 一个系统中测试出的错误越多，该系统越健壮。　　　　　　　　　　　　（　　　）

10. 泳道按动作发生的时间将活动图划分为几个部分。　　　　　　　　　　（　　　）

五、简答题

1. 分析软件开发和编程有何不同。

2. 什么是瀑布模型、增量模型和螺旋模型？

3. 简述软件生命周期的阶段划分及各阶段的任务。

4. 需求分析和详细设计的表达工具有哪些？

5. 白盒测试、黑盒测试各有哪些方法？

6. 下面是某地区涉及财产标的的民事、经济、行政案件诉讼或仲裁的律师代理费收费情况：

争议标的 10 万元以下部分×5%　　　　　　　5 000 元；

争议标的 10 万元以上 50 万元以下部分×3%　　17 000 元；

争议标的 50 万元以上 100 万元以下部分×2.5%　29 500 元；

争议标的 100 万元以上 500 万元以下部分×2%　109 500 元；

争议标的 500 万元以上 1000 万元以下部分×1%　159 500 元；

争议标的 1000 万元以上部分×0.75%

最低不低于 2000 元（外地的代理费不低于 20 000 元）。

（1）用判定表表示手续费的计算方法。

（2）用判定树表示手续费的计算方法。

7. 设有 N 个整数存放在数组 A[100] 中，现要求用冒泡排序方法对它们进行排序。

（1）画出程序流程图。

（2）画出算法的 PAD。

8. 某成绩登记系统的功能如下。

教务员：登录，教师、学生名单管理，学期计划管理，教师授课管理。

教师：登录，发布课程成绩。

学生：登录，浏览课程，选课，查看课程成绩。

请依据以上功能描述画出系统的用例图。

9. 某选课系统的流程如下：学生进入选课系统，浏览可选课程，找出合适的课程，单击"选课"，系统检查选课人数是否有余量，若有，提示"选课成功"；若没有，提示"人数已满"，返回课程浏览页面；学生可以继续选课或退出系统。

请根据上述描述画出选课的活动图。

第 2 章　数据结构及其应用

针对某个实际问题进行软件开发，首先要将现实问题进行抽象，转化为适合编程处理的模型。这种模型不是纯粹的数学模型，而是一种可以描述问题的数据组织形式，并且基于这种数据的组织形式可以设计解决问题的算法。由不同问题抽象出来的数据组织形式有很大不同，人们进行了大量的研究，归纳总结出了少量常见的数据组织形式。了解它们的逻辑形式、存储方式和有关算法对编写程序有很大的帮助。这些研究所形成的计算机科学分支称为数据结构。

2.1　数据结构的基本概念

本节首先介绍数据结构中的数据元素、数据结构分类以及算法效率等基础知识。

1. 数据和数据元素

数字、字符、声音、图像等都可以作为计算机处理的数据，但在不同问题中数据处理的基本单位是不同的。例如，计算某个班级数学课的平均成绩时，是以数字类型作为基本数据单位的；在一张员工信息表中进行人员的插入、删除操作时，可以认为员工的个人信息为基本数据单位。这些数据处理的基本单位在数据结构中就称为数据元素。数据结构这门学科研究的各种数据组织形式就是由数据元素构成的，对各种数据组织形式的操作大多也以数据元素为单位。至于数据元素到底是一种单纯类型的数据，还是多种类型数据的结合体，并不是数据结构所关注的内容。

2. 数据结构的类型

现实问题千姿百态，抽象出来的数据组织形式各不相同，而线性数据结构、树形数据结构和图状数据结构是最常见的几种数据结构。下面分别举例说明。

第一个例子是个人通信录。每个通信记录包含姓名、单位、电话、住址等信息。如果将每个通信记录看作一个数据元素，那么整个通信录就是由若干数据元素组成的有限序列。这种结构称为线性数据结构，其逻辑图如图 2-1a 所示。现实中，这种结构最为常见。

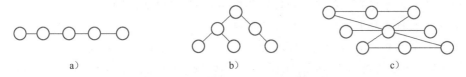

a)　　　　　　　　　　b)　　　　　　　　　　c)

图 2-1　三种基本数据结构的示意图

a）线性数据结构　b）树形数据结构　c）图状数据结构

第二个例子是书的目录。如果将各个章节看作数据元素，并将书名作为最上层的数据元素，则书的目录结构就是如图 2-1b 所示的逻辑形式。这种数据结构称为树形数据结构（简称树形结构）。相似的例子还有家谱、公司组织结构等。

第三个例子是城市交通图。如果将重要的地点、路口、车站作为数据元素，并在数据元素之间按照交通线的实际情况建立联系，则交通图的逻辑结构就如图 2-1c 所示。这种结构称为图状数据结构。

数据的物理结构又称为存储结构，是数据元素本身及元素之间的逻辑关系在计算机存储空间中的映像。存储结构的形式有多种，主要有顺序存储结构、链式存储结构、索引存储结构等。

在顺序存储结构中，数据元素存储在一组连续的存储单元中。元素存储位置间的关系反映了元素间的逻辑关系。例如在顺序表中，逻辑上相邻的元素存储在物理位置相邻的存储单元中。

在链式存储结构中，数据元素存储在若干不一定连续的存储单元中。它是通过在元素中附加一个或多个与其逻辑上相邻的元素的物理地址来建立元素间逻辑关系的。非线性数据结构常常采用这种存储形式。

Python 中最常用的列表类型实际上是一种索引存储结构，图 2-2 是列表 L 的存储结构示意图。在该存储结构中，数据存储为一个个独立的结点，它们的物理位置可能不连续，如图 2-2 中的[2.7,"安"]、35、"西"。另外还要建立索引表来标识结点的地址。图 2-2 中，列表 L 实际上是用动态数组存储了每个元素的地址（即索引），一个地址（32 位或 64 位整数）所占用的空间大小是确定的。索引存储结构的优点是检索速度快，缺点是增加了附加的索引表，会占用较多的存储空间。

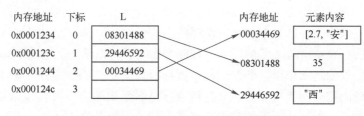

图 2-2 列表 L 的存储结构示意图

3. 算法和算法效率

算法是解决特定问题的步骤，通常被描述为一个高级程序语言能够实现的指令序列。算法具有 5 个主要特征。

1）有穷性：算法由有限条指令构成。

2）确定性：算法中每条指令的含义是确切的。即对任何初始条件，该指令执行结果确定，且对于相同的输入必然产生相同的输出。

3）可行性：算法的每条指令都可以由程序语言在有限步内实现。

4）输入：算法可以有零个或一组输入数据。

5）输出：算法可以有零个或一组输出数据，它和输入数据有内在联系。

算法的描述可以通过自然语言、框图、伪代码或高级程序语言进行。本章的算法都是以 Python 语言描述的。

算法效率的衡量主要有两个指标：时间复杂度和空间复杂度。分别表示一个算法对时间和空间的消耗情况。

一般将程序中一条简单语句（如赋值语句）的时间复杂度记作 1，一个算法的时间复杂度通常以关键指令重复执行的次数来衡量。因为算法中元素的个数不定，一般用 n 表示，所以算法的时间复杂度通常表示为与 n 相关的某一数量级的形式。例如，计算两个 n 阶方阵相加的主要语句是嵌套在一起的两个 n 重循环中的加法运算，其形式如下：

```
for i in range(0,n):
    c.append([])        # c 增加一个空列表元素（c 初始时是一个空列表）
    for j in range(0,n):
        c[i].append(a[i][j]+b[i][j])        # a, b, c 分别存储三个矩阵
```

因此，其关键指令重复执行的次数为 n^2 数量级，从而两个 n 阶方阵相加算法的时间复杂度记作 $O(n^2)$。字母 O 表示与括号中变量的数量级相同。

空间复杂度主要是指算法中存储数据和处理数据的常量和变量所占用的空间大小，以及算法中函数调用或递归调用所消耗的空间大小。如果将每个数据元素的空间占用记作 1，则空间复杂度同样可以用问题规模（即所包含元素的数目 n）的数量级表示。

2.2 线性数据结构

线性数据结构是由有限个元素组成的有序序列，一般记作 $(a_0, a_1, \cdots, a_{n-1})$。除了 a_0 和 a_{n-1} 之外，任意元素 a_i 都有一个直接前趋 a_{i-1} 和一个直接后继 a_{i+1}。a_0 无前趋，a_{n-1} 无后继。数据元素是数字、字符串，甚至列表等相同类型的数据。

线性表、栈和队列都是典型的线性数据结构，它们之间的差异在于它们对数据元素操作方式的不同。线性表可以在结构的任何位置进行插入和删除操作；栈只能在结构的一端进行插入和删除；而队列则是允许在一端进行插入，在另一端进行删除。栈和队列可以说是特殊形式的线性表。

Python 语言的列表是一种功能强大的数据结构，它是线性表、栈、队列的综合体。

2.2.1 顺序表

1. 顺序表的概念

采用顺序存储结构的线性表称为**顺序表**，其数据元素类型相同且按照逻辑顺序依次存放在一组连续的存储单元中。逻辑上相邻的元素，其存储位置也彼此相邻。假设顺序表为 $(a_0, a_1, \cdots, a_{n-1})$，假定 a_0 的地址是 $Loc(a_0)$，每个元素占 d 个字节，则第 i+1 个元素 a_i 的存储位置为 $Loc(a_i) = Loc(a_0) + i * d$。

图 2-3 是向顺序表中插入元素 x 的算法示意图，图 2-4 是从顺序表中删除 a_i 的算法示意图。线性表（包括顺序表和后面讲到的单链表）经常执行下列操作：

- 判定线性表是否为空。
- 求线性表的长度。
- 查找某个元素。
- 删除指定位置的元素。
- 在指定位置插入新元素。

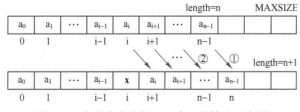

图 2-3　向顺序表中插入元素 x 的算法示意图

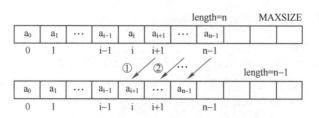

图 2-4　从顺序表中删除元素 a_i 的算法示意图

在 C 或 Pascal 语言中，数组的每个元素都是相同类型的并且占用同样大小的空间。这恰好符合顺序表的要求。因此，这些语言一般用数组实现顺序表。Python 语言虽然没有数组这样的存储结构，但列表的地址索引实质上就是一个顺序表。这里举例说明 Python 列表在执行插入删除操作时内存空间的变化。

列表的 insert 操作可以在列表的任何位置添加一个元素。观察下面程序的运行情况。

```
>>> L=[35,"西",[2.7,"安"]]
>>> id(L)                    # 输出 L 的内存地址
140257264890048
>>> L.insert(1,"Spring")
>>> L
[35,'Spring','西',[2.7,'安']]
>>> id(L)                    # 输出 L 的内存地址
140257264890048
```

插入元素后，列表 L 的存储结构如图 2-5 所示。可以看出在执行 insert 操作后，L 的起始地址并无变化，而原来的 L[0] 之后的元素整体后移了一个单元。这说明插入操作是在原数据空间上进行的。插入操作期间，L 的长度可能会自动增加以应对将来的需求。

列表的 pop 或 remove 操作删除列表中的一个元素。观察下面程序的运行（继续使用上面的 L）。

```
>>> L.pop(0)                 # 删除并返回头部元素
35
>>> id(L)                    # 输出 L 的内存地址
140257264890048
>>> L.remove('西')
>>> id(L)                    # 输出 L 的内存地址
140257264890048
>>> L
['Spring',[2.7,'安']]
```

这时，列表 L 的存储结构的变化如图 2-6 所示。可以看出执行 pop 或 remove 操作后，L 的起始地址无变化，而被删除元素之后的其他元素整体向前移动，各个地址索引依旧保持连续。删除元素过程中，L 的长度也可能会动态减小以减少浪费。

可以认为列表是一个升级版的顺序表。相比传统意义的顺序表，列表有两个明显的增强特性：①列表的元素类型可以不同；②列表的空间大小可以自动调整。上文提到的线性表的常见操作，在列表中基本都有对应函数，可以将列表当作顺序表来使用。

事实上，Python 列表的功能十分丰富，可以被看作顺序表、栈、队列等结构的综合体。有些时候人们并不需要这么强大的功能，比如人们可能仅仅需要队列的功能。这种情况下如果使用列表代替队列进行编程，程序员可能会不小心使用了非队列的操作。为了应对类似情形，可能需要用 Python 定义一个更加符合顺序表、栈或队列操作的类。

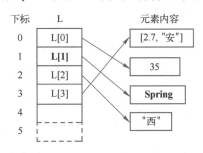

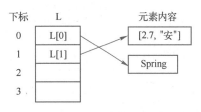

图 2-5　插入元素后内存空间的变化　　　图 2-6　删除两个元素后内存空间的变化

2. 顺序表类的实现

本节用 Python 的列表定义一个顺序表类。为了符合顺序表的定义，这里限定了该类存储空间的长度，将常见的操作定义为类的函数。该类是一个逻辑意义上（而非物理意义上）的顺序表。

下面给出顺序表类的实现。

```python
class SeqList():
    def __init__(self, M = 100):          # 构造函数, 定义对象时执行
        self.max = M                       # 默认顺序表最多容纳 100 个元素
        #初始化顺序表
        self.num = 0                       # 顺序表初始长度
        self.data = []                     # 存放数据的列表

    def IsEmpty(self):                     # 判断顺序表是否为空
        return self.num == 0

    def IsFull(self):                      # 判断顺序表是否已满
        return self.num == self.max

    def Length(self):                      # 返回顺序表中元素的个数
        return self.num

    def GetItem(self, index):              # 获取顺序表中某一位置的值
        if 0 <= index < self.num:
            return self.data[index]
        else:
            print("输入的元素位置超界.")

    def SetItem(self, index, value):       # 修改顺序表中某一位置的值
        if index < 0 or index >= self.num:
            print("修改元素时位置超界.")
        else:
            self.data[index] = value

    def FindItem(self, value):             # 按值查找第一个等于该值的索引
        for i in range(self.num):
            if self.data[i] == value:
                return i
        return -1                          # 未找到时返回 -1
```

```
    def Insert(self,index,value):              # 在表的 index 位置上插入一个元素
        if self.num>=self.max:
            print("表满,无法插入.")
        elif index<0 or index>self.num:
            print("插入位置超界")
        else:
            self.data.insert(index,value)
            self.num += 1

    def Delete(self,index):                    # 删除表中 index 位置的元素
        if self.num==0:
            print("表空,无法删除.")
        elif index < 0 or index >= self.num:
            print("删除位置超界")
        else:
            self.data.pop(index)
            self.num -= 1

    def PrintList(self):                       # 输出全部元素
        for i in range(0,self.num):
            print(self.data[i],end=' ')
        print()
```

在上面顺序表类的初始化函数中，设定了最大存储空间 max 的大小，而实际顺序表长度为 num。该类中的获取元素、设置元素、插入元素和删除元素的函数都受到 num 或 max 的限制。也正因为有存储长度上限，才有了判断表是否满的函数。注意，本程序没有要求每个元素的类型都必须一致，这一点和顺序表的定义有所不同。在实际应用中，以上顺序表类中的成员函数也不是固定不变的。根据具体问题，可能会修改函数的功能，也可以增加或删除函数。

3. 顺序表应用举例

【例 2-1】 顺序表的基本应用。利用顺序表存储字符串并进行插入、删除、查找、显示等操作。

解： 首先将上文定义的顺序表类存储为文件 seqlist.py，然后在同一目录下编写 Python 程序如下：

```
from seqlist import  SeqList              # 从 seqlist.py 文件引入 SeqList 类
if __name__ == '__main__':
    seq=SeqList(20)
    seq.Insert(seq.num,"2022 年")
    seq.Insert(seq.num,"1 日")
    seq.Insert(1,"6 月")
    seq.Insert(seq.num,'是')
    seq.Insert(seq.num,"端午节?")
    seq.PrintList()
    k = seq.FindItem("1 日")
    seq.Delete(k)
    seq.Insert(k, "3 日")
    seq.SetItem(seq.num-1, "端午节。")
    seq.PrintList()
```

运行结果：

2022 年 6 月 1 日 是 端午节？
2022 年 6 月 3 日 是 端午节。

本例验证了顺序表类的各个函数。其中的元素类型是 str，当然也可以是 int、float、list、set 等，甚至是自定义的类。

【例 2-2】利用顺序表建立单词管理程序。编写一个单词管理程序，其数据元素为列表［英文单词，中文解释］。要求本程序可以录入英文单词和中文解释，可以按英文查找、删除和修改某一项内容。

解：程序如下（其说明见注释）：

```python
class SeqList():
    …# 修改程序顺序表类中的 FindItem 函数如下，其他部分不变
    def FindItem(self,value):                    # 按英文查找第一个等于该值的索引
        for i in range(self.num):
            if self.data[i][0] == value:
                return i
        return -1


if __name__ == '__main__':
    seq = SeqList(200)
    print("请输入以下选项：1. 插入 2. 删除 3. 查找 4. 修改 5. 显示全部 6. 结束")
    sel = int(input())
    while sel != 6:
        if sel == 1:
            T = input("输入英文单词及其解释：")
            seq.Insert(seq.num, T.split())       # 在尾部插入元素
        elif sel == 2:
            word = input("输入要删除的单词：")
            k = seq.FindItem(word)
            if k == -1:
                print("没有这个词.")
            else:
                seq.Delete(k)
        elif sel == 3:
            word = input("输入要查找的单词：")
            k = seq.FindItem(word)
            if k == -1:
                print("没有找到.")
            else:
                print(seq.data[k])
        elif sel == 4:
            word = input("输入要修改的单词：")
            k = seq.FindItem(word)
            if k == -1:
                print("没有这个词.")
            else:
                ch = input("输入新的解释：")
                seq.SetItem(k, [word, ch])
        elif sel == 5:
            seq.PrintList()
        print("输入选项：1. 插入 2. 删除 3. 查找 4. 修改 5. 显示全部 6. 结束")
        sel = int(input())
```

运行结果：

```
请输入以下选项：1. 插入 2. 删除 3. 查找 4. 修改 5. 显示全部 6. 结束
1
输入英文单词及其解释：car 汽车
请输入以下选项：1. 插入 2. 删除 3. 查找 4. 修改 5. 显示全部 6. 结束
1
输入英文单词及其解释：people 人们
请输入以下选项：1. 插入 2. 删除 3. 查找 4. 修改 5. 显示全部 6. 结束
1
输入英文单词及其解释：book 书籍
请输入以下选项：1. 插入 2. 删除 3. 查找 4. 修改 5. 显示全部 6. 结束
5
['car', '汽车'] ['people', '人们'] ['book', '书籍']
请输入以下选项：1. 插入 2. 删除 3. 查找 4. 修改 5. 显示全部 6. 结束
2
输入要删除的单词：book
请输入以下选项：1. 插入 2. 删除 3. 查找 4. 修改 5. 显示全部 6. 结束
4
输入要修改的单词：people
输入新的解释：人；人们
请输入以下选项：1. 插入 2. 删除 3. 查找 4. 修改 5. 显示全部 6. 结束
5
['car', '汽车'] ['people', '人；人们']
请输入以下选项：1. 插入 2. 删除 3. 查找 4. 修改 5. 显示全部 6. 结束
6
```

如果数据元素是整数、实数这些基本数据类型，那么查找元素时自然就是与数据元素本身进行对比。如果数据元素包含多个属性，那么查找元素时往往是与数据元素的某个属性进行比较。本例的 FindItem 函数的修改就是这种。

2.2.2　栈

1. 栈的概念及实现

栈是限制在表的一端进行插入和删除操作的线性表。允许进行插入和删除操作的一端称为**栈顶**，另一端称为**栈底**。栈的示意图如图 2-7 所示。如果多个元素依次进栈，则后进栈的元素必然先出栈，所以栈又称为**后进先出（LIFO）表**。栈设有一个栈顶指针 top 标识栈顶位置。栈的主要操作有：

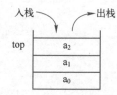

图 2-7　栈的示意图

- 创建空栈。
- 进栈（Push）操作，即在栈顶插入元素。
- 出栈（Pop）操作，即从栈顶删除元素。
- 读栈顶元素，即只是读取栈顶元素，不改变栈内元素。

这里利用 Python 的列表来实现一个栈类。将列表的 0 下标单元作为栈底，将栈顶元素的下标存储在栈顶指针 top 中。

top 随着元素进栈出栈而变化。初始状态时，top 为-1，表示空栈，这时 top 实际上指向了一个不存在的单元。top 等于 MAXSIZE-1 时表示栈满。如果要将栈置为空栈，只要将 top 设为-1 即可。下面给出的栈类实现了初始化、进栈、出栈、读栈顶元素等主要算法。

```
class Stack():
    def __init__(self, M = 100):
        self.max = M                    # 栈默认最多容纳 100 个元素
        # 初始化存储空间
        self.top = -1                   # 栈顶指针
        self.data = []                  # 存放数据的列表

    def IsEmpty(self):                  # 判断栈是否为空
        return self.top == -1

    def IsFull(self):                   # 判断栈是否已满
        return self.top == self.max

    def GetTop(self):                   # 读栈顶元素
        return self.data[self.top]

    def Push(self, value):              # 压栈一个元素
        if self.top>=self.max:
            print("栈满!")
            return None
        else:
            self.data.append(value)
            self.top += 1
            return True

    def Pop(self):                      # 出栈一个元素
        if self.top<0:
            print("栈空!")
            return None
        else:
            e = self.data.pop()
            self.top -= 1
            return e
```

以上栈类的 Push（压栈）操作如果成功，则返回 True，否则返回 None；而 Pop（出栈）操作如果成功，则返回栈顶元素，否则返回 None。实际上，如果一个 Python 函数没有返回值，它就会返回一个 None。换言之，在上面的 Push 和 Pop 函数中，删除返回 None 的语句，与目前的写法并无不同，仍可以通过判断其返回值是否为 None 来判断操作成功与否。

2. 栈的应用——表达式求值

这里用栈来解决一个表达式求值问题。假定表达式是由加、减、乘、除符号和数字构成的算式，现在要编写一个程序用来计算该算式的计算结果。

一个表达式可以有三种不同的表示方法：前缀表示法、中缀表示法和后缀表示法。最简单的表达式具有两个数字 S_1、S_2 和一个运算符 $\underline{OP}$。一般常规的表示法称为中缀表示法，其形式为 $S_1\underline{OP}S_2$，如 6 + 3。而前缀表示法写成 $\underline{OP}S_1S_2$，如 + 6 3；后缀表示法写成 $S_1S_2\underline{OP}$，如 6 3 +。这里仅考虑后缀表达式求值。任何表达式都可分解为下列形式：

$$（子表达式\ E_1）（子表达式\ E_2）（运算符\ \underline{OP}）$$

而子表达式 E_1、E_2 还可以进一步分解，从而得到：

$$（（子式\ E_{11}）（子式\ E_{12}）\underline{OP1}）（（子式\ E_{21}）（子式\ E_{22}）\underline{OP2}）（\underline{OP}）$$

只要不断对子表达式进一步分解，总能将子表达式分解为最简单形式，从而得到一个表达式的

后缀式。例如，$2 * (6+3)$ 的后缀式是 2 6 3 + *。在后缀表达式中，括号可以省略。

表达式的中缀式虽然容易理解，但在求值的时候利用后缀式更为简单。利用后缀式求值的算法为：首先设立一个栈，依次读取后缀式中的字符，若字符是数字，则进栈并继续读取，若字符是运算符（记为 OP），则连续出栈两次得到数字 S_2 和 S_1，计算表达式 $S_1 OP S_2$ 并将结果入栈，继续读取后缀式。当读到结束符时停止读操作，这时堆栈中应该只有一个数据，即结果数据。例如，以空格分隔的后缀式 2 6 3 + * 的计算过程为：读取 2、6、3 依次入栈；读取+时，令 3 和 6 出栈，计算 6+3 并将结果 9 入栈；读取 * 号时，令 2 和 9 出栈，计算 2*9 后将结果 18 入栈。这时 18 就是最终结果。

【例 2-3】编写程序，输入一个四则运算表达式的后缀式，利用栈计算表达式的值。

解：本例处理的对象是以字符串形式输入的后缀表达式，数字和字符之间以空格分开。然后从第一个子字符串开始依次处理所有子串。如果遇到的是数字，则入栈，如果是运算符，则出栈两次并计算，再将结果入栈。

首先将上文定义的栈类存储为文件 stack.py，然后在同一目录中编写程序如下：

```python
import sys
from stack import  Stack          # 从 stack.py 文件引入 Stack 类
if __name__ == '__main__':
    T = Stack()                   # 定义一个栈
    e = input("输入表达式(所有数字、字符之间都加一个空格)：\n")
    L = e.split()
    for i in range(len(L)):       # 逐一处理后缀表达式中的数字或符号
        if L[i] == '+' or L[i] == '-' or L[i] == '*' or L[i] == '/':
            n2 = T.Pop()          # 出栈两个数
            n1 = T.Pop()
            if L[i] == '+':
                T.Push( n1 + n2 ) # 计算并将结果入栈
            if L[i] == '-':
                T.Push( n1 - n2 )
            if L[i] == '*':
                T.Push( n1 * n2 )
            if L[i] == '/':
                T.Push( n1/n2 )
        else:
            try:
                if float(L[i]):   # 确保读到的是数字
                    T.Push(float(L[i]))
            except ValueError:
                print("输入不是数字.")
                sys.exit()        # 若数据错误，则程序结束
    r = T.Pop()                   # 弹出栈中剩余的唯一元素
    print("结果为:", r)
```

运行结果：

```
输入表达式(所有数字、字符之间都加一个空格)：
2.5 1.5 + 6.3 3.3 - *
结果为: 12.0
```

分析：
本例的主程序段使用 try…except 语句处理输入的操作数不是数字的情况。这样可以保证

即使输入的数字错误，也不会异常退出。但是本程序并没有判断后缀式的构成是否合法（比如，2.1 1.5 ＊ 6 或 5.1 5.2 ＊ ＋ 都是不合法的后缀式）。

2.2.3 队列

1. 队列的概念及实现

队列是只能在表的一端进行插入，而在另一端进行删除操作的线性表。允许删除元素的一端称为**队头**，允许插入元素的一端称为**队尾**。队列的示意图如图 2-8a 所示。显然，不论元素按何种顺序进入队列，也必然按这种顺序离开队列，所以队列又称为**先进先出（FIFO）线性表**。由于队列有两个活动端，因此一般设置队头和队尾两个位置指针。队头指针一般记作 front，队尾指针一般记作 rear。队列的主要操作有：

- 创建空队列。
- 入队，即在队尾插入元素。
- 出队，即从队头删除元素。
- 读队头元素，即获得队头元素，但不从队中删除。

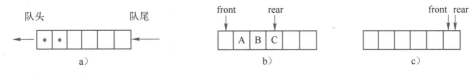

图 2-8 一般队列操作示意图

a）顺序存储结构的队列   b）A、B、C 入队   c）队列假溢出

由于队列只能从头部删除元素，如果按线性表的删除算法处理，则出队操作需要将其余所有元素都向前移动一个位置。频繁移动元素会在一定程度上降低效率，因此在顺序存储的队列中，出队和入队操作都不移动元素而是移动指针。具体操作方式为：先设定 front＝rear＝0；入队时队尾指针 rear 先加 1，再将新元素放在 rear 指示的位置；出队时队头指针 front 先加 1，再将下标为 front 的元素取出。但这种操作方式会产生一个问题：由于 rear 和 front 只能单向移动，随着元素不断入队和出队，rear 和 front 指针最终会指向存储空间的最大下标位置，如图 2-8c 所示。这时按照上述操作方式，元素无法入队，但队列中仍有空闲位置，这种情况称为**假溢出**。

解决假溢出的办法是将存放队列元素的存储空间首尾相接，形成**循环队列**。实现的方式是采用数学方法将 rear 或 front 指针从存储空间的最大下标位置移到 0 号下标位置。假如存放队列的空间长度为 M，则循环队列的**元素入队操作为**：

```
① rear ＝（rear+1）%M   # 若当前 rear 为 M-1，则下一个位置为 0
② 将新元素在 rear 指示位置加入
```

元素出队操作为：

```
① front ＝（front+1）%M   # 若当前 front 为 M-1，则下一个位置为 0
② 将下标为 front 的元素取出
```

同时，判断队空条件为：front ＝ rear，判断队满条件为：（rear+1）% M ＝ front。

图 2-9 显示了队空、非空、队满的情况。根据队满的条件（rear+1）%M ＝ front，容易知道 front 所指向的位置是留空不用的，它所指向的位置始终为第一个元素的前一个位置。之所以不使用 front 所指向的单元，是为了区分队空和队满的条件。否则，仅仅根据条件 front ＝ rear

就难以区分队空和队满。下面的队列类实现了队列的主要操作。

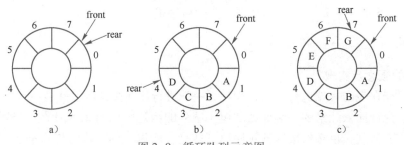

图 2-9 循环队列示意图
a) 循环队列空 b) 非空循环队列 c) 循环队列满

```python
class Queue(object):
    def __init__(self, M = 100):
        self.max = M                         # 队列默认最多容纳100个元素
        # 初始化存储空间
        self.front = 0
        self.rear = 0
        self.data = [None] * self.max        # 占位100个

    def IsEmpty(self):                       # 判断队列是否为空
        if self.rear == self.front:
            return True
        else:
            return False

    def IsFull(self):                        # 判断队列是否已满
        if (self.rear+1) % self.max == self.front:
            return True
        else:
            return False

    def EnQueue(self, value):                # 入队
        if self.IsFull():
            print("队列已满")
        else:
            self.rear = (self.rear+1) % self.max
            self.data[self.rear] = value

    def DeQueue(self):                       # 出队
        if self.IsEmpty():
            print("队列已空")
        else:
            self.front = (self.front+1) % self.max
            return self.data[self.front]

    def GetHead(self):                       # 读队头元素
        if self.IsEmpty():
            print("队列已空")
        else:
            i = (self.front +1) % self.max
            return self.data[i]
```

注意，不要将本队列类的文件命名为 queue. py，原因是 Python 本身有一个 queue 模块，该模块包含了普通队列类 Queue、优先队列类 PriorityQueue（有排序功能）等。这里将本队列类的文件命名为 myQueue. py，这样就可以避免在使用这个类时产生歧义。

2. 队列的应用举例

下面用两个队列对一组整数进行排序。假定有一组整数 $T = [t_1, t_2, \cdots, t_n]$ 需要由小到大排序，基本算法思想如下：

先初始化，建立两个空队列 A、B，让 T[0] 进入队列 A，并从 T 中删除 T[0]。

第 1 步，可以认为 A 是有序队列，将 A 中元素从前至后与目前的 T[0] 比较，将 A 中小于 T[0] 的数出队并依次入队 B。

第 2 步，将 T[0] 放入队列 B，并从 T 中删除 T[0]。

第 3 步，将队列 A 中剩余的元素依次出队并放入 B 中，此时 B 也是有序序列。

第 4 步，将队列 B 中的元素出队，然后依次放入队列 A（相当于复制）。

反复执行上述第 1~4 步，直到 T 中的元素全部进入 A 中，形成有序序列。

【例 2-4】 编写程序，利用队列实现一组整数的排序。

解： 在队列类文件 myQueue. py 的同一目录中编写程序如下。

```python
from myQueue import Queue              # 从 myQueue 引入 Queue 类
if __name__ == '__main__':
    QA = Queue()                       # 创建两个队列
    QB = Queue()
    T = []                             # 存放原始数据
    print("请输入 5 个待排序的整数：")
    for i in range(5):                 # 输入 5 个元素
        T.append(int(input()))
    QA.EnQueue(T.pop(0))               # T 的第 1 个元素入队 A
    while len(T) > 0:                  # T 不为空时循环
        while (not QA.IsEmpty()) and QA.GetHead() < T[0]:
            QB.EnQueue(QA.DeQueue())   # 将 A 头部比 T[0] 小的元素转移到 B
        QB.EnQueue(T.pop(0))           # 将 T 的第一个元素入队 B
        while not QA.IsEmpty():
            QB.EnQueue(QA.DeQueue())   # 将 A 中剩余元素转移到 B
        while not QB.IsEmpty():
            QA.EnQueue(QB.DeQueue())   # 将 B 中元素全部转移到 A
    print("排序后序列为：")
    while not QA.IsEmpty():            # 显示排序结果
        print(QA.DeQueue(), end='')
```

运行结果：

```
请输入 5 个待排序的整数：
23
56
11
78
19
排序后序列为：
11 19 23 56 78
```

2.2.4　单链表

1. 单链表的概念及实现

单链表是一种线性数据结构，它使用一组地址任意的存储单元存放数据元素。由于逻辑上相邻的元素其物理位置不一定相邻，为了建立元素间的逻辑关系，需要在每个元素中附加其后继元素的物理地址，这种地址称为**指针**。附加了其他元素指针的数据元素称为**结点**，每个结点都包含数据域和指针域两部分，**数据域**存放数据元素，**指针域**存放逻辑上相邻的后继元素的地址。图 2-10 为单链表的结点的示意图，其中 data 为数据域，next 为指针域。**单链表**就是由这样的结点依次连接而成的单向链式结构，如图 2-11 所示。

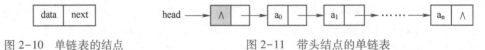

图 2-10　单链表的结点　　　　　　　　　　图 2-11　带头结点的单链表

图 2-11 中结点上的箭头表示该结点的指针域存储的是箭头所指向结点的地址。由于最后一个元素无后继，因而其指针域为 None，这里用 ∧ 表示。一个链表必须有一个**头指针**，它指向链表头部，这里用 head 表示。为了方便编程，链表可以含有一个**头结点**，该结点的数据域不使用，赋值为 None，图中也用 ∧ 表示。头结点的指针指向的是第一个数据元素，称为**首元结点**。**空链表**仅含有一个头结点，没有数据结点，同时头结点的指针域也为 None，表示不指向任何结点，如图 2-12 所示。由于链表中各个结点的存储位置不确定，链表不能像顺序表那样通过乘法计算找到第 i 个结点。链表只能从 head 开始，按指针找到某个结点。

单链表不需要事先分配空间，而是在插入结点时动态分配结点空间。反之，在单链表中删除结点时，结点所占空间可以释放出来。单链表所占用空间是动态变化的。

1）结点初始化、链表初始化及求长度函数。

```python
# 结点类
class ListNode:
    def __init__(self, val=0, next=None):
        self.data = val                    # 数据域
        self.next = next                   # 指针域


# 链表类
class LinkedList:
    def __init__(self):
        self.head = ListNode(None, None)   # 创建头结点


    # 获取链表长度
    def length(self):
        count = 0                          # 长度初始值
        p = self.head.next                 # p 指向首个数据元素
        while p != None:
            count += 1
            p = p.next
        return count
```

因为只有尾部元素的指针为 None，所以在 length() 函数中，while 语句会走过所有结点，从而得到链表的长度。特别注意，length() 函数中语句 p = p.next 是将指针 p 向后移动一步，变成指向当前结点的后继结点的指针，图 2-13 给出了指针变化示意图。

图 2-12　带头结构的空链表　　　　　图 2-13　单链表指针后移一步

2）链表类中的查找函数。

查找元素时，可以按照元素本身的值或元素的某个属性值进行查找。下面仅给出按照数据
元素本身的值进行查找的函数。

```
# 搜索第 1 个值为 val 的结点的指针
def findValPointer(self, val):
    p = self.head.next                  # 指向第 1 个结点
    while p != None and p.data != val:  # 链表没有结束且没有找到，循环
        p = p.next                      # 指向下一个结点
    if p == None:
        print("没有找到.")
    return p                            # 找到时，返回找到的结点的指针
```

查找函数在搜索成功时返回找到的结点的指针，否则返回 None。

3）链表类中的插入函数。

假设要在 a_i 之前插入数据 x，首先需要找到 a_i 的前驱结点的指针 p，然后分三步实现插入
操作：

① 创建一个值为 x 的 s 结点。

② 让 s 结点的 next 指向结点 a_i。

③ 让结点 a_{i-1} 指向 s 结点。

操作过程如图 2-14 所示。

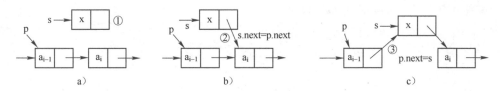

图 2-14　在单链表中插入数据 x

a）第 1 步，生成 s 结点　b）第 2 步，s 结点指向结点 a_i　c）第 3 步，结点 a_{i-1} 指向 s 结点

下面给出三种不同的插入元素的函数。

```
# 第 1 种，在 p 指针所指向结点之后插入元素 x
def insertAfterPNode(self, p, x):
    s = ListNode(x)        # 步骤 ①
    s.next = p.next        # 步骤 ②
    p.next = s             # 步骤 ③

# 第 2 种，在 index 下标位置插入元素 x（index 从 0 开始）
def insertAtIndex(self, index, x):
    # 寻找 index-1 位置的结点的指针
    count = 0
    p = self.head
    while p != None and count < index:
```

```
            count += 1
            p = p. next
        if p == None:
            print("位置超界，无法插入.")
        else:
            s = ListNode(x)                    # 步骤 ①
            s. next = p. next                  # 步骤 ②
            p. next = s                        # 步骤 ③

# 第 3 种，在链表末尾插入元素 x
def insertToEnd(self, x):
    p = self. head
    while p. next != None:                     # 当 p. next = None 时，p 指向尾部结点
        p = p. next
    s = ListNode(x)                            # 步骤 ①
    s. next = p. next                          # 步骤 ②
    p. next = s                                # 步骤 ③
```

4）链表类中的删除函数。

假设要删除结点 a_i，需要先找到该结点及其前驱结点的指针 p 和 q，如图 2-15a 所示。然后修改结点 a_{i-1} 的指针域，使其指向结点 a_{i+1} 即可，如图 2-15b 所示。

图 2-15　从单链表中删除节点 a_i

a）删除前　b）删除后

下面给出两种不同的删除元素的函数。

```
# 第 1 种，从链表中删除第 1 个数值为 val 的结点
def deleteByValue(self, val):
    p = self. head
    while p != None and p. data != val:
        q = p
        p = p. next                            # q 结点为 p 结点的前驱
    if p == None:
        print("没有找到要删除的结点.")
    else:                                      # p 指向待删除结点
        q. next = p. next                      # 删除结点

# 第 2 种，删除链表中 index 下标位置的元素（index 从 0 开始）
def deleteAtIndex(self, index):
    # 找到 index-1 位置的结点的指针
    count = 0
    q = self. head
    while q. next != None and count < index :
        count += 1
        q = q. next
    if q. next == None:
        print("位置超界，无法删除.")
    else:
```

```
        p = q. next                          # p 指向待删除结点
        q. next = p. next                    # 删除结点
```

5）链表类中显示全部数据的函数。

```
def showAll( self) :
        p = self. head. next                 # p 指向首个数据元素
        while p ! = None:
                print( p. data, end=' ')
                p = p. next
        print( )
```

以上所有查找、插入、删除、显示元素的函数均可按需增减、修改。

2. 链表应用举例

考虑一个简单的链表：每个元素为包含一个整数和一个字符串的列表。每步操作后都输出数据用来检测各种操作。

【例 2-5】 编写程序，演示单链表类的功能。

解： 先将上述所有单链表的相关代码整合在一个名为 linkList. py 的文件中，然后在同一目录下建立下列文件。

```
from linkList import LinkedList
if __name__ == '__main__':
        L = LinkedList( )
        L. insertAtIndex(0,[3,"火药"])          # 测试 insertAtIndex 函数
        L. showAll( )
        L. insertAtIndex(0, [1,"指南针"])
        L. showAll( )
        p = L. findValPointer([1,"指南针"])      # 测试 findValPointer 函数
        L. insertAfterPNode(p, [2, "造纸术"])    # 测试 insertAfterPNode 函数
        L. showAll( )
        L. insertAtIndex(3,[5,"织布机"])         # 测试 insertAtIndex 函数
        L. showAll( )
        L. insertToEnd([4,"印刷术"])             # 测试 insertToEnd 函数
        L. insertToEnd([6, "书法"])
        L. showAll( )
        L. deleteByValue([5,"织布机"])           # 测试 deleteByValue 函数
        L. showAll( )
        L. deleteAtIndex(4)                      # 测试 deleteAtIndex 函数
        L. showAll( )
```

运行结果：

```
[3, '火药']
[1, '指南针'] [3, '火药']
[1, '指南针'] [2, '造纸术'] [3, '火药']
[1, '指南针'] [2, '造纸术'] [3, '火药'] [5, '织布机']
[1, '指南针'] [2, '造纸术'] [3, '火药'] [5, '织布机'] [4, '印刷术'] [6, '书法']
[1, '指南针'] [2, '造纸术'] [3, '火药'] [4, '印刷术'] [6, '书法']
[1, '指南针'] [2, '造纸术'] [3, '火药'] [4, '印刷术']
```

2.2.5　实例：迷宫寻路

矩阵在现实中用途广泛，本节利用二维矩阵结合栈结构来解决一个迷宫寻路问题。在 Python 中，二维矩阵可以使用列表嵌套的形式存储。

考虑如图 2-16 所示的迷宫问题。其中，带阴影的方格为障碍，空白方格是可以行走的道路。若从位置 a 出发，每次走一格，求解一条从 a 到 b 的简单路径。所谓**简单路径**是指所过的方格不可重复。

如果将带阴影的方格用 0 表示，空白方格用 1 表示，迷宫地图就可以用矩阵表示。另外，将走过的位置按顺序存储在一个路径栈中，路径栈中第 1 个元素的位置是[0,0]。每次走到一个新位置先将其入栈，然后向左右上下四个方向继续尝试，若最终发现此路不通，则需要退回上一步，即路径栈尾部元素出栈，从路径栈中上一个位置继续尝试下一个方向。这是一个递归的过程。求迷宫路径的算法可描述如下：

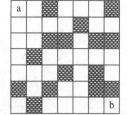

图 2-16　迷宫地图

```
go(位置[i,j]):                    # 试探[i,j]是否可行,初始是[0,0]
    if(位置[i,j]可进入 且 该位置未出现在目前路径中):
        将[i,j]加入路径栈          # 表示可以作为路径中的一个点
        if(没到终点 且 左侧位置在界内)   go(位置[i,j+1])      # 向左寻找
        if(没到终点 且 下侧位置在界内)   go(位置[i+1,j])      # 向下寻找
        if(没到终点 且 右侧位置在界内)   go(位置[i,j-1])      # 向右寻找
        if(没到终点 且 上侧位置在界内)   go(位置[i-1,j])      # 向上寻找
        当该位置四周探测完毕,仍无法找到出路,则路径栈出栈    # 此路不通
```

这种算法称为**回溯法**，就是试探当前位置是否可继续走下去，走不下去则退回到上一个点再试探其他的方向。最终路径栈中的元素就构成一条可行路径。

【例 2-6】 编写程序，解迷宫寻路问题。

解：使用嵌套列表 A 表示图 2-16 的迷宫。使用列表 path 存储路径，位置[0,0]表示起点，位置[6,6]表示终点。程序代码如下：

视频：迷宫寻路

```
path = [ ]                        # 存储走过的位置,形式为[x,y]
end = [6,6]                       # 终点位置
M = 7                             # 矩阵阶数
stop = 0                          # 是否到达终点,0--没到,1--到达

# 寻找起点到终点间的简单路径
def go(A, i, j):                  # A 是迷宫矩阵,i, j 初始时是起点位置
    global stop
    if  A[i][j] == 1 and ([i,j] not in path):    # [i,j]为路且没有走过
        path. append([i,j])       # [i,j]放入路径,相当于入栈
        if [i, j] == end:         # 若到达终点
            stop = 1
        if j+1<M and stop == 0:
            go(A, i, j+1)         # 没到终点且右侧可行,向右寻找
        if i+1<M and stop == 0:
            go(A, i+1, j)         # 没到终点且下方可行,向下寻找
        if j>0 and stop == 0:     # 向左尝试
            go(A, i, j-1)         # 没到终点且左侧可行,向左寻找
        if i>0 and stop == 0:     # 向上尝试
            go(A, i-1, j)         # 没到终点且上方可行,向上寻找
        if stop == 0:             # 没到终点,但上下左右都没有可行路线
            path. pop( )          # 此路不通,回退(尾部位置删除),相当于出栈

# 矩阵存储路径情况,1--可走,0--障碍
A = [[1, 1, 0, 1, 1, 1, 0],
```

```
            [1, 1, 1, 1, 0, 1, 1],
            [1, 1, 0, 0, 1, 0, 0],
            [1, 0, 1, 1, 1, 1, 1],
            [1, 1, 1, 0, 1, 0, 1],
            [0, 1, 0, 1, 1, 0, 0],
            [1, 0, 1, 1, 1, 1, 1]]
    go(A, 0, 0)                    # 调用函数求解
    print("找到的路径:")
    print(path)                    # path 中是路径
```

运行结果:

找到的路径:[[0,0],[0,1],[1,1],[2,1],[2,0],[3,0],[4,0],[4,1], [4,2],[3,2],[3,3], [3,4],[4,4],[5,4],[6,4],[6,5],[6,6]]

分析:

本例将 stop、path 等设为全局变量,是为了在程序中更方便地使用它们。在运行过程中,path 始终保持着从起点到当前位置的简单路径,其内容随着搜索位置的变化而变化。当找到一条路径后,stop = 1,程序就会一直回退直到结束,路径也不再变化了。

2.3　查找和排序

数据的查找和排序是数据处理中的常用操作。查找和排序的方法种类繁多,有的适用于线性数据结构,有的适用于非线性数据结构。而且,不同方法的效率也差异巨大。本节就专门介绍一些在实际应用中经常使用的查找和排序算法。

2.3.1　查找基本概念

查找一般是在同一类数据的集合中进行的。由同一类数据构成的用于查找的集合被称为**查找表**。**查找表**是具有一定存储结构的数据集合,比如顺序表结构、链式结构、树形结构等。查找表中的数据元素可以是基本数据类型(如整型、字符串等),也可以是复杂数据类型(结构体或类的对象)。如果数据元素是包含多个属性的复杂类型,那么查找往往根据数据元素的某个属性进行。例如根据学号查找一个学生的信息,根据作者查找某本书的信息。这种被用于查找的元素属性一般称为**关键字**,它往往可以唯一标识一个元素。

查找表是为了进行查找而建立起来的数据结构。有的时候,查找表一旦建立,在以后的查找过程中就不会改变。这样的查找表称为**静态查找表**,所对应的查找算法属于**静态查找技术**。而有些时候查找表建立后,在后来的查找过程中仍会改变查找表的内容。这样的查找表称为**动态查找表**,所对应的查找算法属于**动态查找技术**。静态查找的例子很普遍,这里不再举例。动态查找的一个典型例子是单词统计问题,就是统计一篇文章中使用了多少个单词以及每个单词的使用次数。解决方法是先建立一个空的查找表,以后每读到一个词就在查找表中查询一次,如果该单词存在,则将其使用次数加 1,否则将新词插入到查找表中并设使用次数为 1。显然,这个查找表是不断扩张的,有些动态查找表还可能会缩小。

衡量查找算法效率的标准是平均查找长度(Average Search Length,ASL)。**平均查找长度**是为了确定数据元素在查找表中的位置,需要将给定值和表中的数据元素的关键字进行比较的次数的期望值。**平均查找长度 ASL 的计算方法为:**

$$ASL = \sum_{i=1}^{n} P_i C_i$$

其中，n 为**表长度**；P_i 为查找表中查找第 i 个元素的概率，且 $\sum_{i=1}^{n} P_i = 1$；C_i 为找到该记录时，曾和给定值比较过的数据元素的个数。在很多情况下，人们比较关心等概率条件下算法的平均查找长度，这时 $P_i = 1/n$，平均查找长度计算公式为：

$$ASL = \frac{1}{n} \sum_{i=1}^{n} C_i$$

也就是一般意义上的找到表中某个元素所需的**平均比较次数**。有时精确计算平均查找长度并不容易，这时一般可退而考虑平均查找长度相对于问题规模（即表长度 n）的数量级。

2.3.2　常用查找方法

这里介绍基于顺序表的几种查找方法。为了简化叙述，在描述算法时直接用 Python 列表代替顺序表。这里假设列表 L 中存储了一系列简单类型的数据，假设 key 是预先给定的需要查找的数据。

1. 顺序查找

顺序查找是从表的一端开始，逐一比较给定的 key 和表中数据元素的值，若两个值一致，则查找成功，同时返回该数据在表中的下标，若查找失败，则返回 -1。顺序查找的算法可描述如下：

```python
def seqSearch(L, key):        # L 是查找表，key 是要查找的元素的数据
    length = len(L)
    for i in range(length):   # 逐个比较
        if L[i] == key:       # 逐个比较
            return i          # 找到数据
    return -1                 # 没有找到数据（查找失败，返回 -1）
```

对于顺序查找而言，找到第 i 个元素的比较次数 $C_i = i$，所以在等概率查找的情况下，顺序查找的平均查找长度为

$$ASL = \frac{1}{n} \sum_{i=1}^{n} i = \frac{n+1}{2}$$

2. 二分查找

如果顺序表中的元素按照关键字的值有序存放，那么可利用高效的**二分查找**（也称为折半查找）来完成查询。

视频：二分查找

假定元素按关键字的值升序排列，**二分查找的思路**是将给定的数据与表中间位置的元素作比较，若两者相等，则查找成功；若前者小于后者，则在中间位置左边的元素中继续查找；若前者大于后者，则在中间位置右边的元素中继续查找。不断重复这一过程直到查找成功，或者查找区间缩小为一个元素时却仍未找到目标，则查找失败。

下面是二分查找函数。

```python
def binSearch(L, key):
    low = 0                   # 设置查找区间初值，左边界
    high = len(L) - 1         # 设置查找区间初值，右边界
    while low <= high:        # 查找区间不为空
        mid = (low + high) // 2   # 计算中间位置
        if key < L[mid]:          # key 小于中间位置的值
```

high = mid − 1	# 继续在前半区进行查找
elif key > L[mid]：	# key 大于中间位置的值
low = mid + 1	# 继续在后半区进行查找
else：	# key 等于中间位置的值
return mid	# 查找成功，返回元素下标
return −1	# 顺序表中不存在待查元素，查找失败

若查找成功，则返回元素下标，否则返回-1。

如果对有序数列 $\{5,6,11,17,21,23,28,30,32,40\}$ 执行二分查找，寻找关键字为 30 的数据，则查找过程如图 2-17 所示。此过程只需要两次比较就找到了目标元素，可见二分查找的效率是很高的。根据理论分析，对表长为 n 的有序表进行二分查找，在等概率情况下，其平均查找长度 $ASL \approx \log_2(n+1) - 1$。

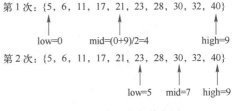

图 2-17　二分查找的执行过程

2.3.3　排序基本概念

排序是将一个数据元素序列重新排列成按某关键字有序的元素序列。其形式化定义为：假设含 n 个元素的序列为 $\{R_1, R_2, \cdots, R_n\}$，其相应的关键字序列为 $\{K_1, K_2, \cdots, K_n\}$。这些关键字之间可以相互比较，即在它们之间存在着这样一个关系 $K_{i1} \leqslant K_{i2} \leqslant \cdots \leqslant K_{in}$，按此关系将最初的序列重新排列为 $\{R_{i1}, R_{i2}, \cdots, R_{in}\}$ 的操作称作**排序**。待排序的数据元素一般是同类型的。在本节的算法中，数据都按顺序方式存储。排序过程一般涉及两个操作：比较和交换。

排序分为内部排序和外部排序。若整个排序过程不需要访问外存便能完成，则称此类排序问题为**内部排序**；反之，若参加排序的记录数量很大，整个序列的排序过程不可能在内存中完成，则称此类排序问题为**外部排序**。本节只讨论内部排序的若干方法。

内部排序方法有很多类型，按方法实现特点可分为插入排序、选择排序、交换排序和归并排序等；按方法效率可分为简单的排序法和先进的排序法等。**简单的排序法**包括插入排序、选择排序、冒泡排序等，它们的**时间复杂度为 O(n^2)**。而先进的排序法包括**快速排序、归并排序**等，它们的**时间复杂度大约为 O($n\log_2 n$)**。简单的排序法一般将记录分为有序和无序两个序列，通过不断地将无序序列的记录转换为有序序列的记录实现排序。而先进的排序法往往将记录划分为更多的子序列，先使子序列有序或使得子序列之间整体上有序，最终使得整个序列有序。

在本节的讨论中，为了简化算法，均假设元素存放于 Python 列表中。同时假定排序关键字就是数据本身，也就是说，列表中存放的数据是可以比较的数值、字符串等类型。

2.3.4　常用排序方法

这里先介绍三种简单的排序方法——直接插入排序、简单选择排序、冒泡排序，最后介绍一种高效的排序方法——快速排序。

1. 直接插入排序

直接插入排序的基本思想是：将记录分为有序和无序两个部分，假定当插入第 k 个记录时，前面的 $R_1, R_2, \cdots, R_{k-1}$ 已经排好序，而后面的 $R_k, R_{k+1}, \cdots, R_n$ 仍然无序。这时将 R_k 的关键字与 R_{k-1} 的关键字进行比较，若 R_k 小于 R_{k-1}，则将 R_{k-1} 向后移动一个单元；再将 R_k 与 R_{k-2} 比较，若 R_k 小于 R_{k-2}，则将 R_{k-2} 向后移动一个单元，依次比较下去，直到找到合适的插入位置

将 R_k 插入。初始时，有序部分为 $\{R_1\}$ ，无序部分为 $\{R_2,\cdots,R_n\}$ 。

图 2-18 显示了在序列 $\{35,22,16,19,\underline{22}\}$ 上应用直接插入排序的过程，为了对序列中的相同记录加以区别，使用了下画线。

下面给出直接插入排序的 Python 语言函数：

```
def insertSort(L):              # L 为待排序的序列，列表
    for i in range(1,len(L)):
        key = L[i]              # 待插入的元素值
        j = i-1                 # 有序部分的最后一个元素的下标
        while j >= 0 and L[j] > key:   # 从后向前依次比较
            L[j+1] = L[j]       # 元素向后移动一个位置
            j = j-1
        L[j+1] = key            # 插入元素
```

本算法开始时假定已排序记录序列为 $\{L[0]\}$ ，而后将记录 $L[1]$ 到 $L[n-1]$ 依次插入有序序列。如果排序前序列已经有序，则内层的 while 循环只比较一次就结束，因此整个算法的时间复杂度仅由外层的 for 循环决定，其复杂度为 n 数量级，也可写作 $O(n)$ 。所以当整个序列基本有序时，插入排序的效率是比较高的。但是在一般情况下，内层 while 循环的时间复杂度也是 $O(n)$ 。因此，本算法中元素之间的比较次数和移动次数约为 n^2 数量级，或者说**直接插入排序的时间复杂度约为 $O(n^2)$** 。

2. 简单选择排序

简单选择排序的基本思想是：将记录分为有序和无序两个序列，假定第 k 趟排序时，前面的 $R_1,R_2,\cdots,R_{k-1}$ 已经排好序，而后面的 $R_k,R_{k+1},\cdots,R_n$ 仍然无序，则选择 R_k 到 R_n 中的关键字最小的记录与 R_k 交换，交换后有序序列增加了第 k 个记录。当第 n-1 趟选择执行完，待排序记录只剩下 1 个，就不用再选了。在初始状态可以认为有序序列为空。

图 2-19 显示了在序列 $\{35,22,16,19,\underline{22}\}$ 上应用简单选择排序的过程。

图 2-18　直接插入排序的执行过程　　图 2-19　简单选择排序的执行过程

下面给出简单选择排序的 Python 语言函数：

```
def selectSort(L):                       # L 为待排序的元素的列表
    for i in range(len(L)-1):
        m = i                            # 下标为 m 处存放最小关键字的位置
        for j in range(i+1, len(L)):     # 在下标从 i+1 到末尾的元素中找最小值
            if L[j]<L[m]:
                m = j
        L[m],L[i] = L[i], L[m]           # 交换下标为 i 和 m 的两个元素
```

本算法中元素间的比较次数是 n^2 数量级。即本算法的**时间复杂度仍为 $O(n^2)$** 。

3. 冒泡排序

冒泡排序的基本思想是：第一趟排序对全部记录 $R_1, R_2, \cdots, R_n$ 自左向右顺次两两比较，若 R_k 大于 R_{k+1}，则交换 R_k 和 $R_{k+1}(k=1,2,\cdots,n-1)$，第一趟排序完成后，$R_n$ 成为序列中的最大记录。第二趟排序对序列前 n-1 个记录采用同样的比较和交换方法，第二趟排序完成后 R_{n-1} 成为序列中次大的记录。第三趟排序对序列前 n-2 个记录采用同样的处理方法。如此做下去，最多做 n-1 趟排序，整个序列就排序完成。

图 2-20 显示了在序列{35,22,16,19,22}上应用冒泡排序的执行过程。图 2-21 显示了冒泡排序中第二趟排序的执行过程。

初始状态：	35	22	16	19	22
第一趟完成：	22	16	19	22	[35]
第二趟完成：	16	19	22	[22	35]
第三趟完成：	16	19	[22	22	35]
第四趟完成：	16	[19	22	22	35]

图 2-20　冒泡排序的执行过程

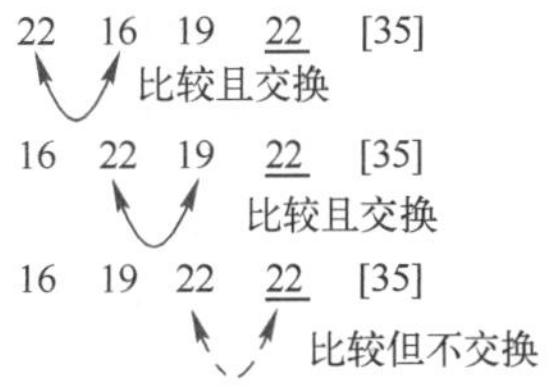

图 2-21　冒泡排序中第二趟排序的执行过程

冒泡排序算法的 Python 语言函数可描述如下：

```
def bubbleSort(L):
    for i in range(len(L)-1):               # n-1 趟排序
        for j in range(len(L)-i-1):         # 从 0 到 n-i-1
            if L[j] > L[j+1]:               # 顺次两两比较
                L[j], L[j+1] = L[j+1], L[j]
```

冒泡排序用到两重循环嵌套，**其时间复杂度为 $O(n^2)$**。

4. 快速排序

快速排序的基本思想是：任取待排序序列中某个记录 S（如取第一个记录）作为基准，经过一系列比较和交换，将整个序列划分为如下形式：

{左侧子序列} S {右侧子序列}

并且满足：

① 左侧子序列中所有记录的关键字都小于或等于基准对象 S 的关键字。

② 右侧子序列中所有记录的关键字都大于或等于基准对象 S 的关键字。

然后分别对左右两个子序列重复执行上述过程，直到排序完成（子序列只有一个元素）。图 2-22 展示了在序列{22,35,27,16,45,19,22}上应用划分序列算法（即一趟快速排序）的过程。图中带阴影的数字应该是基准对象的临时位置，由于这一位置的数据还可能变化，因此不必真实地将基准元素放到该位置。

快速排序中划分序列算法可描述如下（**一次划分**）：

```
def partition(L, low, high):                # 待划分元素的起始位置 low 和结束位置 high
    pivot = L[low]                          # 基准对象 pivot 位置为 low
    while  low<high:
        while low<high and L[high]>pivot:
            high = high-1                   # 右边界左移，找到比基准数小的元素
        L[low]=L[high]                      # 将小于等于基准的元素放到左边界
        while low<high and L[low]<=pivot:
            low = low+1                     # 左边界右移，找到比基准数大的元素
```

```
    L[high] = L[low]          # 将大于等于基准的元素放到右边界
L[low] = pivot              # 此时 low 等于 high，为放基准值的位置
return low                  # 基准值位置
```

初始状态：　　　　　　　　22, 35, 27, 16, 45, 19, 22
选基准数据 p=22　　　　　　↑　　　　　　　　↑
　　　　　　　　　　　　low　　　　　　　high

当 L[high]>=p:　　　　　19, 35, 27, 16, 45, 19, 22
high 下移　　　　　　　　↑　　　　　　　↑
执行 L[low]=L[high]　　low　　　　　　high

当 L[low]<=p:　　　　　19, 35, 27, 16, 45, 35, 22
low 上移　　　　　　　　　↑　　　　　　↑
执行 L[high]=L[low]　　　low　　　　　high

当 L[high]>=p:　　　　　19, 16, 27, 16, 45, 35, 22
high 下移　　　　　　　　　↑　　↑
执行 L[low]=L[high]　　　　low　high

当 L[low]<=p:　　　　　19, 16, 27, 27, 45, 35, 22
low 上移　　　　　　　　　　　↑　↑
执行 L[high]=L[low]　　　　low high

若 low=high, 则结束循环　19, 16, 22, 27, 45, 35, 22
执行 L[low]=p　　　　　　　　　　↑
　　　　　　　　　　　　　　low high

图 2-22　划分序列算法过程

本算法对 L[low]与 L[high]之间的元素进行划分，利用了序列第一个记录作为基准，最终将此区间中的序列划分为左、右两个子序列，将基准对象放到适当位置并返回其位置的下标。

图 2-22 中的序列经过一次划分后，基准元素 22 的位置已经确定不变了。只需将序列{19,16}和{27,45,35,22}分别排序即可。进一步的工作是将两个子序列分别划分，可分别取 19 和27 为基准元素，划分结果可看图 2-23。

划分序列的算法仅仅将序列一分为二，可看作一趟快速排序。而整个快速排序则是建立在划分序列算法之上的一个递归算法，其 Python 语言描述如下：

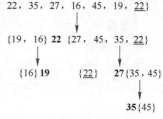

22, 35, 27, 16, 45, 19, 22}

{19，16} **22** {27，45, 35, 22}

{16}**19**　　{22}　　**27**{35, 45}

35{45}

图 2-23　快速排序的执行过程

```
def QuickSort(L, p, q):
    if p<q:
        m = partition(L,p,q)      # 一次划分，返回基准元素的位置
        QuickSort(L,p,m-1)        # 递归，对左半部分快速排序
        QuickSort(L,m+1,q)        # 递归，对右半部分快速排序
```

这一算法对序列 L 的 p 到 q 间的元素进行快速排序。图 2-23 显示了在序列{22,35,27,16,45,19,22}上应用快速排序算法的总体过程。其中被选作基准元素的依次是 22、19、27、35。

快速排序的效率取决于基准对象的选择，如果每个子序列排序时所选择的基准对象都是当前子序列的中间值，则该方法会迅速将原始序列划分成短小的子序列，这使得排序速度很快。反之，如果排序时所选择的基准对象是该子序列的最大或最小值，则无法实现快速划分为两个较短序列的目的，从而大大减慢排序速度。在一般情况下，快速排序的效率还是很高的，其平均时间复杂度为 $O(n\log_2 n)$。

2.4　树和二叉树

实际应用中，也有很多问题不适合用线性数据结构来表示。这些问题的数据间一般存在一对多或多对多的对应关系，如家谱、书的目录、交通图等。这些问题应使用非线性数据结构来解决。典型的非线性数据结构以树形数据结构和图状数据结构为代表。

2.4.1　树的基本概念

树是一类非常重要的非线性结构。在编译程序中，可用树来表示源程序的语法结构；在数据库系统中，可用树来组织信息；在算法分析中，可用树来描述其执行过程等。

1. 树

先了解树的基本定义及相关术语。

树的递归定义：树是由 n（n≥0）个具有相同特性的数据元素组成的集合。若 n=0，则称其为空树。一棵非空树 T 必须满足：

① 其中有一个特定的元素，称为 T 的**根**（root）。

② 除根以外的集合可被划分为 m 个不相交的子集 $T_1, T_2, \cdots, T_m$，其中每个子集都是树。它们称为根的**子树**。

树结构适用于描述具有层次结构的数据。树的基本逻辑形式如图 2-24 所示。

下面介绍一些与树相关的术语。

- 结点：在树结构中一般把数据元素及其指向子树的若干分支信息称为**结点**。
- 结点的度：结点拥有的非空子树的个数。
- 树的度：树中所有结点的度的最大值。
- 叶子结点：没有非空子树的结点，简称叶子。
- 分支结点：至少有一个非空子树的结点。
- 孩子结点和父结点：某结点所有子树的根结点都称为该结点的孩子结点（子结点），同时该结点也称为其子结点的父结点。

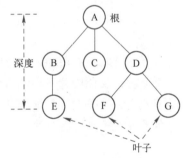

图 2-24　树的基本逻辑形式

- 兄弟结点：具有相同父结点的结点互为兄弟结点。
- 结点的层次：根结点的层次为 1，其子结点的层次为 2。依次类推，子结点的层次总比父结点多一层。例如图 2-24 中 E、F、G 三个结点层次为 3。
- 树的深度：树中结点所在的最大层次。
- 有序树和无序树：将树中各结点的子树看成自左向右有序的，则称该树为有序树，否则称为无序树。
- 森林：由零棵或有限棵互不相交的树组成的集合。

2. 二叉树

二叉树是一种应用广泛的树形结构。常用的二分法就可以用二叉树描述。**二叉树**的定义是：二叉树可以是空树，当二叉树非空时，其中有一个根元素，余下的元素组成两个互不相交的二叉树，分别称为根的**左子树**和**右子树**。

二叉树是有序树，也就是说，任意结点的左、右子树不可交换。而一般树的子树间是无序的。

某些特殊形式的二叉树在实践中有重要应用。

- 满二叉树：当二叉树每个分支结点的度都是 2，且所有叶子结点都在同一层上时，称其为**满二叉树**。图 2-25 是一个深度为 3 的满二叉树。
- 完全二叉树：从满二叉树叶子所在的层次中，自右向左连续缺少若干叶子所得到的二叉树被称为**完全二叉树**。图 2-26 给出了一棵完全二叉树。满二叉树可看作是完全二叉树的一个特例。

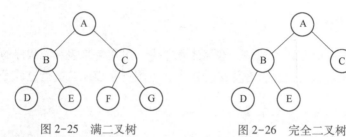

图 2-25　满二叉树　　　　　图 2-26　完全二叉树

3. 二叉树的性质

二叉树有下列重要性质：

性质 1：在二叉树的第 k 层上至多有 2^{k-1} 个结点（k≥1）。

证明：当 k=1 时，命题显然成立。假定 k=n-1 时命题成立，则第 n 层（k=n）的结点数最多是第 n-1 层的 2 倍，所以，第 n 层最多有 $2\times2^{n-2}=2^{n-1}$ 个结点。命题成立。

性质 2：深度为 h 的二叉树上至多含 2^h-1 个结点（h≥1）。

证明：根据性质 1 容易知道，深度为 h 的二叉树最多有 $2^0+2^1+\cdots+2^{h-1}$ 个结点，即最多有 2^h-1 个结点。

性质 3：包含 n（n>0）个结点的二叉树总的分支数为 n-1。

证明：二叉树中除了根结点之外，每个元素有且只有一个父结点。在所有子结点与父结点间有且只有一个分支，即除根外每个结点对应一个分支，因此二叉树总的分支数为 n-1。

性质 4：任何一棵二叉树，若含有 n_0 个叶子结点、n_2 个度为 2 的结点，则必存在关系式 $n_0=n_2+1$。

证明：设二叉树含有 n_1 个度为 1 的结点，则二叉树结点总数 N 显然为：

$$N=n_0+ n_1+ n_2 \tag{2-1}$$

再分析树的分支个数。n_2 个度为 2 的结点必然有 $2n_2$ 个分支，n_1 个度为 1 的结点必然有 n_1 个分支。又因为除根结点外，其余每个结点都有一个分支进入。因此二叉树的分支数加 1 就是结点总数。即结点总数 N 为：

$$N=1 + n_1+ 2n_2 \tag{2-2}$$

由式（2-1）、式（2-2）可知：$n_0=n_2+1$。

性质 5：具有 n 个结点的完全二叉树的深度为 $[\log_2 n]+1$。

证明：假设二叉树的深度为 h，则必有 $2^{h-1}-1<n\leqslant2^h-1$，即 $2^{h-1}<n+1\leqslant2^h$，故有 $2^{h-1}\leqslant n<2^h$，从而得到 $h-1\leqslant\log_2 n<h$，于是 $h=[\log_2 n]+1$。

性质 6：若对含 n 个结点的完全二叉树从上到下、从左至右进行从 1 至 n 的编号，则对二叉树中任意一个编号为 i 的结点有：

① 若 i=1，则该结点是二叉树的根，无父结点。否则，编号为 [i/2] 的结点为其父结点。

② 若 2i>n，则该结点无左孩子。否则，编号为 2i 的结点为其左子结点。

③ 若 2i+1>n，则该结点无右孩子。否则，编号为 2i+1 的结点为其右子结点。

该性质可通过对 i 进行归纳来证明。

2.4.2　二叉树的实现

二叉树是一种非线性数据结构，描述的是结点间一对多的关系，这种结构最常用的存储形式是链表。图 2-27是一个二叉树的链表存储结构示意图，每个结点都包含一个数据域和两个指针域。

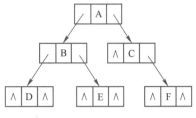

图 2-27　二叉树的链表存储结构

二叉树的结点可以用 Python 语言定义如下：

```
class binTreeNode:
    # 初始化，建立仅有一个根结点的二叉树
    def __init__(self, data):
        self.key = data          # 结点的数据
        self.left = None         # 结点的左孩子
        self.right = None        # 结点的右孩子
```

这里 left 和 right 分别为某一结点指向其左孩子和右孩子的指针。对于叶子结点或一个新生成的结点而言，其左孩子和右孩子指针都应为空，在 Python 中可用 None 表示。利用这种结点形式存储的树一般称为**二叉链表**。

若干个 binTreeNode 对象链接起来，就构成了一棵二叉树。而通过根指针就可以访问这棵二叉树的任意结点，所以必须保留根指针。根指针一般用 root 表示。可以认为语句 root = None 定义了一棵空树。

下面给出为根结点插入子树以及销毁二叉树的函数。

```
# 为根结点插入左子树 LTree。成功插入则返回 True，否则返回 False
def insertTreeLeft(root, LTree):
    if root.left == None:
        root.left = LTree
        return True
    else:
        return False        # 左侧非空，无法插入

# 为根结点插入右子树 RTree。成功插入则返回 True，否则返回 False
def insertTreeRight(root, RTree):
    if root.right == None:
        root.right = RTree
        return True
    else:
        return False        # 右侧非空，无法插入

# 销毁二叉树
def destroyTree(root):
    if root.left != None:
        destroyTree(root.left)
    if root.right != None:
        destroyTree(root.right)
    print("已销毁", root.key)
    root = None
```

以上函数中的 root 实际上可以是二叉树中的任意一个结点。比如在 destroyTree 函数中，如果参数是某个分支结点，则将删除以此结点为根的子树。另外，在生成一棵树时，可以先建立彼此独立的所有结点对象，再利用上面的 insertTreeLeft、insertTreeRight 函数从叶子到根把这些结点链接起来。

这里给出的 insertTreeLeft、insertTreeRight 函数只针对不存在左子树、右子树的结点插入子树。事实上，在二叉树中插入结点、删除结点、插入子树、删除子树等算法与插入或删除的位置、原二叉树结构等许多因素有关，难以写出一个统一的算法。

2.4.3　二叉树的遍历

二叉树遍历是按照某种顺序访问二叉树的每个结点，并且每个结点只被访问一次。有三种主要的遍历算法——先序遍历、中序遍历和后序遍历。

假设二叉树采用二叉链表存储方式。下面给出遍历算法的定义和函数实现。

（1）先序遍历

对二叉树进行**先序遍历**的方法是：首先访问根结点，然后按先序遍历方式访问左子树，最后按先序遍历方式访问右子树。先序遍历的 Python 函数如下：

```
def preOrder(root):
    if root == None:                # 二叉树为空
        return
    else:
        print(root.key, end=' ')    # 访问根结点
        preOrder(root.left)         # 先序遍历左子树
        preOrder(root.right)        # 先序遍历右子树
```

（2）中序遍历

对二叉树进行**中序遍历**的方法是：首先按中序遍历方式访问左子树，然后访问根结点，最后按中序遍历方式访问右子树。中序遍历的 Python 函数如下：

```
def inOrder(root):
    if root == None:                # 二叉树为空
        return
    else:
        inOrder(root.left)          # 中序遍历左子树
        print(root.key, end=' ')    # 访问根结点
        inOrder(root.right)         # 中序遍历右子树
```

（3）后序遍历

对二叉树进行**后序遍历**的方法是：首先按后序遍历方式访问左子树，然后按后序遍历方式访问右子树，最后访问根结点。后序遍历的 Python 函数如下：

```
def postOrder(root):
    if root == None:                # 二叉树为空
        return
    else:
        postOrder(root.left)        # 后序遍历左子树
        postOrder(root.right)       # 后序遍历右子树
        print(root.key, end=' ')    # 访问根结点
```

这三种遍历算法都是递归形式的。其中的 print 函数仅用于表示对结点的访问，在实际应用中，此处应由用户根据具体要求自行编写访问函数。

另外，对于树或二叉树都可采用层次遍历的方法。也就是从根开始自上而下一层一层地访问结点，每一层都自左向右访问。这种方法可看作是图结构广度优先遍历的一种特殊情况，这里不作讲述。

【例 2-7】编写程序，生成并遍历二叉树。

解： 这里生成图 2-27 所示的二叉树，对其进行遍历，最后销毁此二叉树。

将 binTreeNode 类，insertTreeLeft( )、insertTreeRight( )、destroyTree( )函数，以及三种遍历函数整合在一个文件中，再添加下面的主函数。

```
if __name__ =='__main__':
    A = binTreeNode('A')         # 创建结点，注意'A'与 A 是不同的
    B = binTreeNode('B')
    C = binTreeNode('C')
    D = binTreeNode('D')
    E = binTreeNode('E')
    F = binTreeNode('F')
    insertTreeLeft(B, D)         # 插入 B 的左子树 D
    insertTreeRight(B, E)        # 插入 B 的右子树 E
    insertTreeRight(C, F)        # 插入 C 的右子树 F
    insertTreeLeft(A, B)         # 插入 A 的左子树 BDE，A 为根
    insertTreeRight(A, C)        # 插入 A 的右子树 CF
    root = A
    print("先序遍历：",end="")
    preOrder(root)
    print("\n----------------------")
    print("中序遍历：",end="")
    inOrder(root)
    print("\n----------------------")
    print("后序遍历：",end="")
    postOrder(root)
    print("\n----------------------")
    destroyTree(root)
```

运行结果：

```
先序遍历：A B D E C F
----------------------
中序遍历：D B E A C F
----------------------
后序遍历：D E B F C A
----------------------
已销毁 D
已销毁 E
已销毁 B
已销毁 F
已销毁 C
已销毁 A
```

2.4.4 二叉排序树

二叉排序树，也称**二叉查找树**。二叉排序树或者是一棵空树，或者是一棵具有下列特性的非空二叉树：

1）若左子树非空，则左子树上所有结点的关键字值均小于根结点的关键字值。

2）若右子树非空，则右子树上所有结点的关键字值均大于根结点的关键字值。

3）左、右子树本身也分别是一棵二叉排序树。

图 2-28 是一棵二叉排序树的示意图。在二叉排序树中查找数据 key 的方法为：将给定的 key 与根结点的关键字值 x 进行比较，若 key=x 则查找成功；若 key<x，则与左子树的根结点的关键字值进行比较；若 key>x，则与右子树的根结点的关键字值进行比较。重复上述步骤，直到查找成功；或者一直比较到叶子结点也找不到目标元素，则查找失败。若二叉排序树左右子树的深度相近，树的形态较为均衡，则在等概率情况下二叉排序树作为查找表，其平均查找长度为 $O(\log_2 n)$，这一点与二分查找相同。

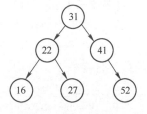

图 2-28 二叉排序树

将上述查找过程稍加修改，就可用于二叉排序树的生成。假定由整数序列 |31,16,52,22,41,27| 生成一棵二叉排序树，可以采用逐个元素插入的方法实现。首先将 31 作为根结点，然后插入 16 时，通过比较可知 16<31，所以将 16 作为 31 的左孩子插入；同理，由于 52>31，将 52 作为 31 的右孩子插入；整数 22 通过和 31、16 比较后，作为 16 的右孩子插入。依次插入剩余的其他元素，生成过程如图 2-29 所示。容易看出，图 2-29 和图 2-28 的数据是一样的，但二叉排序树的形态却不同，这是由于插入数据的顺序不同造成的。如果整数序列是 |31,41,22,16,52,27|（即下层数据在上层数据之后），则会生成图 2-28 的二叉树。

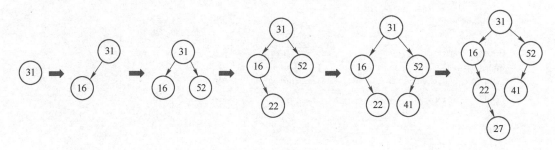

图 2-29 二叉排序树生成过程

【例 2-8】利用二叉排序树编写字符统计程序。该程序可统计由用户输入的一个字符串中各种字符的使用次数。

解：首先建立空的二叉排序树，每次读入字符后就在二叉排序树中查询，若找到，则将该字符使用次数加1；否则，将读入的字符插入二叉排序树。为记录字符使用次数，在二叉树结点定义中增加了使用次数属性。读完整个字符串后，用中序遍历法读出每个字符的使用次数。Python 程序如下：

```python
# 二叉树结点
class binTreeNode：
    # 初始化，建立仅有一个根结点的二叉树
    def __init__(self, data)：
        self.key = data                    # 根结点的数据
        self.num = 1
        self.left = None                   # 结点的左孩子
        self.right = None                  # 结点的右孩子

# 生成二叉排序树，统计字符串中每个字符的出现次数
```

```python
def insert_BSTtree(root, ch):
    p = root
    pre = None
    while p!=None and p.key != ch:
        pre = p
        if   ch < p.key:
            p = p.left
        else:
            p = p.right
    if   p==None:                          # 生成并插入新结点
        p = binTreeNode(ch)
        if   pre==None:
            root = p                       # 保存根指针
        else:
            if pre.key < p.key:            # 插入新结点
                pre.right = p
            else:
                pre.left = p
    else :
        p.num += 1                         # 使用次数加 1
    return root


def inOrder(root):
    if root == None:                       # 二叉树为空
        return
    else:
        inOrder(root.left)                 # 中序遍历左子树
        print('  ', root.key,'\t', root.num)  # 访问根结点
        inOrder(root.right)                # 中序遍历右子树


if   __name__=='__main__':
    root = None
    s = input("请输入字符串:")
    for   i in range(0,len(s)):
        root = insert_BSTtree(root, s[i])
    print("字符    使用次数")
    inOrder(root)                          # 输出字符及其使用次数
```

运行结果:

```
请输入字符串:17C919
字符    使用次数
  1      2
  7      1
  9      2
  C      1
```

分析: 本例生成的二叉排序树如图 2-30 所示。由于 a 是作为根插入的第一个字母,而其他字母均大于 a,这意味着这棵二叉排序树仅有右子树。极端情况下,如果读入的字符是从小到大排列的,那么将生成一个类似单链表的结构,所有结点都没有左子树。这时二叉排序树的查找效率将大大降低。解决这一问题的方法是将排序二叉树的结点位置重新调整,使得每个结点的左、右子树深度尽量接近。这一过程称为二叉排

图 2-30　本例生成
的二叉排序树

序树的**平衡化处理**,限于篇幅,本章不作介绍,相关内容请查阅专门的数据结构教程。

另外,根据二叉排序树和中序遍历的特点,本例输出信息是按字母表有序的。

2.4.5　实例:哈夫曼树

计算机系统使用二进制数表示信息,所以文字也必须用二进制数据进行编码。人们设计了多种编码方式将文本转换为二进制数,比如 ASCII 码就是其中之一。采用不同的编码方案,由同样的文本转换成的二进制数据的长度不同。某些时候,人们希望采用最佳的编码方案,使得转化而来的二进制文件长度最短。这对于数据存储和文件传输都大有好处。

设计编码方案时需要考虑不同字符的使用频率,使用频率高的字符编码应当尽量短一些。但是仅仅考虑使用频率也是不够的。例如,想对某个由 A、B、C、D 四个字符组成的文件进行编码,其中 A 用得最多,C 次之。如果只是将 A 设计为 1、C 为 0、B 为 10、D 为 11,那么转化出来的二进制文件虽然最短,但却很难将二进制文件还原成字符文件。原因是像 1100 这样的二进制数据具有二义性,既可代表 AACC,又可代表 ABC,还可代表 DCC。为了不使二进制编码具有二义性,每个字符编码都不能与其他字符编码的前面若干位重合,也就是每个字符编码都不能是其他字符编码的前缀。

可以利用二叉树分析字符编码问题。假设二叉树中的左子树代表 0,右子树代表 1,则不论字符是采用何种 0、1 组合形式构成的编码,它必然对应某个二叉树中的一个结点。例如,假定编码系统中 A、B、C、D 对应的编码分别为 1、10、0 和 11,则它们分别对应着图 2-31a 所示二叉树中的结点。但正如前文所述,这样的编码系统使二进制编码具有二义性。为了排除二义性,应使得任何字符对应结点的子孙中不能再有其他字符对应的结点,否则某个字符编码必为其他字符编码的前缀。例如,图 2-31a 中字符 A 的编码为字符 B 和 D 编码的前缀。如果 A、B、C、D 对应的编码为 100、101、0 和 11,则它们对应的二叉树如图 2-31b 所示,显然这是一个无二义性的编码系统。容易看出,任何一个无二义性的二进制字符编码系统必然与这样一棵二叉树对应,该二叉树的叶子结点对应着所有需要转换的字符,并且按照左子树代表 0、右子树代表 1 的规则,从根到该叶子的分支对应的 0、1 序列就构成叶子对应字符的二进制编码。

图 2-31　二进制字符编码系统对应的二叉树
a) 有二义性的编码系统对应的二叉树　b) 无二义性的编码系统对应的二叉树

利用二进制字符编码系统对应的二叉树,可以方便地分析编码系统的优劣。假设每个字符的使用频率是相等的,那么字符编码的平均长度或不同字符的编码长度之和就可衡量编码系统的优劣。而某个字符编码的长度就是对应的二叉树中根到某个叶子的分支的数目(又称为根到叶子的路径长度)。如果每个字符使用频率不相等,那么将不同字符的编码长度乘以其使用权值再加起来，也可衡量编码系统的优劣。也就是用根到每个叶子的路径长度乘以叶子对应字符的使用权值再加起来作为衡量标准，显然，这种加权和除以字符总数就是每个字符的加权平均编码长度。而这种加权和最小的二叉树就是**哈夫曼（Huffman）树**，或称为**最优二叉树**。与哈夫曼树对应的编码方式就是**哈夫曼编码**，哈夫曼编码具有最小的加权平均编码长度。要求得哈夫曼编码，只要以具有权值的字符结点为叶子结点构造出哈夫曼树即可。

下面给出几个相关的定义。

- 二叉树带权路径长度：设二叉树有 n 个带有权值的叶子结点，每个叶子到根的路径长度乘以其权值之和称为**二叉树带权路径长度**。一般记作：

$$WPL = \sum_{i=1}^{n} w_i * l_i$$

其中，w_i 为第 i 个叶子的权重，l_i 为第 i 个叶子到根的路径长度。

- 哈夫曼树：以一些带有固定权值的结点作为叶子所构造的，具有最小带权路径长度的二叉树称为哈夫曼树。

假定有 n 个具有权值的结点，则**哈夫曼树的构造算法**如下：

① 根据给定的 n 个权值 $\{w_1, w_2, \cdots, w_n\}$，构造 n 棵二叉树的集合 $F = \{T_1, T_2, \cdots, T_n\}$，其中每棵二叉树中均只含一个权值为 w_i 的根结点，其左、右子树为空。

② 在 F 中选取其根结点的权值最小的两棵二叉树，分别作为左、右子树构造一棵新的二叉树，并置这棵新的二叉树根结点的权值为其左、右子树根结点的权值之和。

③ 从 F 中删去这两棵树，同时加入刚生成的新树。

④ 重复②和③两步，直至 F 中只含一棵树为止。

假定有一段报文由 a、b、c、d 四个字符构成，它们的使用频率比为 6:4:2:1，则用 a、b、c、d 作为叶子结点构造哈夫曼树的过程如图 2-32 所示。若二叉树中的左子树代表 0，右子树代表 1，则 a、b、c、d 的哈夫曼编码分别为 0、10、110、111。

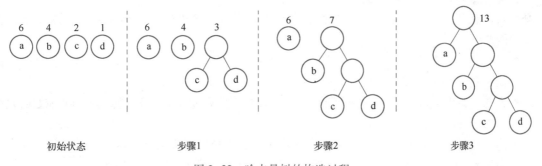

初始状态　　　　　　步骤1　　　　　　　步骤2　　　　　　步骤3

图 2-32　哈夫曼树的构造过程

2.5　图结构

2.5.1　图的基本概念

图状数据结构（简称图结构）来源于现实生活中诸如通信网、交通网之类的事物，它表现了数据对象间多对多的联系。在该结构中，数据元素一般称为**顶点**。

图是由顶点集合及顶点间的关系集合组成的一种数据结构。一般记作 Graph =（V，E）。其中 V 是顶点的有限非空集合；E 是顶点之间关系的有限集合。

以下是图的相关术语。

- 边：若顶点 x 到 y 是一条双向通路，则称为边，用（x,y）表示。
- 弧：若顶点 x 到 y 是一条单向通路，则称为弧，用<x,y>表示。
- 无向图：若图是由一些顶点和边构成的，则称之为无向图。图 2-33a 为无向图。
- 有向图：若图是由一些顶点和弧构成的，则称之为有向图。图 2-33b 为有向图。

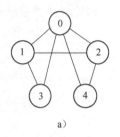 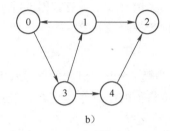 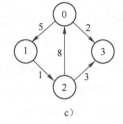

图 2-33　三种典型的图结构
a）无向图　b）有向图　c）网络

- 邻接点：如果（x,y）是图中的一条边，则称 x 与 y 互为邻接点；如果<x,y>是图中的一条弧，则称 y 为 x 的邻接点。
- 顶点的度：一个顶点 v 的度是与它相关联的边的条数。在有向图中，顶点的度分为入度和出度，顶点 v 的入度是以 v 为终点的弧的条数，顶点 v 的出度是以 v 为起点的弧的条数。在有向图中，顶点的度等于该顶点的入度与出度之和。
- 路径：在图中，若从顶点 v_i 出发，沿一些边或弧，经过顶点 $v_{p1}, v_{p2}, \cdots, v_{pm}$，到达顶点 v_j，则称顶点序列（$v_i, v_{p1}, v_{p2}, \cdots, v_{pm}, v_j$）为从顶点 v_i 到顶点 v_j 的路径。若路径上各顶点均不重复，则称这样的路径为简单路径。
- 权：某些图的边或弧有与它相关的数，称之为权。这种带权图称为网络。图 2-33c 为网络。
- 路径长度：非带权图的路径长度是指此路径上边或弧的条数，带权图的路径长度是指路径上各边或弧的权之和。
- 子图：设有两个图 G=（V,E）和 G'=（V',E'）。若 V 包含 V'且 E 包含 E'，则称图 G'是图 G 的子图。
- 连通图：在无向图中，若从顶点 v_i 到顶点 v_j 有路径，则称顶点 v_i 与 v_j 是连通的。如果图中任意一对顶点都是连通的，则称此图是连通图。图 2-33a 为连通图。
- 强连通图：在有向图中，若对于每一对顶点 v_i 和 v_j，都存在从 v_i 到 v_j 和从 v_j 到 v_i 的路径，则称此图是强连通图。图 2-33b 不是强连通图，但其子图（v_0, v_3, v_1）构成强连通子图。
- 生成树：在无向图中，一个连通图的生成树是它的极小连通子图，它包含了所有顶点以及足以构成一棵树的边，并且这些边使得任意两个顶点相互连通。在含有 n 个顶点的无向图中，生成树一定有 n-1 条边，且生成树的形式可能有多个。

2.5.2　图结构的实现

图的存储方式有邻接矩阵、邻接表、十字链表和邻接多重表等。无论哪种存储方式，都需要存储顶点信息及顶点间的关系信息。本节只介绍邻接矩阵和邻接表存储方式。

1. 邻接矩阵

这种存储方式用一维向量存储顶点信息，利用二维矩阵存储顶点间边或弧的信息。此二维矩阵又称**邻接矩阵**。

假设图 $G=(V,E)$ 是一个有 n 个顶点的图，则图的邻接矩阵 **A** 是 n 阶方阵，其元素为：

$$A[i][j]=\begin{cases}1 & \text{当} <v_i,v_j> \in E \text{ 或 } (v_i,v_j) \in E \\ 0 & \text{其他}\end{cases}$$

邻接矩阵存储方式可用于无向图或有向图。无向图的邻接矩阵是对称的，有向图的邻接矩阵可能是不对称的。

利用邻接矩阵可以方便地计算顶点的度。在无向图中的邻接矩阵中，第 k 行或列中非零元的个数就是顶点 v_k 的度。在有向图的邻接矩阵中，第 k 行非零元的个数是顶点 v_k 的出度，第 k 列非零元的个数是顶点 v_k 的入度。

对于带权的网络而言，其邻接矩阵的元素可定义为：

$$A[i][j]=\begin{cases}W(i,j) & \text{当} <v_i,v_j> \in E \text{ 或} (v_i,v_j) \in E \\ \infty & \text{其他}\end{cases}$$

其中，$W(i,j)$ 是与边或弧相关的权。

对应于图 2-33 的三个不同的图，图 2-34 给出了它们相应的邻接矩阵。

图 2-34　三个典型的图（图 2-33）对应的邻接矩阵

a）无向图的邻接矩阵　b）有向图的邻接矩阵　c）网络的邻接矩阵

可以用一维列表存储每个顶点的信息，用二维列表存储邻接矩阵的信息。例如，图 2-34a 的邻接矩阵存储可采用如下方式：

```
Vex=['北京','上海','天津','广州','重庆']        # 顶点信息表
ArcMatrix=[[0,1,1,1,1],[1,0,1,1,0],[1,1,0,0,1],[1,1,0,0,0],[1,0,1,0,0]]
```

图 2-34b 的邻接矩阵存储可采用如下方式：

```
Vex=['西安','开封','南京','北京','洛阳']        # 顶点信息表
ArcMatrix=[[0,0,0,1,0],[1,0,1,0,0],[0,0,0,0,0],[0,1,0,0,1],[0,0,1,0,0]]
```

图 2-34c 的邻接矩阵存储可采用如下方式：

```
Vex=['沈阳','郑州','广州','成都']        # 顶点信息表
ArcMatrix=[[M,5,M,2],[M,M,1,M],[8,M,M,3],[M,M,M,M]]
```

其中 M 是一个表示无穷大的特殊符号，也可以写为 None。

2. 邻接表

邻接表存储方式是一种链表与顺序表结合的存储方式，可以用来存储无向图（见图 2-35）、有向图（见图 2-36）、网络（见图 2-37）。在邻接表中有两种结点，一种是**头结点**，另一种是

表结点。

　　每个头结点都存储一个顶点的详细信息，所有头结点都存放在一个顺序表中。例如，图 2-35b、图 2-36b、图 2-37b 中的数据 A、B、C 等就是头结点，可以通过下标访问每个头结点。

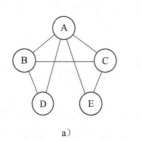
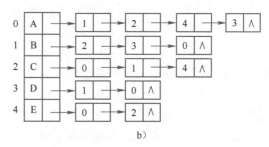

图 2-35　无向图的邻接表
a）无向图　b）邻接表

　　对于某个顶点而言，需要将所有与它邻接的顶点的编号存储为表结点形式，并将它们链接成单链表，这个单链表就称为该顶点的**邻接表**。例如，图 2-35b 中顶点 A 的邻接表是 1、2、4、3，它们代表与 A 直接相连的顶点在顺序表中的下标，即表示 A 的邻接点依次是 B、C、E、D。

　　邻接表的传统存储方案要采用单链表实现，这种存储方式比较烦琐。这里采用简洁的邻接列表的形式存储图结构。用头结点表 HeadList 存储头结点信息，用二维列表 AdjList 存储每个头结点邻接点的编号。对于图 2-35a 所示的无向图，可存储为下列形式：

```
HeadList = ['A','B','C','D','E']                          # 头结点表
AdjList = [[1,2,4,3], [2,3,0], [0,1,4], [1,0], [0,2]]  # 邻接列表（邻接表的列表）
```

　　在头结点表 HeadList 中，顶点 A、B、C、D、E 的下标是 0 至 4。同时，在邻接列表 AdjList 中，下标 0 至 4 位置分别存储了顶点 A 到 E 对应的邻接表。这些邻接表是以整数（下标）为内容的列表。

　　在无向图的邻接表中，顶点 v_i 的度恰好是第 i 个邻接表中元素的数目。在有向图的邻接表中，第 i 个邻接表中结点的数目是顶点 v_i 的出度，若要求其入度，只能遍历整个邻接表。有时为了方便执行某种操作，可以建立有向图的**逆邻接表**。在逆邻接表中，每个头结点 v_i 链接的表结点 v_j 都对应着一条 v_j 指向 v_i 的弧。这与邻接表中弧的指向相反。例如在图 2-36b 中，顶点 B 的邻接表包含 0、2，这意味着 B 到 A 和 C 都有弧连通。而在图 2-36c 中，顶点 C 的逆邻接表包含 4、1，这意味着 E、B 到 C 有弧直接连通。

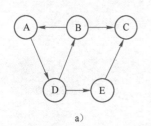
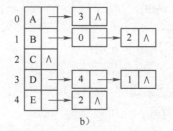
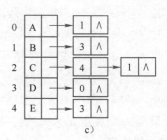

图 2-36　有向图的邻接表和逆邻接表
a）有向图　b）邻接表　c）逆邻接表

对于图 2-36a 所示的有向图，可存储为下列邻接列表以及逆邻接列表的形式：

```
HeadList = ['A','B','C','D','E']              # 头结点表
AdjList = [[3], [0,2], [], [4,1], [2]]        # 邻接列表
ReAdjList = [[1], [3], [4,1], [0], [3]]       # 逆邻接列表
```

在网络中，边或弧是有权值的，因此在网络的表结点中增加了表示权值的数据域。

图 2-37 是网络的邻接表，可存储为下列邻接列表的形式：

```
HeadList = ['A','B','C','D']                          # 头结点表
AdjList = [[(1,5),(3,2)], [(2,1)], [(0,8),(3,3)], []]  # 邻接列表
```

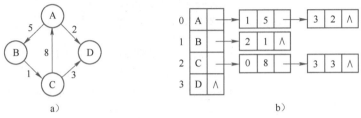

图 2-37　网络的邻接表

a）网络　b）邻接表

2.5.3　图的遍历方法

图的遍历是指从图的某个顶点出发访问图中所有顶点，并且使图中的每个顶点仅被访问一次的过程。图的许多操作都建立在图的遍历之上。图的遍历算法主要有深度优先搜索遍历和广度优先搜索遍历两种。

1. 深度优先搜索遍历

深度优先搜索遍历如下：首先访问图中某一起始顶点 v_0，由 v_0 出发，访问它的任一未被访问的邻接点 v_i；再从 v_i 出发，访问与 v_i 邻接但还没有访问过的顶点 v_j；如此进行下去，直至到达某一顶点 v_t 后，发现 v_t 所有的邻接顶点都被访问过。于是从 v_t 退到前一次刚访问过的顶点 v_s，看看 v_s 是否还有其他没有被访问过的邻接顶点。如果有，则执行与前述过程类似的访问；如果没有，就再退一步进行搜索。重复上述过程，直到连通图中所有顶点都被访问过为止。另外，如果图由几个连通子图构成，则对每个连通子图都进行类似操作。

以图 2-38 中的无向图为例，假设从 A 出发进行遍历。图 2-39a 显示了深度优先搜索遍历的过程。图中实线箭头表示访问一个未被访问过的邻接点，虚线箭头表示回退的过程。1 至 12 表示访问和回退的过程，其深度优先搜索遍历的序列为：A B E F G D C。

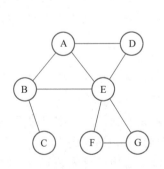 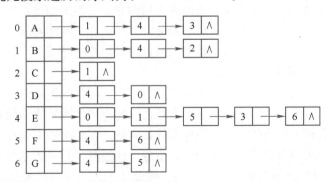

图 2-38　无向图及其邻接表

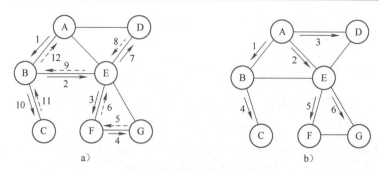

图 2-39　图的遍历过程

a）深度优先搜索遍历　b）广度优先搜索遍历

【例 2-9】 编写程序，以图 2-38 中的邻接表为例实现图的深度优先搜索遍历。

解： 为了记录在遍历过程中已经访问过的顶点，可以设置辅助列表 visited[ ]。它和头结点表一一对应，初始值均为 False，当第 i 个顶点被访问到时，设置 visited[i] 为 True。深度优先搜索遍历是一个递归过程，其程序如下。

```
HeadList = ['A','B','C','D','E','F','G']                        # 头结点表
AdjList=[[1,4,3],[0,4,2],[1],[4,0],[0,1,5,3,6],[4,6],[4,5]]    # 邻接表
visited = [False, False, False, False, False, False, False]    # 访问标志表
def DFS(HeadList, AdjList, k):                                  # 深度优先搜索遍历
    global visited
    visited[k] = True                                          # 标记该结点被访问
    print("访问顶点 " + HeadList[k])                            # 访问第 k 个顶点
    # 对第 k 个顶点的尚未访问的邻接顶点递归调用 DFS
    for i in range(0, len(AdjList[k])):                        # 试探每一个邻接点
        if not visited[AdjList[k][i]]:                         # 访问尚未访问的邻接点
            DFS(HeadList, AdjList, AdjList[k][i])
DFS(HeadList, AdjList, 0)
```

运行结果：

```
访问顶点　A
访问顶点　B
访问顶点　E
访问顶点　F
访问顶点　G
访问顶点　D
访问顶点　C
```

注意： 以上程序仅可遍历连通图部分。若图是非连通的，则需要找到另一个连通分量中的任意一点，再次执行上面的程序进行遍历。其中按邻接点的递归实现了深度优先搜索遍历。如果用非递归的形式，需要使用栈作为辅助的存储结构。

2. 广度优先搜索遍历

假定从图中某个顶点 v 出发进行遍历，则首先访问此顶点，再依次访问 v 的所有未被访问过的邻接点，然后按这些邻接点被访问的先后次序依次访问它们的邻接点，以此类推，直至图中所有和 v 有路径相通的顶点都被访问到。若此时图中尚有顶点未被访问过，则另选图中一个未曾被访问过的顶点作起始点，重复上述过程，直至图中所有顶点都被访问到为止。

以图 2-38 中的无向图为例。假设从 A 出发进行广度优先搜索遍历，首先访问 A，然后依次访问 A 的各个未被访问过的邻接顶点 B、E、D，再分别从 B、E、D 出发，访问它们的所有

还未被访问过的邻接顶点 C、F、G。图 2-39b 显示了广度优先搜索遍历的过程。图中实线箭头表示访问一个未被访问过的邻接点。1 至 6 表示访问的过程。其广度优先搜索遍历的序列为 A B E D C F G。

广度优先搜索遍历是一种分层的搜索过程，从起始点开始一层一层向外访问，每一层的顶点与起始点之间的边（弧）数相同。它不像深度优先搜索遍历那样有往回退的情况，因此广度优先搜索遍历不是一个递归的过程。

【例 2-10】 编写程序，以图 2-38 中的邻接表为例，实现图的广度优先搜索遍历。

解： 为了实现逐层访问，广度优先搜索遍历算法中使用了一个队列，以记忆正在访问的这一层和上一层的顶点，以便于向下一层访问。另外，与深度优先搜索遍历过程一样，需要一个辅助列表 visited[ ] 给被访问过的顶点加标记。当采用图 2-38 所示的邻接表存储方式时，广度优先搜索遍历程序可描述如下。

```
import  queue                                      # 引入 Python 语言自带的队列
HeadList = ['A','B','C','D','E','F','G']            # 头结点表
AdjList=[[1,4,3],[0,4,2],[1],[4,0],[0,1,5,3,6],[4,6],[4,5]]  # 邻接列表
visited = [False, False, False, False, False, False, False]
Q = queue. Queue( )                                # 创建队列
def BFS( HeadList, AdjList, k) :
    global visited
    global Q
    visited[ k] = True                             # 标记起始顶点被访问
    print("访问顶点  "+HeadList[ k] )               # 访问起始顶点
    Q. put( k)                                      # 首个访问过的顶点入队
    while not Q. empty( ) :
        m = Q. get( )                               # 出队列
        for i in range(0, len( AdjList[ m] ) ) :    # 搜索该结点所有邻接点
            if  not visited[ AdjList[ m] [ i] ] :   # 若该邻接顶点未被访问过
                n = AdjList[ m] [ i]                 # 取邻接点编号
                visited[ n] = True                   # 标记该结点被访问过
                print("访问顶点 "+HeadList[ n] )      # 访问第 n 号顶点
                Q. put( n)

BFS( HeadList, AdjList, 0)
```

运行结果：

```
访问顶点  A
访问顶点  B
访问顶点  E
访问顶点  D
访问顶点  C
访问顶点  F
访问顶点  G
```

2.5.4 实例：最小生成树

考虑一个通信网的建设问题。假定在多个城市间建立通信网络，将城市作为顶点，将所有可能的通信线路作为边，就构成一个图结构。再以通信线路的造价作为边的权重就构成一个无向网络。在保证通信功能的前提下，为了使总造价最小，需要寻找网络中权重之和最小的连通子图。这种在无向网络中权值总和最小的极小连通子图就是**最小生成树**。

按照生成树的定义，n 个顶点的连通网络的生成树有 n 个顶点、n-1 条边。因此这个连通网的最小生成树也具有 n-1 条边来连接网络中的 n 个顶点，这些边都属于连通网络的边集合，且不构成任何回路。构造最小生成树的方法主要有两种——**普里姆（Prim）算法**和**克鲁斯卡尔（Kruskal）算法**。

（1）普里姆算法

假定 G={V,E} 为连通网络，其中 V 为顶点集合，E 为带权边集合。设置生成树顶点集合 U，最初它只包含某一个顶点。设置生成树边的集合 T，最初为空集。而后考察这样的边，它的一个顶点 u∈U，另一个顶点 v∈V-U，每次从所有这样的边中选择权值最小的边(u,v)加入集合 T，并把顶点 v 加入到集合 U 中。如此不断重复，直到所有顶点都加入到集合 U 中为止。

连通网络的一个例子如图 2-40 所示。

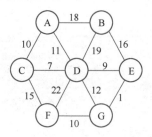

图 2-40　一个连通网络

以图 2-40 的网络为例，从顶点 A 出发，利用普里姆算法构造最小生成树的过程如图 2-41 所示。

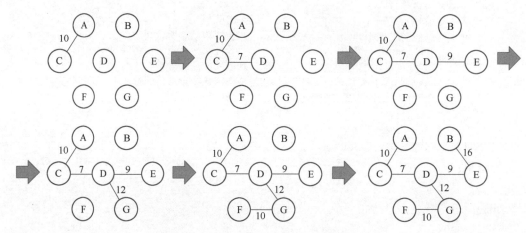

图 2-41　普里姆算法构造最小生成树的过程

（2）克鲁斯卡尔算法

假定 G={V,E} 为连通网络，其中 V 为顶点集合，E 为带权边集合。先构造一个包含所有顶点但没有边的非连通图 T={V,{}}，图中每个顶点自成一个连通分量。当在 E 中选到一条具有最小权值的边时，若该边的两个顶点落在 T 的不同的连通分量上，则将此边加入到 T 中；否则将此边舍去，重新选择一条权值最小的边。如此重复下去，直到所有顶点在同一个连通分量上为止。

以图 2-40 的网络为例，从顶点 A 出发，利用克鲁斯卡尔算法构造最小生成树的过程如图 2-42 所示。

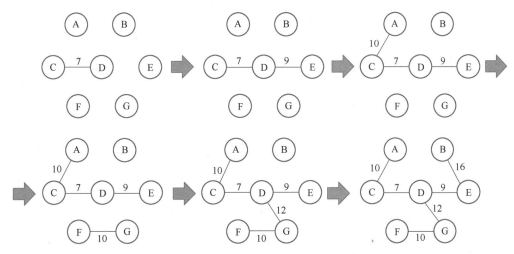

图 2-42　克鲁斯卡尔算法构造最小生成树的过程

2.6　习题

一、名词解释

1. 线性表　　2. 栈　　　　　3. 队列　　　4. 完全二叉树　　5. 带权路径长度

6. 无向图　7. 图中的路径　8. 生成树　　9. 平均查找长度　10. 图中的弧

11. 连通图

二、填空题

1. 算法效率的衡量主要有两个指标：_____和_____。

2. 采用_____存储结构的_____称为顺序表，它的数据元素按照逻辑顺序依次存放在一组连续的存储单元中。逻辑上相邻的数据元素，其存储位置也_____。

3. 单链表用一组地址_____的存储单元存放线性表中的数据元素。其逻辑上相邻的元素的物理位置_____。

4. 单链表中的每个结点都包含_____和_____两部分。

5. 为了能顺次访问单链表的每个结点，需要保存单链表第一个结点的存储地址。这个地址称为单链表的_____。

6. 为了操作上的方便，可以在单链表的头部增加一个特殊的结点，称为_____。该结点的数据域为_____。

7. 树有且只有一个_____结点，没有子结点的结点可称为_____，二叉树的每个结点至多只有_____棵子树。

8. 图结构又可分为_____图和_____图两大类。在图结构中，数据元素通常称为_____；两个顶点间的联系在有向图中称为_____，在无向图中称为_____。

三、选择题

1. 一个有头结点的单链表中，P 为指向头结点的指针，则首元（位于头结点之后）指针可表示为（　　）。

　　A. P. next. next　　　　B. P　　　　　　　C. P. data　　　　　　D. P. next

2. 数列 4321 依次执行入栈操作，在入栈过程中可以随时执行出栈操作，则其出栈顺序可能是（　　）。

    A. 1423　　　　　　B. 2413　　　　　　C. 1234　　　　　　D. 4132

3. 具有 35 个结点的完全二叉树的深度为（　　）。

    A. 4　　　　　　　B. 6　　　　　　　C. 8　　　　　　　D. 12

4. 对长度为 12 的有序表进行二分查找，在等概率情况下，查找成功的 ASL 为（　　）。

    A. 37/12　　　　　B. 39/11　　　　　C. 34/12　　　　　D. 33/11

5. 一棵完全二叉树共有 200 个数据元素，自上而下、自左向右编号，则第 67 号点的右孩子是（　　）号。

    A. 134　　　　　　B. 135　　　　　　C. 136　　　　　　D. 137

6. 二叉树的中序遍历顺序为 abcd，先序遍历顺序为 cabd，则二叉树是下列（　　）。

A. 　　　　　B. 　　　　　C. 　　　　　D.

7. 下列哪一种形式可能是一个图的生成树？（　　）

A. 　　　　　B. 　　　　　C. 　　　　　D.

四、判断题

1. 线性表每个结点都有一个前趋和一个后继。　　　　　　　　　　　　　　　（　　）

2. 二叉树不能用顺序方式存储。　　　　　　　　　　　　　　　　　　　　（　　）

3. 哈夫曼树又称最小生成树。　　　　　　　　　　　　　　　　　　　　　（　　）

4. 图的深度优先搜索遍历优于广度优先搜索遍历。　　　　　　　　　　　　　（　　）

5. 平均查找长度就是时间复杂度。　　　　　　　　　　　　　　　　　　　（　　）

6. 冒泡排序的时间复杂度优于简单选择排序。　　　　　　　　　　　　　　　（　　）

五、简答题

1. 数据结构研究的内容是什么？基本的数据结构有哪些形式？请举例说明。

2. 什么是数据元素？什么是数据的逻辑结构？什么是数据的物理结构？

3. 什么是算法？算法的衡量标准有哪些？

4. 堆栈和队列的逻辑结构有何不同？

5. 循环队列是如何实现的？其队空和队满的条件各是什么？

6. 什么是结点的度、树的度？何为叶子结点、分支结点、父结点、兄弟结点？有序树和无序树有何区别？

7. 什么是树的遍历？二叉树遍历方式有几种？举例写出每一种遍历访问结点的次序。

8. 一个图包含顶点 {a,b,c,d,e}，其邻接矩阵如图 2-43 所示。

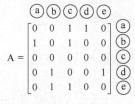

$$A = \begin{bmatrix} 0 & 0 & 1 & 1 & 0 \\ 1 & 0 & 1 & 0 & 0 \\ 0 & 0 & 0 & 0 & 0 \\ 0 & 1 & 0 & 0 & 1 \\ 0 & 1 & 1 & 0 & 0 \end{bmatrix} \begin{matrix} a \\ b \\ c \\ d \\ e \end{matrix}$$

图 2-43　题 8 图

（1）画出图的逻辑结构。

（2）画出图的邻接表表示方式。

（3）写出自 a 出发的深度优先搜索遍历序列和广度优先搜索遍历序列。

六、程序题

1. 约瑟夫环问题是说有 n 个人围成一圈（编号从 1 到 n），从第 1 个人开始报数，报到 m 的人出列，从下一个人重新报数，报到 m 的人出列，依此类推，直至最后一个人。求最后一个人的编号。请利用顺序表类求解此问题，其中 n、m 由用户输入。

2. 编程实现以下操作：先建立一个长度不小于 6、以字母为结点数据的单链表，然后将其中 ASCII 码为偶数的结点删除，再利用修改指针的方法将单链表中的结点前后倒置。

3. 假定队列中的元素可以比较大小。请修改本章的队列类，将出队算法改为先搜索最小的元素，然后将其出队。利用此队列，将一个整数列表排列为从小到大的有序序列。

4. 编写程序，利用栈检查用户输入的算术表达式中正反括号匹配是否正确。

5. 编程实现以下操作：先建立一个二叉树，再遍历查询二叉树的深度。

6. 编写程序将二叉树所有叶子结点的内容显示出来。

7. 编写一段程序，首先建立以学生信息为元素建立顺序表，其中学生信息包括学号、姓名、籍贯、班级，顺序表按学号有序；程序可接收用户查询请求，其中按学号查询用折半查找实现，按姓名、籍贯、班级查询用顺序查找实现。按姓名、籍贯、班级查询时可能有多条满足条件的记录，这些记录都应显示出来。

8. 编写一段程序，读取用户输入的一系列英文单词，分别用直接插入排序、简单选择排序、冒泡排序和快速排序方法实现英文单词按字典序排序，并依次显示输出。

9. 编程实现本章的哈夫曼树构造算法并生成哈夫曼编码，验证其正确性。

10. 编程实现本章的最小生成树的克鲁斯卡尔算法，验证其正确性。

第 3 章　操作系统及应用程序开发

计算机系统由硬件系统和软件系统组成。硬件系统包括构成计算机的一切物理设备和部件，软件系统包括系统软件和应用软件。操作系统是一种系统软件，它是其他软件和硬件之间的桥梁。本章除对操作系统的原理进行介绍外，还将介绍如何通过应用程序编程接口来利用硬件和操作系统的资源。

3.1　操作系统概述

计算机中的各种程序和数据共同组成软件资源，软件的运行以硬件的支持为基础，又对硬件在性能方面进行扩充和完善。通常，计算机内部的数是用 0 和 1 两个二进制数字来表示的，其中硬件内部时常需要进行诸如数据传送、算术逻辑运算、程序控制和输入输出等基本操作，为了完成这些操作，需要用户与硬件设备进行复杂的交互，这些工作如果完全由手工操作完成是非常困难的事情，还有可能造成 CPU 的运行效率下降或产生差错。操作系统正好可以担当此任，它在计算机系统中占据着非常重要的位置，是构建在硬件系统之上的系统软件，具有管理各种硬件和软件资源的功能。

3.1.1　操作系统的概念

早期的计算机并没有配置专门的操作系统，操作人员需要直接操作各种机械和电气设备以控制计算机的运行。随着像汇编语言这样的一些低级计算机语言的出现，操作人员能够通过穿孔纸带将程序输入到计算机，并进行编译和运行最终得到计算结果。这个时期，一个程序独占整个计算机，而 CPU 时常处于空闲等待状态，较慢的人工操作过程形成瓶颈，提出了设备和程序等资源共享的新问题。

操作系统可定义为管理计算机中的硬件和软件资源，合理组织计算机的工作流程，为用户提供功能丰富、使用方便的运行环境的一种系统软件，在用户和计算机间起到桥梁作用。

这个定义给出了操作系统的功能是管理计算机的资源，组织计算机工作的流程，方便用户使用计算机。计算机中的资源主要包括 CPU、内存、外存、外部设备等，所以操作系统的功能主要包括五大模块。

进程管理实际就是 CPU 管理，也叫处理器管理，是关于用户的程序如何有序使用 CPU 的，而运行中的程序就是进程；存储管理是关于内存的合理使用的；文件管理是关于用户的程序、数据等文件如何在外存上组织、存储和检索利用的；设备管理是关于键盘、鼠标、显示器、打印机等外部设备的连接、驱动和使用的；用户接口是关于用户如何方便地使用计算机的。

3.1.2　操作系统的类型

操作系统是由于客观需要而产生和发展的，功能不断加强，使用更加方便，地位不断提高。伴随着技术和应用需求的发展，也出现了不同类型的操作系统。

1. 单道批处理方式

操作系统最早出现于 20 世纪 70 年代中期。1976 年，美国数字研究软件公司研制出 8 位的 CP/M（Control Program/Monitor）操作系统，实为一种控制程序或监控程序，用户使用控制台上的键盘来控制和管理整个计算机系统，并通过管理文件信息自动存取硬盘或其他设备文件。后来诞生了各种 8 位的 CP/M 操作系统，它们大都采用单道批处理方式控制程序的执行。这里的"单道"代表着一次只能处理一个程序，"批处理"代表着将零散的单一任务合并作为集中式批量任务来一次性进行处理，从而大大减少了人工干预的次数，节省了程序的运行时间。随着批处理控制管理程序的出现，又进一步实现了程序运行的自动化管理。此时，在使用操作系统方面对程序员和操作人员进行了明确的分工，程序员关心的是功能的实现，而操作人员通过一套控制命令来进行具体的上机操作。这种方式的缺点是，一个程序执行完成后才可以执行下一个程序，而如果程序中途出现故障，则需要重新装入和运行。

2. 多道程序系统

为了提高系统的处理能力和资源的利用率，计算机需要同时处理系统中运行着的多个程序，系统资源不再由某个程序所独占，而为多个程序所共享，共享资源的状态由多个程序的活动性质共同决定，系统各部分的工作方式由简单的串行改为并发执行，这就是**多道程序系统**方式。其优点是可以提高内存、设备和 CPU 等资源的利用率，最终提高整个系统的效率。缺点是有可能延长程序的执行时间，系统效率的提高受到一定的限制。

3. 分时操作系统

计算机终端是计算机系统的传统输入输出设备，它主要由键盘和显示器组成。终端一般不进行复杂的计算工作，但可以完成对远程主机的登录、发送请求和接受应答等任务。

分时操作系统把计算机与许多终端用户连接起来，将 CPU 时间与内存空间按一定的时间间隔，轮流地切换给各终端用户的程序使用。分时操作系统能使一台计算机同时为几个、几十个甚至几百个用户服务。由于时间间隔很短，每个用户的感觉就像独占计算机一样。

在分时操作系统中，软件的执行对时间上的要求并不严格，比如时间上的延误或者时序上的错误，一般不会造成灾难性的后果。分时操作系统具有多路性、系统资源共享性、独立性和交互性等特点。

4. 实时操作系统

实时操作系统是能够保证在一定时间限制内完成特定功能的操作系统，其首要任务是调度一切可利用的资源来完成实时控制任务，其次才是提高计算机系统的使用效率。实时操作系统要求对事件进行实时的处理，必须在事件随机发生时，在严格的时限内做出响应，即使是系统处在尖峰负荷下，也应如此。系统响应时间的超时就意味着系统出现致命的失败。

5. 微机操作系统

20 世纪 70 年代末期，由于市场对于个人计算机的需求，出现了微软公司的 MS-DOS 操作系统。MS-DOS 操作系统具有性能优良的文件系统，但它受到 Intel x86 体系结构的限制，并缺乏硬件为基础的存储保护机制，因此它属于单用户单任务的操作系统。

1984 年，带有交互式图形功能操作系统的苹果 Macintosh 计算机取得了巨大成功。1992 年 4 月，微软公司推出了具有交互式图形功能的操作系统 Windows 3.1。1993 年 5 月，微软公司发布了 Windows NT，它具备了安全性和稳定性，主要针对网络和服务器市场。

1995 年 8 月，微软发行了 Windows 95，这是一个混合的 16 位/32 位 Windows 系统，且被看作是一个用户界面相当友好的操作系统。其包含了一个集成的 TCP/IP 堆栈、拨号网络和长文件名支持。这是不需要 MS-DOS 的第一个 Windows 版本，从此，Windows 9×便取代 Windows 3.×以及 MS-DOS 操作系统，成为个人计算机平台的主流操作系统。以后 Windows 向图形化、网络化、即插即用、触控感应等方向发展，更加智能，使用更加方便。

1991 年 Linus Torvalds 在因特网上发布消息，用户可以自由下载他开发的 Linux 操作系统版本。Linux 逐渐从一个个人产品变成了一个开放的操作系统。常用的 Linux 操作系统很多，比如 Ubuntu、CentOS、openEuler 等。

新一代微机操作系统具有图形用户界面（GUI）、多用户和多任务、虚拟存储管理、网络通信支持、数据库支持、多媒体支持、应用编程 API 支持等功能。有了图形界面，就有了字符界面操作系统和图形界面操作系统之分；有了多用户、多任务，就有了单用户操作系统、多用户操作系统、单任务操作系统、多任务操作系统之分；能提供和使用网络服务的，就是网络操作系统。

6. 当代操作系统

从规模上看，操作系统向着大型和微型两个不同的方向发展着。大型操作系统的典型是分布式操作系统和集群操作系统，而微机操作系统的典型则是嵌入式操作系统。

分布式操作系统是为分布式计算机系统配置的操作系统。它与网络操作系统相比更注重于任务的分布性，即把一个大任务分为若干个可以并行执行的子任务，分派到不同的处理站点上去执行。它有强健的分布式算法和动态平衡各站点负载的能力，是网络操作系统的更高形式，具有强大的生命力。

集群是指一组高性能计算机通过高速网络连接起来，在工作中像一个统一的资源，所有结点使用单一界面的计算系统。管理集群结点的操作系统称为**集群操作系统**。集群技术的出现，使得使用多台 PC 或工作站就可获得同大型机相匹敌的计算能力，同时成本大大降低，从而在很多高性能计算领域内由集群完全取代大型机也成为可能。支持集群的操作系统有 Linux Server、Windows Server Compute Cluster Edition 等。

嵌入式操作系统（Embedded Operating System）是运行在嵌入式系统环境中，对整个嵌入式系统以及它所操作、控制的各种部件装置等资源进行统一协调、调度、指挥和控制的系统软件。嵌入式操作系统是以应用为中心，软硬件可裁减，适用于对功能、可靠性、成本、体积、功耗等有综合性严格要求的专用计算机系统。它具有软件代码小、高度自动化、响应速度快等特点，特别适合要求实时和多任务的体系。代表的嵌入式操作系统如 Windows CE、Android、iOS 和 Harmony OS 等。

3.1.3　常见操作系统简介

Windows、Linux、Android 和 iOS 是最常见的操作系统，现在微机上用得最多的是 Windows 操作系统；Linux 一般运行在服务器上，它是在 UNIX 系统上发展而来的，并被越来越多的普通计算机使用者所接受，其中 Ubuntu 就是一种 Linux 操作系统；手机、移动设备普遍采用 Android 系统，其实也是一种 Linux 操作系统。这里仅对 Windows、Ubuntu 和 Android 操作系统做简要介绍。

1. Windows 操作系统

1985 年，微软公司推出了 Windows 1.0 微机操作系统，经过 30 多年的发展，从最初只能运行在 MS-DOS 下的 Windows 3.×发展到现在的 Windows 11，已经完全替代了当年的 MS-

DOS。Windows 是一种具有图形化界面的多任务操作系统。界面图形化、多任务、支持网络、支持多媒体、支持多种硬件和应用程序是其显著的优点。Windows XP 以后的操作系统支持多核处理器，从而大幅提升了整个系统的性能。

（1）Windows NT（New Technology）系列操作系统的体系结构

Windows 是一个功能非常丰富、庞大的操作系统，提供了强大的应用程序设计接口，用于编写功能丰富的应用程序。应用程序一般可以运行在用户态和核心态两种状态之下。现代 CPU 一般实现了 4 个特权级模式，而 Windows 涉及其中的特权级 0 和特权级 3，其中特权级 0 是留给操作系统代码和设备驱动程序代码之用，处于系统核心态之下，运行于核心态的代码不受任何限制，可以自由地访问任何有效地址，进行直接端口访问。而特权级 3 由普通的用户程序使用，处于用户态之下，运行于用户态的代码要受到处理器的诸多检查，只能访问指定的页面虚拟地址和端口。相比较而言，MS-DOS 操作系统的所有代码都运行在 DOS 的核心态。

Windows NT 系列操作系统（NT、2000、2003 和 XP 等）的用户态和核心态更加完善，图 3-1 是 Windows NT 系列操作系统的体系结构示意图。

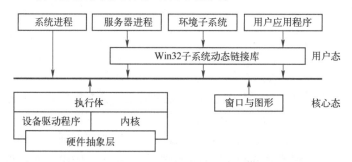

图 3-1 Windows NT 系列操作系统的体系结构

由图 3-1 可知，Windows NT 分为用户态和核心态两部分。用户态进程是在受保护的进程地址空间中执行的。用户态进程有 4 种类型：系统进程（如登录进程和会话管理器）、服务器进程（如事件日志、调度服务、SQL Server 等）、环境子系统（如 Win32 等）和用户应用程序（如 MS-DOS 程序和 Win32 程序等）。在 Windows NT 下，用户应用程序不能直接调用本地操作系统服务，而必须通过对 Win32 子系统动态链接库的调用来进行。核心态有 5 个部分：执行体（如进程线程管理、I/O 和内存管理等）、内核（如线程调度、中断和异常处理等）、硬件抽象层（将内核、设备驱动程序和执行体分离以适应不同的平台）、设备驱动程序（将 I/O 函数调用转换为 I/O 请求）和窗口与图形（如窗口和绘制等）。Win32 子系统动态链接库提供大量的 Win32 API（Application Programming Interface，应用程序接口）函数供用户程序和其他系统程序调用，如 kernel32. dll、user32. dll 和 gdi32. dll 等。

（2）Windows 应用程序的一般界面

从程序设计角度来讲，Windows 包括图形用户界面（GUI）和消息（Message）。图形用户界面实现了人机界面的图形化，使得操作系统在使用上更便捷，用户界面更友好。窗口和窗口元素是 GUI 中的重要概念。标准窗口由以下几部分组成：标题栏、最小化按钮、最大化按钮、菜单栏、窗口边界、工作区、垂直滚动条、水平滚动条和状态栏等。

（3）Windows 编程的一些重要概念

要熟悉 Windows 操作系统的程序设计，还需要了解以下一些重要概念。

① 句柄。句柄是一个 4 字节长的整数，用以唯一标识各种不同的 Windows 对象，如窗口、

菜单、画笔和画刷等。编写 Windows 应用程序时总是要和各种句柄打交道。

② 消息。消息作为窗口的输入，主要指由用户操作而向应用程序发出的信息，也包括其他窗口或操作系统内部产生的信息。消息主要有三种类型，即 Windows 消息、命令消息和控件通知，它们存放于消息队列中。如果继续细分，可以有鼠标消息、键盘消息、定时器消息、菜单命令消息和窗口绘制消息等。每个消息分别使用宏定义来命名。例如，单击鼠标左键，Windows 将产生 WM_LBUTTONDOWN 名字的消息，而释放鼠标左键将产生 WM_LBUTTONUP 名字的消息，按下键盘上的字母键，将产生 WM_CHAR 消息。对 Windows 操作系统的任何操作事件都被记录为消息，保存在 Windows 的消息队列中。消息是一种由消息号和参数组成的数据结构，具体包括窗口句柄（消息所在的窗口）、消息数值（消息参数，包含有关消息的附加信息，不同消息的值有所不同）、消息发送至队列的时间、消息发送时屏幕光标的位置等。

③ 事件。事件是窗口和窗口元素能够识别并做出响应的外部动作，像鼠标单击、鼠标双击和键盘按键按下等都是事件。每个窗口和窗口元素都有一系列预先定义好的事件，可以通过用户、系统或应用程序触发，事件发生后将自动执行对应的事件程序。

Windows 程序与 DOS 程序有所不同，它以事件为驱动、以消息机制为基础。微软公司提供的 VC++提供了 MFC（Microsoft Foundation Class，微软基础类库），封装了大部分 Windows API 函数，其中，每个专门的消息处理函数单独处理对应的消息。消息处理函数通常是类的成员函数，编写消息处理函数是编写框架应用程序的主要任务。在 VC++中可以使用类向导工具创建消息处理函数，然后从类向导工具直接跳转到源文件的消息处理函数体编写处理代码，这从很大程度上简化了 Windows 程序的编写过程。

由于在 Windows 中可以同时运行多个程序或一个程序的多个副本，称它们每一个为一个进程（实例）。为了对同一程序的多个副本进行管理，Windows 引入了实例句柄。具体来说，Windows 为每个应用程序建立一张表，实例句柄就好像是这张表的一个索引。Windows 使用句柄不仅可以管理实例，也可以管理窗口、位图、字体、元文件和图标等系统资源。

对于初学者，在 VC++工具下可以通过三种方式来编写 Windows 程序，即直接使用 Windows API 函数、通过 VC++提供的工具生成对话框框架程序以及文档/视图框架程序。

如果使用 Python 编写 Windows 应用程序，可使用的图形界面编程工具有 tkinter、pyQt 等。如果调用 Windows API，可以使用第三方库 pywin32，它包括三个模块：win32api 包含常用的 API 函数，win32gui 包含图形操作的 API，win32con 定义了 Windows API 的宏。

2. Ubuntu

Ubuntu 是由南非马克·沙特尔沃思（Mark Shuttleworth）创办的基于 Debian Linux 的操作系统，以桌面应用为主，适用于笔记本式计算机、桌面式计算机和服务器。Ubuntu 用"年号的后两位.月份"作为版本号，2004 年 10 月公布 Ubuntu 的第一个版本 Ubuntu 4.10。Ubuntu 的目标是一个最新的、相当稳定的由自由软件构建而成的操作系统。Ubuntu 具有庞大的社区力量，用户可以方便地从社区获得帮助。Ubuntu 包含了常用的应用软件：文字处理、电子邮件、软件开发工具和 Web 服务等。

根据中央处理器架构划分，Ubuntu 16.04 支持 i386 32 位系列、AMD 64 位 x86 系列、ARM 系列及 PowerPC 系列处理器。Ubuntu 21.04 和 Ubuntu 20.04.2 也提供对 RISC-V 处理器的支持。根据 Ubuntu 发行版本的用途，可分为 Ubuntu 桌面版、Ubuntu 服务器版、Ubuntu 云版和 Ubuntu 移动设备版（Ubuntu Touch）。Ubuntu 已经形成一个比较完整的解决方案，涵盖了 IT 产品的方方面面。另外，Ubuntu 还衍生出教育发行版 Edubuntu、KDE 桌面管理器版 Kubuntu、轻量级桌面环境版 Lubuntu、中文定制版 Ubuntu Kylin 等。

可以使用 C++、Java、PHP、Perl、Python 等计算机语言在 Ubuntu 下编写程序，还可以部署多种 Web 服务器和数据库。

3. Android

Android，中文名为安卓，由 Google 公司和开放手机联盟领导及开发，是一种基于 Linux 的自由及开放源代码的操作系统，主要用于智能手机和平板电脑等移动设备。Android 操作系统最初由 Andy Rubin 开发，主要支持手机，2005 年 8 月由 Google 收购注资。2007 年 11 月，Google 与 84 家硬件制造商、软件开发商及电信运营商组建开放手机联盟共同研发改良 Android 系统。随后，Google 以 Apache 开源许可证的授权方式发布了 Android 的源代码。第一部 Android 智能手机发布于 2008 年 10 月。

Android 平台的系统架构和其他操作系统一样，采用了分层的架构，如图 3-2 所示。

图 3-2　Android 平台的系统架构

Android 平台分为 4 层，自顶向下依次是应用程序层、应用程序框架层、Android 运行时和库层和 Linux 内核层。

（1）应用程序层

应用程序层提供一些核心应用程序包，包括 Email 客户端、SMS（短消息）程序、日历、地图、浏览器和联系人管理程序等。开发者可以利用 Java 语言设计和编写属于自己的应用程序，而这些程序与那些核心应用程序彼此平等。

（2）应用程序框架层

应用程序框架层为开发人员提供 API 以访问核心应用程序，从而大大简化了组件的重用。主要有：

1）视图（View）系统。视图系统用来构建应用程序，包括列表（List）、网格（Grid）、文本框（Textbox）、按钮（Button），以及可嵌入的 Web 浏览器。

2）内容提供者（Content Provider）。内容提供者使得应用程序可以访问另一个应用程序的数据或者共享它们自己的数据。

3）资源管理器（Resource Manager）。资源管理器提供非代码资源的访问，如本地字符串、图形和布局文件。

4）通知管理器（Notification Manager）。通知管理器使得应用程序可以在状态栏中显示自定义的提示信息。

5）活动管理器（Activity Manager）。活动管理器用来管理应用程序生命周期并提供常用的导航回退功能。

（3）Android 运行时和库层

Android 包含一些 C/C++库，这些库能被 Android 系统中不同的组件所使用，以 API 方式为开发者提供服务。

1）libc。libc（C 标准函数库）是专门为基于嵌入式 Linux 设备而定制的。

2）媒体框架。PacketVideo（OpenCORE）框架支持多种常用的音频、视频格式回放和录制，同时支持静态图像文件。编码格式包括 MPEG4、H. 264、MP3、AAC、AMR、JPG、PNG。

3）界面管理器（Surface Manager）。界面管理器对显示子系统进行管理，并且为多个应用程序提供了 2D 和 3D 图层的无缝融合。它并不是将显示内容直接绘制到屏幕缓冲区中，而是将绘制命令传递给屏幕外的位图，然后将该位图与其他位图组合起来，形成用户看到的显示内容。这种方法允许系统实现所有有趣的效果，如透明的窗口和奇特的过渡效果。

4）Webkit。一个最新的 Web 浏览器引擎，支持 Android 浏览器和一个可嵌入的 Web 视图。

5）Android 运行时。Android 运行时由核心库（Core Libraries）和 Dalvik 虚拟机两部分组成，其中，核心库提供了 Java 编程语言核心库的大多数功能，而虚拟机则负责运行 Android 应用程序。每一个 Android 应用程序都在它自己的进程中运行，都拥有一个独立的 Dalvik 虚拟机实例，因此 Android 应用程序可以方便地实现对应用程序的隔离。Dalvik 虚拟机依赖于 Linux 内核的一些功能，如线程机制和底层内存管理机制。

（4）Linux 内核层

Linux 内核层是 Android 操作系统的核心。Android 平台运行于 Linux 内核之上，而由 Linux 内核完成包括安全（Security）、内存管理（Memory Management）、进程管理（Process Management）、网络堆栈（Network Stack）、驱动程序模型（Driver Model）等工作。

Android 包括 4 大开发组件：活动（Activity），用于表现功能；服务（Service），用于后台运行服务，不提供界面呈现；广播接收器（Broadcast Receiver），用于接收广播；内容提供者（Content Provider），支持在多个应用中存储和读取数据，相当于数据库。

为了开发 Android 应用程序，Google 公司提供了 Android SDK（支持 Java 语言）和 Android NDK（支持 C++语言）以及 ADT，使用 Eclipse 等集成开发工具就可以快速上手开发各种 Android 应用程序。开发出的程序可以在模拟器上测试运行，也可以在真实手机上运行。

3.2　操作系统的资源管理

传统的操作系统具有五大功能，即进程管理、存储管理、设备管理、文件管理和用户接口，各功能之间并非完全独立，而是相互依赖的。

3.2.1　进程管理

进程管理的主要任务是对 CPU 的时间进行合理分配，对 CPU 的运行实施行之有效的管理。采用多道程序技术可以提高 CPU 的利用率，即当一个程序因等待某一条件而不能继续运行下去时，操作系统就把其 CPU 占用权转交给另一个可运行的程序；而当出现了一个比当前运行的程序更重要的可运行程序时，它立即抢占 CPU。通过进程管理协调多道程序之间的关系，解决 CPU 的分配、调度和回收等问题，以使 CPU 资源得到更充分的利用。由于各种操作系统对 CPU 管理策略有所不同，呈现在用户面前的操作系统的性质也不同，如批处理、分时和实时等处理方式。

在监督程序时代（单道批处理方式）是以作业形式表示程序运行的。作业以同步方式串行地运行每个作业步。操作系统发展到分时系统时，为了开发同一个作业中不同作业步之间的并发，作业机制已不能满足需要，因而引进了进程机制，让进程来实现作业步的执行。但随着多处理器计算机出现，用户希望一个作业步中的程序还能够同时在多个处理器上运行，因此进程的机制得到进一步发展，让一个进程同时拥有多个线程，让多个线程在不同处理器上运行。

1. 程序的执行方式

程序在计算机系统中扮演着举足轻重的角色，它代表有严格时间顺序的可执行指令序列，一般包括输入、处理和输出三部分。程序的功能是按照指令对输入信息进行处理并最后得到结果输出。程序的执行可分为顺序执行和并发执行两种方式。

（1）顺序执行

顺序执行是单道批处理系统的特征，也可用于简单的单片机系统。**顺序执行**是指操作系统依次执行各个程序，在一个程序的整个执行过程中由该程序占有全部系统资源。从这个意义上讲，程序具有三个特征。

1）**顺序性**，即程序指令的执行次序是预先设定好的，包括分支、循环或跳转等。

2）**封闭性**，即程序在执行过程中独占全部资源，最终的输出结果仅仅依赖于输入变量的值，计算机的状态完全由该程序的控制逻辑所决定，而与计算机本身和环境无关。

3）**可再现性**，即程序可以反复执行多次，而不管计算机的速度如何，同样的输入必然得到同样的输出结果。

（2）并发执行

并发执行是指多个程序在一个处理器上的交替执行，其目的主要是提高计算机资源的利用率。这样做，一方面提高了资源利用率，另一方面改变了程序的执行环境，会导致一些原来在顺序执行方式下正常工作的程序此时却不能正常工作。从这个意义上讲，程序又具有另外 3 个特征。

1）**间断（异步）性**，处理器交替执行多个程序，每个程序都是以"走走停停"的方式执行，无法预知每次执行和暂停的时间长度，也失去了原有的时序关系。

2）**失去封闭性**，由于多个程序共享同一个计算机系统的多种资源，因此每个程序的执行都会受其他程序的控制逻辑的影响。

3）**失去可再现性**，程序每次执行的环境可能在程序的两次执行期间发生变化从而导致执行结果的不同，失去原有的可重复特征。

2. 进程

进程是操作系统中的另一个重要的概念。一个**进程**就是程序的一次执行，是操作系统进行资源调度和分配的独立单位。大部分情况下，一段时间内会有多个进程"同时"执行，这称为**进程的并发执行**。进程的并发执行提高了硬件资源的利用率，却带来了额外的空间和时间开销，从而增加了操作系统管理的复杂性。

（1）进程的特点

进程具有以下6个特点。

1）**动态性**，即进程是程序的运行，可创建、可调度和可撤销，并具有动态的地址空间，空间大小和内容可动态更改，空间的内容包括代码（指令执行和CPU状态的改变）、数据（变量的生成和赋值）和系统控制信息（进程控制块〔Process Control Block，PCB〕的生成和删除）。

2）**并发性**，即操作系统支持多个进程同时执行，以充分利用资源并发挥其效率。

3）**独立性**，即各个进程是独立的实体。

4）**异步性**，即各个进程都有各自的运行轨迹。

5）**结构性**，即操作系统具有管理进程及其状态的数据结构，这个数据结构称为进程控制块，其中包括进程的编号、内存地址、优先级、状态和上下文数据等信息。

6）**制约性**，多个进程在执行过程中对有限的资源的使用相互制约。

（2）进程的状态

由于系统中经常出现多个进程共存的情况，操作系统需要合理调度它们，以充分发挥CPU的执行效率，解决系统资源竞争问题。此时，多个进程不可能同时处于一种状态，因此一般把进程划分为以下3个状态。

1）**就绪状态**，即一个进程获取了除CPU外的一切资源。

2）**运行状态**，即一个进程占用CPU且正在运行。

3）**等待状态**，也称为阻塞状态，即除CPU使用权外，一个进程尚未获得投入运行所需的其他全部资源，或因某种条件尚未满足。

在一个进程的生命周期中，这3种状态常常相互转换，如图3-3所示。一般在进程运行之前，首先处于就绪状态，此时进程可运行，其他运行条件都已满足，唯一等待的是CPU的空闲状态，只要时机成熟，该进程获得了CPU使用权，进程从就绪状态转换为运行状态；正处于运行状态的进程如果CPU的服务时间已到，则让出CPU自动进入就绪状态；也可能是等待其他事件的发生才能继续运行，这时也让出CPU进入等待状态；处于等待状态的进程，一旦重新获得运行条件，就再一次回到就绪状态；进程执行完毕，会被撤销，进程终止。

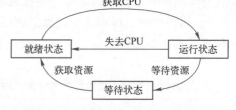

图3-3　进程的各状态之间的转换

进程的创建和终止也可以作为进程的另外两个状态。其中，创建状态是指进程正在创建的过程之中，还不能运行。操作系统在进程的创建状态要进行的工作包括分配和建立进程控制块表项、建立资源表（如打开文件表等）、分配资源、加载程序和建立地址空间表等。终止状态是指进程已结束运行，回收除PCB之外的所有资源，并让其他进程从PCB中收集有关信息（如记账和将撤销状态号传递给父进程等）。

（3）进程的结构

操作系统通过PCB对进程进行管理和控制。PCB主要包括4方面的信息。

1）进程描述信息，包括进程标识符（是进程的唯一标识，通常是一个整数）、进程名（通常基于可执行文件名〔不唯一〕）、父进程标识、子进程标识、用户标识等。

2）进程调度信息，包括进程的状态、优先级、调度算法、等待CPU的时间、使用CPU

的时间、时间期限、阻塞原因（由运行状态转换为等待状态的原因）等。

3）进程控制信息，包括程序和数据的地址、进程同步和通信机制、资源清单、链接指针（队列中下一个进程的 PCB 首地址）等。

4）处理机状态信息，包括 CPU 中各种寄存器（指令寄存器、程序状态寄存器、通用寄存器、用户栈指针等）的内容，用于保存程序执行到目前的各种数据，以便再次被调度执行时继续执行程序，称为**现场保护**。

（4）进程的调度

进程调度是为了执行用户程序。它不仅涉及选择哪一个就绪进程进入运行状态，还涉及何时启动一个进程的执行。进程调度的算法包括先来先服务算法、最短作业优先算法、时间片轮转算法、多级队列算法、优先级算法等。

1）**先来先服务**（First Come First Served，FCFS）算法。FCFS 算法是最简单的调度算法，它的基本思想是按进程的到达先后顺序进行调度。FCFS 算法按照作业提交或进程变为就绪状态的先后次序来分派处理器。当前作业或进程占用处理器，直到执行完毕或阻塞才让出处理器。

FCFS 算法的最主要特点是简单。由于它的处理器调度采用非抢占方式，因此操作系统不会强行暂停当前进程的执行。FCFS 算法的另一个特点是有利于长作业，而不是短作业；有利于处理器繁忙的作业，而不是 I/O 繁忙的作业。

2）**最短作业优先**（Shortest Job First，SJF）算法。又称为最短进程优先（Shortest Process Next，SPN），它的设计目标是减少进程的平均周转时间。SJF 算法要求作业在开始执行时预计执行时间，对预计执行时间短的作业（进程）优先分派处理器。SJF 算法的优点是缩短了作业的等待时间，有利于提高系统的吞吐量。

3）**时间片轮转**算法。系统中所有的就绪进程按照 FCFS 原则，排成一个队列。每次调度时将处理器分派给队首进程，让其执行一个时间片。时间片的长度从几毫秒到几百毫秒。在一个时间片结束时，发生时钟中断。在时钟中断中，进程调度器暂停当前进程的执行，将其送到就绪队列的末尾，并通过上下文切换执行当前的队首进程。进程可以在未使用完一个时间片时就让出处理器（如阻塞）。

4）**多级队列**（Multiple-level Queue）算法。其基本思想是引入多个就绪队列，每个队列有不同的优先级、时间片长度和调度策略。通过各队列的区别对待，达到综合优化的调度目标。

5）**优先级**（Priority Scheduling）算法是多级队列算法的改进，优先级别高的进程优先得到调度。优先级算法中各进程的优先级确定方式分为静态和动态两种。**静态优先级方式**是指在创建进程时确定进程优先级，并保持不变到进程结束。**动态优先级方式**是指在创建进程时赋予进程的优先级，在进程运行过程中可以自动改变，以获得更好的综合性能。影响进程动态优先级变化的因素包括进程等待时间和占用处理器时间等。当一个进程在就绪队列中等待时间变长时，它的优先级会提高。这种做法的目的是使优先级较低的进程在等待足够的时间后，其优先级提高，进而被调度执行。

3. 进程与程序区别

进程是动态的，程序是静态的。进程是程序的执行，它通常不可以在计算机之间迁移。程序是静态的，是有序代码的集合，内容和状态保持不变，是文件的形式并可以复制。

视频：进程和程序区别

进程是暂时的，程序是永久的。进程是一个状态变化的过程，执行完毕就会被撤销。程序则可以在外存中永久保存。

进程与程序的组成不同。进程的组成包括程序、数据和 PCB。程序包括代码和其中定义的数据。

进程与程序可以相互转化。通过多次执行，一个程序可对应多个进程；通过调用关系，一个进程可包括多个程序。一个（父）进程可创建其他（子）进程，而一个程序并不能形成新程序。进程是程序代码的执行过程，但并不是所有代码执行过程都从属于某个进程。

进程与程序既有区别又有联系，是两个密不可分的概念。

3.2.2　存储管理

操作系统的存储管理，指的是内存的管理。存储管理的主要任务是对内存资源进行分配、保护和扩充。

1. 存储管理的主要任务

存储管理的任务具体讲有以下 4 个方面。

（1）内存空间的分配与释放

操作系统使用空间分配管理表来管理所有内存空间，并记录系统中可用空间和已用空间的情况。在程序被装入系统之前，必须首先提出对内存空间的使用申请，然后由操作系统分配有效的空间，如果申请不成功，该程序处于等待状态；当程序执行完成后，系统会回收其预占用空间。因此只有当程序执行起来时才能够确定其实际占用的内存空间的位置和大小。

（2）内存空间的地址变换

地址变换也称为重定位。程序在运行之前一般无法确定其物理地址，只能使用变量符号表示的逻辑地址。当其装载到内存中时，系统需要将这种逻辑地址转换成实际地址才能运行。

（3）内存空间的分区保护

由于系统中同时存在若干运行的程序，为避免相互干扰，需对它们各自的空间区域加以隔离和保护。这种保护还需要通过硬件装置的配合。

（4）内存空间的扩充

一个计算机系统的内存空间总是有限的，为了在有限的空间中执行大的应用程序，可以仅把当前需要的部分装入主存，其余部分暂时留在外存上。当程序执行中要用到不在主存中的信息时，再由操作系统将其装入主存。这样，用户就会感到计算机系统提供了容量极大的主存空间。实际上，这个容量极大的主存空间不是物理意义上的主存储器，而是操作系统中的一种存储管理方式，这种方式为用户提供的是一个虚拟的存储器。虚拟存储器比实际主存储器的容量大，起到了扩充主存空间的作用。

2. 存储管理的主要方法

存储管理方法主要包括单一连续存储管理、分区式存储管理、页式存储管理、段式存储管理和虚拟存储管理等。

（1）单一连续存储管理

单一连续存储管理将内存分为系统区和用户区两个区域。系统区被操作系统占有，而用户的程序和数据只能装入到用户区。这种方法比较简单、易于管理，适用于单用户和单任务操作系统。缺点是，对于要求内存空间少的程序，造成内存浪费；而将程序全部装入，使得程序中很少使用的部分也占用一定数量的内存。

单一连续存储管理中的地址变换一般有静态定位和动态定位两种方法。静态定位即在用户程序装入之前，把逻辑地址一次性地全部转换为物理地址，用户程序装入之后不再变动。动态定位则在程序的运行过程中，允许它在主存中移动或临时申请附加存储空间。

（2）分区式存储管理

分区式存储管理的主要目的是支持多道程序系统和分时系统，是为并发执行而设计的。它把内存分为一些大小相等或不等的分区，操作系统占用其中的一个分区，其余分区可以分配给各个应用程序，每个应用程序占用一个或多个分区。分区式存储管理虽然支持并发，但难以进行内存分区的共享。

分区式存储管理产生的问题是内碎片和外碎片。前者是分区内未被利用的空间，后者是难以利用的小空闲分区。解决办法是将各个占用分区向内存一端移动，然后将各个空闲分区合并成为一个空闲分区，称为内存紧缩（Compaction）技术。

分区式存储管理划分的区域可以是在程序装入前划分并且是固定不变的，称为**固定分区**；也可以在装入程序时按其需求分配，或在其执行过程中通过系统调用进行分配或改变分区大小，称为**动态分区**。

（3）页式存储管理

页式存储管理将程序的逻辑地址空间划分为称为**页**（Page）的固定大小的单位，而将物理内存划分为称为块（Block）的同样大小的单位。当程序加载时，可将任意一页放入内存中任意一个块中，通过硬件映射手段使一页对应一块。地址空间中的页面将保持逻辑上的连续性，把它们放到主存空间中的诸块时可以不连续。页式存储管理的优点是没有外碎片，每个内碎片都不超过页的大小。其缺点是需要将程序全部一次性装入到内存，当没有足够的内存时，程序无法执行。

（4）段式存储管理

分段是指一个用户作业的信息可以分成若干段。一个段可以定义为一组逻辑信息，如子程序、数组或数据区等。段式存储管理将程序的地址空间划分为若干段，为每个段分配一个连续的分区，每个进程都拥有一个二维的地址空间（段号和段内地址），而进程中的各个段可以离散地存放在内存的不同分区中。在进行地址变换时，CPU 查找内存中的段表，由段号得到段的首地址，加上段内地址，最后得到实际的物理地址。这个过程需要 CPU 硬件配合进行。物理内存的管理采用动态分区方法。段式存储管理的优点是没有内碎片，外碎片可以通过内存紧缩来消除，每次处理的是一个有意义的段，便于程序的模块化处理和动态链接；缺点是需要更多的硬件支持和 CPU 时间。

（5）虚拟存储管理

前面介绍的各种存储管理方案都有一个共同的特点，即在并发执行的进程运行之前，其整个程序代码和数据都必须被完全装入内存，而当内存剩余大小容纳不下整个程序代码和数据时，该进程无法运行。但实际上，当一个进程在运行的任一阶段都只使用其所占用存储空间的一部分甚至是一小部分，就会大大浪费内存空间。

虚拟存储管理解决程序的大小大于当前空闲的内存时的运行问题，其设计思想是程序运行之前，不是将它的全部信息一次性装入内存，而是只将一部分先装入内存，另一部分暂时留在外存。进程在运行过程中，如果要访问的信息不在内存，进行中断请求，并由操作系统将它们调入内存，以保证进程的正常执行。

3. Windows 的存储管理

Windows 的主存管理采用请求调页簇式的页式虚存管理。32 位的 Windows 上的虚拟地址空间最多只有4GB，每个用户进程可以占有2GB的私有地址空间，操作系统占有剩下的2GB空间。Windows为每个进程分配的是虚拟内存空间，每个虚拟地址并不直接对应着物理地址，而是由一种称为物理内存管理器的机制来转译，由它来按页管理内存，并在页的映像结构中保存一张虚拟地址表，利用这张表将虚拟地址映射为相应的物理地址。当程序申请的内存空间超出实际可用的物理空间容量时，会将那些处于非活动状态的页数据交换并保存到磁盘的一个页文件之中。为了减少交换的次数，每个进程在建立时就在物理内存中具有了最小的页数量，且物理内存管理器同时使用最近最少等优化管理措施。

早期的Windows将内存分为全局内存（或全局堆）和局部内存（或局部堆），其中，前者是所有应用程序都可以使用的内存空间，即系统剩余的内存空间；后者是某个应用程序独立使用的内存空间。当申请的内存较大（大于64KB）时，一般推荐使用全局堆，但此时访问速度较慢。

在Windows操作系统下，存储器被保护起来，程序和用户无法直接访问，需要在程序中通过静态和动态两种方式来访问。Windows采用的高级内存分配方案是基于句柄的分配方法，程序员可以通过使用Windows API的GlobalAlloc或LocalAlloc函数获得一个代表所分配内存的句柄，然后调用GlobalLock或LocalLock函数得到执行该内存的地址，此时可以使用这一块内存。使用完毕后，必须通过GlobalLock或LocalLock函数对内存解锁，由操作系统回收这块内存空间。不过，目前的Windows不再区分全局堆和局部堆，所以上述Global开头和Local开头的函数是一样的。

Win32 API中还提供了Virtual×××形式的以页为单位的虚拟内存函数，CreateMapFile、MapViewofFile内存映射文件函数，以及Heap×××堆栈函数等。

3.2.3 设备管理

设备管理的功能是根据设备分配原则对设备进行分配，使设备与主机能够并行工作，为用户提供良好的设备使用界面，以提高设备之间、设备与CPU之间、进程之间的并行性，从而提高整个系统的效率。设备管理不仅管理实际的输入输出设备，如设备控制器、通道等输入/输出支持设备，还包括中断处理和错误处理等功能。

1. 设备的分类

设备可以按照不同方式分类。按使用方式，可分为独占设备和共享设备；按处理速度，可分为慢速设备和快速设备；按数据组织和存取方式，可分为字符设备和块设备；按通信方式，可分为串行设备和并行设备；按应用范围，可分为通用设备和专用设备；按隶属关系，可分为系统设备和用户设备；按实体程序，可分为真实设备和虚拟设备，等等。不同类型的设备具有不同的分配策略。

2. 设备的输入/输出（Input/Output，I/O）控制方式

为了使系统了解I/O设备的状态，每个设备都设置了几个标志，用以标识设备是否可用、忙/闲以及正确/错误等状态信息。同时为了缓解输入/输出设备与CPU之间速度不匹配的矛盾，系统大都配有硬件缓冲器。输入输出的控制方式包括如下几种。

1）程序直接控制方式。通过用户进程直接控制内存、CPU和设备之间的数据传送。如果I/O设备未就绪，CPU会反复查询设备状态，直到设备就绪并完成数据交换。

2）中断控制方式。所谓**中断**，指计算机执行程序的过程中，出现某种紧急事件，引起CPU暂停当前程序的执行，转去处理此事件，处理完后再返回刚才的程序继续执行。其中处理紧急事件的程序称为**中断服务程序**。采用中断控制方式传输数据，CPU 需要 I/O 时，发送命令启动设备，然后继续执行原来的程序，I/O 设备就绪后，给 CPU 发一个中断请求信号，CPU 处理中断，完成 I/O。其特点是，设备繁忙时，CPU 不等待，和设备并行工作，提高了CPU 的工作效率。

3）DMA（Direct Memory Access，直接存储器访问）控制方式。DMA 控制器是一个专用装置，用以在 I/O 设备和主存之间自动成批地传送数据而尽量减少 CPU 的干预。在这种控制方式下，CPU 运行一段程序向 DMA 控制器发送初始参数（如内存地址、传送字节数等）和操作命令，之后 CPU 继续执行原来的程序；I/O 设备准备好数据后，DMA 控制器向 CPU 发出总线请求，获得总线控制权后与主存进行一次数据传送；重复这一过程，直到数据传送完毕；DMA 控制器向 CPU 发送结束中断，CPU 通过中断服务程序处理结束工作（如数据校验、关闭I/O 等）。数据传送过程中，CPU 和 DMA 的数据传送通常交替工作。

4）通道控制方式。通道是有自己的指令和程序的专门负责数据输入输出的处理器。通道控制方式的过程和 DMA 类似，由 CPU 启动通道，通道启动设备完成数据的传输，然后向 CPU报告中断。与 DMA 不同的是，通道有自己的指令和通道程序，而 DMA 没有；一些控制信息（如内存地址、数据大小）由通道设置，而 DMA 方式下是由 CPU 设置的；每个通道可以控制多个不同类型的设备，而 DMA 只能控制一个或少数几个同类型的设备。所以，通道可以实现更复杂的控制，提高设备和 CPU 的并行程度。

3. 设备管理的方式

在计算机系统中，设备、控制器和通道等资源是有限的，并不是每个进程随时都可以得到这些资源。进程首先要向设备管理程序提出申请，然后由设备管理程序按照一定的分配算法给进程分配必要的资源。如果进程的申请没有成功，就要在资源的等待队列中排队等待，直到获得所需的资源。

不同类型的设备具有不同的分配策略。设备分配原则是根据设备本身的特性、用户要求和系统配置情况决定的。总的原则是：高效、安全、与物理设备无关。在多进程系统中，往往是进程的数目大于设备的数目，这就引起了进程对设备的争夺。为了有序地分配设备，必须具有一个合理的设备分配原则。设备分配原则主要取决于如下 4 个因素。

1）I/O 设备的固有属性。系统中，有些设备分配给某进程后便由该进程独占，直至该进程使用完毕并释放后，其他进程才能使用，把这类设备叫作**独享设备**，如打印机等。还有些设备可以为几个进程共同使用，逻辑上可以看成几台独享设备，这类设备称为**共享设备**，如磁盘、磁带等设备。为了提高系统效率，对于独享设备引入了**假脱机**（SPOOL）技术，即应用程序的输出先由操作系统将它们输出到单独的磁盘文件中，并加入到输出队列，再由操作系统按次序输出队列中的数据。这样，应用程序可以快速完成"输出"，减少应用程序的等待时间。

2）I/O 设备分配算法。设备分配的原则除了与设备的属性有关以外，还与系统采用的分配算法有关。一般系统中常采用先来先服务和优先数最高者优先等算法。

3）设备分配中的安全性。当进程请求设备时，并不是设备空闲就进行分配，还要考虑分配后系统是否安全，如不至于产生死锁。死锁是一种进程为争夺资源而无法继续执行的状态，如进程 1 和进程 2 都需要 A、B 两种资源才能继续执行，而进程 1 拥有了资源 A，进程 2 拥有了资源 B，它们都在等待对方释放资源以继续执行，而恰恰它们又都不会释放拥有的资源，从而都无法继续执行。为此，在进行设备的分配之前，要先计算安全性。

4）与设备无关性。应用程序独立于使用的物理设备。在应用程序中使用逻辑设备名。在执行时，通过逻辑设备和物理设备对应表使用物理设备。这样就增加了设备分配的灵活性，也便于将输入、输出转到其他设备（称为 I/O 重定向）。

4. 设备分配的步骤

进程提出 I/O 请求时，设备分配程序按照如下步骤进行设备的分配。

1）根据进程提出的物理设备名检索系统设备表（System Device Table，SDT），从中找到该物理设备的设备控制表（Device Control Table，DCT）。

2）根据设备控制表中的状态信息，了解该设备是否忙。若忙，则将该进程插入到该设备的等待队列中等待；若该设备空闲，系统按照一定的算法计算分配设备的安全性；如果分配不会产生死锁，则调用分配子程序分配该设备，否则，仍将该进程插入到等待队列中。

3）当设备分配给请求 I/O 的进程后，从该设备的设备控制表中与该设备相连的控制器表指针一栏可知与此设备相连的控制器控制表（Controller Control Table，COCT）。

4）检查该控制器控制表中的状态信息来判断控制器是否忙。若忙，则把请求 I/O 的进程插入到该控制器的等待队列中等待；否则，分配控制器。

5）通过控制器控制表中的通道表指针，检查与此控制器相连的通道的状态。若通道忙，则将请求 I/O 的进程插入到该通道的等待队列中等待；否则，分配通道。

至此，如果某进程在经过上述过程处理后，获得了设备、控制器和通道，则可在设备处理程序的控制下，启动 I/O 设备，进行信息的传输。

5. 设备驱动程序

不同的设备有不同的数据传送方式，需要设置不同的参数。为了提高应用程序的灵活性和适用性，在应用程序中使用通用的与设备无关的命令，如 read、write，而具体的输入、输出通过一个中间程序来完成，这个中间程序就是设备驱动程序。设备驱动程序是 I/O 进程与设备控制器之间的通信程序，它接收上层软件发来的抽象 I/O 要求（如 read 或 write 命令）转换为具体要求后，发送给设备控制器，设置相关参数，启动设备并完成输入/输出。操作系统中常常包含常用设备的驱动程序，如鼠标、显示器、USB 等。新设备或特殊设备的驱动程序可能需要安装。

6. Windows 的设备管理

Windows 操作系统通过设备驱动程序来完成设备的启动、操作、数据流向控制和设备的关闭工作。Windows 设备驱动程序由一组处理 I/O 请求的不同阶段的例程（某个系统对外提供的功能接口或服务的集合）组成，包括初始化例程、调度例程集、启动 I/O 例程、中断服务例程和中断服务延迟过程调用例程等。

Windows 采用分层驱动程序的思想，只有最底层的硬件设备驱动程序访问硬件设备，高层驱动程序都是进行高级 I/O 请求到低级 I/O 请求的转换工作，各层驱动程序间的 I/O 请求通过 I/O 管理器进行。Windows 设备驱动程序的类型包括文件系统驱动程序、文件系统过滤器驱动程序、类驱动程序（实现对特定设备的 I/O 请求处理，如磁盘等）、端口驱动程序、小端口驱动程序（把对端口类型的 I/O 请求映射到适配器类型）和硬件设备驱动程序等。

3.2.4 文件管理

计算机中的**文件**是指具有名称的一组相关信息项的序列，它具有一定的数据结构、分类属性和访问权限。计算机磁盘、光盘或磁带上的数据大多以文件方式存在。

操作系统中与文件管理有关的程序和所管理的文件称为**文件系统**。

1. 文件系统的功能

文件系统具有下述功能。

1）分配文件的存储空间。

2）实现从逻辑文件到物理文件间的转换，即"按名存取"外存上的文件。

3）建立文件目录。提供按名存取的有效手段和保证文件安全的机构。

4）提供合理的存取方法以适应各种不同应用。

5）实现文件的共享、保护和保密。不同用户能在系统的控制下，共享其他用户的文件。

6）提供一组文件操作，完成对文件的建立、删除、更名、复制、移动、读、写、打开和关闭等操作。

2. 文件结构

文件的结构可分为逻辑结构和物理结构两种。

文件的逻辑结构是指文件的外部组织形式，即从用户角度看到的文件组织形式，用户以这种形式存取、检索和加工有关信息。

物理结构又称存储结构，是指文件在外存上的存储组织形式，与存储介质的存储特性有关。在文件系统中，为了有效地利用文件存储设备和便于对文件信息进行处理，通常把存储空间划分成若干个大小相等的物理块，每块长度为 512 字节或 1024 字节，它们都有一个块号。文件可以存放在连续的若干块（连续结构）中，也可以不连续地存放，通过指针（链结构）或索引表（索引结构）确定物理地址。

文件又可分为流式文件和记录式文件。**流式文件**是字符的序列，构成文件的基本单位是字符，其长度为该文件所包含的字符个数，所以又称为**字符流文件**。流式文件无结构，且管理简单，用户可以方便地对其进行操作。系统程序、用户源程序等文件属于流式文件。**记录式文件**是一组记录的序列，构成文件的基本单位是记录。**记录**是一个具有特定意义的信息单位。通常，每个记录表示一个个体，具有相同的数据项，而不同记录有不同的取值。例如，表示文件的记录，每个记录有文件名、创建时间、修改时间、大小、位置、文件属性等信息。记录式文件主要用于信息管理，如数据库文件。

3. 文件目录

文件存入存储器后，用户要实现"按名存取"，必须建立文件名与该文件在外存空间中的物理地址之间的对应关系，体现这种对应关系的数据结构称为文件目录。

文件目录可以看作是用户与文件系统的接口。在系统中建立一张表，表中存放系统中的所有文件的文件名、文件的物理地址和文件属性等信息，此表即**文件目录**。

对于用不同方式组织的文件，其物理地址的计算方法也不同。对于连续文件，是将其第一个物理块的地址加上相对块号；对于链接文件，只要知道了第一个物理块号，则根据相对块号的顺序即可找到其物理地址；而对于索引文件，应按照索引号找到物理块号。

文件属性也称为文件说明、文件的结构，包括文件的逻辑结构、记录是否定长、记录的个数以及文件的物理结构、文件的类型等信息，还可以包括有关文件存取的控制信息。例如，文件所有者的存取权限、其他用户的存取权限等。有的文件目录中也包括管理信息，如文件建立的日期和时间、上一次存取的日期和时间以及文件需要保留的时间等信息。

当用户程序执行到对文件的读写命令时，CPU 将控制权交给文件系统，文件系统根据文件名查找文件目录，根据文件目录中的说明即可找到本次要存取的记录的物理位置，从而把对文件的存取请求转换成对设备的 I/O 请求。然后通过设备管理系统，实现从主存到外存的信息传输。

当文件目录不长时，可以放在内存中，以提高访问文件的速度；当文件目录较长时，一般不放在内存中，而是和文件一同放在同一卷上。

卷是硬盘上的存储区域，每个卷可以看作一个逻辑盘，可以使用某种文件系统（如 FAT 或 NTFS）格式化卷。一个硬盘可以划分为多个卷，一个卷也可以跨越多个磁盘。卷可以分为基本磁盘上的基本卷和动态磁盘上的动态卷。基本卷包括存放操作系统及其支持文件的引导卷（即安装 Windows 的卷）和存放加载 Windows 所需专用硬件文件的系统卷，引导卷和系统卷可以是同一个卷。动态卷包括简单卷、跨区卷、镜像卷等。

Windows 操作系统下的卷是一种磁盘管理方式，目的是突破物理硬盘的管理方式，对硬盘空间进行更方便的统一管理分配。

系统中的文件名与文件一一对应。为了解决文件名的命名冲突问题，文件系统使用多级目录结构，目录中可以有目录和文件，目录中的目录称为**子目录**。同一目录下的文件不能同名，不同目录中的文件可以同名。

4. DOS（Disk Operating System）的文件管理

由于 DOS 操作系统下的文件管理易于理解，先介绍一下 DOS 的文件管理。

（1）DOS 的文件名

MS-DOS 中的每个文件都有唯一的标识，即"引用名"。一个文件的引用名一般由 [<盘符>] <文件名>[. <扩展名>] 三部分组成，其中，盘符与扩展名是可缺省的；文件名由 1~8 个有效字符组成；扩展名由 1~3 个有效字符组成，表示文件类别，如 txt 表示文本文件，exe 表示可执行文件等。文件名与扩展名不区分大小写。例如，DOS 下文件名长度为 8，扩展名长度为 3 的这种格式常称为 **8.3 格式**。

字符"?"和"*"在文件名中称为通配符。一些 DOS 命令允许命令中出现的文件名含有此通配符，这时这个文件名并不特指某个文件，而是指具有某些共同性的多个文件。通配符"?"表示它可以是任意一个字符，而"*"表示它可以是任意数目的任意字符。例如，"*.bat"表示所有批处理文件，"A*"表示以字母 A 开头的所有文件，"ZZ?"表示以两个字母 ZZ 开头，后面跟至多一个字符的所有文件。

（2）DOS 的文件目录

在 MS-DOS 中，目录具有多级（树状）结构，它包括 3 类结点：根目录、子目录和文件。一张磁盘上只能有一个根目录，根目录用反斜杠"\"表示，子目录需要命名。根目录下文件和子目录的数量是有限的，例如，原来 360 KB 的磁盘最多有 112 个文件或目录。

每个文件都在目录区中占有一个目录项，大小为 32 字节，内容包括文件名、扩展名、属性、建立的日期和时间、首簇号、文件大小等信息。属性信息包括是否目录、是否归档文件、是否系统文件、是否只读、是否隐藏等，每种属性信息占 1 位。MS-DOS 目录项的结构见表 3-1。

表 3-1　MS-DOS 目录项的结构

偏移量	0—7	8—A	B	C—15	16—17	18—19	1A—1B	1C—1F
内容	文件名	类型名	属性	未用	时间	日期	首簇号	文件大小

（3）DOS 文件的物理结构

DOS 管理的磁盘空间划分为 3 部分，依次是引导区（BOOT 区）、文件分配表区（FAT

区）和数据区（DATA 区）。其中，引导区存放系统启动程序和磁盘参数，数据区存放文件内容，FAT 区管理和记录磁盘数据区各簇的使用情况。

DOS 将磁盘上若干连续编号的扇区作为存放文件时分配磁盘空间的最小单位，称为**簇**。数据区的每个簇都在 FAT 中占用一个长度为 12 位或 16 位的登记项。16 位的 FAT 称为**FAT16**。FAT 中的前两项用来登记盘标志，第三项用来记录簇的分配情况和文件的链接情况。以 FAT16 为例，每个登记项占 2 字节，FAT 项的值实际是文件所占用的下一簇的簇号，如果其值为"0XFFFF"，则表示该簇是文件占用的最后一个簇，如果其值为"0"，表示该簇是空闲的。MS-DOS 中每删除一个文件，就将该文件占用的各簇登记项的值置为"0"。

由于 FAT16 的簇号用 16 位表示，最多管理 2^{16} 个簇，而每个簇最大 32 KB，那么 FAT16 最大管理 2 GB 的空间。如果硬盘大于 2 GB，就必须分成多个卷。簇越大，存储小文件时越会造成磁盘空间的浪费，因为一个小文件也至少占用一个簇的空间。

5. Windows 的文件管理

Windows 下主要采用 FAT32 和 NTFS 两种文件系统格式。

（1）FAT32

FAT32 的结构和 FAT16 是一致的。FAT 的每个登记项占 4 字节（32 位），可以支持更大的分区，单个文件也可以更大。不同版本的操作系统有不同的限制。Windows 2000 下单个分区小于 32 GB，每个文件最大 4 GB。FAT32 的每个目录项也占 32 字节，但一个文件可以占用多个目录项，这样 FAT32 可支持长文件名。

（2）NTFS

NTFS（New Technology File System）是微软 1993 年推出的用于 Windows 系统的文件系统，最初用于 Windows NT 操作系统，后来也用于 Windows 2000 及以后的 PC 操作系统。

NTFS 分区由引导区、主文件表（Main File Table，MFT）和文件区组成。引导区包括一个扇区的主引导记录（Master Boot Record，MBR）和不超过 15 个扇区的 Windows 启动管理器。这是保存磁盘分区和格式化参数以及启动系统的部分。主文件表（MFT）是保存文件信息的区域。文件区主要是保存文件内容的部分。

NTFS 所有的数据都存储在文件中，目录也是文件，甚至引导区也是一个文件。

每个文件在 MFT 中都有一个或多个文件记录项。第一个文件记录项称为基本文件记录项。文件记录项的大小一般为 1 KB。文件记录项描述了文件的所有信息，如文件名、存储位置、创建和修改时间，甚至文件的内容等。

每个文件记录项都由文件记录头和属性列表组成。文件记录头包括文件记录的大小和第一个属性的偏移地址等信息。属性有多个，它们记录文件的文件名、创建时间、权限、内容等信息。每个属性由属性头和属性体组成。属性头包括属性的类型、长度和属性体的起始地址等信息。属性体是属性的内容。

文件记录项的属性分为常驻属性和非常驻属性。文件很小时，所有属性都存放在文件记录项中，称为**常驻属性**。文件很大时，1 KB 的空间无法保存所有属性，系统会在文件记录项外的位置存放其他属性，称为**非常驻属性**。

NTFS 有 16 种文件属性，如表示文件的创建时间、是否隐藏等基本属性的 10H 属性，表示文件名称和文件大小的 30H 属性，描述文件安全信息的 50H 属性，表示文件内容的 80H 属性等。

在 50H 属性中，NTFS 文件名的字符数用 1 个字节表示，所以最长是 255 个字符。

Windows 10 系统下实测文件名的长度可以包含 237 个字符（含扩展名，可以是英文或汉字）。文件名兼容 8.3 格式。

NTFS 支持的簇数为 $2^{32}-1$。如果每个簇为 2048 KB（最大），则可支持 8 PB 的分区和文件。默认的簇大小为 4 KB（即 8 个扇区），这时的分区的大小可达 16 TB。对于大硬盘，应该将其格式化为 NTFS 格式，以提高文件管理的性能。

NTFS 的改进的组织方式，使得它有 FAT 不具备的以下性能。

1）容错性。确保写入非坏扇区。

2）安全性。可设置用户对文件或文件夹的访问权限，如读取、写入、完全访问等。

3）文件压缩。可以对文件或文件夹实施压缩存储。

4）磁盘配额。可以为不同用户分配不同大小的磁盘空间。

5）可靠性。系统发生故障后重启时，使用其日志文件和检查点信息来还原文件系统。

3.2.5　用户接口

用户接口是用户与操作系统之间的桥梁，通过用户接口，用户只需进行简单操作就能实现复杂的应用计算与处理。用户接口一般有命令接口、程序接口和图形接口三种类型。

1. 命令接口

命令接口是用户利用操作系统命令组织和控制作业的执行或管理计算机系统的使用方式。命令是在命令输入界面上输入，由系统在后台执行，并将结果反映到用户界面或者特定的文件内。如在 Windows 下，进入"命令提示符"方式，光标闪烁处输入"dir ∗.txt"并按〈Enter〉键，可以显示当前文件夹下的扩展名是".txt"的文件列表。这就是命令接口的使用方式。

2. 程序接口

为了方便程序员在应用程序中使用操作系统的功能，操作系统通常提供一系列的函数供程序员调用，这种使用操作系统功能的方式就是程序接口，即 API（Application Programming Interface，应用程序接口），其中的函数称为 API 函数。DOS 提供的程序接口主要是中断服务功能，Windows 的程序接口以 Windows API 函数为主。Windows API 是 32 位或 64 位平台的应用程序编程接口，它是构筑所有 Windows 平台的基石，所有在 Windows 平台上运行的应用程序都可以调用这些函数。API 函数的主要类型有：窗口管理函数、国际特性函数、图形设备接口函数、网络服务函数和系统服务函数等。目前大多数流行软件开发工具都支持这些 API 的调用，另外，VC++还提供了 MFC 类库，进一步简化了 API 的使用。

3. 图形接口

图形接口采用了图形化的操作界面，用非常容易识别的各种图标来将系统各项功能、各种应用程序和文件，直观、形象地表示出来。用户可通过鼠标、菜单、窗口、图标、位图和对话框等来完成对应程序和文件的操作。图形接口元素包括窗口、图标、菜单和对话框，图形接口元素的基本操作包括菜单操作、窗口操作和对话框操作等。

3.3　基于 Python 的 Windows 操作系统应用程序设计

以上两节主要介绍了操作系统的基础知识以及操作系统的 5 大功能，本节以 Python 语言为例，对 Windows 操作系统之上的应用程序设计进行介绍。实际上，Python 本身和第三方库提供的绝大部分函数实际上也使用了 Windows 的 API，只是这些函数又做了一次封装，使程序员的使用更加简单。本节除介绍通过库函数使用操作系统的功能外，也会介绍如何直接调用 Windows 的 API 来使用操作系统的功能。

从操作层面来讲，可以通过鼠标、键盘、命令以及快捷方式来使用 Windows 及其之上的各种软件；从程序层面来讲，Windows 提供了大量的 API 函数，通过这些 API 函数，可以编写完成各式各样任务的程序。API 函数包括消息函数、网络函数、文件函数、打印函数、资源函数、硬件函数、系统函数、控件函数和进程线程函数等。

Python 提供的操作系统服务模块包括操作系统接口模块 os，时间存取与转换模块 time，基于线程的并行模块 threading，基于进程的并行模块 multiprocessing，Windows 文件操作和控制台 IO 模块 msvcrt 等。

3.3.1　线程和进程

在 Windows 操作系统程序设计中，时常用到进程、线程和定时器，特别是在数据采集、多媒体播放、网络通信、图形界面显示以及 Web 应用程序设计中尤其如此。Python 提供了进程和线程的管理函数。

1. 线程程序设计

Python 3 提供 threading 模块进行线程程序设计。有两种方式来创建线程：一是使用 threading 模块中 Thread 类的构造函数来创建线程，即直接对类 threading.Thread 进行实例化以创建线程，并调用实例化对象的 start( )方法以启动线程；二是继承 threading 模块中的 Thread 类创建线程类，即用 threading.Thread 派生出一个新的子类，将新建类实例化创建线程，并调用其 start( )方法启动线程。

（1）调用 Thread 类的构造函数创建线程

Thread 类提供了如下的 __init__( )构造函数，可以用来创建线程：

```
__init__( self, group = None, target = None, name = None, args = ( ),
        kwargs = None, * , daemon = None)
```

其中的参数说明如下。
- group：指定线程隶属于哪个线程组（此参数尚未实现，无须调用）。
- target：线程要调用的函数。
- name：线程名，默认是"Thread-N"形式的唯一名称，N 是小的十进制数。
- args：以列表或元组的方式为 target 指定的方法传递参数。
- kwargs：以字典的方式为 target 指定的方法传递参数。
- daemon：指定所创建的线程是否为守护线程。关于守护线程在本节后文解释。

以上所有参数都是可选参数，但 target 通常是需要给出的。

【例 3-1】编写程序，创建三个线程，模拟三台机器，它们每隔 1~3 s 的时间生产 1~5 件产品。显示线程名作为"机器名"。

分析： 机器，可以用一个函数模拟，这个函数休眠一个随机时间，输出一个随机数模拟生产的产品数量。三台机器同时工作，可以创建三个线程，这三个线程可以并发工作。

threading 模块的 current_thread( )函数获得当前线程。

线程对象的 start( )方法启动线程。

线程对象的 getName( )方法获取线程的名称。

源程序：

```
# File Name：threading01. py
import threading                # 导入线程模块
import random as rd             # 导入随机数模块
import time                     # 时间函数模块
# 线程函数
def machine( )：
    for i in range(3)：
        time. sleep( rd. randint(1,3) )                              # 等待随机时间
        print(threading. current_thread( ). getName( ),end=' ')      # 显示线程名
        print('generate product ：',rd. randint(1,5) )               # 产生随机数
# 创建线程
thread = [0,0,0]               # 线程数组
for i in range(3)：            # 循环产生三个线程
    thread[i] = threading. Thread(target = machine)                  # 创建线程对象
    thread[i]. start( )        # 启动线程
print( "End of main" )         # 主程序结束
```

运行结果：

```
E：\MyDATA\sdedit4>python threading01. py
End of main
Thread-3 generate product ：5
Thread-1 generate product ：2
Thread-2 generate product ：3
Thread-2 generate product ：2
Thread-1 generate product ：3
Thread-3 generate product ：5
Thread-2 generate product ：3
Thread-1 generate product ：2
Thread-3 generate product ：3
```

程序分析：有关线程的程序，应该在命令提示符下通过 Python <源程序> 执行，不要在 IDLE 中执行。从结果看到，程序创建 3 个线程后显示"End of main"，但 3 个线程继续并发执行。按创建先后顺序，线程被命名为 Thread-1、Thread-2、Thread-3。显示 Thread-3 生产 5 件产品，然后 Thread-1 生产 2 件，接着 Thread-2 生产 3 件，又是 Thread-2 生产 2 件，等等。可以看出，线程的执行顺序与创建顺序不同，说明它们是各自独立使用 CPU 的。通过多线程，一段程序可以并发执行。

（2）继承 Thread 类创建线程类

通过继承 Thread 类，可以自定义一个线程类，再实例化该类对象，获得子线程。需要注意的是，在创建 Thread 类的子类时，必须重写从父类继承得到的 run( ) 方法。该方法即为要创建的子线程执行的方法，其功能如同第一种创建方法中的 machine( ) 函数。

【例 3-2】通过创建 Thread 的子类，创建线程，实现例 3-1 的功能。

分析：创建一个类，继承 Thread 类，改写其中的 run( ) 方法。

源程序：

```
# File Name：threading02. py
import threading
import random as rd
import time
# 定义派生类 Machine，继承父类 Thread
```

```
class Machine( threading. Thread) :
    def __init__( self) :                                      # 构造函数
        threading. Thread. __init__( self)                     # 父类构造函数执行
    # 重写 run( )方法, 线程函数
    def run( self) :
        for i in range( 3) :
            time. sleep( rd. randint( 1,3) )                    # 等待随机时间
            print( threading. current_thread( ). getName( ),end = ' ') # 显示线程名
            print( 'generate product :', rd. randint( 1,5) )   # 产生随机数
# 主程序
thread = [ 0,0,0]                                              # 线程数组
for i in range( 3) :                                           # 循环产生三个线程
    thread[ i]  = Machine( )                                   # 创建线程对象
    thread[ i]. start( )                                       # 启动线程
print( "End of main" )                                         # 主程序结束
```

运行结果:

```
E:\MyDATA\sdedit4>python threading02. py
End of main
Thread-1 generate product : 5
Thread-2 generate product : 1
Thread-3 generate product : 2
Thread-2 generate product : 4
Thread-1 generate product : 5
Thread-3 generate product : 4
Thread-2 generate product : 3
Thread-3 generate product : 4
Thread-1 generate product : 4
```

注意, 每一个线程最多只能调用一次 start( )方法。如果多次调用, 则 Python 解释器将抛出 RuntimeError 异常。

(3) 守护线程

程序执行时, 默认创建主线程。如果创建了子线程, 子线程和主线程并发执行, 即使主线程执行完毕, 子线程仍会继续执行。有一种线程, 当其他线程执行完时, 它也就没有存在的必要了, 这样的线程可以定义为守护线程。

所谓**守护线程** (或后台线程), 就是为其他线程提供服务的线程, 其特点是如果被服务的线程不结束, 则守护线程不能结束, 当被服务的线程结束时, 守护线程结束。如 Python 解释器的垃圾回收机制就是守护线程的典型代表, 当程序中所有非守护线程执行完毕后, 垃圾回收机制也就没有再继续执行的必要了。

守护线程也是线程, 可以像前面一样创建, 在启动前将其 daemon 属性设置为 True 再启动, 则这个线程就成为守护线程, 待其他线程结束, 守护线程自动结束。

【例 3-3】 在例 3-1 的基础上创建一个守护线程, 模拟一个监控机构, 它每隔一个随机时间显示 "Operating normally", 其他 "设备" 停止运行, 监控也停止。

分析: 定义一个守护线程函数作为 "监控机构", 循环地每隔一段时间显示一次 "Operating normally"。启动该线程前, 设置它的 daemon 属性为 True。

源程序:

```
import threading
import random as rd
```

```
import time
# 守护线程函数
def monitor():
    while(True):                                                    # 永远循环
        time.sleep(rd.randint(1,3))                                 # 等待随机时间
        print(threading.current_thread().getName(),end='Report:')  # 显示线程名
        print('Operating normally')                                # 显示信息
# 线程函数（非守护线程）
def machine():
    for i in range(3):
        time.sleep(rd.randint(1,3))                                 # 等待随机时间
        print(threading.current_thread().getName(),end=' ')        # 显示线程名
        print('generate product :',rd.randint(1,5))                # 显示"生产"的产品数量
# 主程序
thread=[0,0,0,0]                                                    # 线程数组
for i in range(3):                                                 # 循环产生三个线程
    thread[i] = threading.Thread(target = machine)                 # 创建线程对象
    thread[i].start()                                              # 启动线程
thread[3] = threading.Thread(target = monitor)
thread[3].daemon=True
thread[3].start()
print("End of main")                                               # 主程序结束
```

运行结果：

```
E:\MyDATA\sdedit4>python threading03daemon.py
End of main
Thread-4Report:Operating normally
Thread-1 generate product : 4
Thread-2 generate product : 5
Thread-3 generate product : 2
Thread-1 generate product : 2
Thread-4Report:Operating normally
Thread-1 generate product : 2
Thread-2 generate product : 2
Thread-3 generate product : 3
Thread-4Report:Operating normally
Thread-2 generate product : 1
Thread-3 generate product : 4
E:\MyDATA\sdedit4>
```

程序分析： 注意，本例的 monitor 函数中是永远循环的，模拟设备的线程是循环 3 次后结束，即每个"设备"生产 3 次产品后结束。当 3 个"设备"均停止时，monitor 对应的线程也停止了，这就是守护线程。

读者可以尝试不设 daemon 属性，观察运行结果。

（4）基于队列的线程同步

线程同步就是指两个或多个线程的执行协调一致。例如，一个线程生产产品，一个线程消费产品，如果当前产品的数量为 0，则不能消费，如果库存满了，就不能生产，它们之间的这种协调关系就是同步，这就是典型的生产-消费模型。

队列同步是 Python 中线程同步的一种方法，线程产生的资源放入队列，消费的资源从队列中取出，队列机制保证队列满时和队列空时线程等待。

【例 3-4】编程模拟 3 个生产者，它们每隔 1~2 s 生产一件产品；5 个消费者，每隔 1~3 s 消费一件产品。库房大小为 10。库房满时不再生产，库房空时不能消费。

分析：queue 模块提供 Queue 类实现队列操作，使用其 put( )方法将元素加入队列，get( ) 方法从队列中取出元素，设置它们的 block = True 可以使得线程在队列空或队列满时等待，也可使用 timeout = n 设置等待时间，如果超过这个时间仍然空或满，则出队或入队操作产生异常。

源程序：

```
import threading
import random as rd
import time
import queue                         # 导入队列模块

warehouse = queue. Queue( maxsize = 10)    # 创建队列，设置队列大小为 10，表示仓库
# 线程函数，表示生产者
def productor(i):                     #i 是生产者的编号
    k = 1
    while True:                       # 循环生产
        time. sleep( rd. randint(1,2))    # 等待随机时间
        # 生产一件产品，放入队列中
        warehouse. put('生产者{}生产的第{}件产品'. format(i,k),block = True,timeout = None)
        if k == 10:                   # 生产 10 件产品时结束
            break
        k = k+1                       # 产品号加 1
# 线程函数，表示消费者
def consumer(i):                      #i 表示消费者号
    k = 1
    while True:                       # 循环生产
        time. sleep( rd. randint(1,3))    # 等待随机时间
        print('消费者{} 消费 {}'. format(i,warehouse. get(block = True,timeout = None)))    # 消费1件产品
        if k == 6:                    # 消费 6 件产品时结束
            break
        k = k+1;
# 主程序
for i in range(3):                    # 循环产生 3 个生产者线程
    p = threading. Thread( target = productor,args = (i,))        # 创建线程对象
    p. start( )                       # 启动线程
for i in range(5):                    # 循环产生 5 个消费者线程
    c = threading. Thread( target = consumer,args = (i,))        # 创建线程对象
    c. start( )                       # 启动线程
print("End of main")                  # 主程序结束
```

运行结果：

```
E:\MyDATA\sdedit4>python threading04synchronization. py
End of main
消费者 3 消费 生产者 1 生产的第 1 件产品
消费者 2 消费 生产者 0 生产的第 1 件产品
消费者 4 消费 生产者 2 生产的第 1 件产品
消费者 1 消费 生产者 0 生产的第 2 件产品
消费者 0 消费 生产者 1 生产的第 2 件产品
消费者 2 消费 生产者 2 生产的第 2 件产品
```

消费者 4 消费 生产者 1 生产的第 3 件产品
消费者 0 消费 生产者 0 生产的第 3 件产品
消费者 3 消费 生产者 1 生产的第 4 件产品
消费者 1 消费 生产者 2 生产的第 3 件产品
……

程序分析：为了使线程能够结束，设置了生产和消费的数量。

2. 进程程序设计

多进程模块 multiprocessing 提供与进程有关的操作，如创建进程、启动进程、进程同步等，还提供进程池和线程池。multiprocessing 模块基于进程实现并行计算，每个进程赋予单独的 Python 解释器。

Python 进程的创建与操作系统有关。Linux 支持 fork 机制，而 Windows 只支持 spawn 机制。**fork 机制**创建进程，完全复制父进程，包括父进程的数据段、堆和栈，所以子进程会从当前调用之后执行，父进程的 fork 调用返回子进程号，子进程的调用返回 0。而 **spawn 机制**，每次创建子进程都会把主进程的代码当作模块加载一遍，相当于重新执行一次主进程。为了避免无休止地递归创建子进程，Windows 下创建和使用进程等与进程有关的代码需要放在 "if__name__=='__main__:'" 之中。

（1）通过 Process 实例创建进程

通过 Process 类的实例创建进程，直接创建 Process 类的实例，其构造函数的格式如下：

__init__(self, group=None, target=None, name=None, args=(), kwargs{})

其中的参数说明如下。

- group：未实现，不需要传参数。
- target：进程运行的函数。
- name：进程名。
- args：以元组形式传递给进程函数的参数，如 args=(10,)将一个参数 10 传给进程函数。
- kwargs：以字典形式传递给进程函数的参数，如 kwargs={'name':'zhang','number':'1001'} 将两个参数 name 和 number 传给函数，其值分别为'zhang'和'1001'。

Process 对象的常用方法和属性如下。

- process. start()：启动进程。
- process. terminate()：终止该进程。
- process. is_alive()：判断当前进程是否活动。
- process. name：进程名。
- process. pid：进程 id。
- process. daemon：设置进程为用户进程（False）或守护进程（True）。

multiprocessing 模块的下列函数可以获得相关信息。

- cpu_count()：返回可用的 CPU 数量。
- current_process()：返回当前进程。
- active_children()：返回活动的子进程。

【例 3-5】启动两个进程，模拟两台同时运行的机器。每台机器每隔 1~5 s 的随机时间随机生产 1~3 件产品。

分析：创建进程函数，每隔 1~5 s 的随机时间显示一个 1~3 之间的随机数模拟生产设

备。主程序中使用 Process 创建进程，使用 start( )方法启动进程，它们要放到"if__name__
=='__main__:'"条件下。

源程序：

```
import multiprocessing as mp
import random as rd
import time
import os
# 进程函数，生产产品
def machine(number,n):
    process=mp.current_process()                    # 获得当前进程对象
    for i in range(n):                              # 循环生产
        time.sleep(rd.randint(1,5))                 # 等待随机时间
        print("process:{},pid:{}"
                format(process.name,process.pid))    # 显示进程名和 id
        print('process {} generate product :{}'.
                format(process.name,rd.randint(1,3)))  # 产生随机数
# 主程序
if __name__=='__main__':
    p1=mp.Process(target=machine,
                    name='machine1',args=('101',3))  # 创建进程
    p2=mp.Process(target=machine,
                    name='machine2',args=('102',4))
    p1.start()                                       # 启动进程
    p2.start()
```

运行结果：

```
E:\MyDATA\sdedit4>python process11.py
process:machine2,pid:20656
process machine2 generate product :3
process:machine2,pid:20656
process machine2 generate product :2
process:machine1,pid:22364
process machine1 generate product :3
process:machine2,pid:20656
process machine2 generate product :1
process:machine1,pid:22364
process machine1 generate product :2
process:machine1,pid:22364
process machine1 generate product :1
process:machine2,pid:20656
process machine2 generate product :3
```

程序分析：程序中，进程函数使用了参数，请注意创建进程时是如何传递参数的。其他与线程类似。进程程序的调试需要在 Windows 命令窗口中使用"Python 文件名.py"的方式运行。

（2）通过 Process 的子类创建进程

通过 Process 的子类创建进程，需要定义 Process 的派生类，重写 run( )方法，相当于前面创建进程的方法中 target 指定的函数。创建该子类的实例对象，然后调用 start( )方法启动该进程。

【例 3-6】通过创建 Process 的子类创建例 3-5 中的进程。

分析：创建一个自定义的类，继承 Process 类，重写 run 方法。需要的参数通过自定义类的构造函数传递。

源程序：

```
import multiprocessing as mp
import random as rd
import time
import os
# 自定义一个进程类
class My_Process( mp. Process):              # 定义 My_Process 类,继承 mp. Process 类
    def __init__(self,name, * args):         # 构造函数传递参数
        super( ). __init__( )                # 父类构造函数
        self. name = name                    # 设定类的进程名
        self. args = args                    # 可变参数,元组
        self. number = args[ 0 ]
        self. n = args[ 1 ]
    def run( self):                          # 重写 run 方法
        process = mp. current_process( )      # 获取当前进程对象
        for i in range( self. n):            # 循环
            time. sleep( rd. randint( 1,5))   # 等待随机时间
            print( "process:{}-{}-{},pid:{},product:{}".
                format( process. name, self. name, self. args[ 0 ],
                    process. pid, rd. randint( 1,3)))   # 显示进程信息
# 主程序
if __name__ =='__main__':
    process = mp. current_process( )
    print( "main process:{},pid:{}".
        format( process. name,process. pid))  # 显示主进程名和 id
    p1 = My_Process( 'machine1','101',3)
    p2 = My_Process( 'machine2','102',3)
    p1. start( )
    p2. start( )
```

运行结果：

```
E:\MyDATA\sdedit4>python process12. py
main process:MainProcess,pid:20628
process:machine1-machine1-101,pid:5760,product:1
process:machine2-machine2-102,pid:3572,product:2
process:machine2-machine2-102,pid:3572,product:2
process:machine2-machine2-102,pid:3572,product:1
process:machine1-machine1-101,pid:5760,product:1
process:machine1-machine1-101,pid:5760,product:2
```

程序分析： 请对照运行结果，仔细研究程序与结果的对应关系。

（3）进程间通信

multiprocessing 模块提供的进程间通信方法之一是队列。通过 multiprocessing 模块中的 Queue 类创建队列对象，共享信息的进程可以在队列中插入和取出数据。

【例3-7】使用进程的队列实现生产和消费模型的模拟。

源程序：

```
import multiprocessing as mp
import random as rd
import time
import os
```

```python
# 生产进程函数
def productor(i,warehouse):
    k = 1
    while True:
        time. sleep(rd. randint(1,3))          # 等待随机时间
        warehouse. put('生产者{}生产的第{}件产品'. format(i,k), block = True)
        k = k+1
# 消费进程函数
def consumer(i,warehouse):
    k = 1
    while True:
        time. sleep(rd. randint(1,5))          # 等待随机时间
        print('消费者{} 消费 {}'. format(i,warehouse. get(block = True)))
        k = k+1;
# 主程序
if __name__=='__main__':
    p = [0,0,0]
    c = [0,0,0,0,0]
    warehouse = mp. Queue(maxsize = 10)         # 创建队列, 大小为 10
    for i in range(3):                         # 循环产生 3 个生产进程
        p[i] = mp. Process(target = productor, args = (i,warehouse))   # 创建生产进程
        p[i]. start()                          # 启动进程
    for i in range(5):                         # 循环产生 5 个消费进程
        c[i] = mp. Process(target = consumer, args = (i,warehouse))    # 创建消费进程
        c[i]. start()                          # 启动进程
    time. sleep(8)                             # 等待 8s 后终止子进程
    for i in range(3):
        p[i]. terminate()                      # 终止进程
    for i in range(5):
        c[i]. terminate()
    print("End of main")                       # 主程序结束
```

运行结果：

```
E:\MyDATA\sdedit4>python process13. py
消费者 1 消费 生产者 0 生产的第 1 件产品
消费者 2 消费 生产者 0 生产的第 2 件产品
消费者 3 消费 生产者 0 生产的第 3 件产品
消费者 4 消费 生产者 1 生产的第 1 件产品
消费者 0 消费 生产者 2 生产的第 1 件产品
消费者 1 消费 生产者 1 生产的第 2 件产品
消费者 2 消费 生产者 0 生产的第 4 件产品
消费者 0 消费 生产者 1 生产的第 3 件产品
消费者 1 消费 生产者 2 生产的第 2 件产品
消费者 4 消费 生产者 0 生产的第 5 件产品
End of main
```

　　程序分析： 本例中，队列使用的是 multiprocessing 模块中的队列，参数和 queue 模块中的队列相同，进程函数中的生产和消费是永远循环的，而在主进程中，等待 8s 后终止了各子进程。

　　3. 进程池和线程池

　　当线程或进程较多时，创建和销毁进程、频繁切换线程（进程）会消耗大量的资源，这时多线程（进程）并不能提高整体效率。Python 从 3.2 开始提供 concurrent. futures 模块对 threading 和 multiprocessing 模块进一步抽象，提供对线程池（进程池）的支持。

所谓**线程池（进程池）**就是预先创建好若干个线程（进程），一般与 CPU 的核心数量相同，然后按需分配给需要处理的任务，任务结束并不关闭线程（进程），而是将其放回线程池（进程池）中等待任务。

concurrent. futures 模块的主要类和方法如下。

Executor 类表示任务执行器，就是线程池（进程池），使用其子类 ThreadPoolExecutor 和 ProcessPoolExecutor 创建线程池任务执行器和进程池任务执行器。其方法如下。

- submit(fn, * args, ** kwargs)：执行一个任务 fn(* args, ** kwargs)，返回 Future 对象，表示任务的一次执行。
- map(func, * iterables, timeout = None, chunksize = 1)：执行多个 func 任务。timeout 时间内无返回将产生异常。chunksize 可以设置成批提交的块大小。
- shutdown(wait = True)：关闭任务执行器，等待任务完成，不再接受新任务。Executor 支持 with 上下文，自动调用 shutdown( )方法。

Future 类表示执行的任务，其实例由 Executor. submit( )创建，其主要方法如下。

- cancel( )：尝试取消任务的执行。如果不能取消，则返回 False，取消成功则返回 True。
- running( )：如果调用正在执行并且不能取消，返回 True。
- done( )：如果任务完成或已取消，返回 True。
- result(timeout = None)：返回任务的执行结果。如果等待 timeout 秒未完成，产生异常。
- add_done_callbaxck(fn)：添加任务完成时的回调函数。任务完成或被取消后执行任务 fn。

【例 3-8】 使用进程池寻找[10000000,10000200)之间的素数。

分析：定义一个判断素数的函数作为进程函数。使用 multiprocessing 模块的 cpu_count( )函数获得 CPU 核心数，使用 concurrent. futures 模块的 ProcessPoolExecutor 类创建进程池，使用 ProcessPoolExecutor 类的 map 方法调度任务。为了比较效果，可以使用 time 模块的 time( )函数记录计算开始和结束时的时刻，计算时间长度。

源程序：

```
# 进程池
import concurrent. futures as cf
import multiprocessing as mp
import math
import time
def isprime(a):                        # 判断素数
    n = int( math. sqrt( a ) ) +1
    n = int( a/2) +1
    for i in range(2,n+1):
        if a%i == 0:
            return False
    return True
# 主程序
if __name__ == '__main__':
    data = range( 10000000,10000200)    # 数据区间

    # 不使用进程池，顺序执行
    time1 = time. time( )                # 记录开始时间
    res = [ ]
```

```
    for x in data:                          # 判断素数
        res. append(isprime(x))
    time2 = time. time()                    # 记录结束时间
    result = zip(data, res)
    print("串行计算使用时间:", time2-time1)        # 显示计算时间
    print("串行计算结果:")
    for x in result:                        # 显示结果
        if x[1] == True:
            print(x)


    # 使用进程池, 多进程执行
    n = mp. cpu_count()                      # 获取 CPU 核心数
    print('CPU 核心数为:', n)
    pool = cf. ProcessPoolExecutor(max_workers = n)    # 创建进程池, 进程池大小为 n
    # pool = cf. ThreadPoolExecutor(max_workers = n)   # 创建线程池, 线程池大小为 n
    time1 = time. time()                     # 记录开始时间
    res = list(pool. map(isprime, data))      # 执行多个任务
    time2 = time. time()                     # 记录结束时间
    result = zip(data, res)
    print("使用进程池计算使用时间:", time2-time1)    # 显示计算时间
    print("使用进程池计算结果:")
    for x in result:                        # 显示结果
        if x[1] == True:
            print(x)
    print("End of main")                     # 主程序结束
```

运行结果:

```
E:\MyDATA\sdedit4>python process14. py
串行计算使用时间: 3. 2621397972106934
串行计算结果:
(10000019, True)
(10000079, True)
(10000103, True)
(10000121, True)
(10000139, True)
(10000141, True)
(10000169, True)
(10000189, True)
CPU 核心数为: 8
使用进程池计算使用时间: 1. 116394281387329
使用进程池计算结果:
(10000019, True)
(10000079, True)
(10000103, True)
(10000121, True)
(10000139, True)
(10000141, True)
(10000169, True)
(10000189, True)
End of main
```

程序分析: 请尝试修改要判断的数的大小和数量的多少, 看使用进程池的效果。也可以将 ProcessPoolExecutor 改为 ThreadPoolExecutor, 使用线程池来观察效果。

3.3.2 内存管理和内存文件

对于编译型语言，比如 C、C++，内存的使用常由程序员自己通过代码分配和管理。对于动态语言，比如 Python，内存常在语言层自动管理，程序员无须关注太多细节。

1. Python 内存管理

Python 采用内存池机制。当创建大量消耗小内存的对象时，频繁调用 new/malloc 申请内存会导致大量的内存碎片，致使效率降低。内存池的作用就是预先在内存中申请一定数量的、大小相等的内存块留作备用，当有新的内存需求时，就先从内存池中分配内存给这个需求，不够时再申请新的内存。这样做最显著的优势就是能够减少内存碎片，提升效率。

Python 的垃圾回收机制主要采用引用计数机制。Python 中有一个内部跟踪变量叫作引用计数器，记录每个变量有多少个引用，简称引用计数。当某个对象的引用计数为 0 时，就列入了垃圾回收队列。

2. 字符串、整数和浮点数与字节序列的转换

内存文件也可以以文本方式或二进制方式读写。以二进制写时需要将数据转换为字节序列，以二进制读时需要将读取的字节序列转换为相应的数据类型。

（1）字符串和字节序列的相互转换

- str. encode(encoding='utf-8')：按 encoding 指定的编码格式将字符串 str 编码为字节序列并返回。
- bytes(str,encoding='utf-8')：按 encoding 指定的编码格式将字符串 str 编码为字节序列并返回。
- s = b'str'：直接设置 s 为字节序列。
- bytestr. decode(encoding='utf-8')：按 encoding 指定的编码格式将字节序列 bytestr 解码为字符串并返回。

（2）整数和字节序列的相互转换

- a. to_bytes(k,byteorder='big',signed='False')：将整数 a 按大尾格式转换为 k 字节的字节序列并返回。byteorder 指定字节序为大尾（big）或小尾（little）。signed 指定数据有（True）无（False）符号。
- int. from_bytes(bytes,byteorder='big',signed='False')：将字节序列 bytes 转换为整数并返回。

（3）浮点数和字节序列的相互转换

需要用到内置模块 struct 中的 pack 和 unpack 函数，它们将数值数据转换为字节序列。

- struct. pack(fmt, v1, v2, ...)：将数值 v1、v2 等按 fmt 指定的格式转换成字节序列。例如，格式字符串为'fdd'，表示后面的三个参数分别为 float、double、double 类型，转换为 4、8、8 字节的序列。常用格式控制符见表 3-2。
- struct. unpack(fmt,buffer)：按 fmt 指定的格式，从缓冲区 buffer 解码数据。buffer 是表示某些值的字节序列（即表示数值的若干字节）。

表 3-2 格式控制符和 C、Python 数据类型的对应关系

格 式 符 号	C 类型	Python 类型	标准长度/Byte
h	short	integer	2
H	unsigned short	integer	2

（续）

格 式 符 号	C 类型	Python 类型	标准长度/Byte
i	int	integer	4
I	unsigned int	integer	4
f	float	float	4
d	double	float	8

格式控制字符串加">"前缀表示 big-endian 字节序，加"<"前缀表示 little-endian 字节序，如">fdd"表示大尾字节序，即数的高字节在前，低字节在后。

3. 内存文件

一般，内存的存储比磁盘存储要快。当需要重复访问大文件时，可以使用内存文件以提高性能。Python 提供内存文件和映像文件，以内存 IO 代替磁盘 IO。

内存文件在内存中开辟一块内存区域，实现像磁盘 IO 一样的操作。StringIO 类用于文本流，BytesIO 类用于二进制流，它们在 io 模块中。

```
mf = io. StringIO( )        # 返回内存文本文件对象
bf = io. BytesIO( )         # 返回内存二进制文件对象
```

1）StringIO 类。io 模块的 StringIO 类实现文本数据内存文件的读写操作，常用于字符串的缓存。使用 StringIO 类创建文本内存文件，使用 read( )、readline( )、readlines( )、getvalue( )方法读取数据，使用 write( )、writelines( )方法写入数据。

【例 3-9】 编写程序，创建内存文本文件，使用各种写入语句将下面的诗写入文件，使用各种读取语句读出并显示。

东栏梨花

苏轼〔宋代〕

梨花淡白柳深青，柳絮飞时花满城。

惆怅东栏一株雪，人生看得几清明。

分析： 写入一行使用 write( )方法，写入多行使用 writelines( )方法。读出一行使用 readline( )方法，读出所有行使用 readlines( )和 getvalue( )方法。内存文件在内存中保存，一旦关闭，其中的内容就会丢失。为了多次读写，可以使用 seek 方法定位读写指针。

源程序：

```
import io                       # 导入模块
title='东栏梨花'
author='苏轼〔宋代〕'
content=〔'梨花淡白柳深青，柳絮飞时花满城。\n',
         '惆怅东栏一株雪，人生看得几清明。\n'〕
memfile = io. StringIO( )       # 创建内存文件对象
memfile. write( title+'\n')      # 写一行
memfile. write( author+'\n')     # 写一行
memfile. writelines( content)    # 写若干行
memfile. seek( 0)               # 重新定位到文件开始
title1=memfile. readline( )      # 读一行
author1=memfile. readline( )     # 读一行
content1 = memfile. readlines( ) # 读若干行，返回字符串列表
content2=memfile. getvalue( )    # 读取所有数据，作为一个字符串
```

```
print('title:',title1)
print('author:',author1)
print('content1:',content1)
print('content2:',content2)
memfile.close()                          # 关闭内存文件
```

运行结果：

title:东栏梨花

author:苏轼〔宋代〕

content1：['梨花淡白柳深青，柳絮飞时花满城。\n', '惆怅东栏一株雪，人生看得几清明。\n']
content2：东栏梨花
苏轼〔宋代〕
梨花淡白柳深青，柳絮飞时花满城。
惆怅东栏一株雪，人生看得几清明。

程序分析： readlines()读取余下的所有行，返回字符串列表。getvalue()总是读取所有内容，作为一个字符串返回。

课后练习： 请编写一个程序，分别使用内存文件和磁盘文件，写入50万行数据，再把它们读出来，比较它们所用的时间。

2）BytesIO类。使用 BytesIO 类创建二进制内存文件，其常用方法如下。

- write(b)：将字节序列 b 写入文件，返回写入的字节数。
- read(size=-1)：读取并返回至多 size 字节的数据，如果省略或为-1、None，读取并返回到文件末尾的所有内容。
- readline(size=-1)：读取并返回1行，如果指定 size，则至多读 size 字节。
- readlines(hint=-1)：读取并返回至多 hint 行。
- getvalue()：返回整个文件的内容。

可以使用 seek 方法定位文件指针，使用 close 方法关闭文件。

写文件之前需要将写入的内容转换为字节序列，读文件以字节为单位读取，读出后需要将字节序列转换为需要的整数、实数或字符串等类型。

【例3-10】 编写程序，使用 io.BytesIO 类创建二进制内存文件，将整数、实数、字符串数据写入、读出并显示出来。

分析： 导入 io 模块，使用 io.BytesIO 类创建二进制内存文件对象，设定整数、实数、字符串数据，将它们转换为字节序列，使用 write()写入文件，然后使用 read()读出数据到不同的变量中，将它们解码成整数、实数和字符串，再显示出来。

源程序：

```
# 二进制内存文件
import io                               # 导入模块
import struct                           # Python 数值和 Python 字节序列形式的 C 结构数据的转换
f = io.BytesIO()                        # 创建内存文件对象
# 准备数据
a=1024                                  # 整数
b=10.5                                  # 实数
c=2023.0117                             # 实数
s1='秋风生渭水，落叶满长安。'              # 字符串1
```

```
s2='今人不见古时月，今月曾经照古人。'# 字符串 2
# 编码
a1 = a. to_bytes(4, byteorder = 'big')              # 将整数转换为 4 字节的字节序列
b1 = struct. pack('>d', b)                          # 将实数转换为 double 字节序列
c1 = struct. pack('>d', c)                          # 将实数转换为 double 字节序列
s3 = bytes(s1, encoding = 'utf-8')                  # 按 UTF-8 编码格式将 s1 编码为字节序列
n3 = len(s3)                                        # 求长度，以便读取
s4 = s2. encode(encoding = 'gbk')                   # 按 GBK 编码格式将 s2 编码为字节序列
n4 = len(s4)                                        # 求长度
# 写内存文件
f. write(a1)#
f. write(b1)#
f. write(c1)#
f. write(s3)#
f. write(s4)#
# 读取数据
f. seek(0)                                          # 文件指针移到文件开始
a2 = f. read(4)                                     # 读 4 字节，整数
b2 = f. read(16)                                    # 读两个 double 数据，共 16 字节
s5 = f. read(n3)                                    # 字符串 s1 的字节序列
s6 = f. read(n4)                                    # 字符串 s2 的字节序列
# 解码
a2 = int. from_bytes(a2, byteorder = 'big')         # 4 字节序列的 a2 转换为 Python 整数
b2, c2 = struct. unpack('>dd', b2)                  # 将 b2 按两个 double 转换为两个 Python 实数
s5 = s5. decode(encoding = 'utf-8')                 # 解码字符串
s6 = s6. decode(encoding = 'gbk')                   # 解码字符串
# 显示结果
print(a2)
print(b2)
print(c2)
print(s5)
print(s6)
f. close()                                          # 关闭内存文件
```

运行结果：

```
1024
10.5
2023.0117
秋风生渭水，落叶满长安。
今人不见古时月，今月曾经照古人。
```

结果分析： 二进制内存文件可以使用 getvalue() 方法一次读取所有数据，然后通过切片的方法分隔各个数据，再解码。定位方法 seek(offset, position = 0) 中，position 设置定位起点为 0（文件开头）、1（当前位置）或 2（文件末尾）。

二进制文件的读写，要注意文件的格式，每几个字节表示什么意思，写入时要设计好并做记录，读出时要按相同的格式读出并解码。

4. 内存映像文件

内存映像文件是指可以将文件的部分或全部内容在内存中做一份相同的镜像，对内存映像的读写就是对磁盘文件的读写。映像文件会根据需要使用虚拟内存。当对大文件进行操作时，使用内存映像文件比常规方法要快。

Python 使用 mmap 模块的 mmap 类实现内存映像的操作，其构造格式为：

```
class mmap. mmap( fileno ,length ,tagname＝None , access[ , offset＝0] )
```

其中的参数说明如下。

- fileno：文件号，使用内置函数 open( ) 打开文件后使用文件对象的 fileno( ) 方法获得。
- length：指定映像文件的大小，为 0 时，表示映像文件大小和磁盘文件大小相同。
- tagname：设置标签名。**Windows 允许为同一文件设置不同的映射，用标签名区分，但不推荐使用，以方便程序在 Linux 上移植。**
- access：设置对文件的操作方式为 ACCESS_READ（只读）、ACCESS_WRITE（写且直接写到磁盘文件）或 ACCESS_COPY（复制内存，只写到内存映像文件，不写到磁盘文件）。**对映像文件的修改应该使用 flush( ) 方法刷新缓冲区以确保内容写到磁盘。**
- offset：指定从文件的何处开始做映像，是 mmap. ALLOCATIONGRANULARITY（内存分配粒度）的整数倍，默认为 0，表示从头开始。

该类的对象可以使用 read([n])、readline( )、write( )、seek( )、find( )、move( )、close( ) 等方法读若干字节，读一行，写若干字节，定位文件指针，查找、移动数据，关闭映像文件。还可以对映像文件对象使用切片操作来获取若干字节或修改若干字节的内容。内存映像文件是二进制文件。

【例 3-11】使用内存映像文件对文件进行读写。编写程序，先使用常规方法写一个文本文件，内容如下：

```
shaanxi history museum
陕西考古博物馆
```

关闭后再使用 open( ) 打开，使用 mmap. mmap 建立内存映像文件，按行读取其中的内容，解码后显示。然后通过下标访问修改第 1 行每个单词为首字母大写，将第 2 行改为"陕西历史博物馆"。

源程序：

```
import mmap                # 导入需要的模块
def mmf( ):
    print('内存分配块大小=',mmap. ALLOCATIONGRANULARITY)    # 显示内存分配块的大小
    filename='mapfile01. txt'   # 文件名
    f1=open(filename,'w')    # 以写的方式打开文件
    s1="shaanxi history museum\n"
    s2="陕西考古博物馆\n"
    f1. write(s1)           # 写字符串
    f1. write(s2)           # 写字符串
    f1. close( )            # 关闭文件

    f2=open(filename,'r+')   # 重新以读写的方式打开文件
    f3=mmap. mmap(f2. fileno( ),0,tagname='map_A',
            access=mmap. ACCESS_WRITE)    # 创建内存映像文件

    n=len(f3)              # 计算文件字节数
    print('文件长度=',n)
    f3. seek(0)             # 定位到文件开头
    k=0
    while True:
        s=f3. readline( )    # 读一行
        if not s:           # 读到末尾，结束循环
            break
```

```
            print(s. decode(encoding='gbk'). strip())      # 解码, 去掉末尾的空格和换行符, 显示
            k=k+1                       # 统计行数
        f3. seek(0)                     # 定位到文件开头
        s1=f3. readline()               # 读第 1 行
        ns1=len(s1)                     # 求第 1 行的长度, 英文, GBK 编码, 字节数等于字符数
        for i in range(ns1):            # 编码每个字符
            if  s1[i]<=ord('z') and s1[i]>=ord('a') and(i==0  or s1[i-1]==ord(' ')):
                f3[i]=f3[i]-32          # 将单词首字母由小写转为大写
        f3. seek(len(s1),0)             # 定位到第 1 行的行末
        s="陕西历史博物馆\n"
        s=s. encode('gbk')              # 编码
        f3. write(s)                    # 写数据
        f3. close()                     # 关闭内存映像文件
        f2. close()                     # 关闭常规文件
mmf()                                   # 调用函数
```

运行结果（屏幕显示）：

```
内存分配块大小= 65536
文件长度= 40
shaanxi history museum
陕西历史博物馆
```

文件内容如图 3-4 所示。

课外练习：读取一个约 500 万行的文件，试使用常规方法和内存映像文件读取其中的内容，比较所用的时间。由于内容巨大，不要在屏幕显示内容，只进行读操作。

图 3-4　例 3-11 运行结果的文件内容

3.3.3　文件管理

Python 中与文件系统管理相关的模块如下。

- os 模块：操作系统接口，与操作系统相关的函数。
- os. path 模块：与文件路径相关的函数。
- glob 模块：文件通配符操作。
- shutil 模块：与目录和文件操作相关。
- subprocess 子进程模块：子进程，执行其他应用程序。

1. os 模块

os 模块的常用函数如下。

- os. getcwd()：返回当前工作路径，如返回 "C:\Python"。
- os. chdir(path)：改变当前工作路径为 path。如 os. chdir("D:\mydata")。
- os. listdir(path='.')：返回 path 文件夹下的文件和文件夹的列表，默认为当前文件夹。
- os. mkdir(path)：创建文件夹，如 os. mkdir("data")在当前路径下创建 data 文件夹。
- os. rmdir(path)：删除文件夹，如 os. rmdir("data")删除当前路径下的 data 文件夹。
- os. remove(path)：删除文件，如 os. remove("a. txt")删除当前文件夹下的 a. txt 文件。
- os. removedirs(name)：递归删除文件夹。
- os. rename(src, dst)：重命名文件或文件夹，如 os. rename("a. txt","b. txt")将当前文件夹下的 a. txt 文件改为 b. txt 文件。

- os. renames(old, new): 递归重命名文件或文件夹。
- os. scandir(path='. '): 返回目录项迭代器，默认是当前目录下的目录项。目录项的每项是一个对象，可以用其属性或方法获得相关信息，如文件名、路径、是否文件夹、是否文件等，其属性和方法有：. name 返回目录项基本文件名；. path 返回完整路径；. is_dir() 判断是否文件夹；. is_file()判断是否文件；. stat()返回文件或文件夹的状态信息，包含文件大小 (st_size)、创建时间 (st_ctime)、修改时间 (st_mtime)、访问时间 (st_atime) 等信息。时间的单位为秒，需要使用 time. localtime()将其转换为本地时间，使用 time. strftime()格式化输出常规的时间格式。
- os. stat(path): 返回文件或路径的状态信息，如文件大小、最近的存取时间、最近修改时间、创建时间等。
- os. walk(top): 从上到下获得 top 文件夹的目录树的迭代器，每个元素是一个三元组，即 (路径, 当前路径下文件夹列表, 当前路径下文件列表)。这个函数对遍历文件夹及子文件夹下的所有文件非常有用。例如：

```
a=os. walk("E:\\mydata\\b")
b=a. __next__()    # b: ('E:\\mydata\\b', ['data', 'tools'], ['top. txt'])
b=a. __next__()    # b: ('E:\\mydata\\b\\data', [], [])
b=a. __next__()    # b: ('E:\\mydata\\b\\tools', [], ['tap. txt', 'top. txt'])
```

【例 3-12】编写程序，显示 E:mydata\videos 目录下的所有 mp4 文件及其大小和创建时间。

问题分析：如果仅需要文件名称，使用 os. listdir()即可。如果需要显示文件的其他属性，可以使用 os 模块的 scandir() 函数。mp4 文件的扩展名是. mp4，对 scandir()结果的每一项，检查其文件名的后缀是否为. mp4 即可，使用. stat()获得状态信息，使用状态信息的 st_size 属性获得文件大小，使用 st_ctime 属性获得创建时间。

源程序：

```
import os                                 # 导入模块
import time
files=os. scandir("E:\\mydata\\videos")      # 获得文件列表
for file in files:
    if file. name[-4:]==". mp4":            # 检查后缀
        file_stat=file. stat()              # 获得状态信息
        filename=file. name                 # 获得文件名
        file_type='文件夹'                   # 显示文件夹或文件
        if file. is_file():file_type='文件'   # 若 is_file()结果为 True，则将字符串改为"文件"
        size="%. 2f"%(file_stat. st_size/1024/1024)   # 获得文件大小，单位转换为 MB，保留 2 位小数
        ctime=file_stat. st_ctime           # 文件创建时间，单位为秒
        ctime=time. localtime(ctime)         # 转为本地时间
        ctime=time. strftime("%Y-%m-%d %H:%M:%S",ctime)   # 转为常规的字符串时间格式
        print(file. name,file_type,size+'MB',ctime,sep=',')   # 显示结果
```

运行结果：

```
第 1 集回望征程. mp4,文件,63. 97MB,2022-05-22 18:22:46
第 2 集碧血千秋. mp4,文件,63. 97MB,2022-05-22 18:22:46
第 3 集矢志不移. mp4,文件,63. 85MB,2022-05-22 18:22:46
第 4 集抉择无悔. mp4,文件,63. 78MB,2022-05-22 18:22:47
第 5 集忠诚担当. mp4,文件,63. 91MB,2022-05-22 18:22:45
```

结果分析：结果有 4 列，用逗号隔开，分别是文件名、项目类型、文件大小和创建时间。

2. os. path 模块

该模块包含与路径名有关的函数。

- os. path. abspath(path)：获得路径 path 的完整绝对路径，即当前绝对路径+path。如果 path 本身是绝对路径，返回其本身。例如：

```
os. path. abspath('tools')      # 返回 'E:\\mydata\\videos\\tools'
```

- os. path. basename(path)：返回 path 当前基本名称，通常是路径的最后一项的名称，例如：

```
os. path. basename('E:\\mydata\\tools')      # 返回 'tools'
```

- os. path. commonpath(paths)：返回若干路径的最长公共路径，例如：

```
os. path. commonpath(["E:\\mydata\\videos\\top. txt","E:\\mydata"])      # 'E:\\mydata'
```

- os. path. dirname(path)：返回 path 的路径。例如：

```
os. path. dirname("E:\\mydata\\videos\\top. txt")      # 'E:\\mydata\\videos'
```

- os. path. exists(path)：判断文件或文件夹是否存在。
- os. path. getatime(path)：获得路径的最近访问时间，是 1970 年 1 月 1 日起逝去的秒数，可以通过 time. localtime 将其转换为一个本地时间结构。例如：

```
path="E:\\mydata\\videos\\top. txt"
t=os. path. getatime( path)            # 1653193126. 402657
lt=time. localtime( t)                 # time. struct_time( tm_year=2022,tm_mon=5,
                                       # tm_mday=22, tm_hour=12, tm_min=18,
                                       # tm_sec=46, tm_wday=6, tm_yday=142,
                                       # tm_isdst=0)
lt. tm_year                            # 2022
```

- os. path. getmtime(path)：获得最近的修改时间。
- os. path. getctime(path)：获得创建时间。
- os. path. getsize(path)：获得文件的大小，单位为字节。
- os. path. isabs(path)：判断是否绝对路径。
- os. path. isfile(path)：判断是否文件。
- os. path. isdir(path)：判断是否文件夹。
- os. path. join(path, * path)：将路径的多个部分用"\"连接为一个路径，例如：

```
result=os. path. join("E:\\mydata\\videos",'tools','edit. exe')      # 结果为 E:\mydata\videos\tools\edit. exe
```

- os. path. split(path)：将 path 分割为目录名和文件名，返回元组，例如：

```
>>> os. path. split("E:\\mydata\\videos\\readme. txt")      # ('E:\\mydata\\videos', 'readme. txt')
```

- os. path. splitdrive(path)：将 path 分割为驱动器和路径，返回元组，例如：

```
>>> os. path. splitdrive("E:\\mydata\\videos\\readme. txt")#('E:', '\\mydata\\videos\\readme. txt')
```

- os. path. splitext(path)：将 path 分割为前缀和扩展名，返回元组，例如：

```
>>> os. path. splitext("E:\\mydata\\banpomuseum. txt")      # ('E:\\mydata\\banpomuseum', '. txt')
```

3. glob 模块

glob. glob(pathname)函数返回能匹配 pathname 的文件列表，可以使用通配符，"＊"表示任意个任意字符，"?"表示一个任意字符，例如：

```
>>> glob. glob(' * . txt')      #['a. txt', 'b. txt', '井冈山 . txt', '延安 . txt', '瑞金 . txt']
>>> glob. glob('? . txt')       # ['a. txt', 'b. txt']
```

4. shutil 模块

该模块提供高层文件操作，如文件的复制、删除、移动、压缩和解压缩等。

- shutil. copyfileobj(srcfileobj,desfileobj)：复制文件对象的内容，例如：

```
import shutil                           # 导入模块
file1 = open('os01. py','r')           # 打开文件, 读
file2 = open('os01bak. py','w')        # 打开文件, 写
shutil. copyfileobj( file1,file2 )      # 复制文件
file1. close( )                        # 关闭文件
file2. close( )
```

- shutil. copyfile(src, dst)：复制文件或文件对象。src、dst 可以是文件名或打开的文件对象。例如：

```
shutil. copyfile('论语 . txt','论语 bak. txt')        # 将文件" 论语 . txt" 复制到" 论语 bak. txt" 中
```

- shutil. copymode(srcfilename, dstfilename)：复制权限位，文件的内容、所有者、组不受影响。
- shutil. copystat(src, dst)：复制权限位、最后存取时间和最后修改时间。
- shutil. copy(src, dst)：将 src 复制到文件或文件夹 dst 中。
- shutil. copytree(src, dst)：递归复制整个目录树。
- shutil. rmtree(path)：递归删除整个目录树。
- shutil. move(src,dst)：递归移动文件或文件夹。
- shutil. disk_usage(path)：返回 path 所在磁盘的容量、已用空间和可用空间，例如：

```
>>> shutil. disk_usage('E: \\mydata \\videos')
usage( total = 512107737088, used = 374597046272, free = 137510690816)
```

- shutil. which(cmd)：返回可执行命令的路径，例如：

```
>>> shutil. which('calc')     # 'C: \\WINDOWS \\system32 \\calc. EXE'
```

以上函数的使用，请读者自行练习。

5. subprocess 子进程模块

subprocess 模块允许用户启动新进程，连接它们的输入、输出或错误管道，获得返回码。启动 subprocess 子进程的函数是 run( )，其格式和常用参数如下：

```
subprocess. run( args, * , stdin = None, input = None, stdout = None, stderr = None,
    capture_output = False, shell = False, cwd = None, timeout = None, check = False, encoding = None)
```

该函数启动 args 中包含的子进程（可执行程序名），并等待其运行结束，返回 Completed-Process 类的实例（即对象），其主要参数如下。

- args：字符串或字符串的列表，表示子进程的命令名及参数。如果是字符串列表，则第 1 项为命令名，后面为参数，如['mspaint','a. jpg']，用字符串表示为" mspaint a. jpg"。
- stdin,stdout,stderr：指定可执行程序的标准输入、标准输出和标准错误设备的文件句柄（文件对象），默认值 None 表示标准输入 stdin、标准输出 stdout 和标准错误 stderr。
- input：子进程的输入，是输入数据的字节序列。
- capture_output：捕获输出到返回对象中，输出数据的形式是字节序列。

- shell：如果为 True，可执行命令行的 shell 命令，如 Windows 命令行 copy 命令。
- cwd：如果不为 None，在执行子进程前，从当前文件夹切换到 cwd 指定的文件夹。
- timeout：以秒为单位指定超时时间，超过这个时间时，子进程会被终止。
- check：为 True 时，如果子进程的返回码不是 0，则产生异常。
- encoding：如果指定编码格式，则输入、输出和标准错误的文件对象以该编码的文本方式打开。默认以二进制方式打开。

例如，下列程序打开 Windows 下的画图软件编辑 flower. jpg 图像文件。

```
import subprocess                              # 导入模块（以后不再重复写该行）
subprocess. run(['mspaint','flower. jpg'])      # 启动子进程
```

下列程序运行当前文件夹下的 showarg. exe 程序，显示命令行参数，通过 capture_output 捕获标准输出的内容，解码后显示。

```
result = subprocess. run(['showarg','1','2','3'],capture_output = True)   # 启动子进程
print(result. stdout. decode(encoding = 'utf8'))                          # 显示结果
```

其中，showarg 是可执行程序的名称，后面的'1','2','3'是命令行参数，capture_output = True 指定捕获标准输出，运行结果是一个 CompletedProcess 类的对象，用 result 表示，result. stdout 获得结果的 stdout 属性，decode(encoding = 'utf8')按 UTF-8 格式解码字节序列。print 结果如下。

```
1 showarg
2 1
3 2
4 3
```

注意，输出这个结果是 showarg. exe 程序的功能。按行显示其命令行参数。

下列程序给出输入数据，运行当前文件夹下的程序 add. exe，捕获运行结果。

```
s = "1 2"                                          # 输入数据
s2 = s. encode('utf8')                             # 编码为 UTF-8 格式的字节序列
result = subprocess. run(['add'],input = s2,capture_output = True)   # 运行程序
print(result. stdout. decode(encoding = 'utf8'))    # 显示结果
```

add. exe 程序需要从键盘输入两个整数，然后计算它们的和并显示出来。s = "1 2"就是给 add. exe 程序输入的两个整数，需要编码成字节序列。该程序的显示结果为：

```
c = 3
```

注意，这是 add. exe 程序的功能。如果输入是"2 3"，则结果会是"c = 5"。

3.3.4　动态链接库和 Windows API

ctypes 是 Python 的外部函数库，它提供了与 C 语言兼容的数据类型，并允许调用动态链接库（DLL）和共享库中的函数。

1. ctypes 模块和 ctypes 数据类型

ctypes 使用 cdll 和 windll 两个函数加载动态链接库。cdll 用于 cdecl 调用约定，windll 用于 stdcall 调用约定。函数的调用约定主要指参数的传递方式和清理栈的方式。cdecl 调用约定参数从右向左入栈，由函数调用者清理栈；stdcall 调用约定参数从右向左入栈，但由被调函数自身清理栈。通常，函数用 extern C 修饰使用 cdecl 调用约定。Windows API 使用 stdcall 调用约定。

由于动态链接库函数的参数类型与 Python 的参数类型不一致，因此调用动态链接库函数时通常需要将 Python 类型转换为函数需要的类型或创建函数需要的类型。ctypes 提供一系列创建 DLL 需要的类型对象的方法。ctypes、C 和 Python 类型的对应关系见表 3-3。

表 3-3　ctypes、C 和 Python 类型的对应关系

ctypes 类型	C 类型	Python 类型
c_bool	_Bool	bool
c_char	char	单字符字节对象
c_short	short	int
c_int	int	int
c_uint	unsigned int	int
c_long	long	int
c_ulong	long	int
c_longlong	unsigned long	int
c_ulonglong	__int64 or long long	int
c_size_t	size_t	int
c_float	float	float
c_double	double	float
c_char_p	char *，NUL 终止	字符串或 None
c_wchar_p	wchar_t *，NUL 终止	字符串或 None
c_void_p	void *	int 或 None

（1）简单数据类型

简单类型的参数，直接使用 ctypes 中的类型构造函数创建或初始化对象，使用对象的 value 属性为对象赋值或获得对象的值。

例如，DLL 需要 int 型参数，可以使用 c_int( ) 将 Python 整数转化为 c_int 对象，或创建 c_int 对象传递给 DLL。Python 中可以通过对象的 value 属性获得其值，例如：

```
import ctypes
a = ctypes. c_int( 20)          # 20 转换为 c_int 对象
b = ctypes. c_int( )            # 创建 c_int 对象，初始值为 0
c = ctypes. c_float( )          # 创建 c_float 对象，初值为 0.0
d = ctypes. c_char( b'A')       # 创建 c_char 对象，初值为 b'A'，这是字节数据，对应 C 语言中的 char 类型
print( a. value)                # 显示 a 的值，结果为 20
print( b. value)                # 显示 b 的值，结果为 0
print( c. value)                # 显示 c 的值，结果为 0.0
print( d. value)                # 显示 d 的值，结果为 b'A'
a. value = 100;                 # 通过 value 属性赋值
d. value = b'B'
print( a. value)                # 显示 a 的值，结果为 100
print( d. value)                # 显示 d 的值，结果为 b'B'
```

（2）数组

通过 ctypes 简单类型的类型名乘以一个整数创建固定长度的数组。可以在创建数组时初始化。字符数组可以用属性 value 赋值和输出，而 int 数组可以通过遍历输出，不可以通过 value

属性赋值。例如:

```
import ctypes
a = (ctypes. c_int * 5)(2022,6,5)              # c_int 数组
b = (ctypes. c_char * 20)                      # c_char 数组
for x in a:                                    # 遍历 c_int 数组
    print(x,end=' ')                           # 每个数据末尾用一个空格分隔
print()
b. value = b"2022. 6. 5,Shenzhou XIV mission"  # 为 c_char 数组赋值
print(b. value)                                # 输出 c_char 数组的内容
```

以上程序的运行结果为:

```
2022 6 5 0 0
b'2022. 6. 5,Shenzhou XIV mission'
```

（3）指针

ctypes. pointer(obj) 函数创建 ctypes 对象的指针实例，它的参数是一个对象；POINTER (type)创建指针类型，它的参数是一个类型。例如:

```
import ctypes
# pointer()
int_object = ctypes. c_int(2022)                    # 创建 c_int 对象
int_pointer = ctypes. pointer(int_object)           # 创建 c_int 对象的指针
print(int_pointer. contents)                        # 输出指针指向的对象
print(int_pointer[0])                               # 输出指向的对象的值
# POINTER()
int_pointer_type = ctypes. POINTER(ctypes. c_int)   # 创建 c_int 指针类型
int_object = ctypes. c_int(605)                     # 创建 c_int 对象
int_pointer = int_pointer_type(int_object)          # 实例化 c_int 指针类型的指针
print(int_pointer. contents)                        # 输出指针指向的对象
print(int_pointer[0])                               # 输出指向的对象的值
```

以上程序的运行结果为:

```
c_long(2022)
2022
c_long(605)
605
```

另外，如果仅在调用 DLL 的函数中使用指针，可以使用 ctypes. byref(obj)直接将 obj 的地址传给函数，它与 ctypes . pointer( )功能类似，但速度更快。

（4）创建内存区域

ctypes. create_string_butter(init_or_size,size = None)创建一块可变的字符缓冲区，返回值是 c_char 类型的数组，参数 init_or_size 可以是整数以确定数组的大小，也可以是字节对象以初始化数组元素。如果第 1 个参数是字节序列，第 2 个参数就是大小。如果大小缺省，大小默认为字节序列再加一个结束符 NULL。例如:

```
import ctypes
print("字节缓冲 1")
p = ctypes. create_string_buffer(5)          # 创建 5 字节缓冲区
print(ctypes. sizeof(p), repr(p. raw))       # 显示大小和默认内容
p = ctypes. create_string_buffer(b"Museum")  # 创建缓冲区并初始化，默认大小
print(ctypes. sizeof(p), repr(p. raw))       # 显示字节数和字节序列
```

```
print( repr( p. value) )                              # 显示值
print( "字节缓冲 2" )
p = ctypes. create_string_buffer( b" Nature" , 12)    # 创建 12 字节缓冲区，并初始化
print( ctypes. sizeof( p) , repr( p. raw) )
p. value = b" Shimao_Site"                            # 赋值
print( ctypes. sizeof( p) , repr( p. raw) )
print( "字节缓冲 3" )
p = ctypes. create_string_buffer( 8)                  # 创建 8 字节缓冲区
print( ctypes. sizeof( p) , repr( p. raw) )
# 将整数 12 按大尾格式转换为 4 字节的字节序列，并存到缓冲区中
# byteorder 可选'big' ( 大尾) 或'little' ( 小尾)
p. value = ( 12). to_bytes( 4,byteorder='big' )
print( ctypes. sizeof( p) , repr( p. raw) )
byte_array=p. raw[ 0:4]                                # 取出缓冲区中的前 4 个字节
print( byte_array)
int_data=int. from_bytes( byte_array,byteorder='big' ) # 将字节序列转换为整数
print( int_data)
```

以上程序的运行结果为：

```
字节缓冲 1
5 b'\x00\x00\x00\x00\x00'
7 b'Museum\x00'
b'Museum'
字节缓冲 2
12 b'Nature\x00\x00\x00\x00\x00\x00'
12 b'Shimao_Site\x00'
字节缓冲 3
8 b'\x00\x00\x00\x00\x00\x00\x00\x00'
8 b'\x00\x00\x00\x0c\x00\x00\x00\x00'
b'\x00\x00\x00\x0c'
12
```

（5）结构体

结构体是由一组数据组合而成的整体，常表示现实中的一个对象的一组属性的值，如（'张三','男',20,172）这组数据表示一个人的姓名、性别、年龄和身高，这就是一个结构体数据，而姓名、性别、年龄和身高称为这个**结构体的分量、成员或属性**。通常给这样的结构体起个名字，称为**结构体类型名**，如给它命名为 PERSON。在有些程序设计语言（如 C、C++）中，一个结构体类型的定义通常需要说明结构体的类型名、属性名和每个属性的数据类型，如下是 C语言的结构体的定义格式：

```
struct PERSON{                      // struct 是关键字，PERSON 是结构体的类型名
        char name [ 20] ,gender [ 4] ;   // name 和 gender 为字符型，长度分别为 20 和 4
        int age, height;            // age 和 height 为整型
} ;
```

实现 ctypes 类型的结构体，需要基于 ctypes 中的父类 Structure 写一个派生类，子类必须定义_fields_属性，其值是二元组的列表，每个二元组包含一个名字域和一个类型域，如（" age" ，c_int），它们是字段的名字和类型，类型是 ctypes 类型或其他 ctypes 派生类型，如结构体、数组、指针等。下面的程序展示了结构体的定义和用法。

```
from ctypes import *
class POINT(Structure):                        # 基于 Structure 类定义派生类 POINT
    _fields_ = [("x", c_int), ("y", c_int)]    # 定义_fields_属性,相当于结构体的成员和类型

a = POINT()                                     # 创建 POINT 的实例
print(a.x, a.y)                                 # 显示点的属性的值
b = POINT(10, 20)                               # 创建另一个 POINT 的实例,并初始化
print(b.x, b.y)                                 # 显示点的属性的值
c = POINT(y=5)                                  # 创建另一个实例,初始化成员 y
print(c)                                        # 输出 POINT 对象 c
print(c.x, c.y)                                 # 输出 POINT 对象 c 的分量的值
c.x = 11                                        # 修改分量的值
c.y = 12
print(c)
print(c.x, c.y)
```

以上程序的运行结果为:

```
0 0
10 20
<__main__. POINT object at 0x00000082138F1948>
0 5
<__main__. POINT object at 0x00000082138F1948>
11 12
```

2. 调用 C 语言编写的动态链接库

这里先介绍如何编写和调用自己编写的 C 语言动态链接库函数。基本步骤是先用编辑器编写 DLL 的源程序文件(C 语言),其中是若干函数的定义;然后使用命令行将其编译为动态链接库;最后在 Python 中加载和调用。下面以一个实例介绍用 C 语言编写动态链接库并在 Python 中使用的方法。

本例创建 cdecl 调用约定的库函数,使用 cdll 加载器的 LoadLibrary (name) 方法加载动态链接库,参数 name 是含路径的库名称,返回值是动态链接库的一个实例。通过 "<动态链接库实例>. <函数名>(参数)" 的形式访问库中的函数。

【例 3-13】用 C 语言编写动态链接库文件,其中有 4 个函数,分别实现两个整数的和、交换两个整型变量的值、对整数数组排序、复制字符串等功能,其 C 语言的格式如下:

```
int myadd(int a,int b);                      // 求两个整数的和,返回它们的和
void myswap(int * a,int * b);                // 交换两个整型变量的值
void mysort(int a[],int n);                  // 数组排序,n 是元素的个数
char * mystrcpy(char * s1,char * s2);        // 字符串复制,将 s2 复制到 s1 中
```

将其编译为动态链接库,在 Python 中加载动态链接库,调用函数验证其功能。

解:

① 编写动态链接库文件。

使用 extern " C" 对函数进行声明,然后分别定义各个函数。程序如下:

```
// 文件名 mylibv2. c
# include <stdio. h>

extern "C" {
    __declspec(dllexport) int myadd(int a,int b);
    __declspec(dllexport) void myswap(int * a,int * b);
```

```
    __declspec(dllexport) void mysort(int a[ ],int n);
    __declspec(dllexport) char * mystrcpy(char * s1,char * s2);
};
// add
int myadd(int a,int b){                        // 计算两个整数之和的程序
    return a+b;
}
// swap
void myswap(int * a,int * b){
 int tmp;
 tmp= * a;
 * a= * b;
 * b=tmp;
 return ;//
}
// sort
void mysort(int a[ ],int n){                    // 排序
    int i,j;
    for(i=0;i<n-1;i++){
      for(j=0;j<n-1-i;j++){
          if(a[j]>a[j+1]){
              myswap(a+j,a+j+1);
          }
      }
}
    return ;//
}
// string copy
char * mystrcpy(char * s1,char * s2){
char * p=s1;
while( * s2!='\0'){
    * s1= * s2;
    s1++;
    s2++;
}
* s1='\0';
return p;// pointer
}
```

② 编译 C 语言程序，生成动态链接库文件。

设①中编写的 C 文件保存在 E：\dlltmp 文件夹中。在 Windows 命令提示符方式下，进入 G++编译器文件夹，在命令行输入下列命令来编译 C 文件生成 mylibv2. dll。

```
C:\Dev-Cpp\MinGW64\bin> g++   E:\\dlltmp\\mylibv2.c  -shared  -o  E:\dlltmp\\mylibv2.dll
```

③ 编写 Python 程序。

```
import ctypes                                      # 导入 ctypes 模块
mylib=ctypes. cdll. LoadLibrary("E:\\dlltmp\\mylibv2. dll")   # 加载动态链接库 mylibv2. dll

# 求两个整数的和
print("两个整数的和")
a=ctypes. c_int(12)                                # 创建 C 类型的整型变量 a
b=ctypes. c_int(20)                                # 创建 C 类型的整型变量 b
```

```
c = ctypes. c_int(0)                                    # 创建 C 类型的整型变量 c
c. value = mylib. myadd(a,b)                            # 调用动态链接库中的文件
print(c. value)                                         # 显示结果


# 交换两个变量的值
print("交换两个变量的值")
print(a. value,b. value)                                # 交换前的值
mylib. myswap(ctypes. byref(a),ctypes. byref(b))       # 调用 DLL 函数交换
print(a. value,b. value)                                # 交换后的值


# 数组元素排序
print("数组元素排序")
array = (ctypes. c_int * 20)(20,22,6,5,11,55)          # 创建 ctypes. c_int 数组并初始化
n = 6                                                   # 实际元素个数
n = ctypes. c_int(n)                                    # 转换为 c_int 类型
mylib. mysort(array,n)                                  # 调用 DLL 函数排序
for i in range(6):
    print(array[i],end=' ')                             # 显示排序结果
print()


# 字符串复制
print("字符串复制")
str2 = ctypes. create_string_buffer(100)               # 字节缓冲区,源
str2. value = b"Tiangong space station";               # 赋值
str1 = ctypes. create_string_buffer(100)               # 字节缓冲区,目标
str3 = ctypes. c_char_p;                                # c_char 指针变量
print('Before copy:')
print('str1',str1. value)                               # 显示复制前的值
print('str2',str2. value)
mylib. mystrcpy. restype = ctypes. c_char_p            # 设定 DLL 函数的返回类型
str3_char_p = mylib. mystrcpy(str1,str2)               # 调用 DLL 函数复制
print('After copy:')
print('str1',str1. value)                               # 显示复制后的值
print('str2',str2. value)
print('str3_char_p',ctypes. c_char_p(str3_char_p). value)   # 通过指针访问复制的字符串结果
```

运行结果：

```
两个整数的和
32
交换两个变量的值
12 20
20 12
数组元素排序
5 6 11 20 22 55
字符串复制
Before copy:
str1 b''
str2 b'Tiangong space station'
After copy:
str1 b'Tiangong space station'
str2 b'Tiangong space station'
str3_char_p b'Tiangong space station'
```

程序分析： 本例不仅演示了 DLL 的创建和在 Python 中的导入与使用，而且演示了参数为整数、指针、数组，返回值为指针的函数的使用。Python 程序中的 myadd( )、myswap( )、mysort( )、mystrcpy( ) 为 DLL 中的函数，定义格式见①中的 C 程序。

通过动态链接库，可以建立自己的函数库，扩展 Python 的功能，提高 Python 程序的执行效率。

3. Windows 下调用操作系统的 API 函数

操作系统提供众多的 API 函数供应用程序调用，以实现一些操作系统的功能。在 Python 中通过加载操作系统的动态链接库实现。下面以 Windows 操作系统为例说明。

Windows API 一般以 DLL 的形式放在安装目录的 System32 文件夹中，扩展名为 .dll，例如，kernel32.dll 文件是 Windows 内核 API，提供磁盘管理、进程管理、文件管理、内存管理、通信管理等众多功能。下面通过一个实例介绍 Windows API 的使用。

Windows API 使用 stdcall 调用约定，在 Python 中使用 windll 加载器的 LoadLibrary( ) 方法加载。

【例 3-14】 编写 Python 程序，通过 Windows API 的调用：1）获取计算机的名称；2）获取 E 盘的磁盘空间大小、空闲空间大小和可用空间大小等信息；3）获取内存的大小和空闲内存的大小。

解： Windows 的 API 函数有 ANSI 版和 Unicode 版，ANSI 版以 A 作后缀，Unicode 版以 W 作后缀。查看 Windows API 的手册，获取计算机名称的 API 函数是 GetComputerNameW( )，获取磁盘空间信息的 API 函数是 GetDiskFreeSpaceExW( )，获取内存信息的 API 函数是 GlobalMemoryStatusEx( )，它们的格式（C 语言格式）如下。

获取计算机名称的函数：

```
BOOL GetComputerNameW(
    [out] LPWSTR   lpBuffer,              // 存放计算机名的缓冲区指针
    [in, out] LPDWORD nSize               // 缓冲区的大小，指针
);
```

获取磁盘信息的函数：

```
BOOL GetDiskFreeSpaceExW(
    [in, optional]   LPCWSTR lpDirectoryName,              // 磁盘目录，默认是当前盘的根目录
    [out, optional] PULARGE_INTEGER lpFreeBytesAvailableToCaller,    // 用户可用字节数的指针
    [out, optional] PULARGE_INTEGER lpTotalNumberOfBytes,            // 磁盘总字节数，指针
    [out, optional] PULARGE_INTEGER lpTotalNumberOfFreeBytes         // 磁盘空闲字节数，指针
);
```

获取内存信息的函数：

```
BOOL GlobalMemoryStatusEx(
    [in, out] LPMEMORYSTATUSEX lpBuffer          // MEMORYSTATUSEX 类型的结构体指针
);
```

MEMORYSTATUSEX 结构定义：

```
typedef struct _MEMORYSTATUSEX
{
    DWORD dwLength;           // 本结构的长度，在使用函数前必须初始化
    DWORD dwMemoryLoad;       // 物理内存的使用率（0-100 的整数）
    DWORDLONG ullTotalPhys;   // 物理内存的大小，以字节为单位（下同）
    DWORDLONG ullAvailPhys;   // 可用物理内存的大小
```

```
    DWORDLONG ullTotalPageFile;          // 系统页面文件大小
    DWORDLONG ullAvailPageFile;          // 系统可用页面文件大小
    DWORDLONG ullTotalVirtual;           // 虚拟内存的总量
    DWORDLONG ullAvailVirtual;           // 虚拟内存的剩余量
    DWORDLONG ullAvailExtendedVirtual;   // 保留，值为 0
} MEMORYSTATUSEX, * LPMEMORYSTATUSEX;
```

其中的数据类型如下。

- LPCWSTR：指向 16 位 Unicode 常量字符串的指针，相当于 wchar_t *。
- PULARGE_INTEGER：指向 64 位无符号整数的指针。
- DWORD：无符号长整型 unsigned long。
- DWORDLONG：无符号长长整型 unsigned long long。
- LPWSTR：指向 16 位 Unicode 常量字符串的指针。
- LPDWORD、PDWORD：无符号长整型指针。

源程序（Python）：

```python
import ctypes
# 加载 kernel32 动态链接库
f = ctypes. windll. LoadLibrary("C:\\Windows\\System32\\kernel32. dll")
# 上述语句可以替换为以下语句
# f = ctypes. windll. kernel32


# 获取计算机名称
buffer = ctypes. create_string_buffer(40)                  # 创建缓冲区存放计算机名称
nsize = ctypes. c_int(40)                                  # 创建 c_int 对象设定缓冲区大小
f. GetComputerNameW(buffer, ctypes. byref(nsize))          # 调用 API 获取计算机名称
s = str(buffer, 'utf-16')                                  # 将得到的字节列按 UTF-16 格式解码
print("计算机名称 ", s)                                     # 显示字符串内容


# 获取磁盘空间信息

# 定义 ctypes 合适的数据类型的变量
avail_bytes = ctypes. c_ulonglong(0)                       # 存放可用字节数
total_bytes = ctypes. c_ulonglong(0)                       # 存放总字节数
free_bytes = ctypes. c_ulonglong(0)                        # 存放空闲字节数


folder = "E:\\"
# 调用 API 函数
f. GetDiskFreeSpaceExW(ctypes. c_wchar_p(folder), ctypes. pointer(avail_bytes),
                       ctypes. pointer(total_bytes), ctypes. pointer(free_bytes))
# 显示结果
print("磁盘空间信息")
print("总字节数", total_bytes. value,
    " Bytes = %. 4f"%(total_bytes. value/1024/1024/1024), 'GB')
print("空闲字节数", free_bytes. value,
    " Bytes =   %. 4f"%(free_bytes. value/1024/1024/1024), 'GB')
print("当前用户可用字节数", avail_bytes. value,
    " Bytes = %. 4f"%(avail_bytes. value/1024/1024/1024), 'GB')


# 内存大小
def get_memory_status():                                   # 定义函数
```

```
kernel32 = ctypes. windll. kernel32                    # 库别名
c_ulong = ctypes. c_ulong                              # 类型别名
c_ulonglong＝ctypes. c_ulonglong
class MEMORYSTATUSEX(ctypes. Structure)：              # 定义表示结构的类
    _fields_ = [                                       # 定义_fields_属性
        ("dwLength", c_ulong),                         # 结构体的属性名、类型元组
        ("dwMemoryLoad", c_ulong),
        ("dwTotalPhys", c_ulonglong),                  # 内存大小
        ("ullAvailPhys", c_ulonglong),                 # 可用的大小

        ("ullTotalPageFile", c_ulonglong),
        ("ullAvailPageFile", c_ulonglong),

        ("ullTotalVirtual", c_ulonglong),
        ("ullAvailVirtual", c_ulonglong),

        ("ullAvailExtendedVirtual", c_ulonglong),
    ]
memoryStatus = MEMORYSTATUSEX()                        # 实例化结构体类
memoryStatus. dwLength = ctypes. sizeof(MEMORYSTATUSEX)  # 结构体的大小
kernel32. GlobalMemoryStatusEx(ctypes. byref(memoryStatus))  # 调用 API 获取内存信息
return(memoryStatus. dwTotalPhys, memoryStatus. ullAvailPhys)  # 返回内存总数和可用大小

total, avail = get_memory_status()                     # 调用函数获取内存总数和可用大小
print ("内存总数 %. 4f"%(total/1024/1024),'MB    可用内存 %. 4f%(avail/1024/1024),"MB")
```

运行结果:

```
计算机名称  LENOVO-PC
磁盘空间信息
总字节数 512107737088   Bytes = 476. 9375 GB
空闲字节数 137029992448   Bytes =  127. 6191 GB
当前用户可用字节数 137029992448   Bytes = 127. 6191 GB
内存总数 4016. 9609 MB    可用内存 1195. 5938 MB
```

结果分析: 将运行结果和通过磁盘属性与资源监视器看到的结果对比,发现是一致的(见图 3-5、图 3-6)。注意,可用内存随时都在变化,所以运行程序获得的可用大小和通过资源监视器看到的可用大小并不相等。

已用空间:	375,077,744,640 字节	349 GB
可用空间:	137,029,992,448 字节	127 GB
容量:	512,107,737,088 字节	476 GB

图 3-5   通过磁盘属性观察到的磁盘空间信息

图 3-6   通过资源监视器看到的内存情况

使用 Windows API 可以直接使用操作系统的底层功能，但需要的基础知识也更多一些，如 C 语言基础、操作系统 API、ctypes 类型转换等。实现具体的应用时，使用第三方库更加快捷。

3.3.5 图形界面

内置模块 tkinter 是 Python 的标准 GUI，支持跨平台的图形用户界面应用程序开发。使用 tkinter 开发图形界面应用程序，需要导入 tkinter 模块。

1. 主窗口

基于 tkinter 的图形用户界面有一个主窗口，在主窗口中可以放置标签、按钮、文本框、框架、菜单等组件。

通过创建 Tk 类的实例创建主窗口，其方法 title( ) 设置窗口的标题，geometry( ) 方法设置窗口的大小和位置，mainloop( ) 方法进入消息循环，接受用户的操作。

【例 3-15】编写窗口程序，窗口大小为 300×200 像素，在屏幕（100,10）位置处显示该窗口，窗口标题为 "tkinter Python GUI 应用程序"。

源程序：

```
import tkinter as tk                            # 导入 tkinter 库，别名为 tk
root=tk. Tk( )                                  # 创建主窗口
root. title("tkinter Python GUI 应用程序")      # 设置窗口标题
root. geometry("400x300+100+10")               # 设置窗口宽度、高度和位置
root. mainloop( )                              # 进入消息循环，等待用户的操作
```

运行结果（见图 3-7）：

程序说明：

Tk 的构造函数无参数，创建主窗口；title( ) 直接按字符串参数设置窗口标题；geometry( ) 的参数是一个字符串，其格式为<宽度>x<高度>±<x 坐标>±<y 坐标>，其中的<x 坐标>、<y 坐标>，如果前面为正号，就是距屏幕左边边界、上边边界的距离，如果是负号，就是距屏幕右边边界、下边边界的距离；mainloop( ) 无参数。

图 3-7 例 3-15 运行结果

2. 布局

布局就是窗口中组件的布局方式。常用的布局方式是 pack 方式和 grid 方式，它们也叫几何管理器（见表 3-4）。

表 3-4 几何管理器

名　称	描　述
pack	堆叠方式，比较简单，但不够精确，一般用于简单的 GUI 编程
grid	表格方式，一般用于网格较多的 GUI 编程
place	坐标方式，可以精确地放置控件，但需要控件在对话框或其他容器中的坐标

（1）pack 方式

pack 方式将组件依次堆叠到窗口中。常用的方式是从上到下依次堆叠。

【例 3-16】创建窗口，在窗口中显示 4 个按钮，按钮文本依次为青龙、白虎、朱雀、玄武。

分析: 按钮使用 tkinter 模块的 Button 类创建,常用两个参数,第 1 个参数为父窗口,text 参数指定按钮上的文本。使用组件的方法 pack( )进行布局,暂时不需要参数。

源程序:

```
import tkinter as tk
root = tk. Tk( )
root. title( "tkinter Python GUI 应用程序" )
root. geometry( "200x150+100+10" )

bt1 = tk. Button( root, text = '青龙' )      # 在 root 窗口中创建按钮, 按钮上的文本是'青龙'二字
bt1. pack( )                                # 将按钮布局到窗口中
bt2 = tk. Button( root, text = '白虎' )
bt2. pack( )
bt3 = tk. Button( root, text = '朱雀' )
bt3. pack( )
bt4 = tk. Button( root, text = '玄武' )
bt4. pack( )

root. mainloop( )
```

运行结果(见图 3-8):

图 3-8   例 3-16 运行结果

每个组件均有 pack( )方法,其格式为 pack(option = value,…),其选项及其说明如表 3-5 所示,选项的效果请读者自己尝试。

表 3-5   pack( )方法的选项及其说明

选 项	含 义	说 明
side	在父窗口(或父组件)中的位置	'top'(默认值)、'bottom'、'left'、'right'
anchor	对齐方式	'e'、'w'、's'、'n'、'nw'、'sw'、'ne'、'se'、'center'(默认值),对应东、西、南、北、西北、西南、东北、东南、居中
fill	在横向或纵向填充空间	'x'、'y'、'both'、'none','x'表示放大组件横向占满空间,一般 side = 'top'或 side = 'bottom'时有效,而'y'表示纵向放大组件占满空间,side = 'left'或 side = 'right'时有效
expand	是否扩展空间	取值 0 或 1。1 表示在堆叠方向上扩展当前组件的空间,占满父组件。组件本身不扩展,影响间距
ipadx, ipady	内部文字和边框的距离,内部边距	单位可为 c(cm)、m(mm)、i(inch)、p(point,默认)
padx, pady	外部空间和边框的距离,外部边距	单位可为 c(cm)、m(mm)、i(inch)、p(point,默认)

（2）grid 布局

grid 采用表格结构，可以将组件放在表格的单元格中。组件的 grid( )方法的选项如表 3-6 所示。

表 3-6　组件的 grid( )方法的选项

选　　项	说　　明
row	组件所在行号，从 0 开始的正整数
column	组件所在列号，从 0 开始的正整数
rowspan	组件跨多少行，默认 1 个组件占用 1 行
columnspan	组件跨多少列，默认 1 个组件占用 1 列
ipadx,ipady	组件内边距
padx,pady	组件外边距
sticky	组件在单元格中的对齐方式，取值'e'、'w'、's'、'n'、'nw'、'sw'、'ne'、'se'、'center'（默认值）

【例 3-17】编写 GUI 程序，在窗口中显示如图 3-9 所示的按钮。

问题分析：窗口中的按钮分布在 3×3 的表格中，行号和列号均是 0、1、2。第 2 行"金丝猴"占两列，第 3 行"大熊猫"占两列，为了使按钮本身占满两列，可以设置按钮的 width 属性值为 10。

图 3-9　窗口中的按钮

源程序：

```
import tkinter as tk
root = tk. Tk( )
root. title("tkinter Python GUI 应用程序")
root. geometry("200x100+100+10")

bt11 = tk. Button(root,text='白鹳')              # 创建按钮
bt11. grid(row=0,column=0)                      # 网格布局，(0,0) 即单元格的坐标
bt12 = tk. Button(root,text='白鹤')
bt12. grid(row=0,column=1)
bt13 = tk. Button(root,text='苍鹰')
bt13. grid(row=0,column=2)

bt21 = tk. Button(root,text='金丝猴',width=10)
bt21. grid(row=1,column=0,columnspan=2)         # columnspan=2 说明该按钮占两列
bt22 = tk. Button(root,text='朱鹮')
bt22. grid(row=1,column=2)

bt31 = tk. Button(root,text='羚牛')
bt31. grid(row=2,column=0)
bt32 = tk. Button(root,text='大熊猫',width=10)
bt32. grid(row=2,column=1,columnspan=2)         # 该按钮占两列

root. mainloop( )
```

（3）place 布局

place 布局直接设置组件的位置。其常用选项如下。

- x：设置该控件的水平偏移位置，单位为像素。
- y：设置该控件的垂直偏移位置，单位为像素。
- relx：指定该控件相对于父控件的水平位置，取值范围是 0~1，如果同时指定了 x 选项，则与 x 一同起作用，如 x = 100，relx = 0.2，父窗口宽度为 800，则显示位置的 x 坐标为 100+800×0.2 = 260。
- rely：指定该控件相对于父控件的垂直位置，取值范围是 0~1，如果同时指定了 y 选项，则与 y 一同起作用。
- width：设置该控件的宽度，单位为像素。
- height：设置该控件的高度，单位为像素。
- relwidth：指定该控件相对于父控件的宽度，取值范围是 0~1。
- relheight：指定该控件相对于父控件的高度，取值范围是 0~1。

3. 事件处理

用户进行单击鼠标、按下按键、改变窗体等操作时产生**事件**（event），程序接收到事件，按设定的**事件处理程序**处理事件。例如，屏幕有按钮"大汶口文化"，单击该按钮调用函数 dawenkou()，在屏幕显示大汶口的介绍。单击行为是事件，单击后执行的函数 dawenkou() 是事件处理程序。

（1）事件表示

tkinter 的事件主要有鼠标事件、键盘事件和窗体事件，用带尖括号的字符串表示。例如：

- <Control-Alt-KeyPress-w> 表示同时按下〈Ctrl〉、〈Alt〉、〈w〉键，字母按键分大小写。
- <KeyPress-s>表示按下〈s〉键。
- <Button-1>表示按下鼠标左键。
- <Double-Button-1>表示双击鼠标左键。

鼠标事件如下。

- <ButtonPress-n>或 <Button-n>：按下鼠标按键，其中 n = 1，2，3 分别表示左、中、右键。
- <ButtonRelease-n>：释放鼠标按键。
- <Double-Button-n>：双击鼠标按键。
- <Triple-Button-n>：三击鼠标按键。
- <Motion>：移动鼠标。
- <Bn-Motion>：按住鼠标按键并移动鼠标，如<B1-Motion>表示按住鼠标左键并移动鼠标。
- <Enter>：光标进入。
- <Leave>：光标离开。
- <MouseWheel>：鼠标滚轮滚动。

键盘事件如下。

- <Any-KeyPress>或<KeyPress>或 <Key>：按下任意键。
- <KeyRelease>：松开任意键。
- <KeyPress-key>或<Key-key>或<key>：按下特定键，其中 key 为某按键，如 w、W 等。
- <KeyRelease-key>：松开特定键。
- <Control-Shift-Alt-KeyPress-key>：同时按下〈Ctrl〉、〈Shift〉、〈Alt〉和某特定键，其中 Control-、Shift-、Alt-可选 1~3 项，如<Control-KeyPress-s>表示〈Ctrl〉和〈s〉键

同时按下。

窗口事件主要如下。

- <Configure>：改变窗口的位置和大小。
- <Visibility>：组件变为可视状态。
- <FocusIn>：组件获得焦点。
- <FocusOut>：组件失去焦点。
- <Destroy>：组件被销毁。
- <Activate>：组件由不可用变为可用，与组件选项的 state 有关。
- <Deactiavte>：组件由可用变为不可用。

（2）事件绑定和事件处理

事件绑定是指将事件和某个对象关联起来，如"获得焦点"事件，是哪个按钮或文本框获得焦点。事件处理是事件发生后要做什么，通常是执行一个函数，称为**事件处理函数**。

一种绑定方法是在创建组件时通过其 command 参数指定事件处理函数，例如：

```
bt1 = tk. Button( text = "大汶口文化" , command = dawenkou)        # command 参数绑定
bt1. pack( )
```

当单击按钮"大汶口文化"时，执行 dawenkou( )函数。

另一种常用的绑定方法是通过对象实例的 bind( )方法绑定事件和事件处理函数。一般格式是：

```
对象名 . bind( "<event>" , eventfunction)
```

其中<event>是要绑定的事件，eventfunction 是事件处理函数名。例如，单击按钮事件的绑定和处理也可以写为：

```
bt1 = tk. Button( text = "大汶口文化" )
bt1. pack( )
bt1. bind( "<Button-1>" , dawenkou)            # bind 绑定
```

（3）事件处理函数

事件处理函数可以是通用函数，也可以是对象的方法，它们都需要带一个参数 event，事件触发时将 Event 对象实例传递给函数，以便事件处理函数知道事件的细节。Event 实例的常用属性如下。

- widget：产生该事件的组件。
- x，y：当前鼠标相对于窗口左上角的位置（单位为像素）。
- x_root，y_root：当前鼠标相对于屏幕左上角的位置（单位为像素）。
- char：按键对应的字符（键盘事件）。
- keysym：按键名（键盘事件）。
- keycode：按键码（键盘事件）。
- num：按键数字（鼠标事件）。
- width，height：组件的新尺寸（Configure 事件）。
- type：事件类型。

【例 3-18】编写窗口程序，窗口大小为 300×200 像素，其中有两个按钮，分别是"大汶口文化"和"龙山文化"。单击按钮显示相应的简介，分别用组件的 command 参数和 bind 方法绑定。运行结果如图 3-10 所示。

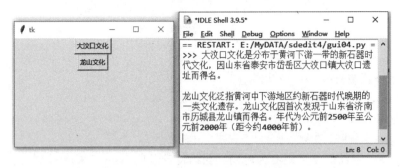

图3-10　窗口程序

源程序：

```
import tkinter as tk
def dawenkouCulture( ):                              # 组件参数绑定，不带参数
    txt='大汶口文化是分布于黄河下游一带的新石器时代文化,'
    txt+='因山东省泰安市岱岳区大汶口镇大汶口遗址而得名。'
    print(txt);print()
def longshanCulture(event):                          # 组件bind方法绑定，带event参数
    txt='龙山文化泛指黄河中下游地区约新石器时代晚期的一类文化遗存。'
    txt+='龙山文化因首次发现于山东省济南市历城县龙山镇而得名。'
    txt+='年代为公元前2500年至公元前2000年(距今约4000年前)。'
    print(txt);print()

root=tk. Tk( )
root. geometry("300x200+100+10")
bt1=tk. Button(text="大汶口文化",
               command=dawenkouCulture)          # 参数command绑定
bt1. pack( )
bt2=tk. Button(text="龙山文化")
bt2. pack( )
bt2. bind("<Button-1>", longshanCulture)           # bind绑定
root. mainloop( )
```

4. 常用组件（widget）

组件是放置在窗口或对话框中的与用户交互的部件，如标签、文本框、按钮、单选按钮、复选按钮等。每个组件由相应的类创建，创建后需要布局到窗口中。一般格式为：

```
w =tk. 类名( parent, option, … )         # 创建组件
w. pack( )                               # 布局
```

其中w是生成的组件对象名，这是自定义的标识符；parent是父窗口，option是可选参数项；option的格式是：参数名=参数值。多个参数用逗号隔开。大多数组件的共有参数如下。

- bg：设置组件背景颜色，可以使用#rrggbb格式，如bg="#00FF00"，或者使用已定义的颜色名，如bg='green'。可用的颜色名如white、black、red、green、blue、cyan、yellow、magenta等。
- bd：设置组件的大小，默认为2像素。
- cursor：设置鼠标移动到组件时光标的形状，可以设置为arrow、circle、cross、plus等，如cursor='cross'。
- font：设置字体，如font=('黑体',36,'bold')。
- fg：设置前景色。
- height：设置组件的高度，默认值是0。

- image：设置组件图像。例如，先创建图像对象 pht = tk. PhotoImage(file = " yangshao01. gif")，该参数写为 image = pht。
- justify：设置多行文本的对齐方式，如 justify = tk. LEFT，可选值有 LEFT、RIGHT、CEN-TER，默认为 CENTER。
- padx：设置组件横向内边距，以像素计，默认为 1。
- pady：设置组件纵向内边距，以像素计，默认为 1。
- relief：设置边框样式，可选值有 FLAT、SUNKEN、RAISED、GROOVE、RIDGE。默认值为 FLAT。例如，relief = tk. RAISED。
- state：设置组件是否可用，可选值有 NORMAL（默认值）、DISABLED。可用时响应鼠标事件。
- text：设置文本，可以包含换行符（\n）。如 text = "改造我们的学习(毛泽东)"。
- textvariable：设置组件显示 tkinter 变量 StringVar。如果变量被修改，组件文本将自动更新。如先定义 StringVar 变量，L1var = tk. StringVar( )，再赋值，L1var. set("论共产党员的修养(刘少奇)")，该参数写为 textvariable = L1var。
- underline：设置下画线，默认值为 -1 表示无下画线，如果设置 0、1、2…，则表示从第 1、第 2、第 3……个字符开始带下画线。
- width：设置组件宽度，默认值是 0，自动计算，单位以像素计。
- wraplength：设置组件文本一行显示多少个字符，默认为 0（遇到换行符换行）。

参数可以在类构造函数中给出，也可以使用 config( )方法或字典形式给出，例如：

```
w. config( text = "改造我们的学习" )        # 使用 config 方法给出参数 text
w[ 'text' ] = "改造我们的学习"              # 使用字典形式给出 text 参数
```

表 3-7 是 tkinter 常用组件。

表 3-7　tkinter 常用组件

分　类	组　　件	组 件 名 称	描　　述
顶层组件	Tk	根窗口组件	提供一个对话框作为主窗口
	Toplevel	顶级窗口组件	提供一个单独的对话框作为子窗口（弹出新窗口）
基本组件	Frame	框架组件	显示一个区域，作为其他基本组件的容器
	Label	标签组件	显示文本和位图
	Entry	单行文本框组件	可以输入并显示文本
	Text	多行文本框组件	显示多行文本
	Canvas	画布组件	显示图片、图形（如线条）或文本
	Button	按钮组件	显示一个带有功能的按钮
	Radiobutton	单选按钮组件	显示一个带有功能的单选按钮
	Checkbutton	复选按钮组件	显示一个带有功能的复选按钮
	Scale	范围组件	显示一个数值刻度，为输出限定范围的数字区间
	Listbox	列表框组件	显示一个字符串列表
	Scrollbar	滚动条组件	当内容超过可视化区域时使用，如列表框
	OptionMenu	菜单组件	显示一个位于窗口顶部的菜单栏
	Spinbox	微调框组件	与 Entry 输入控件类似，但是可以指定输入范围值
	LabelFrame	标签框架组件	简单的容器控件，常用于复杂的窗口布局
	PanedWindow	窗格组件	可以包含一个或者多个子控件

（1）标签（Label）

标签用于显示文本信息，可以显示文本，也可以显示图像。创建标签使用的类是 Label。例如：

```
L1 = tk. Label(root, text = "改造我们的学习(毛泽东)", width = 30)
L1. pack()            # 布局标签
```

在 root 中创建宽度为 30 的标签，内容为"改造我们的学习（毛泽东）"。

（2）按钮（Button）

按钮用于执行用户的单击操作。当焦点位于按钮上时，使用鼠标或空格键产生 command 事件，执行 command 参数指定的函数或方法。按钮类是 Button。例如：

```
BT1 = tk. Button(root, text = "计算", command = calc)
BT1. pack()      # 布局按钮
```

该按钮定义为 root 中的一个按钮，显示文本为"计算"，单击时调用 calc() 函数。这样的函数没有参数。

（3）单行文本框（Entry）

单行文本框用于显示和编辑单行文本。创建文本框使用 Entry 类。例如：

```
txt = tk. StringVar()                        # 创建字符串对象
EN1 = tk. Entry(root, textvariable = txt, width = 50)   # 创建文本框, 文本是 txt
EN1. pack()                                  # 布局
txt. set("请填写姓名:")                        # 设置文本框中文本的初始值
```

使用文本框对象的 get() 方法可以以字符串形式获得文本框的内容。

（4）多行文本框（Text）

多行文本框用于显示和编辑多行文本，类名为 Text。例如：

```
mtxt = tk. Text(root, width = 30, height = 5)   # 创建宽度为 30、高度为 5 的多行文本框
mtxt. pack()                                  # 布局
```

使用 insert(start, text) 方法可以在 start 位置插入文本 text。使用 get(start, end = None) 方法可以获得[start, end) 的文本，其中 start、end 的格式是"行. 列"的形式，例如：

```
mtxt. insert(1.0, "陕西考古博物馆")         # 插入文本"陕西考古博物馆"
a = mtxt. get(1.2, 1.4)                      # 得到"考古"两字
```

（5）单选按钮（Radiobutton）

单选按钮用于选择一组选项中的一个，类名为 Radiobutton。参数 text 指定显示文本，value 指定选择该项时获得的值，variable 指定选项对应的 StringVar 对象。同一组单选按钮的 variable 值相同。通过 StringVar 对象的 get 方法可以获得用户的选择。

```
import tkinter as tk
root = tk. Tk();root. geometry("400x300+100+10")
city = tk. StringVar()
city. set('0')
rd1 = tk. Radiobutton(root, text = '北京', value = '0', variable = city)
rd2 = tk. Radiobutton(root, text = '南京', value = '1', variable = city)
rd3 = tk. Radiobutton(root, text = '西安', value = '2', variable = city)
rd1. pack()
rd2. pack()
rd3. pack()
```

```
print( city. get( ) )
root. mainloop( )
```

效果如图 3-11 所示。

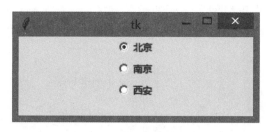

图 3-11　单选按钮效果

（6）复选按钮（Checkbutton）

用于从多项中选择多项。复选按钮的类名是 Checkbutton，对每个选项，需要设置一个 StringVar 对象。

【例 3-19】编写程序，在窗口中创建 4 个复选框：古筝、围棋、书法、绘画，用于表示爱好的选项，单击"确定"按钮，显示用户所做的选择。

分析： 除创建 4 个复选框外，再创建一个按钮，绑定单击事件，在事件处理程序中显示用户复选的结果。复选框对应的 StringVar 对象的 get( ) 方法可以获得用户的选择结果，0 表示未选择，1 表示选择。

源程序：

```
import tkinter as tk
root = tk. Tk( ) ; root. geometry( "300x50+100+10" )
hobby_qin = tk. StringVar( )
hobby_qi = tk. StringVar( )
hobby_shu = tk. StringVar( )
hobby_hua = tk. StringVar( )
hobby_qin. set( 0 ) ; hobby_qi. set( 0 ) ; hobby_shu. set( 0 ) ; hobby_hua. set( 0 )
ck1 = tk. Checkbutton( root, text = '古筝', variable = hobby_qin )
ck2 = tk. Checkbutton( root, text = '围棋', variable = hobby_qi )
ck3 = tk. Checkbutton( root, text = '书法', variable = hobby_shu )
ck4 = tk. Checkbutton( root, text = '绘画', variable = hobby_hua )
ck1. pack( side = tk. LEFT ) ; ck2. pack( side = tk. LEFT ) ;
ck3. pack( side = tk. LEFT ) ; ck4. pack( side = tk. LEFT )
print( hobby_qin. get( ), hobby_qi. get( ), hobby_shu. get( ), hobby_hua. get( ) )
root. mainloop( )
```

运行结果： 运行程序，结果如图 3-12 所示，选择后单击"确定"按钮，交互窗口显示结果如下。

```
1 0 1 0
```

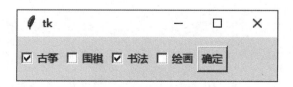

图 3-12　复选按钮效果

(7) 框架 (Frame)

框架是其他组件的容器。应用程序的根窗口也是框架。框架有自己的布局,框架内组件的布局和框架外或其他框架中的组件是独立的。框架类是 Frame。当窗口的布局比较复杂时,可以使用框架,不同的框架中可以使用不同的布局方式。例如,root 中的若干框架用 pack 布局方式从上到下布局,不同框架中可用 pack 布局方式从上到下或从左到右布局,也可以用 grid 布局方式布局。例如:

```
frm1 = tk. Frame( root)                    # 在 root 中创建 Frame
frm1. pack( )                              # 布局 Frame
btn1 = tk. Button( frm1 ,text = "山海经")   # 在 Frame 中创建按钮
btn1. pack( )                              # 布局按钮
```

5. 菜单 (Menu)

菜单是为用户提供执行命令的简洁方式。总是显示在应用程序窗口上部的部分称为主菜单,用户单击菜单按钮后展开的选项列表称为下拉菜单 (pulldownmenu)。

mainmenu = tk. Menu(root)在 root 窗口中创建主菜单。

通过菜单对象的 add_command( )方法添加可执行的菜单项,其中使用参数 command 指定单击该菜单项时执行的函数。

通过菜单对象的 add_cascade( )方法添加下拉菜单项,其中使用 menu 参数指定单击该菜单项时列出的下拉菜单。

通过 add_separator( )方法在上一个菜单项下增加一条分隔线。

【例 3-20】 图 3-13 是一个典型的菜单系统,各主菜单的菜单项如下。

"文件"菜单包含"新建""打开""保存""另存为""打印""退出"菜单项。

"编辑"菜单包含"复制""粘贴""查找""替换"菜单项。

"查看"菜单包含"放大""缩小""浮动窗口""状态条"菜单项。

"清除"菜单实现清除屏幕的文字。

"帮助"菜单包含"帮助""关于"菜单项。

请使用 tkinter 的菜单功能建立这样的菜单系统,单

图 3-13　tkinter 菜单

击菜单项时,均在窗口中间显示"自信人生二百年　会当水击三千里"。单击"文件"|"退出"菜单项时关闭窗口,退出程序。

分析: 菜单按照前述建立菜单的方法建立。销毁窗口并退出应用通过根窗口的 destory( )方法实现。显示文字通过定义一个 tk. StringVar 对象实现,定义函数 show( ),设置变量的值为"自信人生二百年\n 会当水击三千里",clear( )函数设置对象的值为""(空字符串)。

源程序:

```
import tkinter as tk
def show( ):
    vstring. set("自信人生二百年\n 会当水击三千里")     # 显示文字
def clear( ):
    vstring. set("")                                  # 清除文字
```

```
# 主程序
root = tk. Tk( )
root. title("菜单应用模板")
root. geometry("300x150+100+10")
vstring = tk. StringVar( )                                   # 在窗口中显示文字的 StringVar 对象
# 创建菜单
mainmenu = tk. Menu( root)                                   # 在 root 中创建主菜单
filemenu = tk. Menu( mainmenu, tearoff = False)              # 在主菜单中创建下拉菜单
editmenu = tk. Menu( mainmenu, tearoff = False)              # tearoff = False 使得下拉菜单不能独立分离
viewmenu = tk. Menu( mainmenu, tearoff = False)
helpmenu = tk. Menu( mainmenu, tearoff = False)              # 创建了 4 个下拉菜单
# 为"文件"下拉菜单添加菜单项
filemenu. add_command( label = '新建', command = show)        # 单击该菜单项时调用 show 函数
filemenu. add_command( label = '打开', command = show)
filemenu. add_separator( )                                    # 下拉菜单项间的分隔线
filemenu. add_command( label = '保存', command = show)
filemenu. add_command( label = '另存为', command = show)
filemenu. add_separator( )
filemenu. add_command( label = '打印', command = show)
filemenu. add_separator( )
filemenu. add_command( label = '退出', command = root. destroy)  # 销毁窗口，退出应用
# 为"编辑"下拉菜单添加菜单项
editmenu. add_command( label = '复制', command = show)
editmenu. add_command( label = '粘贴', command = show)
editmenu. add_separator( )
editmenu. add_command( label = '查找', command = show)
editmenu. add_command( label = '替换', command = show)
# 为"查看"下拉菜单添加菜单项
viewmenu. add_command( label = '放大', command = show)
viewmenu. add_command( label = '缩小', command = show)
viewmenu. add_separator( )
viewmenu. add_command( label = '浮动窗口', command = show)
viewmenu. add_command( label = '状态条', command = show)
# 为"帮助"下拉菜单添加菜单项
helpmenu. add_command( label = '帮助', command = show)
helpmenu. add_separator( )
helpmenu. add_command( label = '关于', command = show)
# 将菜单添加到主菜单中
mainmenu. add_cascade( label = '文件', menu = filemenu)
mainmenu. add_cascade( label = '编辑', menu = editmenu)
mainmenu. add_cascade( label = '查看', menu = viewmenu)
mainmenu. add_command( label = '清除', command = clear)        # 直接执行 clear 命令（实际是调用函数 clear( )）
mainmenu. add_cascade( label = '帮助', menu = helpmenu)
LBL1 = tk. Label( root, text = " ", height = 1)               # 在主窗口中创建标签，占位置，不显示内容
LBL1. pack( )                                                 # 布局该标签
LBL2 = tk. Label( root, textvariable = vstring, width = 50, font = ("楷体", 16, 'bold'))   # 显示信息的标签
LBL2. pack( )
root[ 'menu'] = mainmenu                                      # 把主菜单布局到 root 窗口中
root. mainloop( )                                             # 消息循环
```

运行结果：如图 3-14 所示。

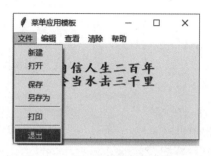

图 3-14　tkinter 菜单的下拉效果

其中，"文件"｜"退出"菜单项的功能是退出应用，"清除"菜单的功能是清除文字，其他菜单项的功能均是在窗口显示文字"自信人生二百年　会当水击三千里"。

读者可以此为模板，建立自己的应用程序的菜单系统。

3.4　实例：图片浏览器

本节介绍一个使用 Python 语言编写的与操作系统的功能相关的综合实例——图片浏览器。本实例将用到的内容包括图形界面编程、图片显示、目录操作等，使用的 Python 第三方库有图形界面编程库 tkinter、操作系统功能应用库 os、图像处理库 PIL、子进程模块 subprocess、文件路径获取模块 glob 等。

3.4.1　功能描述

本例中图片浏览器的运行效果如图 3-15 所示，其功能如下。

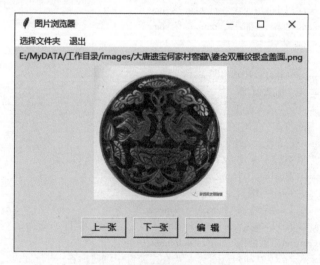

图 3-15　图片浏览器的运行效果

1）它可以打开 jpg、gif、png 和 bmp 这 4 种类型的图片文件。

2）可以通过"上一张""下一张"按钮浏览当前文件夹下的所有图片文件。

3）在主窗口上部显示当前图片文件的完整路径。

4）单击"编辑"按钮，使用 Windows 的"画图"软件编辑当前图片。

5）通过"选择文件夹"菜单选择图片文件，首先显示的是选中的图片文件，然后可以通过"上一张""下一张"按钮浏览同一文件夹下的其他图片文件。

6）单击"退出"菜单，退出系统。

7）第一次打开该图片浏览器时默认打开当前文件夹下的图片，以后打开时默认打开上次退出图片浏览器时的文件夹。图片文件不能打开时在主窗口显示"当前文件无法读取"，图片以适合当前窗口的大小显示，也可以随窗口缩放。

3.4.2　问题分析和系统设计

本小节主要结合题目的需求，介绍软件的设计思路。

1. 菜单设计

菜单设计只需参照例 3-20 进行精简即可，不需要下拉菜单。关键是其相应命令函数的实现，这将在后面介绍。

2. 界面设计

下面看主窗口中组件的设计。

要在窗口顶部显示文件的路径，可以使用一个 Label 组件。为了使其显示内容随浏览内容变化，创建一个变量 lbl_path_text = tk. StringVar( )，其初始值将初始的图片文件或初始文件夹设置为空，设置 Label 组件的 textvariable 选项为 lbl_path_text。

下面是图片显示区域，也可以将图片显示到一个 Label 组件中，只要设置其 image 选项的值为图像对象即可。设 Label 组件的名称为 img_box，图像对象为 img_data，则该选项设置可写为：img_box['image'] = img_data 或 img_box. configure(image = img_data)。

最下面一行是三个按钮，"上一张""下一张"和"编辑"，设置它们的单击事件处理函数分别为 last_img、next_img 和 edit_img。

主窗口显示区分为三个部分，信息显示区、图片显示区和按钮区。信息显示区和图片显示区可以使用 pack 布局。由于图片显示区中可能显示图片或提示文字，为使按钮区的位置相对稳定，可以使用 place 布局。按钮区中有三个横向排列的按钮，可以将它们放到一个 frame 中。

另外，为了使初始时图片有一个较好的显示效果，设置初始窗口的宽度为 1024，高度为 800，图片显示区域的大小为 1024×700，窗口显示在屏幕的中央。窗口对象的 winfo_screenwidth( )和 winfo_screenheight( )方法可以获得屏幕的宽度和高度。显示位置计算如下：

```
screenWidth = root. winfo_screenwidth( )          # 屏幕宽度
screenHeight = root. winfo_screenheight( ) - 80    # 屏幕高度
x = (screenWidth-rootWidth)/2                      # 计算显示位置的 x 坐标, rootWidth 是窗口宽度
y = (screenHeight-rootHeight)/2                    # 计算显示位置的 y 坐标, rootHeight 是窗口高度
```

3. 功能设计

（1）获取当前文件夹下的图片文件列表

本例的主要功能是浏览当前文件夹下的图片文件，函数 os. path. join(str1, str2, str3, …)会将多个字符串连接成一个路径，如果 str1 = "e:\\mydata", str2 = "python", str3 = '*. jpg'，连接后的返回值为"e:\\mydata\\python*. jpg"。

而 glob. glob(mode)函数可以按照 mode 指定的模式返回所有符合条件的文件列表。如果 mode = "e:\\mydata\\python*. jpg"，该函数会返回"e:\\mydata\\python"文件夹下的所有

以".jpg"为扩展名的文件,其中"*"表示该位置可以是任意个任意字符。使用相同的方法,可以获得该文件夹下的gif、png和bmp文件列表,将它们连接起来即可。

（2）让用户选择文件夹

初始时可以使用os.getcwd()获取当前的文件夹,程序运行中,使用tkinter.filedialog.askopenfilename()打开"打开文件"对话框,让用户选择一个文件夹下的图片文件（该函数的参数有:parent指定父窗口,initialdir指定初始文件夹,title指定标题,filetypes指定选择的文件类型）返回选择文件的完整路径,如果单击"取消"按钮,返回空字符串。用法如下:

```
filepath=filedialog.askopenfilename(parent=root,initialdir=folder,title="请选择文件:",
                    filetypes=[("image"," *.jpg; *.png; *.gif; *.bmp")])
```

对于该函数返回的路径,使用os.path.split(filepath)可以将文件名和文件夹分开,文件夹用于获得该文件夹下的图片文件,文件名用于指定显示的第一幅图片。由于askopenfilename()函数获得的路径分隔符是"/",而后续使用os.path.join()获得的路径分隔符为"\",所以,程序需要将第一幅图片的路径再用os.path.join()生成一下。

另外,也可以使用filedialog.askdirectory()直接获得文件夹,默认从第1个文件显示。

（3）加载和显示图片文件

获得了图片文件列表,就可以对当前用户选择的文件进行读取和显示。

```
img=PIL.Image.open(filename)              # 打开图片文件,返回图片文件对象img
img_new=img.resize((width, height))       # 重置图片img的宽度和高度
img_data=PIL.ImageTk.PhotoImage(img_new)  # 转换为tkinter兼容的图片格式
```

img_data用于设置标签对象的image属性,显示图片。

为了使图片的显示适应窗口的大小,设图片显示区域的宽度和高度为width和height,图片的宽度和高度为img_width和img_height,则width/img_width和heigh/img_heigh的最小值就是图片的缩放比例,原始的宽度和高度乘以这个缩放比例,就是目标图像的尺寸。

```
img_src = PIL.Image.open(img_file)                                    # 打开图像
img_width, img_height = img_src.size                                  # 获得图片的宽度和高度
factor = min([width/img_width, height/img_height])                    # 计算缩放比例
img_data = img_src.resize((int(img_width*factor), int(img_height*factor)))  # 调整图片尺寸
img_data = PIL.ImageTk.PhotoImage(img_data)                           # 创建tkinter兼容的图像
img_box['image']=img_data                                             # 设置Label标签对象img_box的image属性
```

（4）上一张和下一张图片

设当前文件夹下图片文件的列表为img_files,当前显示的图片文件的序号为img_num（0~n-1）,加1就是下一张图片,减1就是上一张图片,为了做到首尾相接,使用求余运算。

```
img_num = (img_num)%n
```

知道了图片的序号,就知道了图片的文件名,就可以加载和显示图片了。

（5）编辑图片

使用subprocess.run(command)函数,其参数是一个命令,如'mspaint e:\\data\\陶鹰鼎.jpg'就可以打开Windows的"画图"软件编辑E盘data文件夹下的"陶鹰鼎.jpg"图片文件。

（6）显示尺寸随窗口缩放

为了使得缩放窗口时显示的图片也跟着缩放,需要设置窗口的大小事件,窗口变动时获得窗口的大小。

```
root. bind('<Configure>',windowResize)    # 设置窗口 root 的尺寸变化事件,处理函数为 windowResize
```

事件处理函数如下:

```
def windowResize(event):                              # 窗口大小改变事件处理
    global rootWidth,rootHeight,img_box_w,img_box_h
    rootWidth=root. winfo_width()                     # 获得窗口的宽度和高度
    rootHeight=root. winfo_height()
    img_box_w = rootWidth                             # 修改图片显示区域的宽度和高度
    img_box_h = rootHeight-100
    img_box['width']=img_box_w                        # 设置显示控件的宽度和高度
    img_box['height']=img_box_h
    frame1. place(x=img_box_w/2-120,y=rootHeight-50)  # 设置操作按钮区域的显示位置
    show_img(img_num)                                 # 显示图片
```

(7) 退出程序前保存当前文件夹

为了实现在下次打开程序时显示上次退出时文件夹中的图片,需要记录上次的文件夹,可以设置"退出"菜单的单击事件和窗口的关闭事件,在事件处理程序中,先保存当前文件夹,再退出。程序启动时,如果这个文件存在,就读取文件夹;如果不存在,就使用 os. getcwd() 获取当前文件夹。

```
mainmenu. add_command(label='退出',command=myquit)    # "退出"菜单单击事件
root. bind('<Destroy>',myquit2)                       # root 窗口关闭事件
```

这两个事件的处理程序基本相同,仅给出一个例子。

```
def myquit():
    global folder
    with open('imagepath. txt','w') as f:    # 保存当前文件夹的名称
        f. write(folder)
    root. destroy()    # 销毁窗口
```

3.4.3 源程序

本小节给出本例的源程序,具体说明请查看文件中的注释。

```
import os
import glob
import tkinter as tk
from tkinter import filedialog
from PIL import Image, ImageTk

def selectDirectory():                                # 选择文件夹
    global img_num,img_files,folder,n
    filepath=filedialog. askopenfilename(parent=root,  # "打开文件" 对话框
            initialdir=folder, title="请选择文件:",
            filetypes=[("image", " *. jpg; *. png; *. gif; *. bmp")])

    folder,filename=os. path. split(filepath)          # 分隔文件夹和文件名
    filepath=os. path. join(folder,filename)           # 重新连接
    img_files,n=get_files(folder)                     # 获取文件夹下的图片文件列表,n 是文件个数
    img_num=img_files. index(filepath)                # 确定选择的文件的序号
    show_img(img_num)                                 # 显示选择的文件

# 获得文件夹 folder 中的图片文件列表
```

```python
def get_files(folder):
    global img_files,n
    # 将文件夹中的所有图片读到列表 img_files 中
    imgtypes=['*.jpg','*.png','*.gif','*.bmp']          # 图片文件类型
    img_files=[]
    for imgtype in imgtypes:                            # 对每一种图片类型
        tmp=glob.glob(os.path.join(folder,imgtype))     # 获取某类文件列表
        img_files.extend(tmp)                           # 加入总文件列表
    n=len(img_files)                                    # 图片文件数
    return img_files,n


# 加载图片文件, img_file 为图像文件名, width 为显示宽度, height 为显示高度
def img_load(img_file, width, height):
    global img_data
    img_src=Image.open(img_file)                        # 打开图像
    img_width, img_height = img_src.size                # 获得图片的宽度和高度
    factor = min([width/img_width, height/img_height])  # 计算缩放比例
    img_data = img_src.resize((int(img_width*factor), int(img_height*factor)))  # 重新调整图片尺寸
    img_data = ImageTk.PhotoImage(img_data)             # 创建一个 tkinter 兼容的图像


# 显示图像, k 为图像文件列表的序号
def show_img(k):
    global img_files,folder,img_box
    global img_data
    if k<0:                                             # 文件夹中无图片
        lbl_path_text.set(folder)
        img_box.configure(image="")
        lbl_img_text.set("当前文件夹中没有图片")
    else:
        lbl_path_text.set(img_files[k])                 # 显示文件路径
        try:                                            # 异常处理, 处理文件打不开、无法显示的情况
            img_load(img_files[k], img_box_w, img_box_h)  # 加载图片
            img_box['image']=img_data                   # 在控件中显示图片
        except:                                         # 处理打开文件出错的情况, 如格式错误或文件大小为 0
            img_box['image']=''                         # 不显示图像
            img_box['fg']='#FF0000'                     # 设置前景色为红色
            lbl_img_text.set("当前文件无法读取")         # 显示提示文字


def last_img():                                         # 显示上一张图片
    global img_num,img_files,n
    if n!=0:
        img_num -= 1
        img_num =(img_num)%n
        show_img(img_num)                               # 显示图片


def next_img():                                         # 显示下一张图片
    global img_num,img_files,n
    if n!=0:
        img_num =(img_num+1)%n
        show_img(img_num)                               # 显示图片


def edit_img():                                         # 调用 Windows 的"画图"工具编辑图片
    import subprocess
```

```
        global img_num,img_files
        subprocess.run("mspaint "+img_files[img_num])       # 启动子进程编辑图片

def windowResize(event):                                    # 窗口大小改变事件处理
        global rootWidth,rootHeight,img_box_w,img_box_h
        rootWidth=root.winfo_width()                        # 获得窗口的宽度和高度
        rootHeight=root.winfo_height()
        img_box_w = rootWidth                               # 修改图片显示区域的宽度和高度
        img_box_h = rootHeight-100
        img_box['width']=img_box_w                          # 设置显示控件的宽度和高度
        img_box['height']=img_box_h
        frame1.place(x=img_box_w/2-120,y=rootHeight-50)     # 设置操作按钮区域的显示位置
        show_img(img_num)                                   # 显示图片

# 退出程序
def myquit():
        global folder
        with open('imagepath.txt','w') as f:                # 保存当前文件夹的名称
            f.write(folder)
        root.destroy()                                      # 销毁窗口

def myquit2(event):
        global folder
        if type(event.widget)==tk.Tk:
            with open('imagepath.txt','w') as f:            # 保存当前文件夹的名称
                f.write(folder)
            root.quit()                                     # 退出窗口
            root.destroy()
# main
# 窗口大小
rootWidth=1024
rootHeight=800
# 图片显示区域的宽度和高度
img_box_w = rootWidth
img_box_h = rootHeight-100

# 获取当前文件夹
folder=os.getcwd()
if os.path.exists('imagepath.txt'):                         # 如果文件存在,读取保存的上次浏览的文件夹
    with open('imagepath.txt','r') as f:
            folder=f.readline().strip()
# 获取当前文件夹下的文件列表
img_files,n=get_files(folder)                               # 获取当前文件夹的图片文件列表,n 为图片个数
# 设置初始时显示的图片
img_num=-1                                                  # 当前显示的图片的编号,-1 表示无图片,不显示
filepath=folder                                             # 初始显示的图片文件名
warning='该文件夹没有图片'
if n!=0:                                                    # 文件夹下有图片文件,显示其中的第 1 个
        filepath= img_files[0]
        img_num=0
        warning=""
img_data=None                                               # 初始时显示的图片的数据
```

```
# 定义主窗口
root = tk.Tk()
# 窗口显示在屏幕中央，计算显示的位置坐标
screenWidth = root.winfo_screenwidth()                          # 屏幕宽度
screenHeight = root.winfo_screenheight() - 80                   # 屏幕高度
x = (screenWidth-rootWidth)/2                                   # 计算显示位置
y = (screenHeight-rootHeight)/2
root.geometry("%d×%d+%d+%d" % (rootWidth, rootHeight, x, y))    # 设置窗口显示的位置和大小
root.title('图片浏览器')

# 创建菜单
mainmenu=tk.Menu(root)                                          # 在 root 中创建主菜单
mainmenu.add_command(label='选择文件夹',command=selectDirectory)
mainmenu.add_command(label='退出',command=myquit)               # quit root.destroy
root['menu']=mainmenu

lbl_img_text=tk.StringVar()                                     # 用于显示图片的状态，如无法打开或无图片
lbl_img_text.set(warning)
lbl_path_text=tk.StringVar()                                    # 用于显示文件的完整路径
lbl_path_text.set(filepath)
# 窗口控件及布局
lbl_path =tk.Label(root, textvariable=lbl_path_text)
lbl_path.pack()
# 显示图片的标签
img_box = tk.Label(root, textvariable=lbl_img_text,font=('楷体',20),
                   width=img_box_w, height=img_box_h)
img_box.pack()

# 创建一个框架
frame1=tk.Frame(root)
frame1.place(x=img_box_w/2-120,y=rootHeight-50)
# 操作按钮
bt_last = tk.Button(frame1, text="上一张", width=8,command=last_img)
bt_last.pack(side=tk.LEFT,padx=5)

bt_next = tk.Button(frame1, text="下一张", width=8,command=next_img)
bt_next.pack(side=tk.LEFT,padx=5)

bt_edit = tk.Button(frame1, text="编　辑", width=8,command=edit_img)
bt_edit.pack(side=tk.LEFT,padx=5)

show_img(img_num)                                               # 显示图片

root.bind('<Configure>',windowResize)                          # 窗口改变事件
root.bind('<Destroy>',myquit2)                                 # 窗口关闭事件
root.mainloop()
```

3.5　习题

一、名词解释

1. 操作系统　　　　2. 单道批处理　　　　3. 多道程序系统　　　　4. 分时操作系统

5. 进程　　　　　6. PCB　　　　　7. 线程　　　　　8. 内存空间的地址变换

9. 页式存储管理　　10. 文件与文件系统　　11. 中断　　　　12. 守护线程

二、填空题

1. 程序顺序执行的三个特征是_____、_____和_____。

2. 程序并发执行的特征是_____、_____和_____。

3. 进程的特点是_____、_____、_____、_____、_____和_____。

4. 进程的三个主要状态是_____、_____和_____。

5. 存储管理的主要任务是_____、_____、_____和_____。

6. 存储器管理的方法主要包括_____、_____、_____、_____和_____。

7. 单一连续存储管理将内存分为两个区域，它们是_____和_____。

8. 一般系统中常用的设备分配算法有_____和_____等。

9. 常用的文件系统格式有_____、_____和_____。

10. Python 与操作系统相关的接口函数的模块是_____，关于进程程序设计的模块是_____，图形用户界面编程的内置模块是_____。

11. tkinter 的窗口布局方法有_____、_____和_____。

12. Python 的 tkinter 图形用户界面编程中组件标签、文本框、按钮的类名分别是_____、_____和_____。

三、选择题

1. 实时操作系统的主要特征是（　　　）。
   A. 同时性　　　　　B. 交互能力强　　　　C. 可靠性差　　　　D. 响应时间快

2. DOS 是一种（　　　）单任务操作系统。
   A. 多用户　　　　　B. 单用户　　　　　C. 实时　　　　　D. 分时

3. 用户应用程序和 Windows 操作系统之间的接口是（　　　）。
   A. API　　　　　B. 子进程　　　　　C. 通道　　　　　D. DMA

4. UNIX 操作系统是最有代表性的多用户多任务（　　　）。
   A. 实时系统　　　　B. 批处理系统　　　C. 分时系统　　　D. 分布式系统

5. Android 操作系统的内核是（　　　）。
   A. Linux　　　　　B. Windows　　　　C. UNIX　　　　　D. DOS

6. 引进进程概念的关键在于（　　　）。
   A. 独享资源　　　　B. 共享资源　　　　C. 顺序执行　　　D. 便于调试

7. 进程与程序的主要区别包括（　　　）。
   A. 进程是静态的，而程序是动态的
   B. 进程不能并发执行而程序能并发执行
   C. 程序异步执行会相互制约，而进程不具备此特征
   D. 进程是动态的，而程序是静态的

8. 进程的就绪状态是指（　　　）。
   A. 进程因等待某种事件发生而暂时不能运行的状态
   B. 进程已分配到 CPU，正在处理器上执行的状态
   C. 进程已具备运行条件，但未分配到 CPU 的状态
   D. 以上三个均不正确

9. 外存（如磁盘）上存放的数据和程序（   ）。

    A. 可由 CPU 直接访问   B. 必须在 CPU 访问之前装入主存

    C. 是使用频率高的信息   D. 是使用频率低的信息

10. 采用虚拟存储管理可以（   ）。

    A. 扩大逻辑内存容量   B. 扩大物理内存容量

    C. 扩大逻辑外存容量   D. 扩大物理外存容量

11. 分区存储管理（   ）。

    A. 在程序装入前划分且固定不变   B. 在程序装入时划分且固定不变

    C. 一个程序占用一个分区   D. 一个程序占用多个分区

12. 为了使系统中所有的用户都能得到及时的响应，该操作系统应该是（   ）。

    A. 多道批处理系统   B. 分时系统   C. 实时系统   D. 网络系统

13. 某进程由于需要从磁盘上读入数据而处于阻塞状态。当系统完成了所需的读盘操作后，此时该进程的状态将（   ）。

    A. 从就绪变为运行   B. 从运行变为就绪

    C. 从运行变为阻塞   D. 从阻塞变为就绪

14. 文件在外存上的存储组织形式称为文件的（   ）结构。

    A. 逻辑   B. 物理   C. 目录   D. 数据

15. 文件目录的主要作用是（   ）。

    A. 按名存取   B. 提高速度   C. 节省空间   D. 提高外存利用率

16. （   ）是负责操纵和管理文件的一整套软件，它实现文件的共享和保护，方便用户按名存取。

    A. 文件系统   B. 程序

    C. 数据库管理系统   D. 输入/输出子系统

17. 在 MS-DOS 系统的目录项中文件的扩展名占（   ）个字节。

    A. 8   B. 16   C. 3   D. 任意多

18. 通过硬件和软件的功能扩充，把原来独立的设备改造成能为若干用户共享的设备，这种设备称为（   ）。

    A. 用户设备   B. 系统设备   C. 虚拟设备   D. 块设备

19. Windows API 为（   ）。

    A. C/C++函数   B. 应用程序编程接口

    C. MFC 类库   D. 用户自定义函数库

20. 如果 I/O 设备与存储设备进行数据交换不经过 CPU 来完成，这种数据交换方式是（   ）。

    A. 程序查询   B. 中断方式   C. DMA 方式   D. 无条件存取方式

四、判断题

1. 操作系统可以按用户的任意要求装配成各种应用核心。   （   ）

2. 简单地说，进程是程序的执行过程，因而进程和程序是一一对应的。   （   ）

3. 虚拟存储器是由操作系统提供的一个假想的特大存储器，并不是实际的内存，其大小比内存空间大得多。   （   ）

4. FAT 的中文含义是文件分配表，它记录的是文件的各部分存储在磁盘的哪些扇区中。

                            (   )

5. 通常，用户编写的程序中所使用的地址是逻辑地址。   (   )

6. 当条件满足时，进程可以由阻塞状态转换为就绪状态。   (   )

7. CPU 可以直接存取外存上的信息。   (   )

8. 打印机是字符设备，磁盘和终端显示器块设备。   (   )

9. 页式存储管理的逻辑页和内存块的大小相同，连续的页必须存放到连续的块中。

                            (   )

10. NTFS 和 FAT 路径中的每个文件名/目录名长度可达 255 个字节，但不能包含 Unicode 字符。   (   )

五、简答题

1. 简述操作系统的发展历史。

2. 简述网络操作系统与分布式操作系统的主要区别是什么。

3. 动态链接库和静态链接库的使用场合各是什么？有何区别？

4. PCB 主要描述哪四方面的信息？

5. 画出进程状态的转换图。

6. 总结进程和程序的区别。

7. 进程调度的算法有哪些？

8. 内存空间如何分配与释放？

9. 简述段式存储管理的思想。

10. 设备的输入/输出控制方式有哪些？

11. 总结 FAT16、FAT32 和 NTFS 文件系统的优缺点。

12. 总结用 C 语言编写动态链接库并在 Python 中调用的步骤。

13. 图形用户界面程序设计中，什么是事件和事件处理程序？

14. 作为使用者，如何充分发挥操作系统的功能，而作为程序员，又如何充分利用操作系统的功能来提高开发效率？

六、编程题

1. 参考例 3-9，编写程序，分别使用内存文件和磁盘文件，写入 50 万行数据，再把它们读出来，比较它们所用的时间。

2. 使用 Python 编写能实现四则运算的 GUI 程序。

3. 编写 Python GUI 程序，能选择文件，通过"编辑"按钮对文本文件使用 Windows 中的"记事本"程序（notepad），对图像文件使用 Windows 中的"画图"程序（mspaint）进行编辑。

4. 使用 Python 编写查看系统参数的程序，如显示磁盘使用状况、内存使用状况等。

5. 参考本章的图片浏览器实例，实现可以对图片进行缩放的图片浏览器。

第4章　数据管理及应用程序开发

信息资源已成为各个部门的重要财富，建立一个满足各级部门信息处理要求的行之有效的信息系统也成为一个企业或组织生存和发展的重要条件。因此，数据库技术得到越来越广泛的应用。本章介绍关系数据库基础知识、设计方法及 Python 应用程序开发技术，同时对大数据技术与非关系数据库做简单介绍。

4.1　数据库技术基础

4.1.1　关系模型的基本概念

现实世界中的客观事物是不能直接输入计算机中去处理的，必须抽象为某种数据模型才能在计算机中处理。

1. 现实世界的信息化过程

现实世界由实际存在的事物组成，每种事物都有无穷的特性，事物之间存在着错综复杂的联系。现实世界中的客观事物只有被数据化后，计算机才能处理。数据从现实世界进入到数据库一般要经历现实世界、信息世界和数据世界三个阶段。

1）现实世界。现实世界是事物的客观存在，由所观察的事物及其性质反映。

2）信息世界。信息世界是现实世界在人们头脑中的反映，是对现实世界的抽象。客观事物经过抽象后，在信息世界中称为实体。实体是由属性来描述的，属性的具体体现叫作属性值。反映事物及其之间联系的模型称为实体模型（概念模型）。

3）数据世界。数据世界是指信息世界中信息的数据化。它通过抽象，用记录和数据项分别描述信息世界中的实体及属性。数据项的取值叫作数据项值。实体模型数据化后即为数据模型。

2. 概念模型

在进行数据库设计时，必须首先给出概念模型。概念模型不仅是数据库设计人员对现实世界研究的产物，更为重要的是，它是数据库设计人员与用户进行交流的工具。因此，概念模型不仅要能完整地体现设计人员的思想，而且应简单清晰，并能实现用户需求。

（1）基本概念

- 实体：现实世界中存在的可以相互区分的事物或概念称为**实体**。实体可以是物理存在的事物，如人或机器；也可以是抽象的概念，如学校、课程或足球赛。
- 属性：每个实体都有一组特征，称为实体的**属性**。例如，学生实体具有学号、姓名、性别、出生日期、民族和籍贯等属性。属性的具体体现称为**属性值**。例如，（040120，李红，女，2004 年 10 月 20 日，汉，西安市）是具体的学生实体的属性值。属性有**属性名**和**属性值**之分。如"籍贯"是属性名，"西安市"是属性值。
- 域：一个属性的取值范围即是这个属性的**域**。例如，姓名的域是字符串集合，且不超过

4 个汉字，性别的域是 {男，女} 等。

- 实体集：同类型实体的集合称为**实体集**。例如，全体学生即是一个实体集。
- 实体型：实体集的名称及其所有属性名的集合，称为**实体型**。例如，学生（学号，姓名，性别，出生日期，民族，籍贯）即是一个实体型。
- 主码（Primary Key）：被设计人员选择可以唯一标识实体的属性集称为**主码**或**主键**。例如，"学号"是学生实体的主码。

（2）实体间的联系

在现实世界中，事物与事物之间存在着错综复杂的联系，这些联系反映在信息世界中即为**实体集和实体集之间的联系**。

两个实体集之间的联系可分为以下三类。

① 一对一联系（1:1）。若有实体集 A 和 B，对于某个联系 K 来说，A 中每个实体最多与 B 中一个（也可以没有）实体相联系，反之亦然，则称实体集 A 与实体集 B 具有**一对一联系**，记为 1:1，如图 4-1a 所示。

例如，在学校里，一个学校只有一个校长，而一个校长只在一所学校任职，则学校与校长之间具有一对一联系。

②一对多联系（1:m）。若有实体集 A 和 B，对于联系 K 来说，A 中的每一个实体可与 B 中多个实体联系；反之，对于 B 中的每一个实体，A 中最多有一个实体与之联系，则称实体集 A 与实体集 B 具有**一对多联系**，记为 1:m，如图 4-1b 所示。

例如，一个系/部聘有若干教师，而每个教师只在一个系/部工作，则系/部与教师之间具有一对多联系。

③ 多对多联系（m:n）。若有实体集 A 和 B，对于联系 K 来说，A 中的每一个实体与 B 中多个实体联系，反之亦然，则称实体集 A 与实体集 B 具有**多对多联系**，记为 m:n，如图 4-1c 所示。

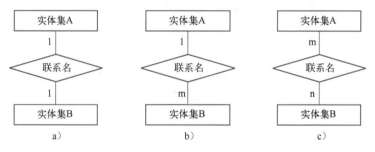

图 4-1　两个实体之间的联系

a）一对一联系　b）一对多联系　c）多对多联系

例如，一门课程同时有若干个教师讲授，而一个教师可以讲授多门课程，则课程与教师之间具有多对多联系。

实际上，一对一联系是一对多联系的特例，而一对多联系是多对多联系的特例。

两个以上的实体集之间也会存在联系，其联系类型也分一对一、一对多和多对多联系。

例如，一门课可以由若干个教师讲授，一个教师只讲授一门课程；一门课程使用若干本参考书，每一本参考书只供一门课程使用，如图 4-2a 所示。再例如，有供应商、项目和零件三个实体集，一个供应商可以为多个项目供给多种零件，每个项目可以使用多个供应商供应的零

件，每种零件可由不同供应商供给。因此，供应商、项目和零件之间是多对多联系，如图 4-2b
所示。

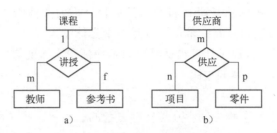

图 4-2　多个实体集之间的联系

a) 一对多联系　b) 多对多联系

在一个实体集的实体之间也可以存在一对一、一对多和多对多联系。

例如，职工和领导属于职工实体集，领导和职工之间的关系是一对多联系；课程和先修课
程都属于课程实体集，一门课程可以有多门先修课程，一门课程可以是多门课程的先修课程。
因此，它们之间是多对多联系。

（3）概念模型的表示方法

概念模型是对信息世界的模型化。概念模型能够全面、准确地描述信息世界中的实体以及
实体之间的联系。用于表示概念模型最著名且使用最广泛的是 P. P. Chen 于 1976 年提出的**实
体-联系方法**（E-R 图法，即 Entity-Relationship）。E-R 图法提供了表示实体集、属性和联系
的方法，如图 4-3 所示。在 E-R 图中：①实体集用长方形表示，长方形内写明实体集名。②
实体集属性用椭圆形表示，并用线段将其与实体集连接起来。③实体集间的联系用菱形表示，
菱形内写上联系名，并用线段分别与有关实体集连接起来。

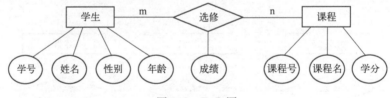

图 4-3　E-R 图

3. 数据模型

概念模型是人们对现实世界事物之间各种联系的一种抽象表示，它只描述了实体及联系，
而不能指出如何实现各种联系。数据模型是概念模型的数据化，这样就可以用计算机来处理各
种事物及其联系，解决实际问题。每一种数据模型都可以从数据结构、数据操纵、完整性约束
和存储结构几个方面来描述。关系模型是目前使用最广泛的数据模型。关系数据库系统使用关
系模型作为数据的组织方式，现在流行的数据库系统大都是基于关系模型的关系数据库系统。
数据库系统的关系模型是由美国 IBM 公司 San Jose 研究室的研究员 E. F. Codd 于 1970 年首次
提出的。

（1）数据结构

关系模型的数据结构由若干个二维表构成。用由行和列组成的二维表表示实体集及其联
系。每一行称为一个**元组**，每一列称为一个**属性**。

关系的型称为**关系模式**，关系模式是对关系的描述。关系模式的一般描述为：

关系名(属性 1,属性 2,…,属性 n)

例如,学生基本情况表的关系模式可描述为:

学生基本情况(学号,姓名,性别,出生日期,所属系)

(2)数据操纵

数据操纵主要包括查询操作和更新操作两大部分。查询操作有选择、投影、连接、并、交和差等,更新操作有插入、删除和修改。查询操作是关系操作的主要部分。关系操作的特点是集合操作方式,即操作对象和结果都是集合,而不是单记录的操作方式。此外,关系操作语言都是高度非过程的语言。用户在操作时,只要指出"干什么"或"找什么",而不必详细说明"怎么干"或"怎么找"。由于关系模型把存取路径向用户隐藏起来,使得数据的独立性大大地提高了;而关系语言的高度非过程化使得用户操作更容易,提高了系统效率。

(3)完整性约束

关系的完整性约束条件包括实体完整性规则、参照完整性规则和用户定义规则完整性 3 类。

1)实体完整性规则。关系中元组的主码不能为空且取值唯一。例如,表 4-1 所示学生信息表中的码是"学号",其值必须唯一且不能包含空数据,否则就不能唯一地标识一个学生了。因此,该表满足实体完整性规则。

表 4-1 学生信息表

学 号	姓 名	性 别	年 龄	所 在 系	是否党员
0001	张强	男	19	计算机科学	是
0005	王建设	男	21	信息管理	否
0010	赵红香	女	20	材料科学	否

2)参照完整性规则。在关系数据库中,关系与关系之间的联系是通过公共属性实现的。这个公共属性是一个关系的主码,在另一个关系中称为**外部关键字(Foreign Key)**,简称**外键**（**或外码**)。例如,系信息表如表 4-2 所示。

表 4-2 系信息表

所 在 系	系 主 任	地 点
计算机科学	吴大智	西一楼 205 室
材料科学	张国庆	教学二楼 388 室
信息管理	刘刚	教学三楼 534 室

系信息表和学生信息表之间的联系是通过"所在系"实现的,系名是系信息表的码,是学生信息表的外码。因而,在系信息表中系名的取值必须符合实体完整性规则。而学生表中,所在系的取值或者为空,或者为系信息表中某个具体的系名。系信息表称为**被参照关系**,而外码所在的表——学生信息表称为**参照关系**。

在删除和修改被参照关系时,会破坏参照完整性。例如,删除系信息表中的"信息管理"系,会导致学生信息表中"王建设"的所在系取值错误。为了避免这种情况发生,可以在数据库管理系统(DBMS)中通过适当的设置,由数据库管理系统保证参照完整性,可以采取以下措施。

- 级联删除：将参照关系中的外码值与被参照关系中要删除元组的主码值相对应的元组一起删除。
- 受限删除：当参照关系中没有任何元组的外码值与被参照关系中要删除的元组的主码值相对应时，系统才执行删除操作，否则拒绝此删除操作。
- 置空值删除：删除被参照关系的元组，并将参照关系中与被参照关系中被删除元组的主码值相等的外码值置为空值。

实体完整性和参照完整性规则由数据库管理系统自动实现。

3）用户定义完整性规则。用户定义完整性规则是针对某一具体数据的约束条件，由具体应用来确定。它反映某一具体应用所涉及的数据必须满足的语义要求。例如，学生成绩应大于等于零，教师教龄不能大于年龄等。

（4）存储结构

在关系数据库的物理组织中，关系以文件形式存储。一些小型的关系数据库管理系统直接利用操作系统的文件实现关系存储，一个关系对应一个数据文件。为了提高系统性能，许多关系数据库管理系统采用自己设计的文件结构、文件格式和数据存取机制进行关系存储，以保证数据的物理独立性和逻辑独立性，更可以有效地保证数据的安全性和完整性。

4.1.2 关系规范化理论

数据库设计的一个最基本的问题是怎样建立一个好的数据库模式，也就是给出一组数据，如何构造一个合理的数据模式，使数据库系统无论是在数据存储方面还是在数据操作方面都具有较好的性能。被誉为"关系数据库之父"的 Edgar Frank Codd（1923—2003年）提出并发展了一套关系数据库设计理论——关系的规范化理论，根据现实世界存在的数据依赖进行关系模式的规范化处理，从而得到一个好的数据库设计结果。

1. 问题的提出

比如，要描述学生关系，可以有学号（Sno）、姓名（Sname）、所在系（Dept）等属性。由于一个学号只对应一个学生，一个学生只在一个系，因而当"学号"值确定之后，姓名及其所在系的值也就被唯一地确定了。属性间的这种依赖关系类似于数学中的函数，因此说 Sno 决定 Sname 和 Dept，或者说 Sname 和 Dept 依赖于 Sno，记作

$$Sno \rightarrow Sname \quad Sno \rightarrow Dept$$

再比如，选课关系包括学生的学号（Sno）、所在系（Dept）、系主任姓名（Mname）、课程名（Cname）和成绩（Score）属性。该关系模式的属性集合为：

$$U = \{Sno, Dept, Mname, Cname, Score\}$$

由常识可知：

1）一个系有若干学生，但一个学生只属于一个系。

2）一个系只有一名系主任。

3）一个学生可以选修多门课程，每门课程有若干学生选修。

4）每个学生所学的每门课程都有一个成绩。

从上述事实可以得到属性组 U 上的一组函数依赖 F：

$$F = \{Sno \rightarrow Dept, Dept \rightarrow Mname, (Sno, Cname) \rightarrow Score\}$$

该属性组的主码是（Sno, Cname）。

由此就得到了一个描述学生选课的关系模式 S(U,F)。但这个关系模式有以下三个问题。

1）插入异常。当学生刚入学时，还没有选课，因此无法确定属性 Cname 的值，码（Sno，Cname）存在空值，根据实体完整性规则，插入无法执行。

2）删除异常。如果某个系的学生全部毕业了，在删除该系学生信息的同时，把这个系及其系主任的信息也丢掉了。

3）数据冗余太大。比如，每一个系主任的姓名重复出现，出现次数与该系所有学生的所有课程成绩出现的次数相同。这不仅浪费大量的存储空间，而且当更新数据库中的数据时，系统要付出很大的代价来维护数据库的完整性，并且存在数据不一致的隐患。

鉴于存在以上种种问题，可以说关系模式 S 不是一个好的模式。一个"好"的模式应当不会发生插入异常、删除异常，数据冗余也应尽可能少。

一个关系模式会产生上述问题，是由存在于模式中的某些数据依赖引起的。规范化理论正是用来改造关系模式的，它通过分解关系模式来消除其中不合适的数据依赖，以解决插入异常、删除异常和数据冗余的问题。

2. 函数依赖的概念和性质

规范化理论致力于解决关系模式中不合适的数据依赖问题。而函数依赖是最重要的数据依赖。

（1）函数依赖

定义：设 R(U)是一个关系模式，U 是 R 的属性集合，X 和 Y 是 U 的子集。对于 R(U)的任意一个可能的关系 r，如果 r 中不存在两个元组，它们在 X 上的属性值相同，而在 Y 上的属性值不同，则称"X 函数确定 Y"或"Y 函数依赖于 X"，记作 X→Y。

对于函数依赖，需要说明以下几点。

1）函数依赖不是指关系模式 R 的某个或某些关系实例满足的约束条件，而是指 R 的所有关系实例均要满足的约束条件。

2）函数依赖和别的数据之间的依赖关系一样，是语义范畴的概念。只能根据数据的语义来确定函数依赖。例如，"姓名→年龄"这个函数依赖只有在没有同名的人的条件下成立。如果有相同名字的人，则"年龄"就不再函数依赖于"姓名"了。

3）若 X→Y，则 X 称为这个函数依赖的**决定属性集**。

4）若 X→Y，并且 Y→X，则记为 X↔Y。

5）若 Y 不函数依赖于 X，则记为 X↛Y。

（2）平凡函数依赖与非平凡函数依赖

定义：在关系模式 R(U)中，对于 U 的子集 X 和 Y，如果 X→Y，但 Y↛X，则 X→Y 是**非平凡函数依赖**；若 Y→X，则 X→Y 是**平凡函数依赖**。

对于任一关系模式，平凡函数依赖不反映新的语义，因此若不特别声明，函数依赖指的是非平凡函数依赖。

（3）完全函数依赖与部分函数依赖

定义：在关系模式 R(U)中，如果 X→Y，并且对于 X 的任何一个真子集 X′，都有 X′↛Y，则称 Y **完全函数依赖**于 X，记作 X $\xrightarrow{F}$ Y。若 X→Y，但 Y 不完全函数依赖于 X，则称 Y **部分函数依赖**于 X，记作 X $\xrightarrow{P}$ Y。

（4）传递函数依赖

定义：在关系模式 R(U) 中，如果 X→Y，Y→Z，且 Y ↛X，则称 Z **传递函数依赖**于 X，记作 X $\xrightarrow{T}$ Z。

传递函数依赖定义中之所以要加上条件 Y ↛X，是因为如果 Y→X，则实际上是 Z 直接依赖于 X，而不是传递函数依赖了。

例如，在关系 S(Sno,Sname,Sex,Age,Dept) 中，有 Sno→Sex，Sno→Age，Sno→Dept，Sno→Sname，但 Sex ↛Age。

在关系 SC(Sno,Cno,Score) 中，有 Sno ↛Score，Cno ↛Score，(Sno, Cno) $\xrightarrow{F}$ Score。(Sno,Cno) 是决定属性集。

在关系 STD(Sno,Dept,Mname) 中，有 Sno→Dept，Dept→Mname，Sno $\xrightarrow{T}$ Mname。

（5）码的定义与概念

前面给出了关系模式的码的非形式化定义，这里使用函数依赖的概念来严格定义关系模式的码。

- 码：设 K 为关系模式 R(U,F) 中的属性或属性组合。若 K→U，则 K 称为 R 的一个**候选码**。若关系模式 R 有多个候选码，则选定其中的一个作为**主码**。组成候选码的属性称为**主属性**，不属于任何候选码的属性称为**非主属性**。
- 外码：若关系模式 R 中属性或属性组 X 并非 R 的码，但 X 是另一个关系模式的码，则称 X 是 R 的**外部码**，也称为**外码**或外键。

码是关系模式中的一个重要概念。候选码能够唯一地标识关系的元组，是关系模式中一组最重要的属性。另一方面，主码又和外码一起提供了一个表示关系间联系的手段。

3. 关系模式的范式

关系数据库中的关系必须满足一定的规范化要求，不同的规范化程度可用范式来衡量。范式（Normal Form）是衡量关系模式规范化程度的标准，达到范式要求的关系才是规范化的。目前主要有 6

视频：关系模式的范式

种范式：第一范式、第二范式、第三范式、BC 范式、第四范式和第五范式。满足最低要求的叫第一范式，简称为 1NF。在第一范式基础上进一步满足一些要求成为第二范式，简称为 2NF。其余以此类推。各种范式之间存在联系：

$$5NF \subseteq 4NF \subseteq BCNF \subseteq 3NF \subseteq 2NF \subseteq 1NF$$

如果某一关系模式 R 为第 n 范式，简记为 R∈nNF。在这些范式中，最重要的是 3NF，它是进行规范化的主要目标。一个低一级范式的关系模式，通过模式分解可以转换为若干个高一级范式的关系模式的集合，这个过程称为**规范化**。

（1）第一范式

定义：如果一个关系模式 R 的所有属性都是不可分的基本数据项，则 R∈1NF。

在任何一个关系数据库系统中，第一范式是对关系模式的最起码要求。不满足第一范式的数据库模式不能称为关系数据库。但是满足第一范式的关系模式并不一定是一个好的关系模式。

例如，关系模式 SLC(Sno,Dept,Sloc,Cno,Score)，其中 Sloc 为系办公室位置，SLC 的码为 (Sno,Cno)。函数依赖包括(Sno,Cno)→Score，Sno→Dept，(Sno,Cno)→Dept，Sno→Sloc，(Sno,Cno)→Sloc，Dept→Sloc。

显然，SLC 满足第一范式。这里(Sno,Cno)两个属性一起函数决定 Score。(Sno,Cno)也函数决定 Dept 和 Sloc。但实际上，仅 Sno 就可以函数决定 Dept 和 Sloc。因此非主属性 Dept 和 Sloc 部分函数依赖于码(Sno,Cno)。SLC 关系存在以下 3 个问题。

1) 插入异常。假如要插入一个 Sno = 102，Dept ='化学系'，但还未选课的学生，即这个学生无 Cno，这样的元组不能插入 SLC 中，因为插入时必须给定码值，而此时码值的一部分为空，因而该学生的信息无法插入。

2) 删除异常。假定某个学生只选修了一门课，如 99022 号学生只选修了 3 号课程，现在连 3 号课程他也不选修了，那么整个元组也必须跟着删除，从而删除了 99022 号学生的其他信息，产生了删除异常。

3) 数据冗余度大。如果一个学生选修了 10 门课，由于 Dept、Sloc 重复存储了 10 次，当数据更新时，必须无遗漏地修改 10 个元组中的 Dept、Sloc 信息，这就造成了修改的复杂化，存在破坏数据一致性的隐患。因此，SLC 不是一个好的关系模式。

(2) 第二范式

定义：如果一个关系模式 R∈1NF，且所有非主属性对码完全函数依赖，则 R∈2NF。

显然，码只包含一个属性的关系模式，如果属于 1NF，那么它一定属于 2NF，因为它不可能存在主属性对码的部分函数依赖。

关系模式 SLC 出现上述问题的原因是 Dept、Sloc 对码的部分函数依赖，非 2NF。为了消除这些部分函数依赖，可以采用**投影分解法**，即把 SLC 分解为两个关系模式：

SC(Sno,Cno,Score)

SL(Sno,Dept,Sloc)

其中，SC 的码为(Sno,Cno)，SL 的码为 Sno。

显然，在分解后，SC 关系和 SL 关系中的非主属性都完全函数依赖于码了，都属于 2NF。

分解后的 SC 关系和 SL 关系使上述 3 个问题在一定程度上得到了解决。

1) 在 SL 关系中可以插入尚未选课的学生。

2) 删除学生选课情况涉及的是 SC 关系。一个学生所有的选课记录全部删除了，只是 SC 关系中没有关于该学生的记录了，不会牵涉到 SL 关系中关于该学生的记录。

3) 由于学生选修课程的情况与学生的基本情况是分开存储在两个关系中的，因此不论该学生选多少门课程，他的 Dept 和 Sloc 值都只存储 1 次。这就大大降低了数据冗余程度。

可见，采用投影分解法将一个 1NF 的关系分解为多个 2NF 的关系，可以在一定程度上减轻原 1NF 关系中存在的插入异常、删除异常、数据冗余度大等问题。但是将一个 1NF 关系分解为多个 2NF 的关系，并不能完全消除关系模式中的各种异常情况和数据冗余。也就是说，属于 2NF 的关系模式也并不一定是一个好的关系模式。SL 关系中仍然可能存在插入异常、删除异常和数据冗余度大的问题。

1) 删除异常。如果某个系的学生全部毕业了，在删除该学生信息的同时，把这个系的信息也丢掉了。

2) 数据冗余度大。每一个学生所在系的位置的信息重复出现，出现次数与该系学生人数相同。

3) 修改复杂。当学校调整系位置时，由于每个系的位置信息是重复存储的，修改时必须同时更新该系所有学生的 Sloc 属性值，因此 SL 仍然存在操作异常问题，仍然不是一个好的关系模式。

（3）第三范式

如果一个关系模式 R ∈ 2NF，且所有非主属性不存在对码的传递函数依赖，则 R ∈ 3NF。

关系模式 SL(Sno, Dept, Sloc) 中有下列函数依赖：

Sno→Dept，Dept→Sloc，Sno→Sloc，Sloc 传递函数依赖于 Sno，即 SL 中存在非主属性对码的传递函数依赖，非 3NF，出现上述问题。

为了消除该传递函数依赖，可以采用投影分解法，把 SL 分解为两个关系模式：SD(Sno, Dept)，DL(Dept, Sloc)，其中，SD 的码为 Sno，DL 的码为 Dept。

显然，在该关系模式中既没有非主属性对码的部分函数依赖，也没有非主属性对码的传递函数依赖，属于 3NF，并且基本上解决了上述问题。

1）某个系的学生全部毕业了，只是删除 SD 关系中的相应元组，DL 关系中关于该系的信息仍存在。

2）关于系办公室位置的信息只在 DL 关系中存储一次。当学校调整某个系办公室位置时，只需修改 DL 关系中一个相应元组的 Sloc 属性值。

可见，采用投影分解法将一个 2NF 的关系分解为多个 3NF 的关系，可以在一定程度上解决原 2NF 关系中存在的插入异常、删除异常、数据冗余度大、修改复杂等问题。但是将一个 2NF 关系分解为多个 3NF 的关系后，并不能完全消除关系模式中的各种异常情况和数据冗余。还可以再分解成 BCNF、4NF 或者 5NF。

随着引入更高级的范式，对关系模式的要求也越来越高，发生各种异常的可能性也越来越小。关系数目的增加虽然降低了响应时间，但会使管理变得复杂，所以一般要求规范化到 3NF 即可。

4.1.3　关系数据库设计

一个信息系统的各个部分能否紧密地结合在一起以及如何结合，关键在于数据库。因此只有对数据库进行合理的逻辑设计和有效的物理结构设计，才能开发出完善而高效的信息系统。数据库设计是信息系统开发和建设的重要组成部分。

按照规范设计的方法，数据库设计分为：需求分析与概念设计、逻辑结构设计、物理结构设计及实施阶段。

1. 需求分析与概念设计

（1）需求分析

简单地说，需求分析就是分析用户的要求。需求分析是设计数据库的起点，需求分析的结果是否准确地反映了用户的实际要求，将直接影响到后面各个阶段的设计，并影响到设计结果是否合理和实用。

需求分析的任务是通过详细调查现实世界要处理的对象（组织、部门、企业等），充分了解原系统（手工系统或计算机系统）的工作概况，明确用户的各种需求，然后在此基础上确定新系统的功能。新系统必须充分考虑今后可能的扩充和改变，不能仅仅按当前应用需求来设计数据库。

调查的重点是"数据"和"处理"，通过调查、收集与分析，获得用户对数据库的如下要求。

1）信息要求：指用户需要从数据库中获得信息的内容与性质。由信息要求可以导出数据要求，即在数据库中需要存储哪些数据。

2）处理要求：指用户要完成什么处理功能，对处理的响应时间有什么要求，处理方式是批处理还是联机处理。

3）安全性与完整性要求：安全性要求描述系统中不同用户使用和操作数据库的情况，完整性要求描述数据之间的关联以及数据的取值范围要求。

（2）概念设计

概念设计是数据库设计的核心环节。概念数据模型是对现实世界的抽象和模拟，是在用户需求描述与分析的基础上，以 DFD（Data Flow Diagram，数据流图）和 DD（Data Dictionary，数据字典）提供的信息作为输入，运用信息模型工具对目标进行描述，并以用户能理解的形式来表达信息。这种表达独立于具体的 DBMS。

概念设计的方法很多，目前应用最广泛的是 E-R 图方法，它对概念模型的描述结构严谨、形式直观。用此方法设计得到的概念模型是实体-联系模型（E-R 图）。

E-R 设计方法的实质是将现实世界抽象为具有某种属性的实体，而实体间相互有联系。画出一张 E-R 图，就得到了一个对系统信息的初步描述，进而形成数据库的概念模型。

2. 逻辑结构设计

为了能够用某一 DBMS 实现用户需求，还必须将概念结构进一步转换为相应的数据模型。设计逻辑结构时一般要分三步进行。

1）将概念结构转化为一般的关系模型。

2）将转化来的关系模型向特定 DBMS 支持下的数据模型转换。

3）对数据模型进行优化。

（1）数据库逻辑模型的产生

概念模型按照一定规则就可以转换成数据模型，在这里主要介绍所用的方法和步骤。

E-R 图向关系模型的转换要解决的问题是如何将实体和实体间的联系转换为关系模式，如何确定这些关系模式的属性和码。

关系模型的逻辑结构是一组关系模式的集合。而 E-R 图则是由实体、实体的属性和实体之间的联系三个要素组成的。所以将 E-R 图转换为关系模型实际上就是要将实体、实体的属性和实体之间的联系转换为关系模型。这种转换一般遵循如下原则。

1）一个实体型转换为一个关系模型。实体的属性就是关系的属性，实体的码就是关系的码。

2）一个 1:1 联系可以转换为一个独立的关系模式，也可以与任意一端对应的关系模式合并。如果转换为一个独立的关系模式，则与该联系相连的各实体的码以及联系本身的属性均转换为关系的属性，每个实体的码均是该关系的候选码。如果与某一端对应的关系模式合并，则需要在该关系模式的属性中加入另一个关系模式的码和联系本身的属性。

【例 4-1】将图 4-4 中含有 1:1 联系的 E-R 图转换为关系模型。

解：有 3 种方案可供选择（注：关系模式中标有下画线的属性为码）。

方案 1：联系形成的关系独立存在，转换为关系模型，其关系模式为

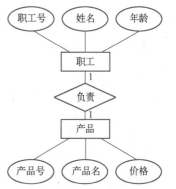

图 4-4 将含有 1:1 联系的 E-R 图转换为关系模型

职工(<u>职工号</u>,姓名,年龄)

产品(<u>产品号</u>,产品名,价格)

负责(<u>职工号</u>,<u>产品号</u>)

方案2："负责"与"职工"两个关系合并,转换为关系模型,其关系模式为

职工(<u>职工号</u>,姓名,年龄,产品号)

产品(<u>产品号</u>,产品名,价格)

方案3："负责"与"产品"两个关系合并,转换为关系模型,其关系模式为

职工(<u>职工号</u>,姓名,年龄)

产品(<u>产品号</u>,产品名,价格,职工号)

将上面的3种方案进行比较,不难发现:方案1中,由于关系多,增加了系统的复杂性;方案2中,由于并不是每个职工都负责产品,就会造成产品号属性的 NULL 值过多;相比较起来,方案3比较合理。

3）一个1:n联系可以转换为一个独立的关系模式,也可以与 n 端对应的关系模式合并。如果转换为一个独立的关系模式,则与该联系相连的各实体的码以及联系本身的属性均转换为关系的属性,而关系的码为 n 端实体的码。

【例4-2】将图 4-5 中含有 1:n 联系的 E-R 图转换为关系模型。

解: 该转换有两种方案供选择（注:关系模式中标有下画线的属性为码）。

方案1:1:n 联系形成的关系独立存在。

仓库(<u>仓库号</u>,地点,面积)

产品(<u>产品号</u>,产品名,价格)

仓储(<u>仓库号</u>,<u>产品号</u>,数量)

方案2:联系形成的关系与 n 端对象合并。

仓库(<u>仓库号</u>,地点,面积)

产品(<u>产品号</u>,产品名,价格,仓库号,数量)

比较以上两个转换方案可以发现:尽管方案1使用的关系多,但是对仓储变化大的场合比较适用;相反,方案2中关系少,它适合仓储变化较小的应用场合。

图 4-5　将含有 1:n 联系的 E-R
图转换为关系模型

4）一个 m:n 联系转换为一个关系模式。与该联系相连的各实体的码以及联系本身的属性均转换为关系的属性。而关系的码为各实体码的组合。

【例4-3】将图 4-6 中含有 m:n 二元联系的 E-R 图转换为关系模型。

解: 转换的关系模型如下（注:关系模式中标有下画线的属性为码）。

学生(<u>学号</u>,姓名,年龄,性别)

课程(<u>课程号</u>,课程名,学时数)

选修(<u>学号</u>,<u>课程号</u>,成绩)

5）三个或三个以上实体间的一个多元联系转换为一个关系模式。与该多元联系相连的各实体的码以及联系本身的属性均转换为关系的属性。而关系的码为各实体码的组合。

【例4-4】将图 4-7 中含有多实体集间的多对多联系的 E-R 图转换为关系模型。

图 4-6 将含有 m:n 二元联系的 E-R
图转换为关系模型

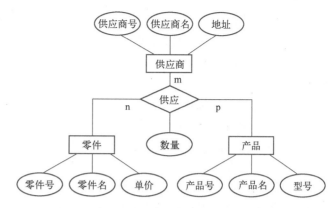

图 4-7 将含有多实体集间的多对多联系的 E-R
图转换为关系模型

解：转换后的关系模式如下（注：关系中标有下画线的属性为码）。

供应商(<u>供应商号</u>,供应商名,地址)

零件(<u>零件号</u>,零件名,单价)

产品(<u>产品号</u>,产品名,型号)

供应(<u>供应商号</u>,<u>零件号</u>,<u>产品号</u>,数量)

6）同一实体集的实体间的联系，即自联系，也可按上述 1:1、1:n 和 m:n 三种情况分别处理。

【例 4-5】将图 4-8 中含有同一实体集的 1:n 联系的 E-R 图转换为关系模型。

解：转换的方案如下（注：关系中标有下画线的属性为码）。

方案 1：转换为两个关系模式。

职工(<u>职工号</u>,姓名,年龄)

领导(<u>领导工号</u>,职工号)

方案 2：转换为一个关系模式。

职工(<u>职工号</u>,姓名,年龄,领导工号)

其中，由于同一关系中不能有相同的属性名，故将领导的职工号改为领导工号。以上两种方案相比较，第 2 种方案的关系少，且能充分表达原有的数据联系，所以采用第 2 种方案更好。

【例 4-6】将图 4-9 中含有同一实体集的 m:n 联系的 E-R 图转换为关系模型。

图 4-8 将含有同一实体集的 1:n 联系的 E-R
图转换为关系模型

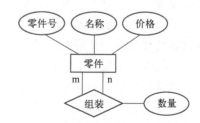

图 4-9 将含有同一实体集的 m:n 联系的 E-R
图转换为关系模型

解：转换的关系模式如下（注：关系中标有下画线的属性为码）。

零件(<u>零件号</u>,名称,价格)

组装(<u>组装件号</u>,<u>零件号</u>,数量)

其中,组装件号为组装后的复杂零件号。由于同一个关系中不允许存在同属性名,因而改为组装件号。

(2) 数据模型的优化

数据库逻辑设计的结果不是唯一的。为了进一步提高数据库应用系统的性能,还应该适当地修改、调整数据模型的结构,这就是数据模型的优化。关系数据模型的优化通常以规范化理论为指导,方法如下。

1) 确定数据依赖。即按需求分析阶段所得到的语义,分别写出每个关系模式内部各属性之间的数据依赖以及不同关系模式属性之间的数据依赖。

2) 按照数据依赖的理论对关系模式逐一进行分析,考查是否存在部分函数依赖、传递函数依赖等,确定各关系模式分别属于第几范式。

3) 按照需求分析阶段得到的各种应用对数据处理的要求,分析对于这样的应用环境这些模式是否合适,确定是否需要对它们进行合并或分解。

必须注意的是,并不是规范化程度越高,关系就越好。当一个应用的查询中经常涉及两个或多个关系模式的属性时,系统必须经常地进行连接运算,而连接运算的代价是相当高的,可以说关系模型低效的主要原因就是做连接运算,因此,在这种情况下,第二范式甚至第一范式也许是最好的。所以对于一个具体应用来说,到底规范化进行到什么程度,需要权衡响应时间和潜在问题两者的利弊才能决定。不过,通常情况下,第三范式就足够了。

(3) 设计用户外模式

在将概念模型转换为逻辑模型后,即生成了整个应用系统的模式后,还应该根据局部应用需求,结合具体 DBMS 的特点,设计用户外模式。目前关系数据库管理系统一般都提供了视图功能,可以利用这一功能设计更符合局部用户需要的用户外模式。

定义数据库模式主要是从系统的时间效率、空间效率、易维护等角度出发。由于用户外模式与模式是独立的,因此在定义用户外模式时更应该注重考虑用户的习惯与方便。这包括:

1) 使用更符合用户习惯的别名。

2) 针对不同级别的用户,定义不同的外模式,以满足系统对安全性的要求。

3. 物理结构设计及实施

数据库在物理设备上的存储结构与存取方法称为数据库的物理结构,它依赖于给定的计算机系统。为一个给定的逻辑数据模型选取一个最适合应用环境的物理结构的过程,就是数据库的物理结构设计。

(1) 确定数据的存储结构

确定数据的存储结构时要综合考虑存取时间、存储空间利用率和维护代价 3 个方面的因素。这 3 个方面常常是相互矛盾的,例如,消除一切冗余数据虽然能够节约存储空间,但往往会导致检索代价的增加,因此必须进行权衡,选择一个折中方案。

(2) 设计数据的存取路径

在关系数据库中,选择存取路径主要是指确定如何建立索引。例如,应把哪些域作为次码建立次索引,建立单码索引还是组合索引,建立多少个索引为合适,是否建立聚集索引等。

索引 (Index) 是数据库中独立的存储结构,也是数据库中独立的对象,它对关系数据库管理系统的操作效率有很重要的影响。其主要作用是提供了一种无须扫描每个页而快速访问数据页的方法。这里的数据页，就是存储表格数据的物理块。好的索引可以大大提高对数据库的访问效率，它的作用就如书籍的目录一样，在检索数据时起到了至关重要的作用。

索引创建之后，可以对其修改或撤销。在具体的数据检索中，是否使用索引以及使用哪一个索引完全由 DBMS 决定，设计人员和用户是无法干预的。这就保证了在创建、修改、撤销索引时，不必修改相应的应用程序，从而实现了数据的物理独立性。另一方面，由于索引的维护是由 DBMS 自动完成的，这就需要花费一定的系统开销，所以索引虽然可以提高检索速度，但也并非建立得越多越好。

有两种索引类型：聚簇索引（Clustered Index，或称簇集索引）和非聚簇索引（Nonclustered Index，或称非簇集索引）。

1）聚簇索引。以表格中的某字段作为码建立聚簇索引时，表格中的数据会以该字段作为排序依据。一个表格只能建立一个聚簇索引。这种排序作用使得聚簇键相同的元组自然地被放在同一个物理页中，如果元组过多，一个物理页放不下，则被链接到多个物理页中。聚簇键可以是简单键，也可以是复合键。合理地创建聚簇索引可以十分显著地提高系统性能。一个表格被设置了聚簇索引后，当执行插入、修改、删除等操作时，系统要维护聚簇结构，开销比较大。因此，设置聚簇索引时，需根据实际应用情况综合考虑多方因素，以确定是否需要设置，以及如何设置聚簇索引。

2）非聚簇索引。与聚簇索引不一样，非聚簇索引中索引页上的顺序与物理数据页上的顺序一般不一致。建立非聚簇索引，不会引起数据物理存储位置的移动。非聚簇索引保存的是行指针，而不是数据页，因此检索速度不如聚簇索引快。

在下列情况下，有必要在相应属性上建立索引。

- 一个（组）属性经常在操作条件中出现。
- 一个（组）属性经常作为聚集函数的参数。
- 一个（组）属性经常在连接操作的连接条件中出现。

应该建立聚簇索引还是建立非聚簇索引，可根据具体情况确定。若满足下列情况之一，可考虑建立聚簇索引，否则应建立非聚簇索引。

- 检索数据时，常以某个（组）属性作为排序或分组的条件。
- 检索数据时，常以某个（组）属性作为检索限制条件，并返回大量数据。
- 表中某个（组）的值重复性较大。

（3）确定数据的存放位置

为了提高系统性能，数据应该根据应用情况将易变部分与稳定部分、经常存取部分和存取频率较低部分分开存放。

例如，数据库数据备份、日志文件备份等，由于只在故障恢复时才使用，而且数据量很大，可以考虑存放在脱机外存上。目前许多计算机都有多个磁盘，因此进行物理结构设计时可以考虑将表和索引分别放在不同的磁盘上。在查询时，由于两个磁盘驱动器分别在工作，因而可以保证物理读写速度比较快。也可以将比较大的表分别放在两个磁盘上，以加快存取速度，这在多用户环境下特别有效。此外还可以将日志文件与数据库对象（表、索引等）放在不同的磁盘上，以改进系统的性能。

（4）确定系统配置

DBMS 产品一般都提供了一些存储分配参数，供设计人员和 DBA 对数据库进行物理优化。初始情况下，系统都为这些变量赋予了合理的默认值。但是这些值不一定适合每一种应用环境，在进行物理结构设计时，需要重新对这些变量赋值以改善系统的性能。

通常情况下，这些配置变量包括：同时使用数据库的用户数；同时打开的数据库对象数；使用的缓冲区长度、个数；时间片大小；数据库的大小；装填因子；锁的数目等。这些参数值影响存取时间和存储空间的分配，在物理结构设计时要根据应用环境确定这些参数值，以使系统性能最优。

在物理结构设计时对系统配置变量的调整只是初步的，在系统运行时还要根据系统实际运行情况做进一步的调整，以期切实改进系统性能。

（5）数据库的实施

对数据库的物理结构设计初步评价完成后就可以开始建立数据库了。数据库实施主要包括以下工作。

1）定义数据库结构。确定了数据库的逻辑结构与物理结构后，就可以用所选用的 DBMS 提供的数据定义语言（DDL）来严格描述数据库结构。

2）数据装载。数据库结构建立好后，就可以向数据库中装载数据了。组织数据入库是数据库实施阶段最主要的工作。对于数据量不是很大的小型系统，可以用人工方法完成数据的入库，对于中大型系统，由于数据量极大，用人工方式组织数据入库将会耗费大量人力物力，而且很难保证数据的正确性。因此应该设计一个数据输入子系统，由计算机辅助数据的入库工作。

4.1.4　关系数据库标准语言 SQL

1. SQL 概述

结构化查询语言（Structured Query Language，SQL）是关系数据库的标准语言。它的主要功能包括数据定义、数据查询、数据操纵和数据控制。

SQL 支持关系数据库的三级模式结构，如图 4-10 所示。

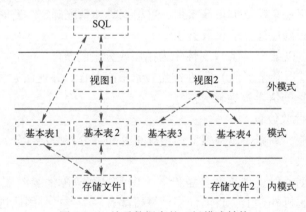

图 4-10　关系数据库的三级模式结构

从图 4-10 中可以看出：

1）外模式对应于视图和部分表，模式对应于表，内模式对应于存储文件。

2）用户可以用 SQL 对视图和表进行查询等操作。在用户眼中，视图和表都是一样的，都是关系，而存储文件对用户来说是透明的。

3）表存储在文件中。一个或多个表对应一个存储文件，一个表可以带若干索引。索引存放在存储文件中。

2. 表的定义及操作

（1）表的定义

定义表的语句格式为：

CREATE TABLE <表名>（<列名 1> <数据类型 1>［NOT NULL］［UNIQUE］［PRIMARY KEY］［<列完整性约束>］［,<列名 2> <数据类型 2>［NOT NULL］［UNIQUE］］,…［<表完整性约束>］）;

其中，"表名"是要定义的表的名字，表由一个或多个列（属性）组成。圆括号中就是该表的各个列（属性）的说明。每个属性须说明其数据类型。在创建表的同时还可以定义与属性和该表有关的完整性约束条件，这些完整性约束条件被存入系统的数据字典中。当用户操纵表中的数据时，DBMS 会自动检查该操作是否违背这些完整性约束条件。任选项"NOT NULL"和"UNIQUE"就是两个完整性的约束条件。其中，带有"NOT NULL"的属性值不能为空值；"UNIQUE"表示该属性上的值不能重复；PRIMARY KEY 表示该列为主码（主键）。大多数数据库管理系统要求 SQL 语句末尾带分号。

关系数据库中常用的 SQL 标准数据类型见表 4-3。

表 4-3　关系数据库中常用的 SQL 标准数据类型

类 型 名 称	数 据 类 型	说　　　明
数值型	SMALLINT	短整型，占用 2 字节
	INT, INTEGER	整型，占用 4 字节
	DECIMAL	精确小数
	FLOAT	近似小数
字符型	CHAR(n)	长度为 n 的定长字符串
	VARCHAR(n)	最大长度为 n 的变长字符串
	TEXT	变长字符串
日期时间型	DATETIME	日期时间型

此处根据教务管理数据库进行讲解，该数据库中包括 6 个表。

1）学生表 student。学生表由学号（Sno）、姓名（Sname）、性别（Sex）、出生日期（Birthday）、年龄（Age）和系别（Dept）组成，表示为 student（Sno，Sname，Sex，Birthday，Age，Dept），其中 Sno 为主码。

2）教师表 teacher。教师表由教师号（Tno）、姓名（Tname）、系别（Dept）和教研室（Room）组成，表示为 teacher（Tno，Tname，Dept，Room），其中 Tno 为主码。

3）课程表 schedule。课程表由课程号（Cno）、课程名（Cname）和先修课（Prec）组成，表示为 schedule（Cno，Cname，Prec），其中 Cno 为主码。

4）教学表 teaching。教学表由教学 ID（ID）、学号（Sno）和教师号（Tno）组成，表示为 teaching（ID，Sno，Tno），其中 ID 为主码，学号和教师号为外码。

5）选课表 sele_course。选课表由选课 ID（ID）、学号（Sno）、课程号（Cno）和成绩（Score）组成，表示为 sele_course（ID，Sno，Cno，Score），其中 ID 为主码，学号和课程号为外码。

6）课程表 course。课程表由课程 ID（ID）、教师号（Tno）和课程名（Cname）组成，表示为 course（ID，Tno，Cname），其中 ID 为主码，教师号和课程名为外码。

【例 4-7】创建表名为 student 的学生表。

解： 创建学生表 student 的 SQL 语句如下。

```
CREATE TABLE student(Sno CHAR(10) NOT NULL UNIQUE PRIMARY KEY,
Sname CHAR(8) NOT NULL,
Sex CHAR(1),
Birthday DATETIME);
```

执行此语句后，就在数据库中建立了一个名为 student 的空表，Sno 为主码，并将该表的定义信息放在数据字典中。SQL 语言中，**不区分大小写**，即 CTREATE 写为大写或小写均可。

将各列的说明分行书写可以使程序清晰，但为节省篇幅，以后有些会写在一行上。

【例 4-8】 创建课程表 schedule。

解： 创建课程表 schedule 的 SQL 语句如下。

```
CREATE TABLE schedule(Cno CHAR(6) NOT NULL UNIQUE,Cname CHAR(10),
          Prec CHAR(6), PRIMARY KEY(Cno));
```

例 4-7 中 PRIMARY KEY 加在了列的后面，说明该列为主码。本例将 PRIMARY KEY 放在所有列的后面，后面再加括号，其中列出了本表中作为主码的列。如果有多列，用逗号隔开。这种用法也适合多列作为主码的情况。

（2）表的修改和删除

由于数据库的使用环境和用户需求会有所变化，因此已创建好了的表有时需要修改。例如，增加新的列，添加或修改完整性约束条件等。此时就需要用到 SQL 的修改表的语句。

1）修改表。修改表一般分为以下几种情况。

① 向表中增加列。其一般的语句格式为：

```
ALTER TABLE <表名> ADD <列名> <数据类型说明>;
```

【例 4-9】 向 student 表中加入"系别"列，其数据类型为字符串型。

```
ALTER TABLE student ADD Dept CHAR(8);
```

需要说明的是，如果原表中已经有记录，新增加的列都为空值。

② 从表中删除列。其一般的语句格式为：

```
ALTER TABLE <表名> DROP COLUMN <列名>;
```

【例 4-10】 删除 student 表中的 Sex 列。

```
ALTER TABLE student DROP COLUMN Sex;
```

【例 4-11】 删除关于学号必须取唯一值的约束。

```
ALTER TABLE student DROP UNIQUE(Sno);
```

③ 修改表的列。其一般的语句格式为：

```
ALTER TABLE <表名> MODIFY <列名> <类型名>;
```

【例 4-12】 将 schedule 表中课程名的数据类型改为长度为 30 的定长字符串。

```
ALTER TABLE schedule MODIFY Cname CHAR(30);
```

2）删除表。删除表的语句格式为：

```
DROP TABLE <表名>;
```

【例 4-13】 删除 student 表。

```
DROP TABLE student;
```

此语句可以将 student 表的定义连同表中的所有记录、索引全部删除，并释放相应的存储空间。如果有和此表相关的视图，虽然由此表导出的所有视图仍然全部保留，但已经无法使用。

3. 索引的建立和删除

一个表的索引与一本书的目录非常相似，它可以极大地提高查询的速度。对一个较大的表来说，索引使通常要花费几个小时来完成的查询只要几分钟就可以完成。因此可以对需要频繁查询的表增加索引。

根据需要，可以在表上建立一个或多个索引，以提供多种存取路径，加快查找速度。

建立索引的语句格式为：

```
CREATE [UNIQUE]INDEX <索引名> ON <表名>(<列名 1> [次序][,<列名 2> [次序]…]);
```

索引可以建立在一列或几列上。其中，任选项"次序"指定了索引值排序的方式，其取值有 ASC（升序）和 DESC（降序）。默认值为升序。任选项"UNIQUE"表示若表中有多个记录的索引关键字的值相同，则只有排在最前面的那个关键字值进入索引。此时，每一个索引项只对应唯一的数据记录。若省略此任选项，则所有记录的索引关键字值全部进入索引文件。

【例 4-14】 为教师表 teacher 建立索引。

```
CREATE UNIQUE INDEX teacherno ON teacher(Tno ASC);
```

执行此语句将为教师表按教师号升序建立唯一索引。

【例 4-15】 为学生表 student 建立索引。

```
CREATE UNIQUE INDEX studentno ON student(Sno ASC,Birthday DESC);
```

执行此语句为学生表按学号升序、出生日期降序建立唯一索引。

表的索引创建后，如不再需要，可以删除。删除索引的 SQL 语句为：

```
DROP INDEX <索引名>;
```

【例 4-16】 删除学生表 stdudent 的 studentno 索引。

```
DROP INDEX studentno;
```

删除索引的同时把有关索引的描述也从数据字典中删去。

4. 数据查询

SQL 最核心的功能就是进行数据查询。SQL 提供了 SELECT 语句进行数据库的查询。该语句功能丰富，使用方式灵活。具体语法格式为：

```
SELECT [ALL | DISTINCT]<目标列列表>
FROM <表名或视图名列表>
[WHERE<条件表达式>]
[GROUP BY <列名 1> [ HAVING <条件表达式>]
[ORDER BY <列名 2> [ ASC | DESC];
```

说明：

- SELECT 语句的第一部分<目标列列表>指明要选取的列。各列用逗号隔开，它们之间的顺序可以与表中的顺序不一致。
- SELECT 语句的 FROM 子句指明要从哪个（些）表中查询数据。
- SELECT 语句的 WHERE 子句指明要选择满足什么条件的记录。

- SELECT 语句的 GROUP BY 子句将结果按"列名 1"的值进行分组，将该属性列值相等的元组分为一个组，每个组产生结果中的一条记录。如果带有 HAVING 短语，则只有满足指定条件的组才输出。
- SELECT 语句的 ORDER BY 子句将结果按"列名 2"的值升序（或降序）排序。

（1）简单查询

简单查询是指从一个表中进行查询，也称为单表查询。

1）查询全部列。

【例 4-17】查询全体教师的详细记录。

SELECT ＊ FROM teacher;

此语句无条件地将 teacher 表中的全部信息都查询出来。

2）查询指定列。

【例 4-18】查询全体教师的姓名和系别。

SELECT Tname,Dept   FROM   teacher;

3）查询计算值。

【例 4-19】查询学生的学号和年龄（表中 Birthday 字段为出生日期）。

SELECT Sname,year(Date())-year(Birthday)   FROM student;

其中，Date()为取当前时间的函数，year()为取日期中年份的函数。

4）消除重复行。

【例 4-20】查询所有教过课程的教师的教师号。

SELECT DISTINCT Tno FROM Course;

在此例中如不加 DISTINCT 短语，就默认为 ALL，则查询结果中将出现重复的教师号，因为很多老师教多门课程。加入 DISTINCT 短语就可以消除重复的行。

5）选择符合查询条件的元组。

SELECT 语句中的查询条件可分为几种不同的类型，如表 4-4 所示。

表 4-4　查询条件类型

条 件 类 型	条件运算符	条 件 类 型	条件运算符
比较	=,>,<,>=,<=,<>,！>,！<	字符匹配	LIKE,NOT LIKE
确定范围	BETWEEN AND, NOT BETWEEN AND	判断空值	IS NULL,IS NOT NULL
确定集合	IN,NOT IN	多重条件	AND,OR,NOT

【例 4-21】查询计算机系所有教师的教师号和姓名。

SELECTT no,Tname FROM Teacher WHERE Dept='计算机系';

【例 4-22】查询所有考试成绩不及格的学生的学号。

SELECT DISTINCT Sno FROM sele_course WHERE Score<60;

6）用 BETWEEN 的查询。

【例 4-23】求出生年份在 1981～1983 年之间的学生学号和姓名。

SELECT Sno,Sname FROM student
WHERE year(birthday) BETWEEN 1981 AND 1983;

注意：可以使用 NOT BETWEEN AND 来查询不在某范围内的元组。

7）查询时使用谓词 IN。

【例 4-24】查询数学系和物理系的学生信息。

```
SELECT  *  FROM student  WHERE Dept IN('数学系','物理系');
```

注意：可以使用谓词 IN 的反义谓词 NOT IN 来查询属性值不属于指定集合的元组。

8）使用 LIKE 的查询。使用 LIKE 的查询的条件的一般形式为：

```
<列名> LIKE <字符串常数>
```

其中，<列名>的数据类型必须是字符串类型或变长字符串类型。<字符串常数>中除了可以包含普通字符，还可包含以下两种通配符。

_（下画线）：可以和任意单个字符匹配。

%（百分号）：可以和任意长度的任意字符串匹配。

【例 4-25】查询所有姓王的学生信息。

```
SELECT Sno,Sname FROM student WHERE Sname LIKE '王%';
```

【例 4-26】查询所有学生名字中第二个字为"晓"的学生姓名和学号。

```
SELECT Sno,Sname FROM student WHERE Sname LIKE '_晓%';
```

注意：可以使用与 LIKE 谓词意义相反的谓词 NOT LIKE 查询和给出字符串不匹配的元组。

9）涉及空值的查询。涉及空值的查询条件的一般形式为：

```
<列名> IS [NOT] NULL
```

【例 4-27】求所有没有参加考试的学生的学号。

```
SELECT DISTINCT Sno FROM sele_course WHERE Score IS NULL;
```

此语句的查询条件是成绩属性列为空，也就是说，该学生此门课程没有成绩，即没有参加考试。而可能有的学生没有参加考试的课程有两门或两门以上，所以用 DISTINCT 去掉重复行。

注意：不能写成"列名=NULL"或"列名 <> NULL"。

与上面所讲的几个谓词相同，IS NULL 也有与其相对的谓词 IS NOT NULL，用来表示某属性列的值不为空。

10）复合条件查询。有时对表进行的查询不仅仅包含一个条件，可能有多个条件，这就需要使用逻辑运算符 AND 和 OR 来连接多个条件构成复合条件。

【例 4-28】查询计算机系姓赵的所有教师的姓名。

```
SELECT Tname FROM Teacher
WHERE Dept='计算机系' AND Tname LIKE '赵%';
```

此语句的查询条件为教师所在系为"计算机系"并且其姓氏为"赵"，所以使用 AND 将两个条件连接起来。

（2）多表查询

一个数据库中的多个表之间一般都存在某种内在联系，它们共同提供有用的信息。前面的查询是针对一个表进行的。若一个查询同时涉及两个以上的表，则称之为多表查询或连接查询。多表查询是关系数据库最主要的查询功能。

【例 4-29】查询选修了课程的学生信息及他所选修课程的课程号和成绩。

```
SELECT student. * ,sele_course. *
FROM student,sele_course
WHERE student. Sno＝sele_course. Sno;
```

分析：学生学号及姓名放在 student 表中，而课程号和成绩存放在 sele_course 表中，所以本查询实际上涉及两个表中的数据。这两个表的联系就通过两个表都有的属性 Sno 来实现。要得到各学生和他们的选课情况，要将这两个表中学号相同的元组连接起来。

WHERE 后面的条件就是连接条件，也可称为连接谓词。连接条件中的字段称为连接字段。连接字段的类型必须是可比的，但不必相同，当然，多数情况下是相同类型的。连接谓词中的比较运算符可以是 =，<，>，>=，<=，<>。

注意：如果字段名在各个表中是唯一的，可以把字段名前的表名去掉，否则就必须加上表名作为前缀，说明是哪个表的哪个字段，以免引起混淆，如 "student. *" 表示 student 表中的所有列，"student. Sno" 表示 student 表中的学号。

【例 4-30】 查询选修 C3 课程且成绩低于 60 分的学生学号、姓名及成绩。

分析：从题目可知，本查询需从两个表（student 表和 sele_course 表）中得到信息。要想让这两个表相关联，就要通过两个表都有的 Sno 属性来实现。同时，题目还有另外一个要求："成绩低于 60 分"，所以应在 WHERE 子句中再加上此限定条件。具体的 SQL 语句如下：

```
SELECT student. Sno,student. Sname,sele_course. Score
FROM student,sele_course
WHERE student. Sno＝sele_course. Sno AND sele_course. Cno='C3' AND sele_course. score<60;
```

（3）使用库函数、GROUP BY 和 ORDER BY 子句

1）库函数。在使用 SQL 语句进行查询时，有时会用到库函数，增强检索功能。常用库函数如表 4-5 所示。

表 4-5 常用库函数

函 数 名 称	函 数 功 能
COUNT([DISTINCT│ALL] *)	统计记录个数
COUNT ([DISTINCT│ALL]<列名>)	统计一列中值的个数
SUM([DISTINCT│ALL]<列名>)	求一列值的总和（此列一定为数值型）
AVG([DISTINCT│ALL]<列名>)	求一列值的平均值（此列一定为数值型）
MAX([DISTINCT│ALL]<列名>)	求一列中的最大值
MIN ([DISTINCT│ALL]<列名>)	求一列中的最小值

【例 4-31】 求教师总人数。

```
SELECT COUNT( * ) FROM teacher;
```

【例 4-32】 求 C3 课程的平均成绩。

```
SELECT AVG(Score) FROM sele_course WHERE Cno='C3';
```

2）GROUP BY 子句。GROUP BY 子句将结果按列的值分组，列值相同的分在一组。如果 GROUP BY 后有多个列名，则先按第一列的值分组，再按第二列的值在组中分组，一直分下去。HAVING 后的条件是选择显示组的条件。

【例 4-33】 求各门课程所对应的课程号和选择各门课程的学生人数。

分析：本例要求选择各门课程的学生人数，所以应在 sele_course 表中按 Cno 的取值进行分组，将所有具有相同 Cno 值的元组分成一组，再使用库函数求得每一组中元组的个数。具体的 SQL 语句如下。

```
SELECT sele_course. Cno, Cname, COUNT( sele_course. Cno)
FROM sele_course,schedule WHERE sele_course. Cno = schedule. Cno
GROUP BY sele_course. Cno, Cname;
```

3）ORDER BY 子句。ORDER BY 子句可对查询结果按子句中指定列的值进行排序。列可以用列名表示，也可以用在 SELECT 子句中出现的序号表示。后者写起来比较简单，特别当选择的列是表达式或聚集函数时，由于没有列名，只能用列号表示。如果 ORDER BY 后面有多个列，则首先按第一列的值排序，然后对于具有相同第一列值的各行，再按第二列的值排序，原则上可以如此继续下去，各列用逗号隔开。ASC 表示升序，DESC 表示降序，默认为升序。

【例 4-34】求出生年份在 1981~1983 年之间的学生学号和姓名，并将结果按年龄从小到大排序。

分析：本例只需在 WHERE 子句后加入 ORDER BY 子句按出生年份将查询结果排序即可。具体的 SQL 语句如下。

```
SELECT Sno,Sname FROM student
WHERE year( Birthday) BETWEEN 1981 AND 1983
ORDER BY Birthday DESC;
```

5. SQL 的数据操纵

在对数据库进行操作时，除了经常要查询数据库中的数据，有时还需要修改数据。为了修改数据库中的数据，SQL 提供了插入（INSERT）、删除（DELETE）和更新（UPDATE）三种语句。

（1）插入语句

SQL 的插入语句 INSERT 有两种形式：一种是插入一个元组，另一种是插入查询的结果。

1）插入一个元组。插入一个元组的 INSERT 语句的一般格式为：

```
INSERT INTO <表名>[(<列名 1>[,<列名 2>]…)]
VALUES(常量[,常量]…);
```

通过这条语句可以把一个新记录插入到指定的表中。

【例 4-35】把一个新教师的记录"306，张建设，数学系，计算数学教研室"，插入到教师表（teacher）中。

```
INSERI INTO teacher
VALUES('306','张建设','数学系','计算数学教研室');
```

注意，如果新插入的元组将所有列的值都给出，可以在 INTO 子句中省略各列名。

2）插入查询结果。查询结果可以嵌套在 INSERT 语句中，生成要插入的数据。插入查询结果的 INSERT 语句的格式为：

```
INSERT INTO(<表名>)[(<列名 1>[,<列名 2>]…)<查询>;
```

这种方式的插入是批量插入，一次将查询的结果全部插入指定表中。

【例 4-36】求每一门课程的平均成绩，将结果存入数据库中。

分析：先建立一张新表来保存各课程的平均成绩。然后对 sele_course 表进行查询，将结果放入新表中。具体的 SQL 语句为：

```
CREATE TABLE average(Cno CHAR(3),Aver INTEGER);
INSERT INTO average(Cno,Aver)
    SELECT Cno,AVG(Score)
    FROM sele_course
    GROUP BY Cno;
```

（2）删除语句

删除数据的一般格式为：

DELETE FROM <表名> [WHERE <条件>];

此语句可以从指定表中删除满足条件的那些记录。WHERE 子句省略时表示删除指定表中的全部记录，但此表的定义仍在数据字典中。

【例 4-37】删除学号为 15432 的学生记录。

DELETE FROM student WHERE Sno='15432';

执行此语句后，数据表 student 中将不再保留该学生的信息。

【例 4-38】删除所有教师的授课记录（删除多条记录）。

DELETE FROM course;

执行此语句后，course 将成为没有任何记录的空表。

（3）更新语句

更新操作也称为修改操作，使用 UPDATE 语句来进行。该语句的一般形式为：

```
UPDATE <表名>
SET <列名 1>=<表达式 1>[ ,<列名 2>=<表达式 2>]…
WHERE <条件>;
```

其中，WHERE <条件>的功能是修改指定表中满足 WHERE 子句条件的元组；SET 子句用于指定修改方法，即用"表达式"的值取代相应的属性值。WHERE 子句省略时表示要修改表中的所有元组。

1）更新一条记录。

【例 4-39】把编号为 005 的教师所在的教研室字段名改为"大学物理教研室"。

UPDATE teacher SET room='大学物理教研室'   WHERE Tno='005';

2）更新多条记录。

【例 4-40】把所有学生的成绩都乘以 0.65。

UPDATE sele_course SET Score=Score * 0.65;

6. 视图

视图实际上是关系数据库系统提供给用户的以多角度观察数据库中数据的重要机制。视图是由一个或几个表或其他视图导出的表，用户可以定义多个视图。与表不同，视图只是一个虚表。也就是说，只在数据库中保留视图的逻辑定义，视图中并不存放对应的数据，这些数据仍存放在原来的表中。当视图参与数据库操作时，在一般情况下，系统将把对视图的操作转换成对表的操作。表的数据若发生变化，从视图中查询出的数据也就随之改变了。实际上，视图就像一个窗口，透过它可以看到数据库中自己感兴趣的数据及其变化。视图被定义后就可以像表一样被查询。

（1）视图的定义

SQL 建立视图的语句格式为：

CREATE VIEW <视图名>〔（<列名 1>〔，<列名>〕…）〕
AS <查询>
〔WITH CHECK OPTION〕；

其中，查询可以是任意的 SELECT 语句，但通常不允许含有 ORDER BY 子句和 DISTINCT 短语。任选项 WITH CHECK OPTION 表示对视图进行 UPDATE 和 INSERT 操作时，要保证更新或插入的行满足视图定义中的谓词条件（即查询中的条件表达式）。如果 CREATE VIEW 语句仅指定了视图名，省略了组成视图的各个属性列名，则表示该视图由查询语句中 SELECT 子句目标列中的各个字段组成。

【例 4-41】建立物理系的学生视图。

CREATE VIEW p_student
AS SELECT student. Sno，student. Sname，student. Sex
　　FROM student WHERE Dept='物理系'；

本例省略了视图的属性列名的定义。这样，视图 p_student 中就包含了查询结果的所有目标列。但当查询的目标列中是库函数或字段表达式，或多表连接时选出了几个同名字段作为视图的字段，就应在定义视图时指出它的各字段的名称。

【例 4-42】把教师编号和他所教课程的总门数定义为一个视图。

CREATE VIEW t_n(Tno，Num)
AS SELECT Tno，COUNT(Cno)
　　FROM course
　　GROUP BY Tno；

（2）删除视图

当视图不再需要时，可以使用 DROP 语句删除，其语句格式为：

DROP VIEW <视图名>；

【例 4-43】删除视图 t_n。

DROP VIEW t_n；

（3）查询视图

视图定义以后，用户就可以像查询表那样对视图进行查询了。前面所介绍的对表的各种查询操作一般都可以用于视图。

【例 4-44】在例 4-41 的物理系学生视图中找出所有姓张的男生。

SELECT Sno，Sname FROM p_student WHERE Sname LIKE '张%' AND Sex='男'；

7. 数据控制

数据控制也称为数据保护，它是通过对数据库用户的使用权限加以限制而保证数据安全的重要措施。SQL 语言提供了一定的数据控制功能，能在一定程度上保证数据库中数据的安全性和完整性，并提供了一定的并发控制及恢复能力。SQL 的数据控制语句主要包括授权（Grant）和收回权限（Revoke）两种，其权限的设置对象可以是数据库用户或用户组。

（1）授权

SQL 语言用 GRANT 语句向用户授予操作权限。GRANT 语句的一般格式为：

```
GRANT <权限>[,[<权限>]…]
[ ON <对象类型> <对象名>]
TO <用户>[,<用户>…] | [PUBLIC]
[WITH GRANT OPTION];
```

此语句的作用是将指定操作对象的指定操作权限授予指定的用户。不同类型的操作对象有不同的操作权限，常用的对象操作权限见表 4-6。

表 4-6　常用的对象操作权限

对　象	操　作	权 限 描 述
表、视图	SELECT,INSERT,UPDATE,DELETE	对表或视图的查询、插入、更新和删除操作
表、视图的字段	SELECT(<字段名>),UPDATE(<字段名>)	允许对指定字段查看或修改
存储过程（程序）	EXECUTE	运行存储过程

接受权限的用户可以是一个或多个具体用户，也可以为 PUBLIC，即全体用户。使用 WITH GRANT OPTION 是指获得某种权限的用户可以把这种权限再授予别的用户。若没有指定 WITH GRANT OPTION，那么用户只能使用该权限，而不能传播该权限。

【例 4-45】授予用户 U1 查询教师表的权限。

```
GRANT SELECT ON TABLE teacher TO U1;
```

【例 4-46】把修改学生学号和查询学生表的权限授予用户 U2 和 U3。

```
GRANT UPDATE(Sno),SELECT ON TABLE student TO U2,U3;
```

（2）收回权限

数据库管理员（DBA）、数据库拥有者（DBO）或数据库对象的拥有者（DBOO）可以通过 REVOKE 语句将其他用户的数据操作权限收回。REVOKE 语句的一般格式为：

```
REVOKE  <权限>[,<权限>…]
[ON <对象类型> <对象名>]
FROM <用户>[,<用户>]…;
```

【例 4-47】把用户 U2 修改学生学号的权限收回。

```
REVOKE UPDATE(Sno) ON TABLE student FROM U2;
```

【例 4-48】收回用户 U1 对 teacher 表的查询权限。

```
REVOKE SELECT ON TABLE teacher FROM U1;
```

4.1.5　非关系数据库

1. 大数据及其特征

大数据一词由英文"Big Data"翻译而来，简而言之，可以认为大数据是数据量巨大而且数据类型超复杂的数据集合。

大数据的"大"是相对而言的，是指所处理的数据规模巨大到无法通过目前主流数据库软件工具以及在可以接受的时间内完成采集、存储、管理和分析，并从中提取出有价值的信息。

这个"大"是与时俱进的，不能以超过多少太字节（TB，TeraByte）的数据量来界定大数据与普通数据。随着人类大数据处理技术的不断进步，大数据的标准也不断提高。

大数据一般有以下 4 个特征（简称 4V）。

（1）数据体量巨大（Volume）

当今世界需要进行及时处理以提取有用信息的数据数量级已经从 TB 级别，跃升到 PB（PetaByte）甚至 EB（ExaByte）级别（1 PB = 1024 TB，1 EB = 1024 PB）。

（2）数据类型复杂（Variery）

大数据的挑战不仅是数据量的大，也体现在数据类型的复杂性和多样性上。非结构数据和半结构数据正是大数据处理的难点所在。现在，互联网上产生的非结构数据占据了大数据的绝大部分比重。

（3）处理速度快（Velocity）

信息的价值在于及时获得有效信息，超过特定时限的信息就失去了实用的价值。

（4）价值密度低（Value）

大数据价值高，但是单个数据的价值密度低，只有大量数据聚合起来处理才能借助历史数据预测未来趋势，通过大数据挖掘和分析，获得有价值和有意义的信息，才能体现出大数据的真正价值所在。

2. 大数据存储与 NoSQL 数据库

传统的关系数据库一般采用行和列组成的二维表的形式来存储，并使用统一的 SQL 语言来访问。但是，大数据依据其特征，不宜采用这种严格结构化的表格形式来存储，也不宜采用复杂而费时的 SQL 语言来访问，即存和取都要简单而迅速。非关系型数据库由此应运而生。

非关系型数据库也称为 NoSQL 数据库，NoSQL 的本意是"Not Only SQL"，而不是"No SQL"（没有 SQL 语句）的意思，NoSQL 的产生并不完全推翻关系数据库，而是作为传统关系数据库的一个补充，NoSQL 打破了关系数据库大一统的局面，它的数据存储不需要固定的表结构，通常也不存在连接操作。这样，NoSQL 在大数据存取上就具备关系数据库无法比拟的性能优势。

NoSQL 数据库通常具有以下几个特点，即灵活的可扩展性、灵活的数据模型以及大数据高效读写等。实用中，可以把 NoSQL 数据库分为以下 4 类，即列存储（Column-oriented）数据库（HBase 等）、面向文档数据库（MongoDB 等）、键值（Key-Value）存储数据库（Redis、MapReduce 等）以及图形数据库（Neo4j 等）。

以下仅对 Redis 数据库作简单介绍，起一个抛砖引玉的作用。

Redis 全称为远程字典服务器（Remote Dictionary Server），它是一个开源并支持数据持久化的 NoSQL 内存数据库，使用 ANSI C 语言编写，支持网络，是可基于内存亦可持久化的日志型、Key-Value 数据库，通过持久化机制把内存中的数据同步到硬盘文件来保证数据持久化；而当 Redis 重启后通过把硬盘文件重新加载到内存，就能达到恢复数据的目的。

Redis 提供多种计算机语言的 API 接口，如 Python、Java、C/C++、C#和 JavaScript 等。

Redis 支持存储的 Value 数据类型很多，包括 string（字符串）、list（链表）、set（集合）、zset（sorted set，有序集合）和 hash（哈希类型）等。

可以到官网 https：//redis.com 或 https：//www.redis.net.cn/ 下载最新版的 Redis，也可以到共享库网站下载最新版的 Redis for Windows。

本书下载的是 64 位 Windows 版 Redis 6.0.8。其压缩文件为 Redis-x64-6.0.8.zip。

解压以后，执行服务器程序 redis-server.exe，即可启动 Redis 内存数据库服务器。使用客户端程序 redis-cli.exe，即可进入 Redis 内存数据库操作环境。其中，redis-server.exe 是 Redis

服务器的 daemon 启动程序，redis-cli. exe 是 Redis 客户端命令行操作工具。

3. 大数据分析方法

传统的数据分析已经不再适应当前的大数据时代，需要专门的大数据分析方法。在大数据及移动互联网时代，每一个使用移动终端的人无时无刻不在生产数据，而互联网服务提供商也在持续不断地积累数据。用数据说话，数据具有一定的人工智能特性，能表现出更为客观、理性的一面，数据可以让人更加直观、清晰地认识世界，数据也可以指导人更加理智地做出决策。随着大数据的普及和应用，有必要及时进行数据分析，提取有用数据。常见的大数据分析方法有以下几种。

（1）可视化分析

不管是对数据分析专家还是普通用户，数据可视化都是数据分析工具最基本的要求。数据可视化可以直观地展示数据，让数据自己说话，让使用数据的人以更直观、更易懂的方式了解分析结果。

（2）数据挖掘算法

数据挖掘是指从大量的数据中，特别是数据库中，通过算法搜索发现新的、有价值的信息和知识的过程。数据挖掘基于知识发现、人工智能、模式识别、统计学、数据库和可视化技术等，高度自动化地分析企业的数据，进行归纳性的推理，从中挖掘出潜在的模式，帮助决策者调整市场策略，减少风险，做出正确的决策。

数据可视化是把数据以直观的形式展现给人们看的，数据挖掘则可以说是给机器看的。集群、分割、孤立点分析还有其他的算法深入数据内部去挖掘数据的价值。这些算法不仅要考虑处理的大数据的量，也要考虑处理大数据的速度。

（3）预测性分析能力

预测性分析结合了多种高级分析功能，包括特设的统计分析、预测性建模、数据挖掘、文本分析、优化、实时评分、机器学习等。这些工具可以帮助企业发现数据中的模式，并超越当前所发生的情况预测未来进展。

数据挖掘可以让分析员更好地理解数据，而预测性分析可以让分析员根据可视化分析和数据挖掘的结果进行一些预测性的判断。

（4）语义引擎

由于非结构化数据的多样性带来了数据分析的新挑战，需要一系列的工具去解析、提取、分析数据。语义引擎需要被设计成能够从"文档"中智能提取信息。

（5）数据质量和数据管理

数据质量和数据管理是通过标准化的流程和工具对数据进行处理，可以保证一个预先定义好的高质量的分析结果。

4.2　数据库编程

数据库应用程序是数据库系统的重要组成部分，用户通过应用程序提供的接口能够更方便、更系统、更直观地使用数据库中的数据。本节介绍应用程序中连接数据库的常用技术及用 Python 语言开发数据库应用程序的基本方法。

4.2.1　数据库管理系统简介

MySQL 是一个流行的关系数据库管理系统软件，由瑞典 MySQL AB 公司开发，目前属于美国 Oracle 公司旗下的数据库软件产品，分为社区版（即开源版）和商业版。MySQL 与其他的像 Oracle、DB2 和 SQL Server 等大型数据库管理系统相比，其功能和规模略显弱小，仍然遵守标准化的数据库语言 SQL，并且具有跨平台的兼容性、体积小、速度快、总体拥有成本低以及开放源码等特点，它也更擅长用于 Web 应用方面，一般适合中小型企业的数据库应用，比如一般中小型和大型网站的开发都选择 MySQL 作为网站数据库。

1. MySQL 的下载、安装与配置

MySQL 一般分为以下 4 个版本。

- MySQL Community Server（社区版）：免费开源，自由下载，但不提供官方技术支持，适用于大多数普通用户和个人用户。
- MySQL Enterprise Edition（企业版）：需要付费，不能在线下载，可以试用 30 天，提供更多的功能和更完整的技术支持，更适合于对数据库的功能和可靠性要求较高的企业客户。
- MySQL Cluster（集群版）：免费开源，用于架设集群服务器，可以将几个 MySQL Server 封装成一个 Server，需要在社区版或企业版的基础上使用。
- MySQL Cluster CGE（高级集群版）：需要付费。

下载请到官网 https://dev.mysql.com/downloads/mysql/（下载页面如图 4-11 所示）。截止本书发稿时，最新版本为 MySQL Community Server 8.0.30。这里以 8.0.30 社区版为例简单介绍。

图 4-11　MySQL 官网下载页面

对于 Windows 下的社区版，可以有以下三种文件形式。

- Windows Installer MSI（安装版），文件为 mysql-installer-community-8.0.30.0.msi。
- Windows Release Zip Archive（发行压缩版），文件为 mysql-8.0.30-winx64.zip。

● Windows Debug Zip Archive（调试压缩版），文件为 mysql - 8. 0. 30 - winx64 - debug - test. zip。

这里下载的是发行压缩版的安装文件，即 mysql-8. 0. 30-winx64. zip。MySQL 安装、配置和使用的步骤如下。

1）将下载的文件 mysql-8. 0. 30-winx64. zip 解压缩到指定的安装目录，比如 D：\JavaOS\dbserver\mysql-8. 0. 30-winx64。

2）在安装目录中新建并配置 my. ini 文件，内容如下。

```
［mysql］
# 设置 MySQL 客户端默认字符集
default-character-set=utf8mb4
［mysqld］
# 设置 3406 端口
port = 3406
# 设置 MySQL 的安装目录,这是前面解压缩的目录
basedir=D：\JavaOS\dbserver\mysql-8. 0. 30-winx64
# 设置 MySQL 数据库的数据存放目录
datadir=D：\JavaOS\dbserver\mysql-8. 0. 30-winx64\data

# 最大允许连接数
max_connections=200
# 服务器端使用的字符集默认为 UTF-8
character-set-server=utf8mb4
# 创建新表时将使用的默认存储引擎
default-storage-engine=INNODB
```

3）在安装目录中新建一个 data 文件夹，即数据库文件夹。

最终的安装目录结构如下：

```
├──bin
├──docs
├──include
├──lib
├──data
├──my. ini
└──share
```

4）初始化 MySQL 数据库管理系统。

① 在 Windows 10 开始菜单中单击"运行"（或按〈Windows+R〉组合键）打开"运行"对话框，输入"cmd"命令，然后按〈Ctrl+Shift+Enter〉组合键，以 Windows 管理员身份运行和进入 cmd 命令环境。输入下列命令进入 MySQL 安装目录。

```
cd  /d  D：\JavaOS\dbserver\mysql-8. 0. 30-winx64
```

② 在 cmd 命令提示符下输入下列命令。

```
cd /d  D：\JavaOS\dbserver\mysql-8. 0. 30-winx64\bin
```

进入 MySQL 安装目录下的命令（可执行文件）目录。

③ 输入"mysqld --initialize --console"命令初始化 MySQL，执行过后，记录下"A temporary password is generated for root@ localhost："后的初始化密码。

④ 输入"mysqld --install"命令安装 MySQL，出现"Service successfully install"即代表已

安装成功。此时还需要到 Windows 任务管理器的服务管理中启动 MySQL 服务。

⑤ 输入"mysql --version"命令查看 MySQL 的版本，出现"mysql　Ver 8.0.30 for Win64 on x86_64（MySQL Community Server - GPL）"，即代表版本为 8.0.30。

⑥ 输入"mysql --help"命令查看 MySQL 各种命令及参数的用法。

⑦ 输入"mysql -u root -p"命令登录数据库，密码用上面记录的初始密码。出现以下信息即表示登录数据库成功。

```
Welcome to the MySQL monitor.    Commands end with ; or \g.
Your MySQL connection id is 8
Server version: 8.0.30

Copyright (c) 2000, 2022, Oracle and/or its affiliates.

Oracle is a registered trademark of Oracle Corporation and/or its
affiliates. Other names may be trademarks of their respective
owners.

Type 'help;' or '\h' for help. Type '\c' to clear the current input statement.

mysql>
```

⑧ 修改数据库的密码，SQL 语句如下：

```
ALTER USER 'root'@'localhost' IDENTIFIED WITH mysql_native_password BY '123456';
flush privileges;
```

出现以下信息：

```
Query OK, 0 rows affected (0.00 sec)
Query OK, 0 rows affected (0.01 sec)
```

即表示 root 密码修改成功。

到此可以在 cmd 命令环境下的 mysql 提示符下正常使用 MySQL 数据库了。以下命令创建 studentdb 数据库、选用数据库和在 student 中创建数据表 student。

```
mysql>create database studentdb;
mysql>use studentdb;
mysql>create table student(number char(10) primary key, name varchar(20), gender char(4), stuclass varchar(20));
```

2. Navicat 的下载、安装与配置

Navicat 是一套跨平台、可创建多个连接的数据库管理工具，用以方便管理 MySQL、Oracle、PostgreSQL、SQLite、SQL Server、MariaDB 和 MongoDB 等不同类型的数据库。它与阿里云、腾讯云、华为云、Amazon RDS、Amazon Aurora、Amazon Redshift、Microsoft Azure、Oracle Cloud 和 MongoDB Atlas 等云数据库兼容。使用 Navicat 可以创建、管理和维护数据库，Navicat 的功能足以满足专业开发人员的几乎所有需求，对数据库服务器初学者来说也简单、易操作。Navicat 的用户界面设计良好，提供非常安全且简单的方法创建、组织、访问和共享信息。

对于 MySQL 来讲，Navicat 是一套高性能数据库管理及开发工具，它可以用于任何版本的 MySQL 数据库服务器，并支持大部分 MySQL 最新版本的功能，包括触发器、存储过程、函数、事件、视图以及管理用户等。

另外，Navicat 适用于三种平台，即 Microsoft Windows、Mac OS X 及 Linux。它可以让用户

连接到任何本机或远程服务器，提供一些实用的数据库工具，（如数据模型、数据传输、数据/结构同步、导入/导出、备份/还原、报表创建工具及计划安排等）以便协助管理数据。

可以到官网 https://navicat.com.cn/下载 Navicat Premium 集成版本（下载页面如图 4-12 所示），可同时管理多种数据库管理系统；也可以下载单行版，比如 Navicat for MySQL，仅管理 MySQL 数据库管理系统。不过，这些版本都是收费的。

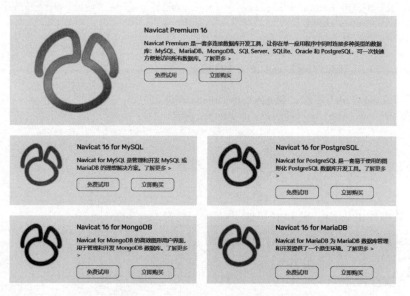

图 4-12　Navicat 官网下载页面

受版本和版权所限，本节使用的是 Navicat Premium 11.1.21 版。Navicat 版权界面如图 4-13 所示。

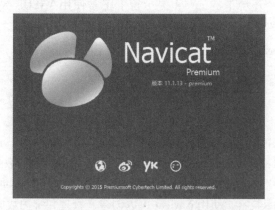

图 4-13　Navicat 版权界面

在 Navicat 主界面中选择"文件"｜"新建连接"｜"MySQL"菜单命令，如图 4-14a 所示；然后在弹出的窗口中输入连接名（myconn）、主机名或 IP 地址（localhost 或 127.0.0.1）、端口（3306）、用户名（root）以及密码（123456），接着单击"连接测试"按钮，如图 4-14b 所示，如果测试成功，最后单击"确定"按钮，即在 Navicat 中建立了一个 mysql 连接；双击主界面左侧的"myconn"即可打开刚才创建的数据库连接，如图 4-14c 所示。

图 4-14　Navicat 主界面

a）建立连接　b）输入连接参数　c）打开连接

到此，可以使用 Navicat 建立自己的数据库、数据表，管理数据以及用户了。

4.2.2　数据库应用程序设计

1. Python 与 MySQL 数据库管理系统的连接

使用 Python 的包安装与升级命令 pip 安装 Python 与 MySQL 的
接口包，这里选用的包为 pymysql，它可以作为 Python 与 MySQL 数据库管理系统的 API。

（1）安装 pymysql 包

在 Windows 命令提示符下执行以下在线安装命令，安装 pymysql。

```
pip install pymysql
```

（2）使用 pymysql

在 Python 中使用 pymysql 访问 MySQL 的步骤，大致如下：连接数据库→创建游标对象→
编写 SQL 语句→执行 SQL 语句→获取结果→关闭数据库连接。

1）导入 pymysql 模块的命令如下。

```
import pymysql
```

2）通过该模块的 connect( )方法创建数据库连接对象。

connect( )方法主要有以下几个常用参数。

- host=None：数据库连接主机名称或 IP 地址。
- port=3306：主机端口号，默认为 3306。
- user=None：数据库用户名。
- password=''：数据库用户密码。
- database=None：要连接的数据库名称。
- charset=''：要连接的数据库的字符编码。

可以在 Windows 的 cmd 界面连接 MySQL 后，输入"\s"查看当前所连接的 MySQL 的参数
内容。例如：

```
mysql> \s
--------------
mysql    Ver 8.0.30 for Win64 on x86_64（MySQL Community Server - GPL）

Connection id：          14
```

```
Current database:          mysql
Current user:              root@localhost
SSL:                           Cipher in use is TLS_AES_256_GCM_SHA384
Using delimiter:           ;
Server version:            8. 0. 30 MySQL Community Server - GPL
Protocol version:          10
Connection:                    localhost via TCP/IP
Server characterset:       utf8mb4
Db       characterset:         utf8mb4
Client characterset:       utf8mb4
Conn.   characterset:          utf8mb4
TCP port:                  3306
Binary data as:            Hexadecimal
Uptime:                        1 hour 20 min 34 sec

Threads: 2   Questions: 38   Slow queries: 0   Opens: 168   Flush tables: 3   Open tables: 84   Queries per
second avg: 0. 007
---------------
```

例如，需要连接的数据库的名字为 studentdb，采用本地 IP 地址，即 127.0.0.1，账号为 root，密码为 123456，默认端口为 3306，字符集为 UTF-8，则以下 Python 语句创建该数据库的连接对象 conn。

```
conn = pymysql. connect(
    host ='127. 0. 0. 1',          # 连接名称，默认为 127.0.0.1
    user ='root',                  # 用户名
    passwd ='123456',             # 密码
    port = 3306,                  # 端口，默认为 3306
    db ='studentdb',              # 数据库名称
    charset ='utf8',              # 字符编码
)
```

数据库连接对象还有以下方法。

- commit()：提交事务。
- rollback()：回滚事务。
- close()：关闭数据库的连接。

3）建立了数据库连接，就可以在连接对象上建立数据库**游标**（Cursor）对象。

数据库游标可以视为指向查询结果中特定行的指针，可以根据游标的类型逐行上下移动该指针。使用游标可以避免一次性执行一条完整的 SQL 语句之后返回的结果中包含大量行，消耗大量内存，因此可以通过游标来封装查询结果。

数据库游标一般包括**显式游标**和**隐式游标**两种。显式游标主要用于对查询语句的处理，尤其是查询结果返回多条记录的情况。隐式游标由系统定义，名字为 SQL，对于非查询语句，如修改和删除操作，则由系统隐式、自动地为这些操作设置游标并创建其工作区。

例如，利用数据库连接对象 conn 的 cursor()方法创建游标对象，名字为 cursor。

```
cursor = conn. cursor( )
```

4）通过调用游标对象的以下方法完成对数据库的访问。

- execute(operation[,parameters])：执行数据库操作，如 SQL 语句或者数据库命令，可以是数据库的增、删、改、查等操作。

● executemany（operation，seq_of_params）：用于批量操作，即一次批量执行多条 SQL 语句。

如果使用 execute 或 executemany 方法执行的是 SQL 查询语句，那么还可以使用以下三种 fetch 相关方法获取查询结果（称为结果数据集）。

● fetchone（）：查询时获取结果数据集中的下一条记录，一次仅获取一行数据，返回的数据类型是单个元组，即一条记录（row），如果没有结果，则返回 None。

● fetchmany（size）：查询时获取指定数量的记录数据，一次获取多条数据。

● fetchall（）：查询时获取结果数据集的所有记录数据，一次性获取所有数据。

例如：

```
cursor. execute(" select name,age,gender from student where id='123';")    # 查询
resultset=cursor. fetchone ( )                                             # 获取一条记录
```

结果 resultset 为元组，其值为一个人的名字、年龄和性别，此时可以通过 resultset[0]、resultset[1]、resultset[2] 到得这个人的 name、age 和 gender 三个字段的值。

如果语句写为：

```
name,age,gender=cursor. fetchone ( )
```

结果中的 name、age 和 gender 即为数据表 student 的 name、age 和 gender 三个字段的值。

语句 resultset=cursor. fetchmany (10)或 resultset=cursor. fetchall ( )的结果集 resultset 是包含多条记录的二维元组，形如：

```
( (name1,age1,gendle1)，(name1,age1,gendle1)，(name1,age1,gendle1)，…)
```

只不过 fetchmany 最多返回 10 条记录，fetchall 返回全部记录，具体数量均未知。

此时建议使用类似如下的 for 循环来提取结果。

```
for row in resultset：
    print(row[0],row[1],row[2])
```

5）用数据库连接对象的 commit( )方法提交数据。

如果执行的是 DDL 的 SQL 语句，应在执行完之后使用连接对象的 commit( )方法提交，前面所做的修改方能生效。

```
conn. commit( )
```

6）关闭数据库游标对象和数据库连接对象。

对数据库的操作执行完毕，程序结束前应关闭光标，关闭数据库连接。首先使用数据库游标对象的 close( )方法关闭打开的游标对象，然后使用连接对象的 close( )方法关闭打开的数据库连接。

```
cursor. close( )
conn. close( )
```

2. 建表和数据的增删改方法

假设前面的游标对象 cursor 已经建立好，在此需要建立一张读者表，它包含借书证号、姓名和班级三个字段，建立数据库读者表的 Python 语句如下。

```
cursor. execute(" CREATE TABLE IF NOT EXISTS 读者表（ \
    借书证号 INTEGER, 姓名 TEXT, \
    班级 TEXT, PRIMARY KEY(借书证号));" )       # 其中\为 Python 的续行符
```

向数据库中依次增加四条读者数据的 Python 语句如下。

```
cursor. execute("INSERT  INTO 读者表 VALUES(12305, '张之焕', '机械 1318');")
cursor. execute("INSERT  INTO 读者表 VALUES(63108, '李红', '电气 1216');")
cursor. execute("INSERT  INTO 读者表 VALUES(49529, '王可詹', '能动 1120');")
cursor. execute("INSERT  INTO 读者表 VALUES(49530, '王可詹', '能动 1120');")
```

修改数据库中读者表的一条记录，将"李红"改为"李宏"，Python 语句如下。

```
cursor. execute("UPDATE 读者表 SET 姓名='李宏'  WHERE 姓名='李红';")
```

删除数据库读者表中借书证号为"49530"的读者信息，Python 语句如下。

```
cursor. execute("DELETE FROM 读者表 WHERE 借书证号=49530;")
```

也可以通过带"?"参数的 SQL 语句进行读者表数据的增加，Python 语句如下。

```
cursor.  execute ("INSERT INTO 读者表 VALUES (?,?,?);", (12305, '张之焕', '机械 1318'))
```

还可以通过带"?"参数的 SQL 语句批量进行读者表的多条数据的增加，此时需要调用 executemany( )方法，Python 语句如下。

```
data = [(12305, '张之焕', '机械 1318'),
        (63108, '李红', '电气 1216'),
        (49529, '王可詹', '能动 1120')
        ]
cursor. executemany("INSERT INTO 读者表 VALUES (?,?,?);", data)
```

注意：凡是修改数据库内容的语句，最后都要加提交语句。

```
conn. commit( )
```

3. 数据的查询方法

假设前面的游标对象 cursor 已经建立好，在此重点介绍如何进行数据库中读者表的数据查询，通过游标对象的 execute( )方法直接进行数据查询，通过游标对象的 fetchone( )方法获取一条查询结果，可以通过循环获得所有查询结果，Python 语句如下。

```
cursor. execute("SELECT  * FROM 读者表 ORDER BY 班级;")
row = cursor. fetchone( )           # 获取第一条结果记录
print(row)
row = cursor. fetchone( )           # 获取第二条结果记录
print(row[0],row[1],row[2])
print(cursor. fetchone( ))          # 获取第三条结果记录
```

或

```
row = cursor. fetchone( )           # 获取一条结果记录
while(row! =None):                  # 通过循环遍历查询结果
    print(row)                      # 显示
    row = cursor. fetchone( )       # 再获取一条结果记录
```

使用游标对象的 fetchmany(n)、fetchall( )方法分别获取查询结果中的 n 条记录和全部查询结果，Python 语句如下。

```
rows = cursor. fetchall( )
print(rows)    # 这是一个元组的列表，可通过循环一行一行地显示
```

也可以通过带"?"参数的 SQL 语句进行读者表的数据查询，Python 语句如下。

```
t = ('机械 1318',)                          # 注意其中的逗号不要少，它表示元组
cursor.  execute ("SELECT * FROM 读者表 WHERE 班级 =? ",t)
print(cursor. fetchall( ))
```

还可以通过迭代器循环获取全部查询结果，Python 语句如下。

```
cursor. execute("SELECT  *  FROM 读者表 ORDER BY 班级;"):
resultset = cursor. fetchall( )
for row in resultset:
    print( row)
```

4.2.3 数据库编程实例

下面通过几个实例介绍使用 Python 语言访问数据库的编程方法。

【例 4-49】设已经通过 MySQL 的客户端程序创建了数据库 company，现在要编写 Python 程序在其中创建 employee 数据表、插入数据、查询并显示其中的数据。employee 表包含 4 个字段，分别是：num（编号）为 INTEGER 类型，name（姓名）为 TEXT 类型，gender（性别）为 TEXT 类型，salary（工资）为 REAL 类型，其中 num 定义为主码。

解：如果数据库 company 已经创建，创建 employee 数据表的 SQL 语句如下。

```
CREATE TABLE IF NOT EXISTS employee (
    num INTEGER,  name TEXT,  gender  TEXT,  salary REAL,  PRIMARY KEY( num)
);
```

建立好 employee 表后，可以使用 INSERT 插入数据，SQL 语句如下。

```
INSERT INTO employee VALUES(1,'Zhang','male',12000);
```

employee 表的数据有了以后，就可以进行查询了，查询的 SELECT 语句如下。

```
SELECT  *  FROM employee;
```

为了灵活，在 employee 表建表之前还可以执行如下的删表语句。

```
DROP TABLE IF EXISTS employee;
```

综合以上的诸多 SQL 语句，可以写出完整的 Python 程序代码。

```
import pymysql

# 连接数据库
conn = pymysql. connect(
    host ='127.0.0.1',                          # 连接名称，默认为 127.0.0.1
    user ='root',                               # 用户名
    passwd ='123456',                           # 密码
    port = 3306,                                # 端口，默认为 3306
    db ='company',                              # 数据库名称
    charset ='utf8',                            # 字符编码
)
print("数据库连接成功!")
cursor = conn. cursor( )
cursor. execute("DROP TABLE IF EXISTS employee;")
print("employee 表删除成功!")
# 创建数据表
cursor. execute("CREATE TABLE IF NOT EXISTS employee (    \
            num INTEGER, name TEXT, gender TEXT, salary REAL, PRIMARY KEY( num)    \
            );"
)
print("employee 表建立成功!")
```

```
# 插入数据
cursor. execute("INSERT INTO employee VALUES(1,'Zhang','male',12000);")
cursor. execute("INSERT INTO employee VALUES(2, 'Li','female',11000);")
cursor. execute("INSERT INTO employee VALUES(1004,'Chen','male',19000);")
cursor. execute("INSERT INTO employee VALUES(2001,'邢雪花','female',6500);")
cursor. execute("INSERT INTO employee VALUES(2020, '翟建设','fmale', 7460);")

print("employee 表数据增加成功!")

conn. commit()                                                    # 提交对数据库的修改
print("employee 表提交成功!")

print("编号\t 姓名\t 性别\t 工资");
resultset = cursor. execute("SELECT * FROM employee;")            # 查询
for row in resultset:                                             # 显示查询结果
    print(row)

cursor. execute("SELECT COUNT( * ) FROM employee;")              # 统计人数
row = cursor. fetchone()
print(row)

resultset = cursor. execute("SELECT * FROM employee WHERE salary >11000;") # 条件查询
for row in resultset:
    print(row)
print("employee 表查询完成!")

cursor. close()
conn. close()
print("数据库连接关闭!")
```

运行结果:

<略>

【例 4-50】编写 Python 程序，修改数据库 company 的 employee 表中的记录。将 num 值为 "2001" 的记录中的 salary 改为 "9000"；将 name 为 "翟建设" 的记录的 num 改为 "3000"。

解: 修改数据的 UPDATE 语句如下。

```
UPDATE employee SET salary = 9000   WHERE   num = '2001';
UPDATE employee SET num = 3000   WHERE   name = '翟建设';
```

Python 程序如下。

```
import pymysql
conn = pymysql. connect(host ='127. 0. 0. 1',   # 连接名称，默认为 127. 0. 0. 1
    user ='root',   passwd ='123456', port = 3306, db ='company', charset ='utf8')
print("数据库连接成功!")
cursor = conn. cursor()

cursor. execute("UPDATE employee SET salary = 9000   WHERE   num = '2001';")
cursor. execute("UPDATE employee SET num = 3000   WHERE   name = '翟建设';")
print("employee 表数据修改成功!")
conn. commit()
print("employee 表提交成功!")
```

```
print("编号\t 姓名\t 性别\t 工资");
resultset=cursor. execute("SELECT ∗ FROM employee;")
for row in resultset:
    print(row)
cursor. close( )
conn. close( )
print("数据库连接关闭!")
```

运行结果:

```
<略>
```

【例 4-51】编写 Python 程序,从数据库 company 中删除 employee 表中 num 值为 "1004"
的记录。

解: 删除数据的 DELETE 语句如下。

```
DELETE FROM employee WHERE num='1004';
```

Python 程序如下 (为节省篇幅,只给出删除的语句)。

```
# 导入 pymysql 模块,连接数据库,创建光标 cursor
cursor. execute("DELETE FROM employee WHERE num='1004';")
print("employee 表数据删除成功!")
conn. commit( )          # 提交
print("employee 表提交成功!")
# 查询,查看删除后的结果,关闭光标,关闭数据库连接
```

4.3　实例: 基于 Python 的可视化图书管理系统

本节通过一个图书管理系统,了解一个数据库应用系统的完整的设计过程,包括数据库和
SQL 设计、Python 应用程序设计以及 Python 可视化界面。

4.3.1　功能设计与数据库设计

【例 4-52】建立图书管理系统,该系统具有查询、借阅、还书等功能,具体要求如下。

- 查询图书: 通过书名和类别查询库中的图书,其中书名为模糊查询。
- 借书处理: 在查询的基础上完成借书登记处理。借书时需要输入书号和读者编号,修改
  图书表记录和增加借书表的记录。
- 还书处理: 实现还书处理操作。还书时需要先修改图书记录,改变其借出否标志,再删
  除相关的借书记录。

请对数据库进行设计,建立数据库并输入数据,开发数据库应用程序,实现上述功能。

1. 数据库设计

数据库设计的步骤是: 根据需求分析建立概念模型;将概念模型转换为数据模型;进行规
范化处理,使数据模型满足第三范式。

1) 概念模型。根据系统需求分析,可以得出图
书管理系统数据库的概念模型。图 4-15 ~ 图 4-17
是用 E-R 图表示的图书管理系统的概念模型。

2) 数据模型。将系统的 E-R 图转换为关系数

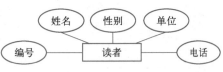

图 4-15　读者的 E-R 图

据库的数据模型，其关系模式如下。

读者（编号，姓名，单位，性别，电话），其中编号为主码；

图书（书号，类型，出版社，作者，书名，定价，借出否），其中书号为主码；

借书（书号，读者编号，借阅日期），其中书号和读者编号为主码；

将图书管理系统的数据库名定为"图书管理"。

图 4-16　图书的 E-R 图　　　　　　图 4-17　借书的 E-R 图

3）规范化。图书管理数据库中各表的函数依赖集如下。

图书：{书号→类型，书号→出版社，书号→作者，书号→书名，书号→定价，书号→借出否}；

读者：{编号→姓名，编号→单位，编号→性别，编号→电话}；

借书：{（书号，读者编号）→借阅日期}；

上述关系模式中所有的非主属性对码完全并直接依赖。由此证明，图书管理数据库中各表均为第三范式。

4）数据库完整性约束。

① 主码约束：在图书表中，"书号"为主码；在读者表中，"编号"为主码；在借书表中，"书号"和"读者编号"为主码。这些主码的属性值具有唯一性和非空性。

② 借书表和图书表间的外码约束：在借书表中，"书号"为外码，参照表为图书表，参照属性为"书号"。在系统中，该外码约束应当执行受限插入。在借书关系中插入元组（借阅图书）时，仅当图书表中有相应"书号"时，系统才执行插入操作，否则拒绝此操作。

③ 借书表和读者表间的外码约束：在借书表中，"读者编号"为外码，参照表为读者表，参照属性为"编号"。在系统中，该外码约束应当执行受限插入。在借书关系中插入元组（借阅图书）时，仅当读者表中有相应"读者编号"时，系统才执行插入操作，否则拒绝此操作。

5）关系属性的设计。

关系属性的设计包括属性名、数据类型、数据长度、该属性是否允许空值、是否为主码、是否为索引项及约束条件。

对图书表、读者表和借书表的设计结果如表 4-7、表 4-8 和表 4-9 所示。

表 4-7　图书表

属性名	含义	数据类型	长度	允许空	主码或索引	约束
书号	书号	CHAR	10	No	主码	
类型	图书类型	VARCHAR	10	No	索引项	
出版社	出版社名称	VARCHAR	20	Yes	索引项	
作者	作者名称	VARCHAR	30	Yes	索引项	
书名	书名	VARCHAR	30	No	索引项	
定价	定价	FLOAT		Yes		
借出否	是否被借出	TINYINT(1)		No	索引项	

表 4-8　读者表

属性名	含义	数据类型	长度	允许空	主码或索引	约束
编号	读者编号	CHAR	8	No	主码	
姓名	读者姓名	VARCHAR	20	No	索引	
单位	读者单位	VARCHAR	20	No	索引	
性别	读者性别	CHAR	2	Yes		
电话	读者电话	VARCHAR	12	Yes		

表 4-9　借书表

属性名	含义	数据类型	长度	允许空	主码或索引	约　　束
书号	借阅书号	CHAR	10	No	主属性	外码，参照属性为"图书.书号"
读者编号	借阅者编号	CHAR	8	No	主属性	外码，参照属性为"读者.编号"
借阅日期	借阅日期	DATETIME	8	No	索引	

2. 创建数据库

使用 Navicat 数据库管理工具或在 MySQL 命令提示符下创建图书管理数据库和数据表，每个表中插入 10 条记录。

创建图书表结构的 SQL 语句如下：

```
CREATE TABLE IF NOT EXISTS 图书
(
    书号 CHAR(20) NOT NULL COMMENT '书号',
    类型 VARCHAR(10) NOT NULL COMMENT '图书类型',
    出版社 VARCHAR(20) NULL COMMENT '出版社名称',
    作者 VARCHAR(30) NULL COMMENT '作者姓名',
    书名 VARCHAR(30) NOT NULL COMMENT '书名',
    定价 DOUBLE(7,2) NOT NULL COMMENT '定价',
    借出否 TINYINT(1) NOT NULL COMMENT '是否被借出',
    PRIMARY KEY(书号),
    INDEX index1(类型,出版社,作者,书名)
);
```

创建读者表结构的 SQL 语句如下：

```
CREATE TABLE IF NOT EXISTS 读者
(
    编号 CHAR(10) COMMENT '读者编号',
    姓名 VARCHAR(30) NOT NULL COMMENT '读者姓名',
    单位 VARCHAR(20) NULL COMMENT '读者单位',
    性别 CHAR(2) NULL COMMENT '读者性别',
    电话 VARCHAR(12) NULL COMMENT '读者电话',
    PRIMARY KEY(编号),
    INDEX index2(姓名,单位)
);
```

创建借书表结构的 SQL 语句如下：

```
CREATE TABLE IF NOT EXISTS 借书
(
```

```
书号 CHAR(20) COMMENT '借阅书号',
读者编号 CHAR(10) COMMENT '借阅者编号',
借阅日期 DATETIME NOT NULL COMMENT '借阅日期',
PRIMARY KEY(书号,读者编号),
FOREIGN KEY (书号) REFERENCES 图书 (书号),
FOREIGN KEY (读者编号) REFERENCES 读者 (编号)
);
```

限于篇幅，以下对于图书表和读者表仅给出各 3 条记录数据，分别见表 4-10 和表 4-11。

表 4-10　图书表数据

书　名	作者	出版社	定价	书号	类型	借出否
信仰的力量：共产党员的信仰故事	赵朝峰	人民日报出版社	48.00	9787511568168	党史故事	0
大国功勋	余玮	人民日报出版社	58.00	9787511572929	人物传记	0
长征	王树增	人民文学出版社	72.00	9787020159352	纪实文学	0

表 4-11　读者表数据

编号	姓名	单位	性别	电话
20190005	李景园	信计	男	
20190007	刘雅琳	医学	女	
20190004	刘子希	生物工程	女	

4.3.2　控制台程序设计

【例 4-53】创建 Python 控制台应用程序，包括 4 个功能，即查询图书、借书、还书和退出系统。并把连接数据库、查询图书、借书、还书以及主函数分别设计为函数 connectDB、lookForBook、lendBook、returnBook、main。

解： Python 程序如下，程序解释见注释。

```python
#   --------导入 pymysql 等相关包 --------
import datetime
from time import strftime
import pymysql


#   --------连接数据库 --------
def connectDB():
    # 建立连接
    conn = pymysql.connect(
        host='127.0.0.1',        # 连接名称，默认为 127.0.0.1
        user='root',             # 用户名
        passwd='123456',         # 密码
        port=3306,               # 端口，默认为 3306
        db='library',            # 数据库名称
        charset='utf8'           # 字符编码
    )
    # 建立游标
    cursor = conn.cursor()
    print("连接成功!")
```

```python
        return conn ,cursor

#  -------- 查询图书 --------
def lookForBook(bookinfo,kind,cursor):
    strSQL=""
    if(kind=="n"):
        strSQL="select * from 图书 where 书名 like '%{0}%';"
    else:
        strSQL="select * from 图书 where 类型 like '%{0}%';"
    strSQL=strSQL.format(bookinfo)
    cursor.execute(strSQL)
    resultset = cursor.fetchall()
    if(len(resultset)<1):
        print("很遗憾,没有您要查找的图书!")
    else:
        print("书号    类型    出版社    作者    书名    定价(元)    借出否")
        for row in resultset:
            for i in range(7):
                print(row[i],sep='   ',end=' ')
            if(row[6]!=0):
                print("已借出")
            else:
                print("未借出")

#  --------借书 --------
def lendBook(bookID,readerID,cursor):
    print("借阅图书..........")
    print()
    strSQL="select * from 图书 where 书号='{0}' and 借出否=1;"
    strSQL=strSQL.format(bookID)
    cursor.execute(strSQL)
    resultset = cursor.fetchall()
    if(len(resultset)>0):                    # 该书已被人借阅
        print("借书失败!")
        print()
    else:
        now=datetime.datetime.now()
        strNow = now.strftime("%Y-%m-%d %H:%M:%S")
        lendSql1 = "insert into 借书 values('{0}','{1}','{2}');"
        lendSql1 = lendSql1.format(bookID,readerID,strNow)
        cursor.execute(lendSql1)
        lendSql2 = "update 图书 set 借出否=1 where 书号='{0}';"
        lendSql2 = lendSql2.format(bookID)
        cursor.execute(lendSql2)
        print("借书成功!")
        print()

#  --------读者还书 --------
def returnBook(bookID,cursor):
    print("归还图书..........")
    print()
    strSQL="select * from 图书 where 书号='{0}' and 借出否=0;"
    strSQL=strSQL.format(bookID)
```

```
        cursor. execute(strSQL)
        resultset = cursor. fetchall()
        if(len(resultset)>0):                          # 该书未被人借阅
            print("还书失败!")
            print()
        else:
            returnSql1 ="delete from 借书 where 书号='{0}';"
            returnSql1 = returnSql1. format(bookID)
            cursor. execute(returnSql1)
            returnSql2 = "update 图书 set 借出否=0 where 书号='{0}';"
            returnSql2 = returnSql2. format(bookID)
            cursor. execute(returnSql2)
            print("还书成功!")
            print()

#   --------主函数:建立数据库连接并获得游标 --------
def main():
    conn ,cursor=connectDB()
    # 核心功能部分
    print("欢迎使用图书管理系统!")
    print("请输入相应的数字选择您要进行的操作")
    print()
    # 循环等待用户选择不同的操作
    kind='n'
    book="
    bookID="
    readerID="
    mode=-1
    while mode!=0:
        print("  1 :查询图书")
        print("  2 :借书")
        print("  3 :还书")
        print("  0 :退出")
        mode=int(input())
        if mode==1:
            print("请输入要进行哪类查询:n-按书名查询,m-按类型查询")
            kind=input()
            print("请输入要查询的书名或图书类型:")
            book=input()
            lookForBook(book,kind,cursor)
        elif mode==2:
            print("请输入要借阅的图书书号:")
            bookID=input()
            print("请输入的读者编号:")
            readerID=input()
            lendBook(bookID,readerID,cursor);
            conn. commit()                          # 提交结果
        elif mode==3:
            print("请输入要归还的图书书号:")
            bookID=input()
            returnBook(bookID,cursor);
            conn. commit()                          # 提交结果
        elif mode==0:
```

```
                    mode = 0
              else:
                    print("选择错误,请重新选择!")

        conn. commit()                    # 提交结果
        cursor. close()                   # 关闭数据库游标
        conn. close()                     # 关闭数据库连接

# --------主程序 --------
if __name__ == '__main__':
    main()
```

【运行结果】

运行程序,出现如下所示的主界面:

```
1:查询图书
2:借书
3:还书
0:退出
```

根据要进行的操作,输入相应的序号。

4.3.3 可视化程序设计

【例 4-54】图书管理系统的可视化程序。功能与例 4-52 相似,这里采用 tkinter 图形用户界面程序来实现。由于代码长度的原因,这里只列出图书查询部分的功能代码,其他功能留给读者补充。

解: Python 程序如下。

```
# --------导入包 --------
import tkinter as tk
from tkinter import *
from tkinter import scrolledtext
import tkinter. messagebox as messagebox
import pymysql

# --------主窗体类 --------
class MainFrame():
    # 构造函数实现图形界面的初始化
    def __init__(self,cursor):
        self. cursor = cursor
        # 创建窗体
        self. root = Tk()                              # 窗体对象
        self. root. title('图书管理系统')               # 窗体标题
        self. root. geometry('600x400+200+200')         # 窗体大小
        font1 = ('新宋体', 16)                          # 按钮字体

        # 创建按钮控件
        self. btn1 = Button(self. root,text='查询图书',font=font1, \
                          command=lambda:self. lookBookFrame(self. root,self. cursor))
        self. btn2 = Button(self. root,text='借书',font=font1, \
                          command=lambda:self. lendBookFrame(self. root,self. cursor))
        self. btn3 = Button(self. root,text='还书',font=font1,\
```

```
                              command = lambda : self. returnFrame( self. root , self. cursor) )
        self. btn4 = Button( self. root , text = '退出' , font = font1 , command = lambda : self. exit( ) )

        # 控件位置与大小
        self. btn1. place( x = 60 , y = 100)
        self. btn1. config( width = 20 , height = 4)
        self. btn2. place( x = 310 , y = 100)
        self. btn2. config( width = 20 , height = 4)
        self. btn3. place( x = 60 , y = 220)
        self. btn3. config( width = 20 , height = 4)
        self. btn4. place( x = 310 , y = 220)
        self. btn4. config( width = 20 , height = 4)

        self. root. mainloop( )

    # 查询图书
    def lookBookFrame( self , parent , cursor) :
        lb = LookBookFrame( parent , cursor)
        result = messagebox. showinfo( '提示' , '查询图书完成! ')
        return

    # 借书
    def lendBookFrame( self , parent , cursor) :
        # 正在建设 ...
        return

    # 还书
    def returnFrame( self , parent , cursor) :
        # 正在建设 ...
        return

    # 退出
    def exit( self , ) :
        # print( '退出')
        self. root. destroy( )
        return

# ---------查询图书子窗体类 ---------
class LookBookFrame( ) :
    # 构造函数实现图形界面的初始化
    def __init__( self , parent , cursor) :
        self. parent = parent
        self. cursor = cursor
        self. parent. withdraw( )

        # 创建子窗体
        self. root = Toplevel( parent)                   # 窗体对象
        self. root. title( '查询图书')                      # 窗体标题
        self. root. geometry( '620x400+200+200')          # 窗体大小

        # 创建单选按钮控件
        iv_default = IntVar( )
        self. radio1 = Radiobutton( self. root , text = '按书名查询' , value = 1 , variable = iv_default)
```

```
        self. radio2 = Radiobutton( self. root, text = '按类型查询', value = 2, variable = iv_default)
        # self. radio1. select( )
        iv_default. set( 1)
        # print( iv_default. get( ))

        # 创建标签控件
        self. label1 = Label( self. root, text = '请输入待查内容:')
        self. label2 = Label( self. root, text = '查询结果:')

        # 创建按钮控件
        self. btn1 = Button( self. root, text = '确定查询', command = lambda: self. lookBook( iv_default))
        self. btn2 = Button( self. root, text = '返回', command = lambda: self. back( ))

        # 创建单行文本框控件
        self. entry1 = Entry( self. root, textvariable = '')                      # 待查内容输入
        self. scrolledtext1 = scrolledtext. ScrolledText( self. root, width = 80, height = 10)    # 查询记录

        # 控件位置与大小
        self. radio1. place( x = 120, y = 20)
        self. radio1. config( width = 20, height = 4)
        self. radio2. place( x = 320, y = 20)
        self. radio2. config( width = 20, height = 4)

        self. label1. place( x = 160, y = 80)
        self. label1. config( width = 20, height = 4)
        self. entry1. place( x = 300, y = 110)

        self. btn1. place( x = 100, y = 160)
        self. btn1. config( width = 10, height = 2)
        self. btn2. place( x = 420, y = 160)
        self. btn2. config( width = 10, height = 2)

        self. label2. place( x = 250, y = 190)
        self. label2. config( width = 20, height = 4)
        self. scrolledtext1. place( x = 50, y = 240)
        self. scrolledtext1. config( width = 75, height = 10)

        self. root. mainloop( )

# 查询图书
def lookForBook( self, bookinfo, kind):
    strSQL = ""
    if( kind == "n"):
        strSQL = "select * from 图书 where 书名 like '%{0}%';"
    else:
        strSQL = "select * from 图书 where 类型 like '%{0}%';"
    strSQL = strSQL. format( bookinfo)
    self. cursor. execute( strSQL)
    resultset = self. cursor. fetchall( )
    self. scrolledtext1. delete( '1. 0', tk. END)
    if( len( resultset) < 1):
        self. scrolledtext1. insert( INSERT, "很遗憾,没有您要查找的图书!" + '\n')
    else:
```

```
                self. scrolledtext1. insert( INSERT, \
                    "书号    类型    出版社    作者     书名      定价(元)    借出否"+'\n')
            for row in resultset :
                for i in range(7) :
                    self. scrolledtext1. insert( INSERT, str( row[ i ] )+'   ')
                if( row[ 6 ]!=0) :
                    self. scrolledtext1. insert( INSERT, str( row[ i ] )+"已借出"+'\n')
                else :
                    self. scrolledtext1. insert( INSERT, str( row[ i ] )+"未借出"+'\n')

        # 确定查询
        def lookBook( self, iv_default) :
            bookinfo=self. entry1. get( )
            kind=" t"
            if iv_default. get( )==1 :
                kind=" n"
            elif iv_default. get( )==2 :
                kind=" t"
            self. lookForBook( bookinfo, kind)
            return

        # 返回主窗体
        def back( self, ) :
            self. root. destroy( )
            self. parent. update( )
            self. parent. deiconify( )
            return

# --------连接数据库 --------
def connectDB( ) :
    # 建立连接
    conn = pymysql. connect(
        host='127. 0. 0. 1',       # 连接名称, 默认为 127. 0. 0. 1
        user='root',              #用户名
        passwd='123456',          # 密码
        port=3306,                # 端口, 默认为 3306
        db='library',             # 数据库名称
        charset='utf8'            # 字符编码
    )
    # 建立游标
    cursor = conn. cursor( )
    return conn , cursor

# --------主函数: 建立数据库连接并获得游标, 创建并显示主窗口 --------
def main( ) :
    conn , cursor=connectDB( )  # 建立数据库连接并获得游标
    mf=MainFrame( cursor)
    conn. commit( )               # 提交结果
    cursor. close( )              # 关闭数据库游标
    conn. close( )                # 关闭数据库连接

# --------主程序 --------
if __name__=='__main__' :
    main( )
```

运行结果: 运行结果如图 4-18 所示。

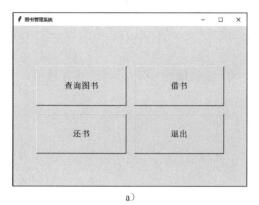
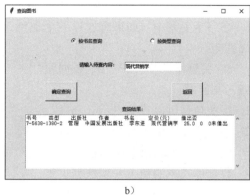

a)　　　　　　　　　　　　　　　　　b)

图 4-18　例 4-54 的运行结果

a) 主窗体　b) 图书查询子窗体

4.4　习题

一、名词解释

1. 关系模型　　2. 关系数据库　　3. 元组　　　　4. 属性

5. 关系模式　　6. 主键或主码　　7. 外键或外码　8. 实体完整性

9. 参照完整性　10. 用户定义完整性　11. 第一范式　12. 第二范式

13. 第三范式　14. 数据库设计　　15. E-R 图　　16. SQL

17. 大数据　　18. NoSQL　　　　19. 数据库游标

二、填空题

1. 数据库系统的构成包括硬件、软件、人员、数据库和_____。

2. 实体在现实中具有某种_____，从而将其与其他实体区分开。

3. 满足第一范式的关系可能出现的问题有_____、_____、_____等。

4. 外模式是_____模式的子集。

5. 数据库的三种模式之间存在着_____和_____两级映射，分别提供_____数据独立性和_____数据独立性。

三、选择题

1. 数据库的安全性管理不包括（　　）。

　　A. 用户管理　　　　B. 并发控制　　　　C. 数据加密　　　　D. 存取策略

2. 数据库的关键字应包含的属性个数是（　　）。

　　A. 1　　　　　　　B. 2　　　　　　　C. 3　　　　　　　D. 不确定

3. 数据库管理系统不可以（　　）。

　　A. 保障数据安全性　　　　　　　　　B. 消除关系中的传递函数依赖

　　C. 实现数据共享　　　　　　　　　　D. 实现异地数据管理

4. Access 数据库属于（　　）。

　　A. 关系型　　　　　B. 层次型　　　　　C. 网络型　　　　　D. 其他类型

5. 当属性 B 函数依赖于属性 A 时，属性 A 与 B 的联系是（　　　）。

    A. 1:m   B. m:1   C. m:n   D. 都不是

6. 在一个关系中，如果有这样一个属性，它的值能唯一地标识关系中的每一个元组，称这个属性为（　　　）。

    A. 关键字   B. 数据项   C. 关键属性   D. 主属性值

四、判断题

1. 层次模型可以直接表示 n:m 联系。   （　　　）

2. 同一个关系中的两个元组值可以相同。   （　　　）

3. SQL 属于关系数据库语言。   （　　　）

4. 数据库技术避免了一切数据重复。   （　　　）

5. 不同关系中的两个元组值可以相同。   （　　　）

五、综合题

1. 某个工厂生产若干产品，每种产品由不同的零件组成，有的零件可用在不同的产品上，这些零件由不同的原材料制成，不同零件所用的材料可以相同。这些零件按所属的不同产品分别放在仓库中。试用 E-R 图画出此工厂产品、零件、材料、仓库的概念模型。

2. 学生关系模式 S（Sno，Sname，SD，Sdname，Course，Grade），其中 Sno 为学号，Sname 为姓名，SD 为系名，Sdname 为系主任名，Course 为课程，Grade 为成绩。已知该关系的主码为（Sno，Course），请说明该关系中的完全函数依赖、部分函数依赖、传递函数依赖。

3. 将上题的学生关系模式 S 规范化到 3NF。

4. 设有一个顾客-商品关系数据库，有三个基本表，表结构如下。

商品表：Article（商品号，商品名，单价，库存量）

客户表：Customer（顾客号，顾客名，性别，年龄，电话）

订单表：OrderItem（顾客号，商品号，数量，购买价，日期）

1）请用 SQL 语言创建一个视图 GM_VIEW，检索顾客的顾客号、顾客名和订购商品的商品号、金额、日期（金额=数量×购买价）。

2）请用 SQL 语言检索一次订购的商品数量大于 3 的顾客名。

3）请用 SQL 语言找出女顾客的信息。

4）请用 SQL 语言 ALTER TABLE 命令给商品表 Article 增加一个字段，字段名为：产地，数据类型为：CHAR，长度为：30。

5. 教学数据库中有 3 个基本表。

学生表 S（Snum，SNAME，AGE，SEX）

选课表 SC（Snum，Cnum，GRADE）

课程表 C（Cnum，CNAME，TEACHER）

其中 Snum 表示学号，Cnum 表示课程号。用 SQL 的查询语句表示下列查询。

1）检索姓"刘"的老师授课的课程号和课程名。

2）检索年龄大于 20 的男生的学号和姓名。

3）统计所有学生的人数。

4）计算所有学生的平均年龄。

5）查询选修姓"刘"的老师所授课程的学生姓名。

6. 说明在 Python 中使用 pymysql 包连接 MySQL 数据库的基本方法。

7. 编写数据库程序，实现以下功能。

1）在数据库中建立一个表，表名为"学生"，其结构为：学号、姓名、性别、年龄、成绩（建议用英文单词或缩写作为名称）。

2）在学生表中输入 4 条记录（自己设计具体数据）。

3）将每人的成绩增加 10%。

4）将每条记录按照成绩由大到小的顺序显示到屏幕上。

5）删除成绩不及格的学生记录。

8. 编程实现一个通讯录管理系统，要求能插入记录，删除记录，浏览记录，按姓名查询，还可以将通讯录保存在一个文本文件中。

9. 编写一个成绩管理系统，学生信息包括班级、学号、姓名和分数，要求能输入学生成绩，排序，按学号查询成绩，统计各分数段的人数。

10. 将第 9 题程序改为 tkinter 可视化程序。

11. 补充 4.3.3 节实例的功能，使系统能够实现数据表的初始化、数据的插入、数据的修改、数据的删除、借书、还书、用户管理等功能。

第5章 网络及应用程序开发

随着网络基础设施的完善，互联网（Internet）已经成为覆盖全球的计算机网络。它不仅方便了人们的信息交流，而且渗透到社会生活的方方面面，深刻改变着人们的生活方式。在此过程中，各式各样的网络软件发挥了至关重要的作用。而 TCP/IP 正是目前各种网络软件的基础。在 TCP/IP 之上，人们设计了编程接口 Socket，并利用此接口开发了各种网络软件。

本章首先讲解计算机网络的一些基础知识，随后介绍基于 Socket 的客户端/服务器编程技术，最后介绍部分 Web 相关的网络编程技术。本章的程序基于 Python 语言。

5.1 Internet 编程基本知识

Internet 是由成千上万的不同类型、不同规模的计算机网络和数以亿计共同工作、共享信息的计算设备组成的世界范围的巨大的计算机网络。组成 Internet 的计算机网络包括局域网、城域网和大规模的广域网；计算设备中除传统的计算机（如 PC、工作站、小型机、中大型机或巨型机）外，许多新颖的电子智能设备（如商务通、Web TV、移动电话、智能家电）也开始接入 Internet。这些设备统称为**主机**（Host）或**端系统**（End System）。这些计算机网络和计算设备通过**通信链路**连接在一起，在全球范围构成了一个四通八达的"万网之网"（Network of Networks）。

通信链路由不同的物理介质构成，如电话线、高速专用线、卫星、微波、光纤等，它们以不同的速率传输数据。链路的传输速率通常用**带宽**（Bandwidth）来描述，以每秒钟传输的比特数（bit per second，bit/s）作为测量单位。

要将所有这些计算设备用通信链路直接连接是不可能的，必须像电话传输系统一样，通过交换设备将所有的端系统接入网络。在 Internet 中，担任这种角色的交换设备称为**路由器**（Router）。路由器按照**互联网协议**（Internet Protocol，IP）所规定的方法和规则，以接力的方式通过一系列通信链路和其他路由器中转来传递信息。Internet 通信方式采用一种称为**分组交换**（Packet Switching）的技术，以允许需要通信的多个端系统共享一条链路或者部分路径。

在 Internet 中，无论是端系统还是路由器，都必须在**通信协议**的协调下工作。**传输控制协议（TCP）**和**互联网协议（IP）**是 Internet 中最为重要的两个协议。

本节主要介绍 Internet 网络体系结构，着重讨论网络协议、IP 地址、域名以及 TCP 和 UDP，这些是 Internet 下的网络编程技术的重要理论基础。

5.1.1 网络体系结构

1. 什么是网络体系结构

对于复杂的网络系统，为了简化设计与实现互连，可以采用分层的方式实现。比如，在图 5-1 所示的信件发送过程的分层"互连"模式中，包含了发信人/收信人、邮局和运输系统三层实体。**对等实体**（收发双方同层对应实体）之间有彼此都理解的信息规范（共识），这使得它们之间可以相互沟通。而上下相邻两层之间也有交流的规范，使得信息可以在层间传递。这些同层次之间以及上下两层间的交流规范就是网络体系中的**协议**。

图 5-1　信件发送过程的分层"互连"模式

计算机网络是复杂的网络结构，人们为了完成计算机间的通信合作，也把每个计算机互连的功能划分成定义明确的层次，并规定了同层次进程通信的协议及相邻层之间的接口及服务。计算机网络的层次结构模型、同层进程间通信的协议和层间协议的集合称为**网络体系结构**。

这种分层结构的好处有以下几点。

1）独立性强：每一层不必知道相邻层是如何实现的，只要知道如何调用下一层的服务，以及如何向上一层提供服务即可。

2）适应性强：当任何一层发生变化，只要层间接口不发生变化，那么这种变化就不影响其他任何一层。

3）易于实现和维护：每个层次只实现与自己相关的功能，使得系统的结构清晰，易于实现。

2. 网络协议

网络协议是计算机网络中进行数据交换而建立的规则、标准或约定的集合。由于网络系统体系结构是有层次的，每个层次都有网络协议，层间数据交换也有不同的协议。

网络协议主要由以下三个要素组成。

（1）语义

语义是控制信息的含义，需要做出的动作及响应（即"讲什么"）。具体讲就是对构成协议的元素含义的解释。例如，在基本数据链路控制协议中，规定元素 SOH 表示所传输报文的报头开始，HEAD 表示用户定义的报头内容，STX 表示正文开始，ETX 表示正文结束。

（2）语法

语法是数据与控制信息的结构或格式（即"怎么讲"）。具体讲就是规定了将若干个协议元素和数据组合在一起来表达一个更完整的内容时所应遵循的格式。例如，在传输一份数据报文时，可用适当的协议元素和数据，按下述（见图 5-2）的格式来表达，其中 TEXT 是具体内容，BCC 是检验码。

SOH	HEAD	STX	TEXT	ETX	BCC

图 5-2　网络协议的一种信息格式

（3）时序

时序规定了操作的执行顺序。具体讲就是规定了某个通信事件及其由它而触发的一系列后续事件的执行顺序。例如在双方通信时，由源站发送的数据如果被目标站正确收到，则应遵循协议，返回元素 ACK（应答）给源站，使其知道所发出的报文已被正确接收。

3. OSI 和 TCP/IP 模型

典型的网络体系结构包括 OSI 参考模型和 TCP/IP 参考模型，它们的分层结构及层次对应关系如图 5-3 所示。

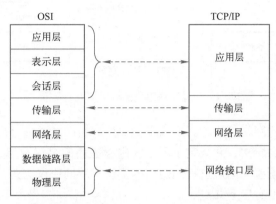

图 5-3 OSI 参考模型和 TCP/IP 参考模型

OSI（Open System Interconnection）是国际标准化组织 ISO 制定的网络体系结构，虽然从理论上比较完整，但是由于其实现起来过分复杂，所以运行效率很低。20 世纪 90 年代初期，OSI 还正在制定期间，Internet 已逐渐流行开来，并得到了广泛的支持和应用。而 Internet 所采用的体系结构是 TCP/IP 参考模型，这使得 TCP/IP 成为事实上的工业标准。TCP/IP 共有 4 个层次（见图 5-3），其中网络接口层包含了数据链路层和物理层。这几个层次的功能如下。

1）应用层。应用层为用户的应用进程提供网络通信服务。它包括很多面向应用的协议，如简单邮件传送协议（SMTP）、超文本传送协议（HTTP）、域名系统（DNS）等。

2）传输层。传输层在源端与目的端之间提供可靠的透明数据传输，使上层服务用户不必关心通信子网的实现细节。其协议主要包括面向连接的**传输控制协议（TCP）**和无连接的**用户数据报协议（UDP）**。TCP 提供了一种可靠的数据传输服务，具有流量控制、拥塞控制、按序递交等特点。而 UDP 的服务是不可靠的，但其协议开销小，在流媒体系统中使用得较多。

3）网络层。网络层的主要任务是选择合适的路由，把分组从源端传送到目的端。该层最主要的协议就是**互联网协议（IP）**。

4）数据链路层。数据链路层实现了在两个相邻结点间可靠地传输数据，使之对网络层呈现为一条无错的链路。

5）物理层。物理层实现了相邻计算机结点之间比特流（即 0、1 构成的数据流）的透明传送。

"**透明传送比特流**"的意思是经实际电路传送后的比特流没有发生变化，对传送的比特流来说，这个电路好像是看不见的。

4. 数据封装

一台计算机要发送数据到另一台计算机，首先必须打包数据，打包的过程称为**封装**。封装就是在数据前面加上特定的协议头部。

网络体系结构中每一层都要依靠下一层提供的服务。为了提供服务，下层把上层的协议数据单元（PDU）作为本层的数据封装，然后加入本层的头部（和尾部）。头部中含有完成数据传输所需的控制信息。这样，数据自上而下递交的过程实际上就是不断封装的过程。到达目的地后自下而上递交的过程就是不断拆封的过程。由此可知，在物理线路上传输的数据，其外面实际上被包封了多层"信封"。但是，某一层只能识别由对等层封装的"信封"，而对于被封装在"信封"内部的数据仅仅是拆封后将其提交给上层，本层不作任何处理。图 5-4 以 TCP/IP 参考模型为例说明了源主机发送数据和目标主机接收数据的封装和拆封的过程，其中链路层和物理层可以合称为**网络接口层**。

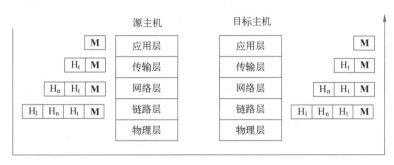

图 5-4　数据的封装和拆封的过程

5.1.2　TCP/IP 地址模式

1. IP 地址

如果把整个 Internet 看成一个单一的、抽象的网络，IP 地址就是给每个连接在 Internet 上的主机分配的一个在全世界范围内唯一的 32 位的标识符，相当于通信时每个计算机的名字。IP 地址由 32 个二进制位表示，包含 4 个字节。为了表示方便，通常将每个字节用其等值的十进制数字表示，每个字节间用圆点"."分隔。例如，IP 地址可以是 10000000 00001011 00000011 00011111 二进制形式，或者是 128.11.3.31 十进制点分形式。

IP 地址又是一种层次性的地址，分为**网络地址**和**主机地址**两个部分。处于同一个网络内的各主机，其 IP 地址中的网络地址部分是相同的，主机地址部分则标识了该网络中的某个具体结点，如工作站、服务器、路由器等。IP 地址可以记为：

IP 地址 ::= ｛ <网络地址>,<主机地址> ｝

IP 地址分为 5 类：A 类、B 类、C 类、D 类和 E 类。其中，A、B、C 类地址是主类地址，D 类地址为组播（multicast）地址，E 类地址保留给将来使用，如图 5-5 所示。A 类地址的最高位为"0"，随后的 7 位为网络地址号，后面的低 24 位为主机地址位；B 类地址最高两位为"10"，随后的 14 位为网络地址位，后面的低 16 位为主机地址位；C 类地址的最高三位为"110"，随后的 21 位为网络地址位，后面的低 8 位是主机地址位。一般，网络地址位全 0 的网络不分配，主机地址位全 1 和全 0 的主机号不分配，所以，C 类地址容纳的网络数是 $2^{21}-1$ 个，每个 C 类网络地址能容纳的主机数是 $2^8-2=254$ 台。A 类地址网络地址位全 1 的也不分配，通常作为本机的测试地址，如常用 127.0.0.1 表示本机。

2. 域名

由于数字表示的 IP 地址不便记忆，为了便于人们记忆和书写，从 1985 年起，Internet 在 IP 地址的基础上开始向用户提供域名系统（Domain Name System，DNS）服务，即用名字来标识接入 Internet 的计算机。例如西安交通大学的 Web 服务器的域名是 www.xjtu.edu.cn，它对

图 5-5　IP 地址分类

应的 IP 地址目前是 202.117.1.13。

域名的结构由若干个分量组成，各分量之间用点"."隔开。

……三级域名. 二级域名. 顶级域名

其中，最右边的称为顶级域名，向左依次为二级域名、三级域名等，每级域名可能是一个组织、国家或地区的简称。一般，二级域名是顶级域名的下一级组织，三级域名是二级域名的下一级组织，最左边的名字为主机的名字。如 mail. xjtu. edu. cn，从右向左表示中国（cn）、教育网（edu）、西安交通大学（xjtu）的邮件服务器（mail）。每一级域名都是由英文字母和数字组成的（不超过 63 个字符，且不区分字母大小写）。域名只是逻辑概念，并不反映主机所在的物理地点。

图 5-6 是 Internet 名字空间的结构，它像一个倒过来的树，树根在最上面且没有名字。树根下面一级的结点就是最高一级的顶级域名结点，在顶级域名结点的下面是二级域名结点，最下面的叶子结点是主机名称。

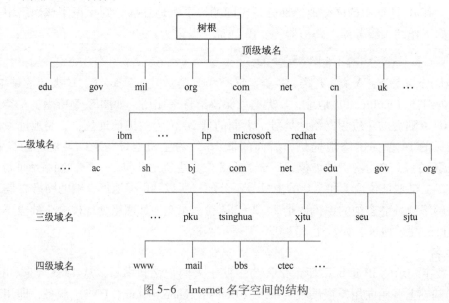

图 5-6　Internet 名字空间的结构

当某个应用进程需要通过域名访问目的主机时，由于网络层只能识别 IP 地址，因此它首先必须通过域名系统将目的主机的域名转换为其对应的 IP 地址，然后应用进程就可以用 IP 地址和目的主机进行通信。

5.1.3　传输层协议

1. 传输层和网络层之间的关系

传输层为它上面的应用层提供通信服务，它只存在于通信子网以外的主机中，在通信子网（主要设备是路由器）中没有传输层。两台主机进行通信实质上是两台主机中的应用进程互相通信，网络层的 IP 只能将分组送到目的主机，但是不能决定将分组送给主机中的哪个应用进程，因为一台主机中经常有多个应用进程同时分别和其他主机中的多个应用进程通信。而传输层则担负了这个任务，它为应用进程之间提供了逻辑通信，网络层则是为主机之间提供了逻辑通信，如图 5-7 所示。**逻辑通信**的含义是指：尽管通信实体之间并没有物理上直接进行连接，但是它们之间就好像具有物理连接一样可以直接通信。

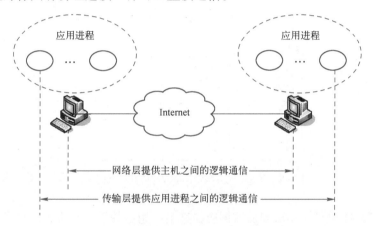

图 5-7　传输层和网络层提供的逻辑通信

传输层协议包括两个最重要的协议：**传输控制协议**（Transmission Control Protocol，TCP）和**用户数据报协议**（User Datagram Protocol，UDP）。

2. TCP

TCP 提供一种面向连接的、可靠的字节流服务。**面向连接**意味着两个使用 TCP 的应用在彼此交换数据之前必须先建立一个 TCP 连接。这一过程与打电话很相似，先拨号振铃，等待对方摘机后，然后才开始说话。

尽管 Internet 的网络层提供的服务是不可靠的（分组可能丢失、重复、错误、失序等），但是传输层采用面向连接的 TCP 时，应用层可以认为底层的逻辑通信信道是可靠的信道，这是由于 TCP 通过检错、应答、重发和排序等机制来确保可靠的数据传输服务。

3. UDP

UDP 则为应用层提供一种非常简单的服务。UDP 在传送数据之前不需要先建立连接，远程主机在收到 UDP 报文后，不需要做出任何确认。它只是把称作数据报（Datagram）的分组从一台主机发送到另一台主机，但并不保证该数据的可靠性，即数据可能会丢失、重复和失序。它的可靠性必须由应用层来提供。

这两种传输层协议在不同的应用程序中有不同的用途。虽然 UDP 不提供可靠交付，但是由于其不需要建立连接，简单、灵活，在某些情况下可能是一种最有效的工作方式。如 DNS、一些流媒体应用、视频会议等应用就使用 UDP。反之，由于 TCP 要提供可靠和面向连接的服务，不可避免地要增加许多开销，因此它适用于可靠性要求很高，但是实时性要求不高的应用，如文件传输协议（FTP）、超文本传送协议（HTTP）、简单邮件传送协议（SMTP）等。

4. 端口

TCP 和 UDP 都借助于端口（Port）与上层的应用进程进行交互。**端口**是一个编号和与编号对应的数据结构。应用层中不同进程的报文通过不同的端口向下交给传输层，再往下就共用网络层提供的服务。当这些报文被网络传输到目的主机后，目的主机的传输层通过不同的端口将报文分别交付到相应的应用进程，如图 5-8 所示。

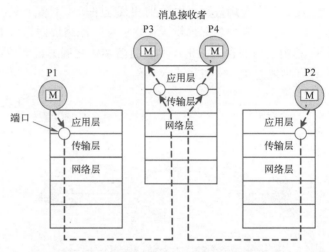

图 5-8　传输层协议利用端口与应用进程进行交互

若没有端口，传输层就无法知道数据应当交给应用层的哪一个进程。可见，端口可以用来标识应用进程。端口用一个 16 位二进制数表示，范围为 0~65 535，它是一个抽象的定位符。此外，端口只是标识本计算机应用层的各进程，不同计算机中的相同端口号是没有联系的。在端口号范围 0~1023 内的被称为**熟知端口**（Well-known Port），熟知端口被保留给一些常用的应用协议所使用，例如 FTP 使用 21，Telnet 使用 23，SMTP 使用 25，DNS 使用 53，HTTP 使用 80，等等。

5. 客户端/服务器计算模型

在 Internet 中，最主要的进程间相互作用的模型是**客户端/服务器**（Client/Server，C/S）**计算模型**。按照客户端/服务器计算模型，一个应用被分成两部分：**客户端**，和用户直接交互，向用户显示信息以及从用户收集信息；**服务器**，负责存储、提取和处理数据，执行客户请求的各项任务。这里客户端的概念是指向服务器发送请求并从服务器接收响应结果的任何软件程序；服务器的概念是指任何运行在联网的计算机上并提供某种服务的软件程序。服务器通过网络接收请求，然后为该请求执行相应的处理，最后将处理结果通过网络返回给请求的客户端。万维网（Web）、电子邮件（Email）、文件传输（FTP）、远程登录（Telnet）、新闻组（News Group）以及其他许多流行的应用采用的都是这种模型。很多文献将客户端是浏览器的应用称为**浏览器/服务器（B/S）模型**的软件。本质上讲，浏览器/服务器模型是客户端/服务器模型的一种特殊形式。

5.2　Socket 编程

本节介绍 Socket 的概念以及如何使用 Python 语言的 Socket 模块开发基于客户端/服务器模型的网络程序。

5.2.1　Socket 基本知识

1. 什么是 Socket

初学网络编程的人会接触大量网络编程的语言，比如 HTML、ASP. NET、PHP、Java、JSP、JavaScript 等。这些日新月异的编程语言基本上都是基于 Web 的编程技术，通俗地说，就是在网站基础上编程的技术，是一种建立网站应用的编程技术。伴随着电子商务的飞速发展，基于 Web 的编程技术成为近十几年来发展最快的 IT 技术。它们用来构建各种各样的网络应用，如网上论坛、电子商务网站、电子邮件系统等。但不论是什么样的网络应用，它们都要在网络上传输数据，而传输数据的规范就是 TCP/IP 协议族，也就是说，这些数据最终要转换成满足 TCP/IP 的数据包才能传送。

应用层通过传输层进行数据通信时，TCP 和 UDP 会遇到同时为多个应用程序进程提供并发服务的问题。为了区别不同的应用程序进程和连接，许多计算机操作系统为应用程序与 TCP/IP 提供了 Socket（套接字）接口，以区分不同应用程序进程间的网络通信和连接。

Socket 是 TCP/IP 协议族提供的最常用的应用编程接口。应用系统通过调用 Socket 的接口来利用传输层或网络层提供的各种服务。通俗地说，Socket 包含了一系列函数，这些函数可以帮助编程人员将要传输的数据封装为 TCP/IP 数据包并发送出去，或者相反，接收数据包并解析其内容。Socket 编程主要解决的是数据的传输问题。Socket 接口支持多种网络编程协议，包括 TCP 和 UDP 等。

首先必须明确 Socket 不是某一层的协议，它是应用层与 TCP/IP 协议族通信的中间软件抽象层，如图 5-9 所示。它是一组编程接口（即 API），把复杂的 TCP/IP 协议族隐藏起来，让 Socket 去组织数据，以符合指定的协议。

相较于 Web 编程而言，基于 Socket 的编程更加底层。比如可以用 Socket 接口编写一个 FTP 服务器，或者编写一个建立 WWW 网站的软件（类似于 Apache 等）。事实上，现今绝大多数基础性的网络软件本质上都是基于 Socket 接口开发出来的。

Socket 是按照"打开→读/写→关闭"的流程工作的。服务器和客户端各自维护一个"文件"，在建立连接并打开后，可以向自己的文件写入内容供对方读取或者读取对方的内容，通信结束时关闭文件。

Socket 接口起源于 UNIX 系统。第一个被广泛使用的 Socket 版本是在 4. 2BSD 系统（1983年）中发布的，它也被称为伯克利 Socket。目前它已被广泛地移植到很多非 BSD UNIX 系统和非 UNIX 系统中，其中就包括 Windows。

2. Python 语言中该如何建立 Socket 对象

Python 语言提供了内置的 socket 类模块，需要通过 import 导入再使用，可以使用其 socket( )函数来创建套接字对象，语法格式如下：

```
socket. socket(family = AF_INET, type = SOCK_STREAM, proto = 0, fileno = None)
```

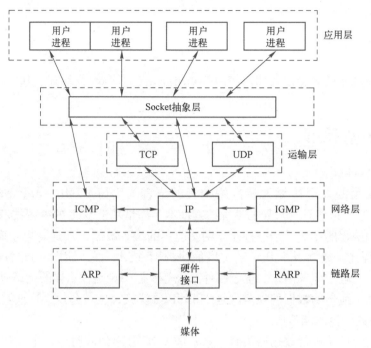

图 5-9 Socket 在网络体系结构中所处的位置

其中参数介绍如下。

1）family：套接字家族，可以是 AF_UNIX、AF_INET、AF_INET6 和 AF_UNSPEC 等。其中，AF_UNIX 针对 UNIX 域，主要用于同一台机器上的进程间通信，AF_INET 针对 IPV4 协议族的 TCP 和 UDP，AF_INET6 针对 IPV6 协议族的 TCP 和 UDP，AF_UNSPEC 适合任何协议族的地址。

如果指定套接字家族为 AF_INET，那么函数就不能返回任何 IPV6 相关的地址信息。

如果仅指定了套接字家族为 AF_INET6，就不能返回任何 IPV4 相关的地址信息。

如果指定套接字家族为 AF_UNSPEC，则意味着函数返回的是适用于指定主机名和服务名且适合任何协议族的地址。

如果某主机既有 AAAA 记录（IPV6）地址，同时又有 A 记录（IPV4）地址，那么 AAAA 记录将作为 sockaddr_in6 结构返回，而 A 记录则作为 sockaddr_in 结构返回。

AF_INET6 用于 IPV6 的系统，AF_INET 及 PF_INET 是 IPV4 系统用的。

其中，AF 表示 ADDRESS FAMILY（地址族）；PF 表示 PROTOCOL FAMILY（协议族）。

在 Windows 中，AF_INET 与 PF_INET 完全一样，而在 UNIX/Linux 系统中，不同的版本中这两者有微小差别。

2）type：套接字类型，可以为 SOCK_STREAM、SOCK_DGRAM、SOCK_RAW。其中，SOCK_STREAM 为基于 TCP 的流套接字，SOCK_DGRAM 为基于 UDP 的数据报文套接字，SOCK_RAW 为原始的 raw 套接字。

3）proto：协议号，只在 family 为 AF_CAN 时使用，默认为 0，一般不填。

4）fileno：文件号，如果提供该参数，前述参数将依据 fileno 从文件描述符自动获取。

表 5-1 列出了常用的套接字函数（其中"."前面的 socket 表示 socket 对象）。

表 5-1　常用的套接字函数

函　　数	描　　述
服务器套接字函数	
socket.bind()	绑定地址(host, port)到套接字,在 AF_INET 下,以元组(host, port)的形式表示地址,如 socket.bind("127.0.0.1", 8080),用于服务器
socket.listen([backlog])	开始 TCP 监听,等待客户连接,用于服务器。backlog 指定在拒绝连接之前,操作系统可以挂起的最大连接数量。该值至少为 1,大部分应用程序设为 5 就可以了
socket.accept()	被动接受 TCP 客户端连接,(阻塞式)等待连接的到来,用于服务器,其返回值是一个元组(conn, address),其中 conn 是一个能收发数据的新套接字,address 是连接对方的地址
客户端套接字函数	
socket.connect(address)	主动初始化 TCP 服务器连接,用于客户端。一般 address 的格式为元组(hostname, port),如果连接出错,返回 socket.error 错误
socket.connect_ex(address)	connect()函数的扩展版本,出错时返回出错码,而不是抛出异常
公共用途的套接字函数	
socket.recv(bufsize[, flags])	接收 TCP 数据,数据以字节对象形式返回,bufsize 指定一次要接收的最大数据量。flag 提供其他信息(Windows),默认为 0,通常可以忽略
socket.send(bytes[, flags])	发送 TCP 数据,将 bytes 中的数据发送到连接的套接字。返回值是发送的字节数,该数量可能小于 bytes 的字节大小
socket.sendall(bytes[, flags])	完整发送 TCP 数据。将 bytes 中的数据发送到连接的套接字,但在返回之前会尝试发送所有数据。成功则返回 None,失败则抛出异常
socket.recvfrom()	接收 UDP 数据。与 recv()类似,但返回值是(data, address)。其中 data 是包含接收数据的字符串,address 是发送数据的套接字地址
socket.sendto(bytes, address)	发送 UDP 数据。将数据发送到套接字,address 是形式为(ipaddr, port)的元组,指定远程地址和端口号,返回值是发送的字节数
socket.close()	关闭 socket
socket.getpeername()	返回连接套接字的远程地址。返回值通常是元组(ipaddr, port)
socket.getsockname()	返回套接字自己的地址。通常是一个元组(ipaddr, port)

5.2.2　基于 TCP 的客户端/服务器编程

基于 TCP 的通信模型是典型的 C/S 结构,包括 TCP 服务器和 TCP 客户端。

1. 服务器

服务器需要先启动,并且等待客户端的连接,属于被动处理。服务器步骤如下。

1)使用 socket()函数创建套接字。

2)使用 bind()函数为套接字绑定端口和 IP 地址,其中 IP 为服务器自身的 IP,端口选空闲可用端口。

3)调用 listen()函数开启监听,检测客户端连接申请。

4)使用 accept()函数接受连接请求,且服务器空闲,处理连接,连接成功后开始工作。

5)使用 recv 和 send()函数接收客户端发送的消息,回传给客户端消息回应。

6)工作完毕,使用 close()函数关闭套接字。

2. 客户端

客户端需要向服务器主动发出连接申请,需要在服务器启动后再启动,连接成功后可发送和接收数据。客户端步骤如下。

1）调用 socket( )函数创建套接字。

2）以服务器的 IP 地址和端口号使用 connect( )函数发送连接申请。

3）连接成功后使用 send( )和 recv( )函数向服务器发送数据，并接收服务器的数据。

4）处理完成后，调用 close( )函数关闭客户端套接字。

基于 TCP 的客户端/服务器通信流程如图 5-10 所示。

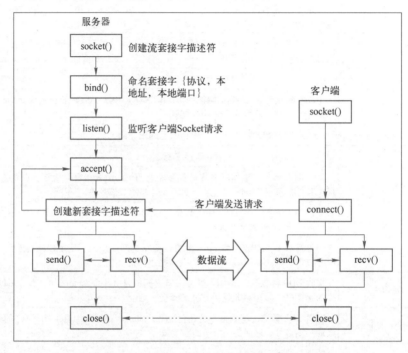

图 5-10　基于 TCP 的客户端/服务器通信流程

3. 服务器和客户端的实现

下面分别编写 TCP 服务器和客户端的程序，见例 5-1 和例 5-2。

【例 5-1】编写 Python 程序，实现收发一次信息的 TCP 服务器。此程序作为服务器运行，它绑定端口 9000，等待客户连接，一旦有客户连接成功，即向客户端发送欢迎信息，然后接收客户端发来的信息并显示。

解： 按上述实现 Socket 服务器的步骤和 Python 函数，编写程序如下。

```python
# - * - coding：utf-8 - * -

# 导入 socket 模块（内置，不需要安装）
import socket

# 创建基于 TCP 连接的服务器套接字对象
tcp_server = socket. socket( socket. AF_INET, socket. SOCK_STREAM)    # TCP/IP 协议族，TCP
# 绑定 IP 地址和端口
server_addr=("127. 0. 0. 1",9000)                              # 设置服务器本地 IP 地址和可用端口
tcp_server. bind( server_addr)                                 # 绑定
# 监听客户连接
tcp_server. listen(1)                                         # 监听，最大连接数为 1
print("服务器已启动,正在等待客户端连接...")
client_conn, client_addr = tcp_server. accept( )              # 等待客户连接，返回客户连接套接字和地址
```

```
# 给客户端发送欢迎信息
server_req="一日之计在于晨!".encode("UTF-8")        # 编码为 UTF-8 的二进制字节序列
client_conn.send(server_req)                         # 给客户端发送数据
# 接收客户端发来的字节序列数据
client_resp = conn.recv(1024)
print("客户说:",client_resp.decode("UTF-8"))         # 解码为 UTF-8 编码的字符串,显示
client_conn.close()                                  # 关闭客户端套接字
tcp_server.close()                                   # 关闭服务器套接字
print("聊天结束,再见!")
```

【例 5-2】编写 Python 程序,实现收发一次信息的 TCP 客户端。此程序连接到服务器端口 9000,一旦连接成功,首先接收服务器发来的欢迎信息并显示,然后向服务器发送信息。

解: 按照前面介绍的客户端流程和相关函数,编写 Python 程序如下。

```
# - * - coding: utf-8 - * -

# 导入 socket 模块
import socket

# 创建基于 TCP 连接的客户端套接字对象
tcp_client = socket.socket(socket.AF_INET, socket.SOCK_STREAM)
# 连接服务器。注意,使用 127.0.0.1 时,服务器和客户端应在同一台机器上
server_addr = ("127.0.0.1",9000)                      # 设置要连接的服务器地址(IP 地址和端口)
tcp_client.connect(server_addr)                        # 连接服务器
print("已连接服务器!")
# 接收服务器发来的欢迎信息
server_resp = tcp_client.recv(1024)                    # 接收字节序列结果
print("服务器说: ", server_resp.decode("UTF-8"))       # 解码为 UTF-8 编码的字符串
# 给服务器发送签到信息
client_req = "我要好好读书了!".encode("UTF-8")         # 编码字符串为 UTF-8 的二进制字节序列
tcp_client.send(client_req)                            # 发送给服务器
tcp_client.close()                                     # 关闭客户端套接字
print("聊天结束,再见!")
```

打开两个 Python 的 IDLE 窗口,各创建一个文件,一个写服务器程序,另一个写客户端程序,因为服务器程序和客户端程序需要分别运行在各自的 IDLE 下。先运行服务器程序,再运行客户端程序。

例 5-1TCP 服务器程序运行结果:

```
服务器已启动,正在等待客户端连接...
客户说:我要好好读书了!
聊天结束,再见!
```

例 5-2TCP 客户端程序运行结果:

```
已连接服务器!
服务器说:一日之计在于晨!
聊天结束,再见!
```

以上结果,服务器运行后显示第一行,然后等待客户端连接;客户端运行后,接收服务器的信息,发送自己的信息,结束。服务器收到连接,发送信息,接收信息,结束。

5.2.3　基于 UDP 的客户端/服务器编程

视频：基于 UDP 的客户端/服务器编程

基于 UDP 的通信模型也是典型的 C/S 结构，包括 UDP 服务器和 UDP 客户端。

基于 UDP 的通信是一种简单的无连接的数据报通信协议，每个数据报都是一个独立的信息，其中包括完整的源地址和目的地址，它会在网络上以任何可能的路径传往目的地，因此能否到达目的地，到达目的地的时间、次序以及内容的正确性都是不能被保证的，因此它不能提供可靠的数据传输服务，但是由于它不需要在通信双方之间建立连接，也没有超时重发等机制，它只是把应用程序传给 IP 层的数据报发送出去，故而传输速度很快。

UDP 数据本身已经包括了目的端口号和源端口号信息，而且由于通信不需要连接，因此可以实现广播发送，但是传输数据时有大小限制，每个被传输的数据报必须限定在 64 KB 之内。

UDP 一般用于多点通信和实时的数据业务，如语音广播、QQ、视频会议系统等。

使用 UDP 进行通信时，客户端和服务器所创建的 Socket 必须是 SOCK_DGRAM 数据报类型的。在这种无连接的客户端/服务器通信中，服务器和客户端的工作流程相对 TCP 大大简化，从而使得服务器不必监听和接受客户的连接，客户也无须预先连接服务器，而是直接进行信息收发。

1. 服务器

服务器需要先启动，并且等待客户端发送数据。服务器步骤如下。

1）创建套接字，调用 socket( )函数。

2）为套接字绑定端口和 IP 地址，IP 为服务器自身的 IP 地址，端口选空闲可用端口，调用 bind( )函数。

3）等待接收客户端发送的消息，给客户端回传回应消息，调用 recvfrom( )和 sendto( )函数。

4）工作完毕，关闭套接字，调用 close( )函数。

2. 客户端

客户端需要主动发送数据给服务器，所以在服务器启动后再启动，连接成功后可操作。客户端步骤如下。

1）创建套接字，调用 socket( )函数。

2）连接成功后向服务器发送数据，并接收服务器的数据，调用 sendto( )和 recvfrom( )函数。

3）处理完成后，关闭客户端套接字，调用 close( )函数。

基于 UDP 的客户端/服务器通信流程如图 5-11 所示。

图 5-11 显示了客户端和服务器使用 UDP 进行通信时所需要调用的相关接口和步骤。注意其中服务器没有监听的步骤，客户端没有连接的步骤。

下面分别编写 UDP 服务器和客户端的程序，见例 5-3 和例 5-4。

【例 5-3】编写 Python 程序，实现收发一次信息的 UDP 服务器程序。此程序作为服务器运行，它绑定端口 9000，等待接收客户端发来的报到信息，然后显示此信息，最后向客户端发送欢迎信息。

解： 程序代码如下。

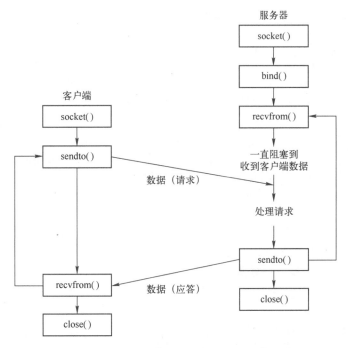

图 5-11　基于 UDP 的客户端/服务器通信流程

```
# - * - coding: utf-8 - * -

# 导入模块
import socket

# 创建基于 UDP 连接的服务器套接字对象
udp_server = socket. socket( socket. AF_INET, socket. SOCK_DGRAM)
server_addr = ("127. 0. 0. 1" ,9000)                    # 设置服务器本地地址（IP 地址和端口）
udp_server. bind( server_addr)                          # 绑定服务器本地地址
print("服务器已启动,等待客户端通信 . . . " )
# 接收客户端信息和客户端地址（IP 地址和端口号）
client_resp, client_addr = udp_server. recvfrom( 1024)
print("客户说:",client_resp. decode("UTF-8" ))          # 解码为 UTF-8 的字符串
print("客户地址:" ,client_addr)                          # 客户端的地址
# 给客户端发送欢迎信息
req="学海无涯苦作舟!". encode("UTF-8" )                   # 编码为 UTF-8 的二进制字节序列
udp_server. sendto( req. encode("UTF-8" ), client_addr)  # 给客户端发送信息
udp_server. close( )                                     # 关闭服务器套接字
print("聊天结束,再见!")
```

【例 5-4】 编写 Python 程序，实现和例 5-3 对应的能收发一次信息的 UDP 客户端程序。此程序直接向端口 9000 的服务器发送报到信息，最后接收服务器发来的欢迎信息并显示。

解： 程序代码如下。

```
# - * - coding: utf-8 - * -

# 导入模块
import socket
```

```
# 创建基于 UDP 连接的客户端套接字对象
udp_client = socket. socket( socket. AF_INET, socket. SOCK_DGRAM)
server_addr = ("127. 0. 0. 1" ,9000)                    # 设置服务器远程地址（IP 地址和端口）
# 给服务器发送签到信息
client_req = "书山有路勤为径!". encode("UTF-8")          # 编码为 UTF-8 的二进制字节序列
udp_client. sendto( client_req, server_addr)              # 给服务器发送信息
print("信息已发往服务器!")
# 接收服务器信息和服务器的地址（IP 地址和端口号）
server_resp, server_addr = udp_client. recvfrom(1024)
print("服务器说:" ,server_resp. decode("UTF-8"))          # 解码为以 UTF-8 的字符串
print("服务器地址:" ,server_addr)                         # 服务器的地址
udp_client. close()                                       # 关闭客户端套接字
print("聊天结束,再见!")
```

打开两个 Python 的 IDLE 窗口，各创建一个文件，分别编写服务器程序和客户端程序，先运行服务器程序，再运行客户端程序。

例 5-3UDP 服务器程序运行结果:

服务器已启动,等待客户端通信 . . .
客户说:书山有路勤为径!
客户地址: ('127. 0. 0. 1', 62985)
聊天结束,再见!

例 5-4UDP 客户端程序运行结果:

信息已发往服务器!
服务器说:学海无涯苦作舟!
服务器地址: ('127. 0. 0. 1', 9000)
聊天结束,再见!

5.3 迭代服务器和并发服务器编程

通常情况下，服务器需要同时向多个客户端提供服务，而客户端通常只与一个服务器交互。把一次只能服务于一个客户端的服务器称为**迭代服务器**（Interactive Server），而把能同时接收多个客户端连接的服务器称为**并发服务器**（Concurrent Server）。

5.3.1 迭代服务器编程

迭代服务器的最大问题是无法处理多个同时发生的客户端请求。例如，如果有两个客户同时请求连接，那么后一个客户必须等待直到前一个客户的处理完毕。因此迭代服务器架构通常只能用于一些简单的服务类型。

如图 5-12 所示，服务器在某端口创建一个监听 Socket 守候，等待客户的连接请求。当连接请求到达，它与客户通信，完成客户的相关处理请求。服务完毕之后，断开与客户的连接，继续等待下一个客户。如果同时有多个客户请求连接服务器，则这些客户请求会排队等待，服务器依次逐个处理。

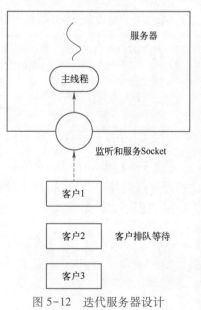

图 5-12 迭代服务器设计

【例 5-5】编写 Python 程序，实现 TCP 迭代服务器。此程序作为服务器运行，它绑定端口 9000，等待客户连接，一旦有客户连接成功，即刻向当前客户端发送欢迎信息；然后不断接收当前客户端发来的信息，并显示此信息，直到当前客户端输入的信息为"quit"，则关闭与当前客户端的连接；接着等待下一个客户端的连接并进行同样的处理。

解： 程序代码如下。

```python
# - * - coding: utf-8 - * -

# 导入模块
import socket


# 创建基于 TCP 连接的服务器套接字对象
tcp_server = socket.socket(socket.AF_INET, socket.SOCK_STREAM)
# 绑定服务器本地地址
server_addr = ("127.0.0.1",9000)              # 设置服务器本地地址（IP 地址和可用端口）
tcp_server.bind(server_addr)
# 监听客户连接
tcp_server.listen(5)                          # 最大连接数为 5
print("服务器已启动,等待客户端连接...")
count = 1
# 循环接收客户端发来的信息
while True:
    # 等待客户连接, 返回客户端套接字连接和客户端地址
    client_conn, client_addr = tcp_server.accept()
    # 给客户端发送欢迎信息
    server_req = "你好,客户 "+str(count)+"!"
    server_req = server_res.encode("UTF-8")   # 编码为 UTF-8 的二进制字节序列
    client_conn.send(server_req)              # 给客户端发送信息
    # 接收客户端信息
    client_resp = client_conn.recv(1024)
    while client_resp:
        client_resp = client_resp.encode("UTF-8")  # 解码为 UTF-8 的字符串
        if client_resp == 'quit':
                break;
        print("客户",count,"说:",client_resp)
        client_resp = client_conn.recv(1024)
    client_conn.close()                       # 关闭客户端连接套接字
    count = count+1                           # 轮到下一个客户
tcp_server.close()                            # 关闭服务器套接字
print("聊天结束,再见!")
```

本例和例 5-1 不同的是可以不断接收客户端的信息，直到客户端发送的信息是"quit"。这实际就是双方通信的协议。与之对应的客户端可以多次发送信息和接收信息，需要结束对话时，发送"quit"，然后就可以关闭连接了。客户端程序见后面的例 5-8。

5.3.2　并发服务器编程

并发服务器开发，使得一个服务器可以几乎在同一时刻为多个客户端提供服务。实现并发的方式有多种，下面以多进程、多线程、IO 多路复用等方式实现并发。这里仅使用网络编程中的 TCP 服务器和客户端通信为例。

与迭代服务器相反，并发服务器可以同时处理多个客户端请求。在这种架构中，有一个单

独的线程（称为**主线程**）等待客户端的连接请求，每当有请求到来时，该线程创建一个新的服务线程（称为**从线程**）来进行处理，新的线程创建完毕后主线程又重新等待后续的其他连接请求。

如图 5-13 所示，主线程在某端口创建一个监听 Socket 守候，等待客户的连接请求。当连接请求到达，它创建一个从线程，并让该线程使用新创建的 Socket 与客户通信，而自己仍然去等待其他客户的连接。这样如果同时有多个客户连接服务器，则服务器会创建对应的多个 Socket 和从线程去服务客户，从而形成并发服务的处理。

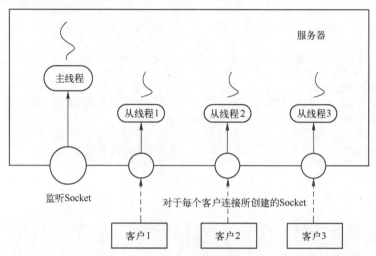

图 5-13　并发服务器多线程设计

图 5-14 是一般并发服务器的编程框架。

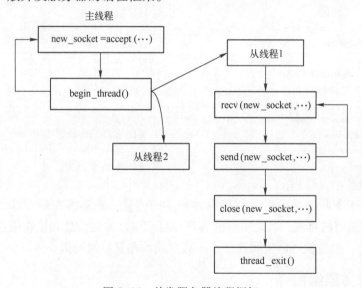

图 5-14　并发服务器编程框架

以上的线程（thread）都可以转换为进程（process），组成进程并发服务器。

1. 多进程并发编程

这里需要使用 Python 的 multiprocessing 内置模块。下面对该模块做一简单介绍。

multiprocessing 模块是 Python 中的多进程管理模块, 只需要通过下列格式导入即可使用。

```
import multiprocessing
```

或

```
from multiprocessing import Process
```

其中, Process 类用于创建一个进程对象, 通过该对象可以对相应的进程进行控制。
该类的构造方法格式如下。

```
Process(group=None, target=None, name=None, args=(), kwargs={}, *, daemon=None)
```

其中, 参数如下。

- group 默认为 None (目前未使用)。
- target 为调用对象, 即子进程执行的任务。
- name 为进程名称。
- args 为调用对象的位置参数元组, 比如: args=(value1, value2, …)。
- kwargs 为调用对象的关键字参数字典, 比如: kwargs={key1:value1, key2:value2,…}。
- daemon 为进程是否为后台守护进程, 布尔值。

该类的常用方法如下。

- start() 启动进程, 并调用子进程中的 run() 方法。
- run() 为进程启动时运行的方法, 在自定义时必须实现该方法。
- join() 阻塞进程使主进程等待该进程终止。
- terminate() 和 kill() 强制终止进程, 不进行清理操作, 如果 Process 创建了子进程, 会导致该进程变成僵尸进程。
- is_alive() 判断进程是否还存活, 如果存活, 则返回 True。
- close() 关闭进程对象, 并清理资源, 如果进程仍在运行, 则返回错误。

利用以上 Process 类进程对客户端和服务器进行管理, 当有新的客户端连接到服务器时, 创建一个新的进程, 然后由操作系统调度和管理, 从而实现了并发操作。

【例 5-6】 编写 Python 程序, 实现**多进程**并发服务器。此程序作为服务器运行, 它绑定端口 9000, 等待客户连接, 一旦有客户连接成功, 即刻向当前客户端发送欢迎信息; 然后创建一个进程, 通过进程接收当前客户端不断发来的信息, 并显示此信息, 直到当前客户端输入的信息为 "quit", 则关闭与当前客户端的连接; 接着等待下一个客户端的连接并进行同样的处理。此程序将接收客户端信息的函数设计为多进程方式。

解: 程序代码如下。

```python
# - * - coding: utf-8 - * -

from socket import *                              # 导入套接字包
from multiprocessing import Process               # 导入进程类

# 客户端信息接收进程函数
def receive_process(client_conn, client_addr, count):
    client_resp = client_conn.recv(1024)          # 接收客户端信息
    while client_resp:
        client_resp = client_resp.decode("UTF-8") # 解码为 UTF-8 的字符串
        print("客户",count,"说:",client_resp)
        if client_resp == 'quit':
```

```
                break;
            client_resp = client_conn.recv(1024)              # 不断接收客户发来的信息
        # 关闭进程内部的客户端连接套接字
        client_conn.close()

def main():
    print("服务器已启动,等待客户端连接 ...")
    # 创建服务器套接字对象
    tcp_server = socket(AF_INET, SOCK_STREAM)
    # 设置端口复用方式
    tcp_server.setsockopt(SOL_SOCKET, SO_REUSEADDR, 1)
    # 绑定服务器本地地址
    server_address = ("localhost", 9000)                      # 设置服务器本地地址(IP 地址和可用端口)
    tcp_server.bind(server_address)
    tcp_server.listen(5)                                      # 监听客户连接,最大连接数为 5
    print("服务器已启动,等待客户端连接 ...")
    count = 1
    while True:
        # 等待客户连接,返回客户端套接字连接和客户端地址
        client_conn, client_addr = tcp_server.accept()
        # 给客户端发送欢迎信息
        server_req = "你好,客户 "+str(count)+" !"
        server_req = server_res.encode("UTF-8")               # 编码为 UTF-8 的二进制字节序列
        client_conn.send(server_req)                          # 给客户端发送信息
        # 创建接收客户端信息的进程对象
        p = Process(target= receive _process, args=(client_conn, client_addr, count))
        p.start()                                             # 启动进程,实现和客户的对话
        # 多进程会复制父进程的内存空间,应关闭父进程的客户端套接字连接
        client_conn.close()
        count = count+1                                       # 内部进程号加 1(客户编号)
    tcp_server.close()                                        # 关闭服务器套接字

if __name__ == '__main__':
    main()
```

2. 多线程并发编程

多线程和多进程类似,主要区别是线程间共享相应进程的内存空间。这里需要使用 Python 的 threading 内置模块。

threading 模块是 Python 中的多线程管理模块,只需要通过下列格式导入即可使用。

```
import threading
```

或

```
from threading import Thread
```

其中,Thread 类用于创建一个线程对象,通过该对象对相应的线程进行管理。
该类的构造方法格式如下。

```
Thread (group=None, target=None, name=None, args=(), kwargs={}, *, daemon=None)
```

其中,参数如下。

- group 默认为 None(目前未使用)。
- target 为调用对象,即子线程执行的任务。

- name 为线程名称。
- args 为调用对象的参数元组，比如：args = (value1，value2，…)。
- kwargs 为调用对象的关键字参数字典，比如：kwargs = {key1:value1，key2:value2，…}。
- daemon 为线程是否为后台守护线程，布尔值。

该类的常用方法如下。

- start() 启动线程，并调用子线程中的 run() 方法。
- run() 为线程启动时运行的方法，在自定义时必须实现该方法。
- join() 阻塞线程使主线程等待该线程终止。
- terminate() 和 kill() 强制终止线程，不进行清理操作，如果 Thread 创建了子线程，会导致该线程变成僵尸线程。
- is_alive() 判断线程是否还存活，如果存活，则返回 True。
- close() 关闭线程对象，并清理资源，如果线程仍在运行，则返回错误。

利用以上 Thread 类线程对客户端和服务器进行管理，当有新的客户端连接到服务器时，创建一个新的线程，然后由操作系统调度和管理，从而实现并发操作。

【例 5-7】编写 Python 程序，实现**多线程**并发服务器。此程序作为服务器运行，它绑定端口 9000，等待客户连接，一旦有客户连接成功，即刻向当前客户端发送欢迎信息；然后创建一个线程，通过线程接收当前客户端不断发来的信息，并显示此信息，直到当前客户端输入的信息为"quit"，则关闭与当前客户端的连接；接着等待下一个客户端的连接并进行同样的处理。此程序将接收客户端信息的函数设计为多线程方式。

解： 程序代码如下。

```python
# - * - coding: utf-8 - * -
from socket import *                          # 导入套接字包
from threading import Thread                  # 导入线程类

# 客户端信息接收线程函数
def receice_thread(client_conn, client_addr, count):
    client_resp = client_conn.recv(1024)      # 接收客户端信息
    while client_resp:
        client_resp = client_resp.decode("UTF-8")   # 解码为 UTF-8 的字符串
        print("客户",count,"说:",client_resp)
        if client_resp == 'quit':
            break;
        client_resp = client_conn.recv(1024)
    client_conn.close()                       # 关闭进程内部的客户端套接字

def main():
    print("服务器已启动,等待客户端连接...")
    tcp_server = socket(AF_INET, SOCK_STREAM)    # 创建服务器套接字对象
    # 设置端口复用方式
    tcp_server.setsockopt(SOL_SOCKET, SO_REUSEADDR, 1)
    # 绑定服务器本地地址
    server_address = ("localhost", 9000)         # 设置服务器本地地址（IP 地址和可用端口）
    tcp_server.bind(server_address)
    tcp_server.listen(5)                         # 监听客户连接，最大连接数为 5
    print("服务器已启动,等待客户端连接...")
    count = 1
```

```
        while True:
            # 等待客户连接, 返回客户端套接字连接和客户端地址
            client_conn, client_addr = tcp_server.accept()
            # 给客户端发送欢迎信息
            server_req = "你好,客户 "+str(count)+"!"
            server_req = server_res.encode("UTF-8")          # 编码为 UTF-8 的二进制字节序列
            client_conn.send(server_req)                     # 给客户端发送信息
            # 创建接收客户端信息的线程对象
            t = Thread(target=receice_thread, args=(client_conn, client_addr, count))
            t.start()                                        # 启动线程
            # 多线程共享一片内存区域, 不需要关闭
            # client_conn.close()
            count = count+1                                  # 内部线程号加 1 (客户编号)
        tcp_server.close()                                   # 关闭服务器套接字

if __name__ == '__main__':
    main()
```

【例 5-8】 使用 Python 编写迭代和并发客户端程序。针对以上的迭代服务器程序 (例 5-5) 和并发服务器程序 (例 5-6) 和 (例 5-7),设计一个客户端程序。此程序作为客户端运行,它连接到服务器端口 9000,一旦连接成功,首先接收服务器发来的欢迎信息,并显示;然后可以不断向服务器发送信息,直到输入的信息为"quit"时,关闭与服务器的连接;最后退出客户端程序。

解: 程序代码如下。

```
# - * - coding: utf-8 - * -

# 基于迭代和并发的客户端程序
import socket                                          # 导入模块

# 创建基于 TCP 连接的客户端套接字
tcp_client = socket.socket(socket.AF_INET, socket.SOCK_STREAM)
server_addr = ("127.0.0.1",9000)                       # 设置连接的服务器地址 (IP 地址和端口)
tcp_client.connect(server_addr)                        # 连接服务器
print("已连接服务器!")
server_resp = tcp_client.recv(1024)                    # 接收服务器发来的欢迎信息
print("服务器说:", server_resp.decode("UTF-8"))        # 解码为 UTF-8 的字符串
# 给服务器发送签到信息
client_req = "我来了!".encode("UTF-8")                 # 编码为 UTF-8 的二进制字节序列
tcp_client.send(client_req)                            # 给服务器发送数据
while True:                                            # 不断发送信息
    client_req = input("请输入要发送的信息:")
    client_req = "我来了!".encode("UTF-8")             # 编码为 UTF-8 的二进制字节序列
    tcp_client.send(client_req)                        # 发送数据给服务器
    client_req = "我来了!".decode("UTF-8")             # 解码为 UTF-8 的字符串
    if client_req == 'quit':                           # 客户端退出
        break;
tcp_client.close()                                     # 关闭客户端套接字
print("聊天结束,再见!")
```

打开两个 Python 的 IDLE 窗口,各创建一个文件,分别编写服务器程序和客户端程序,先运行迭代或并发服务器程序,再运行客户端程序。可以再创建一个窗口来运行客户端程序。

例 5-5、例 5-6 或例 5-7 服务器程序运行结果：

服务器已启动,等待客户端连接 . . .
客户 1 说：我来了!
客户 1 说：时间就是生命!
客户 1 说：quit
客户 2 说：我来了!
客户 2 说：青春易逝!
客户 2 说：quit

例 5-8 客户端 1 运行结果：

已连接服务器!
服务器说：你好,客户 1!
请输入要发送的信息:时间就是生命!
请输入要发送的信息:quit
聊天结束,再见!

例 5-8 客户端 2 运行结果：

已连接服务器!
服务器说：你好,客户 2!
请输入要发送的信息:青春易逝!
请输入要发送的信息:quit
聊天结束,再见!

5.4 Internet 协议模块编程

Internet 协议旨在在世界各地所有与 Internet 连接的计算机上实现统一的地址系统,并使数据包能够从 Internet 的一端传输到另一端。诸如 Web 浏览器之类的程序应该能够在任何位置连接到主机,而不需要知道每个数据包在其运行过程中所经过的网络设备有多复杂。Internet 协议有各种类别。创建这些协议是为了满足 Internet 中不同计算机之间不同类型的数据通信的需求。

Python 有若干模块可以处理通信中的各种场景。这些模块中的方法和功能可以完成仅验证 URL 的最简单的工作,也可以完成文件发送、邮件传输、网页浏览等复杂工作。表 5-2 列出了 Python 的部分 Internet 协议模块。

表 5-2 Python 的部分 Internet 协议模块

协议	功 能	端口	Python 模块
HTTP	网页访问	80	http、urllib、xmlrpclib、requests、bs4
NNTP	阅读和张贴新闻,俗称"帖子"	119	nntplib
FTP	文件传输	20	ftplib、urllib
SMTP	发送邮件	25	smtplib
POP3	接收邮件	110	poplib
IMAP4	获取邮件	143	imaplib

5.4.1 使用 http.server 模块实现一个 Web 服务器

使用 http.server 模块的 HTTPServer 类可以构建一个 HTTP Web 服务器,并通过其中的

BaseHTTPRequestHandler 类在主线程中处理 Web 请求。HTTPServer 类的构造函数格式如下。

> HTTPServer(server_address, RequestHandlerClass)

其中，参数 server_address 为所指定的 Web 服务器的 IP 地址和端口，参数 RequestHandler-Class 为处理请求的类，它需要继承 BaseHTTPRequestHandler 类，并实现父类的 do_HEAD、do_GET 和 do_POST 等函数，分别对应 HTTP 的 HEAD、GET 和 POST 等请求方法。

RequestHandlerClass 类的第一种实现方法是使用 SimpleHTTPRequestHandler 类，它已经继承了 BaseHTTPRequestHandler 类。使用它可以创建一个非常简单的 Web 服务器，但仅支持 HTTP 的 HEAD 和 GET 请求方法，即内部实现了 do_HEAD 和 do_GET 函数，该类的构造函数如下：

> SimpleHTTPRequestHandler(request, client_address, server, directory=none)

其中，参数 directory 为网站目录，网站默认目录映射为当前目录。如果目录中存在 index. html 或 index. htm 文件，则返回该文件内容。其他参数可以忽略。

【例 5-9】使用 HTTPServer 和 SimpleHTTPRequestHandler 类构建一个最简单的 Web 服务器。首先使用 partial 函数构造带参数的 SimpleHTTPRequestHandler 类的对象，这里的参数是网站的根目录；然后建立 HTTPServer 类的对象作为 Web 服务器对象；最后使用 Web 服务器对象的 serve_forever 函数启动这个 Web 服务器。

解： 假定网站相对目录为 "mysite"，它包含一个网页文件 "index. html" 和一张图片文件 "youziyin. jpg"，其中 index. html 网页文件的内容如下（可以使用记事本或 Python 的 IDLE 编辑）。

```
<!DOCTYPE HTML>
<html>
    <head>
        <title>Test page</title>
        <META content="text/html; charset=UTF-8" http-equiv="Content-Type">
    </head>
    <body><center>
        <H2>诗一首</H2>
        <img src="youziyin. jpg"/>
    </center></body>
</html>
```

编写 Web 服务器程序如下。

程序代码：

```
# -*-coding: utf-8 -*-

# 构建一个简单的 Web 服务器

# 导入模块与函数、类
from functools import partial
from http. server import HTTPServer, SimpleHTTPRequestHandler

# 设置 Web 服务器地址（IP 地址和端口）
server_address = ('localhost', 8080)          # 服务器地址为本机地址，端口为 8080
# 使用 partial 函数设置 SimpleHTTPRequestHandler 类的网站目录参数
handler_class=partial( SimpleHTTPRequestHandler, directory="mysite")
server = HTTPServer( server_address, handler_class)        # 建立 Web 服务器对象
```

```
print("Server started, listen at: %s:%s" % server_address)
server. serve_forever()         # 启动 Web 服务器
```

当前目录中有上述服务器文件和 mysite 文件夹，mysite 文件夹中有 index. html 文件和需要的图片文件。先运行以上的 Web 服务器程序，然后打开浏览器，输入网址 http://localhost：8080/，则显示结果如图 5-15 所示。

图 5-15　Web 服务器的显示结果

RequestHandlerClass 类的第二种实现方法是自己编写类来继承 BaseHTTPRequestHandler 类。在继承时，可以根据需要实现父类的 do_HEAD、do_GET 和 do_POST 等函数。

【例 5-10】使用 HTTPServer 和自定义的 RequestHandlerClass 类构建一个简单的 Web 服务器。本例是对例 5-9 的扩展。首先定义 BaseHTTPRequestHandler 类的一个子类，在其中定义 do_GET 和 do_POST 方法；接着构造子类的对象；然后建立 HTTPServer 类的对象作为 Web 服务器对象；最后使用 Web 服务器对象的 serve_forever 方法启动这个 Web 服务器。

解： 程序代码如下。

```
# - * - coding: utf-8 - * -

# 构建一个自定义的 Web 服务器

from http. server import HTTPServer, BaseHTTPRequestHandler         # 导入模块和类

class RequestHandlerClass(BaseHTTPRequestHandler):                  # 定义处理请求的子类
    # 定义处理 GET 请求的函数
    def   do_GET(self):
        self. send_response(200)                                    # 1. 发送响应码 200
        self. send_header("Content-type","text/html; charset=utf-8")    # 2. 发送响应头
        self. send_header("test","This is get!")
        self. end_headers()
        resp="业精于勤荒于嬉，行成于思毁于随\r\n". encode("utf-8")
        self. wfile. write(resp)                                    # 3. 发送响应内容
    # 定义处理 POST 请求的函数
```

```
        def   do_POST(self):
            res = self.rfile.read(int(self.headers['content-length']))        # 1. 获取 POST 提交的数据
            res = res.decode("utf-8")
            self.send_response(200)                                          # 2. 发送响应码 200
            self.send_header("Content-type","text/html; charset=utf-8")      # 3. 发送响应头
            self.send_header("test","This is post!")
            self.end_headers()
            resp=("输入的表单信息为:" + res + "\n").encode("utf-8")
            self.wfile.write(resp)                                           # 4. 发送响应内容

if __name__ == '__main__':
    server_address = ('localhost', 8080)     # 设置 Web 服务器地址（IP 地址和端口）
    server = HTTPServer(server_address, RequestHandlerClass)                 # 建立 Web 服务器对象
    print("Server started, listen at: %s:%s" % server_address)
    server.serve_forever()                                                   # 启动 Web 服务器
```

先运行该服务器程序，然后打开浏览器，输入网址：http://localhost:8080/，则显示结果如下。

业精于勤荒于嬉,行成于思毁于随

本例只是实现了一个简单的请求处理的类，达不到处理任意 GET 请求和 POST 请求的目的。实际上，实现这样一个类非常复杂，但也给处理请求带来了灵活性。如果想进一步了解类的实现方法，请参考官网文档。

5.4.2　使用 urllib 模块获取网页

视频：使用 urllib 模块获取网页

Python 内置的 urllib 模块专门用于网页的获取。urllib 模块又包含多个子模块，各自的功能有所不同。

1. urllib 模块的子模块

- urllib.request 子模块：用于实现基本的 HTTP 访问请求。
- urllib.error 子模块：用于异常处理。当发送网络请求时出现错误，使用该模块捕捉并处理。
- urllib.parse 子模块：用于解析网页。
- urllib.robotparser 子模块：用于解析网站后台的 robots.txt 授权文件，判断是否可以爬取网站信息。

2. urllib.request 子模块的 urlopen 函数

获取网页使用 urllib.request 子模块的 urlopen 函数，格式如下。

urllib.request.urlopen(url,data=None,[timeout,] * ,cafile=None,capath=None,
cadefault=False,context=None)

其中的主要参数说明如下。

- url：需要获取的网址。
- data：默认为 None，表示请求方式为 GET 请求，当 data 为非 None 时，提交方式为 POST，且 data 为 POST 方法提交的数据。
- timeout：设置网站访问超时时间（秒）。
- cafile：CA 证书。
- capath：CA 证书的路径，使用 HTTPS 时需要用到。

- cadefault：已经被弃用。
- context：ssl. SSLContext 类型，用来指定 SSL 设置（很少用到）。

urlopen 函数返回值为 HTTPResponse 类型对象，它包含 read( )、readline( ) 和 readlines( ) 三种读文本内容的方法，分别用于按字节读、读取一行以及读取所有行，按列表存储；getcode( ) 方法返回 HTTP 状态码，正常为 200，等等。

【例 5-11】 由键盘输入一个网址，使用 Python 内置的 urllib 模块读取其网页内容，然后统计其中含有的全部汉字数量以及前 30 个汉字，并显示。

解： 首先使用 urlopen 函数打开指定的网页得到应答对象；然后使用应答对象的 read 函数读取网页的全部内容；最后进行汉字的过滤和统计并显示结果，其中，汉字的 UTF-8 编码范围为 0x4E00~0x9FA5。

程序代码：

```
# - * - coding: utf-8 - * -

# 网页文本提取

# 导入 request 子模块的 urlopen 函数
from urllib. request import urlopen
myurl = input("请输入网址:")
response = urlopen(url=myurl, timeout=3)          # 发送请求，设置超时 3 s，接收应答
content = response. read( ). decode("utf-8")      # 读取应答文本，并按 UTF-8 解码
hz = ""
for c in content:
    if ord(c) >= 0x4E00 and ord(c) <= 0x9FA5:    # 汉字的 UTF-8 编码范围
        hz = hz+c                                 # 获取汉字字符
print("网页包含%d 个汉字"%(len(hz)))
print("前 30 个汉字为:")
print(hz[ :30])
```

运行结果：

```
请输入网址:https://www. xabwy. com/index. html
网页包含 217 个汉字
前 30 个汉字为:
西安博物院关键字网站简介更多通知公告查看更多院内资讯更多游览
```

urlopen 函数的另一种格式如下：

```
urllib. request. urlopen(request)
```

其中，request 的参数类型为 urllib. request 子模块中 Request 类的对象。首先创建 Request 类的对象，然后使用 urlopen 函数打开网页，例 5-11 中编写的 urlopen 函数调用的一行代码可以改为如下形式，而其他代码保持不变。

```
request = urllib. request. Request(url=myurl)
response = urllib. request. urlopen(request)
```

Request 请求类的构造函数的格式如下：

```
Request(url, data=None, headers={ }, origin_req_host=None, unverifiable=False, method=None)
```

其中的参数说明如下。

- url：访问网站的完整 URL 地址。

- data：默认为 None，表示请求方式为 GET 请求；如果需要实现 POST 请求，需要字典形式的数据作为 POST 参数，为字节流。
- headers：设置请求头部信息，字典类型。内容如下。
  - ➤ User-Agent：这个头部可以携带如下几条信息——浏览器名和版本号、操作系统名和版本号、默认语言。这个数据可以从网页开发工具上的请求反应信息中获取（在浏览器上一般按〈F12〉键打开开发工具）。作用是伪装浏览器。
  - ➤ Referer：可以用来防止盗链，有一些网站图片显示来源 https://*.com，就是通过检查 Referer 来鉴定的。
  - ➤ Connection：表示连接状态，记录 Session 的状态。
- origin_req_host：用于设置请求方的 host 名称或者 IP 地址。
- unverifiable：用于设置网页是否需要验证，默认值为 False。用户并没有足够的权限来选择接受这个请求结果，例如，请求一个 HTML 文档中的图片，但没有自动抓取图像的权限，这时 unverifiable 为 True。
- method：用于设置请求方式，如 HEAD、GET、POST、PUT。

当需要模拟浏览器并且发送的网络请求更复杂时，使用 Request 更方便。

【例 5-12】由键盘输入要查询的关键词，然后访问百度贴吧，将查询结果显示出来。

解：首先需要调用 Request 类的构造函数构造 Request 类的对象，主要需要传递 3 个参数，第 1 个为百度贴吧网址，第 2 个设置请求头信息 headers，目的是模拟浏览器，第 3 个是待查询的关键词，即请求参数 params，这个参数还需要转换为 UTF-8 编码的字节序；接着使用 urlopen 函数打开该请求对象；然后使用应答对象的 read 函数读取网页的全部内容；最后进行汉字的过滤和统计并显示结果，其中，汉字的 UTF-8 编码范围为 0x4E00~0x9FA5。

程序代码：

```python
# -*- coding: utf-8 -*-

# 导入 request 子模块的 Request 类和 urlopen 函数
import urllib.parse
from urllib.request import Request, urlopen

keywords = input("请输入搜索关键词:")
url = "https://tieba.baidu.com/f?"                          # 百度贴吧网址
# 设置请求头，为浏览器的类型名
headers = {
    'User-Agent': 'Mozilla/5.0 (Windows NT 6.1; Win64;x64) AppleWebKit/537.36 (KHTML, like Gecko) Chrome/56.0.2924.87 Safari/537.36'
}
# 设置请求参数
params = {
  'id':'utf-8',
  'kw':keywords
}
params = bytes(urllib.parse.urlencode(params), encoding='utf-8')  # UTF-8 编码
request = Request(url=url, headers=headers, data=params)          # 创建请求对象
response = urlopen(request)                                        # 发送请求，获取应答
content = response.read().decode("utf-8")                          # 读取应答文本
hz = ""
for c in content:
```

```
        if ord(c)>=0x4E00 and ord(c)<=0x9FA5:       # 汉字的 UTF-8 编码范围
            hz=hz+c                                  # 记录汉字字符
print("网页包含%d 个汉字"%(len(hz)))
print("前 200 个汉字为:")
print(hz[:200])
```

运行结果:

```
请输入搜索关键词:健康
网页包含 7930 个汉字
前 200 个汉字为:
百度贴吧健康其他生活话题生活本吧热帖……
```

本例中的 params 字典参数,需要根据具体的应用来设置。在浏览器地址栏中输入百度贴吧的网址,然后在搜索框中输入"健康",确定,查看浏览器地址栏,形式如下:

```
https://tieba.baidu.com/f?ie=utf-8&kw=%E5%81%A5%E5%BA%B7&fr=search
```

其中"ie""kw"就是关键词参数。

注意,有些网站需要登录或不允许程序自动访问。

5.4.3　使用 requests 模块进行网页图片提取

requests 是 Python 语言的一个第三方外部包,使用前需要安装,安装方式为:pip install requests。使用它可以更简单地获取网页。

1. requests 库的常用函数

requests 常用的获取网页的函数有 get 和 post。它们的格式如下。

```
requests.get(url, params=None, **kwargs)
requests.post(url, data=None, json=None, **kwargs)
```

其中的参数说明如下。

- url:要获取的网页的网址。
- params、data:可选参数,是要在查询字符串中附带的字典、列表或元组。
- json:可选参数,是要在请求中附带的 JSON 数据。
- **kwargs:可选参数,是请求附带的参数,如 headers 等。

它们的返回值是一个 response 对象。

2. response 对象的常用属性

get、post 函数的返回值是一个 response 对象,通过该对象获得网页内容,常用的属性如下。

- url:响应的地址。
- status_code:响应的状态码,200 表示正常返回,404 表示找不到网页。
- request.headers:响应头。
- encoding:用于解码的编码方式,是从响应头中提取的编码方式。如果响应头中没有 charset 参数,则默认为 ISO-8859-1。
- apparent_encoding:从返回内容分析得出的编码方式。
- content:以字节为单位返回的响应内容,接收图片、文件时常用。
- text:Python 字符串类型的响应内容。

3. 实例演示

下面通过两个例子演示 requests 包的使用方法。一个例子获取网页，另一个例子获取图片。

【例 5-13】 使用 requests 包获取一个网页的内容。

解： 首先调用 requests 模块的 get 函数，并传递网址参数 url 以及请求头参数 headers，获得应答对象 response；然后调用应答对象的 text 属性来获得网页内容，并显示。

程序代码：

```
# - * - coding:utf-8 - * -
# 导入 requests 包
import requests

url = 'https://www.xjtu.edu.cn/jdgk/jdjj.htm'               # 网址

# 请求头信息
headers = {
    'User-Agent':'Mozilla/5.0 (Windows NT 10.0; WOW64) AppleWebKit/537.36 (KHTML, like Gecko)
Chrome/57.0.2987.133 Safari/537.36'
}
response = requests.get(url,headers=headers)                # 获取网页文本
response.encoding=response.apparent_encoding                # 获取并设置网页编码格式
print(response.text)                                        # 获取并显示网页内容
```

运行结果：

```
Squeezed text (983 lines)
```

由于网页内容比较长，系统将它们折叠起来，双击鼠标即可看到完整内容。

requests 包的优点不仅于此，使用它还可以下载二进制文件。比如下载远程 Web 服务器中的图片文件，此时需要通过其 get 或 post 函数获得应答对象，接着使用应答对象的 iter_content 函数迭代读取全部字节，然后使用全局函数 open 创建一个本地图片文件，保存到本地即可。

【例 5-14】 使用 requests 包下载图片。

解： 首先调用 requests 模块的 get 函数，并传递图片网址 url 以及请求头数 headers，从而获得应答对象 response；接着使用全局函数 open 创建一个本地图片文件；然后使用应答对象的 iter_content 函数迭代读取全部字节，并保存到本地图片文件中；最后关闭文件。

程序代码：

```
# - * - coding: utf-8 - * -
import requests                                             # 导入模块
url = 'https://www.xjtu.edu.cn/images/jdgk.jpg'             # 图片网址
# 请求头信息
headers = {
    'User-Agent':'Mozilla/5.0 (Windows NT 10.0; WOW64) AppleWebKit/537.36 (KHTML, like Gecko)
Chrome/57.0.2987.133 Safari/537.36'
}
response = requests.get(url, headers=headers, stream = True)  # 发送请求
with open('download.jpg', 'wb') as file:                    # 创建一个本地新 JPG 图片文件
    for data in response.iter_content(128):                 # 每次获取 128 个字节
        file.write(data)                                    # 写文件
    file.close()                                            # 关闭本地文件
```

```
response. close( )                                          # 关闭请求
print('图片下载完成！')
```

运行结果：

图片下载完成！

同时得到本地图片文件"download. jpg"，可以在本地的当前文件夹下找到。

5.4.4　使用 bs4 模块进行网络爬虫设计

上面介绍的 urllib 和 requests 主要是完成网页内容的提取，而一个真正的网络爬虫程序不仅能自动下载和提取网页，还需要去解析网页的数据格式从而获取感兴趣的数据集。这里再介绍一个第三方的 Python 包，即 b4（BeautifulSoup4），其主要功能是对 HTML 或 XML 网页进行快速的解析并获取需要的数据，特点是语法简单，使用方便，并且容易理解。将它与前面下载网页的 urllib 模块和 requests 模块结合使用，就可以实现一个完整的网络爬虫程序。

由于 bs4 为第三方库，因此需要单独安装，安装命令为 pip install bs4。

bs4 解析页面时需要依赖文档解析器，其中最常用的是 lxml 解析库，所以还需要安装 lxml 库，安装命令为 pip install lxml。

bs4 中最重要的就是 BeautifulSoup 类，其构造函数如下。

BeautifulSoup(html, parser)

其中，html 为要解析的网页的文本字符串，parser 为文本解析器，首选 lxml。

通过此构造函数创建 BeautifulSoup 类的对象，假设对象名为 soup，然后就可以选择使用以下三种方法对网页文本按照所指定的标签元素进行解析。

1. 直接使用网页标签获取指定内容

假设有一段网页，内容如下。

```
<html><head><title>The Dormouse's story</title></head>
<body>
<p class = "title" name = "dromouse"><b>The Dormouse's story</b></p>
<p class = "story">Once upon a time there were three little sisters; and their names were
<a href = "http://example. com/elsie" class = "sister" id = "link1"><!-- Elsie --></a>,
<a href = "http://example. com/lacie" class = "sister" id = "link2">Lacie</a> and
<a href = "http://example. com/tillie" class = "sister" id = "link3">Tillie</a>;
and they lived at the bottom of a well. </p>
<p class = "story">. . . </p>
</body></html>
```

网页中，\<p\>…\</p\>表示一个段落，通过 soup 对象的 p 属性，可以获得一个段落对象。就上述示例网页，常用的有以下几个函数。

- soup. prettify( )：用于格式化此网页。
- soup. p：获得 soup 中的第一个 p 标签的网页内容。
- soup. p. attrs：获得 soup 中的第一个 p 标签的属性。
- soup. p. string：获得 soup 中的第一个 p 标签的文本内容。
- soup. p['name']：获得 soup 中的第一个 p 标签的 name 属性值。
- soup. p. contents 或 children：获得 soup 中的第一个 p 标签的子结点的列表，使用 for in 循

环来获得其中的每一个，下同。

- soup. p. descendants：获得 soup 中的第一个 p 标签的子孙结点。
- soup. p. text：获得 soup 中的第一个 p 标签的文本内容。
- soup. p. parent：获得 soup 中的第一个 p 标签的父结点。
- soup. p. parents：获得 soup 中的第一个 p 标签的祖先结点。
- soup. p. next_sibling：获得 soup 中的第一个 p 标签的下一个兄弟结点。
- soup. p. next_siblings：获得 soup 中的第一个 p 标签下面的所有兄弟结点。
- soup. p. previous_sibling：获得 soup 中的第一个 p 标签的上一个兄弟结点。
- soup. p. previous_siblings：获得 soup 中的第一个 p 标签上面的所有兄弟结点。

网页中的标签都可以作为 soup 的属性，获取响应的标签对象，如 soup. body、soup. a、soup. head 等。

2. 使用 BeautifulSoup 的 find( ) 方法获取指定内容

（1）find

find 方法返回的是单个元素，即第一个匹配的元素。格式如下。

```
find( name , attrs , recursive , text , ** kwargs)
```

（2）find_all

find_all 方法查询所有符合条件的元素，返回的是所有匹配的元素组成的列表。格式如下。

```
find_all( name , attrs , recursive , text , ** kwargs)
```

（3）其他

还有其他方法选择器如下。

- find_parents( ) 和 find_parent( )：前者返回所有祖先结点，后者返回直接父结点。
- find_next_siblings( ) 和 find_next_sibling( )：前者返回后面所有的兄弟结点，后者返回后面的第一个兄弟结点。
- find_previous_siblings( ) 和 find_previous_sibling( )：前者返回前面所有的兄弟结点，后者返回前面的第一个兄弟结点。
- find_all_next( ) 和 find_next( )：前者返回结点后所有符合条件的结点，后者返回第一个符合条件的结点。
- find_all_previous( ) 和 find_previous( )：前者返回结点前所有符合条件的结点，后者返回第一个符合条件的结点。

就上述示例网页，soup. find_all(name ='p') 用于获取全部的 p 标签的内容；soup. find(name ='p') 用于获取第一个 p 标签的内容。

3. 使用 CSS 选择器 select( ) 方法获取指定内容

CSS（Cascading Style Sheet，层叠样式表）是对网页中元素样式的定义，如位置、大小、颜色、字体、背景等。这些样式以 HTML 标签、id、类等标记。以标签标记的样式，改变网页中所有元素的样式。其他标签可以通过 id、类标记在页面元素中使用这些样式。

假设有如下网页内容。

```
html = '''
<div class = " panel" >
    <div class = " panel-heading" >
        <h4>Hello</h4>
```

```
        </div>

        <div class="panel-body">
            <ul class="list" id="list-1">
                <li class="element">雁塔晨钟</li>
                <li class="element">骊山晚照</li>
                <li class="element">咸阳古渡</li>
            </ul>
            <ul class="list list-small" id="list-2">
                <li class="element">西安博物院</li>
                <li class="element">汉阳陵博物馆</li>
                <li class="element">陕西考古博物馆</li>
            </ul>
        </div>
</div>'''
```

上述网页中<div></div>定义了网页中的一个矩形区域，其中可以包含其他网页元素，如标题、段落、表格、列表等；<ul>…</ul>定义了列表，<li>…</li>定义了列表中的每个列表项，它们的属性 class 实际指明了所使用的 CSS 的类别，就是使用哪种样式。soup 的 select( ) 方法可以通过标签所使用的样式找到这些标签。select( ) 的基本使用格式是：

```
soup. select( selector)
```

其中，selector 是选择器，其类型如下。
- html 元素类型：体现为标签名，如 p、div、a、img 等。
- 类名：以英文句点 "." 开头，如 ". content" "text" ". title" 等。上面网页中 "panel" "panel-heading" 就是类名。使用时写为 ". panel" ". panel-heading"。
- ID：以 "#" 开头，如 "#header" "#content" "#line" 等。
- 子元素：以 ">" 连接，如 "div>p" 表示<div>中的所有<p>元素。
- 后代元素：用空格连接，如 "body p" 表示<body>下的所有<p>元素。
- 多个元素：用逗号连接，如 "h1,h2" 表示所有<h1>和<h2>元素。

select( ) 返回一个结果集，包含所有符合选择器条件的元素，可以通过下标或迭代遍历所有结果。每个元素是一个标签对象，可以进一步操作和提取其中的属性和数据。

就上述网页，result = soup. select('. panel . panel-heading') 获得网页中 class 属性为 panel 且其子结点 class 属性为 panel-heading 的标签对象；result = soup. select('ul li') 获得网页中标签名为 ul 且其子结点标签名为 li 的标签对象；result = soup. select('#list-2 . element') 获得网页中 id 属性为 list-2，且其子结点 class 属性为 element 的标签内容。

【例 5-15】 获取网页中超链接的地址。

现有某大学各学院网站的链接信息片段，保存在 school. html 文件之中，内容如下。

```
<!DOCTYPE HTML>
<html>
    <head>
        <title>XJTU</title>
        <META content="text/html; charset=UTF-8" http-equiv="Content-Type">
    </head>
    <body>
        <div>
<ul    class="ul_3">
```

```
<li ><a href="https://math. xjtu. edu. cn/" ><span>数学学院</span></a></li>
<li ><a href="https://phy. xjtu. edu. cn/" ><span>物理学院</span></a ></li>
<li ><a href="https://chem. xjtu. edu. cn/" ><span>化学学院</span></a></li>
</ul>
    </div>
  </body>
</html>
```

请用 bs4 获取其中各学院的名称和网址的列表。

解: 首先使用 open( ) 函数打开网页文件,读取网页内容;接着构造 BeautifulSoup 类的对象 soup,构造时需要传递两个参数,第 1 个是网页字符串,第 2 个是网页解析器,选择 lxml; 然后通过分析此网页,学院网站链接标签名为<a>,使用对象 soup 的 select( ) 方法选取 a 标签, 即 soup. select('a'),获得链接列表对象 link_list;最后使用循环提取每一个链接对象 link 的文本内容 link. text 和链接的网址 link['href']。

程序代码:

```
# - * - coding: utf-8 - * -
# 导入 bs4 模块中的 BeautifulSoup 类
from bs4 import BeautifulSoup
import lxml

html = " "
with open( u'school. html','r',encoding='utf-8')    as fp:      # 读取网页文本,编码格式视具体情况
    html=fp. read( )                                            # 从文件读取网页内容
soup = BeautifulSoup( html, 'lxml')                             # 创建 BeautifulSoup 类的对象
link_list = soup. select('a')                                   # 搜索链接标签<a>的文本与属性
i = 1
for link in link_list:                                          # 遍历搜索结果
    print( i,link. text,link['href'])                           # 显示序号、学院名和网址
    i = i+1
```

运行结果:

```
1 数学学院 https://math. xjtu. edu. cn/
2 物理学院 https://phy. xjtu. edu. cn/
3 化学学院 https://chem. xjtu. edu. cn/
```

本例也可以使用前面的方法,直接从网站获取(如例 5-11 中获取网页的方法),获取的 网页直接用来创建 soup 对象即可,不需要再打开。

【例 5-16】 获取网页中表格内的信息。

网站上的有些数据以表格形式显示,如金融信息、学校信息、学生信息、用户信息等。现 有北京市普通高校信息列表网站的网页片段,保存在 university_bjv2. html 文件中,请编写程序 将其中的高校信息提取出来。网页内容如下。

```
<!doctype html>
<html>
<head>
<meta http-equiv=" Content-Type" content=" text/html; charset=utf-8" />
<link rel=" stylesheet" href="/skin2/css/style. css" >
<title>北京大学名单一览表(92 所)</title>
<meta name="keywords" content="北京,大学,名单,92 所,一览表" /></head>
<body>
```

```
<table width="500" class="table-x">
<tbody>
<colgroup>
<col width="200" style=";width:200px"/><col width="150" style="width:150px"/><col width="100"
style=";width:100px"/><col width="100" style="width:100px"/><col width="50" style=";width:50px"/
></colgroup>
<tr>
<td width=500 colspan='5'><span style=";color:rgb(220, 220, 220);background-color:rgb(0, 192,
200);"><strong>北京市普通高等学校名单(92 所)</strong></span></td></tr>
<tr>
<td>学校名称</td><td>主管部门</td><td>所在地</td><td>办学层次</td><td>备注</td>
</tr>

<tr>
<td>北京大学</td><td>教育部</td><td>北京市</td><td>本科</td><td><br/></td></tr>
<tr>
<td>清华大学</td><td>教育部</td><td>北京市</td><td>本科</td><td><br/></td></tr>
<tr>
<td>北京航空航天大学</td><td>工业和信息化部</td><td>北京市</td>
<td>本科</td><td><br/></td></tr>
<tr>
<td>北京工业大学</td><td>北京市</td><td>北京市</td><td>本科</td><td><br/></td>
</tr>
<tr>
<td>北京理工大学</td><td>工业和信息化部</td><td>北京市</td>
<td>本科</td><td><br/></td></tr>
</tbody>
</table>
</body> </html>
```

解： 首先使用 open( )函数打开该网页文件，读取全部内容为一个字符串；接着构造 Beauti-fulSoup 类的对象 soup；分析此网页，学校信息表格的标签名为<table>，其 CSS 类为 ". table-x"，其子标签为<tbody>，标签<tbody>的子标签为<tr>标签，使用对象 soup 的 select( )方法选取 tr 层次的标签，即 select('. table-x > tbody > tr ')，获得全部表格行对象列表 tr_list；最后使用循环提取每一个表格行对象 tr 的信息，其中第 1 组 tr 为表格总标题，第 2 组 tr 为表格列标题，其他为学校信息，除第 1 组之外，所包含的<td>列标签共有 7 个，使用 tr. find_all('td')[i]. get_text( )（i=0,1,…,6)取得每一列的内容，余下的事情就是分别按行和按列显示结果了。

程序代码：

```
# - * - coding:utf-8 - * -
# 导入相关模块
from bs4 import BeautifulSoup
import lxml
html = ""
with open(u'university_bjv2. html','r',encoding='utf-8') as fp:    # 读取网页文本
    html=fp. read( )                                              # 从文件读取网页内容
soup = BeautifulSoup( html, 'lxml')                              # 创建 BeautifulSoup 类的对象
# 获取表格
tr_list = soup. select('. table-x > tbody > tr ')                # 搜索表格单元格标题
first = True
k = -1
```

```
for tr in tr_list:                    # 处理表格的所有行
    if k==-1:
        print(tr.text)                # 处理表格总标题信息行,直接显示
    elif k==0:
        print("序号",end='\t')        # 处理表格每列的标题信息行,加一列"序号"
    else:
        print(k,end='\t')             # 数据行,每行加序号
    if k>-1:                          # 每列标题和数据行
        for i in range(5):            # 获得并显示表格每行的各个单元格内容
            temp = tr.find_all('td')[i].get_text().strip()
            print(temp,end="\t")
        print()
    k=k+1                             # 行号加 1
```

运行结果:

北京市普通高等学校名单(92 所)

序号	学校名称	主管部门	所在地	办学层次	备注
1	北京大学	教育部	北京市	本科	
2	清华大学	教育部	北京市	本科	
3	北京航空航天大学	工业和信息化部	北京市	本科	
4	北京工业大学	北京市	北京市	本科	
5	北京理工大学	工业和信息化部	北京市	本科	

本例中的网页可以直接从网络获取,获取的网页直接用来创建 soup 对象即可,不需要再打开。打开文件时的编码方式依据具体情况来定,还可以是 GB18030 等。soup 的 select() 方法中的参数也要根据表格的具体特征来定。

5.5 实例: 支持多人聊天的可视化程序设计

这里采用 Python 语言的 socket 与 tkinter 模块相结合的方式实现简单的基于 TCP 的多客户与服务器聊天的可视化程序设计。使用 tkinter 模块进行可视化设计,socket 模块实现通信,threading 模块进行线程设计,时间模块获得和显示时间。为了程序的结构合理性,这里还采用了 Python 的面向对象程序设计方法,即分别把服务器和客户端的功能设计为一个类。类将变量和方法封装在一起成为成员变量和成员方法,使用时一般需要通过类的构造函数定义类的对象,像 tkinter 中的窗体类 Tk。本例中的服务器类为 server,客户端类为 client。

【例 5-17】服务器。定义一个服务器类 server,主要成员函数包括:

1) 构造函数,完成图形界面设计工作,图形界面中主要包括"发送的信息""收到的信息"和"客户和服务器的聊天记录"三个文本框,还包括"启动服务"和"发送"两个按钮,两个按钮的事件函数分别指向启动服务线程处理函数 tostart 和发送信息线程处理函数 tosenddata,界面设计效果如图 5-16a 所示。

2) 启动 socket 服务函数 start,完成服务器套接字对象建立、地址绑定、客户端监听,以及等待客户连接等工作,该函数由线程处理函数 tostart 来调用。

3) 向客户端发送数据函数 senddata,该函数由线程处理函数 tosenddata 来调用。

4) 接收客户端数据函数 recvdata,该函数由线程处理函数 torecvdata 来调用。

5) 定时更新缓存区函数 after,该函数每 500 ms 执行一次 update 函数。最后在主函数中创

建服务器类 server 的对象。

a)   b)

图 5-16 服务器与客户端运行结果

a）服务器 b）客户端

程序代码：

```
# - * - coding: utf-8 - * -
# 导入相关模块
import time
import socket
import threading
from tkinter import *
from tkinter import scrolledtext

class server( ):                                                # 定义一个 server 类
    def __init__( self ):                                       # 构造函数实现图形界面的初始化
        self. DATETIMEFORMAT = '%Y-%m-%d %H:%M:%S'  # 日期时间格式
        self. root = Tk( )                                      # 创建窗体对象
        self. root. title( '服务器端' )                        # 设置窗体标题
        self. root. geometry( '600x400' )                       # 设置窗体大小
        self. recvbuf = str( )                                  # 接收区缓存
        self. sendbuf = str( )                                  # 发送区缓存
        self. recvstr = StringVar( value = self. recvbuf )      # 接收内容
        self. sendstr = StringVar( value = self. sendbuf )      # 发送内容
        # 标签控件，显示提示信息
        self. s_label = Label( self. root, text = '发送的信息：' )
        self. c_label = Label( self. root, text = '收到的信息：' )
        self. recorde_label = Label( self. root, text = '客户和服务器的聊天记录' )
        # 文本框控件，发送的信息
        self. s_entry = Entry( self. root, textvariable = self. sendstr )
        # 文本框控件，收到的信息
        self. c_entry = Entry( self. root, textvariable = self. recvstr,
                        state = 'disabled' )
        self. recorde = scrolledtext. ScrolledText( self. root, \
                        width = 50, height = 10 )               # 聊天记录
        # 按钮控件
        self. btn0 = Button( self. root, text = '启动服务', \
            command = lambda : self. tostart( ) )
        self. btn1 = Button( self. root, text = '发送', \
            command = lambda : self. tosenddata( ) )
```

```python
            # 控件排列次序与位置
            # 发送的信息
            self.s_label.grid(row=0,column=0)
            self.s_entry.grid(row=0,column=1)
             # 收到的信息
            self.c_label.grid(row=1,column=0)
            self.c_entry.grid(row=1,column=1)
             # 启动服务和发送按钮
            self.btn0.grid(row=2,column=0)
            self.btn1.grid(row=2,column=1)
            # 聊天记录
            self.recorde_label.grid(row=5,column=1)
            self.recorde.grid(row=6,column=1)
            self.root.after(500,self.update)                      # 500 ms 后执行一次 update 函数
            self.root.mainloop()
    # 启动 socket 服务
    def start(self):
            self.s=socket.socket()                                # 建立服务器套接字
            self.s.bind(('127.0.0.1',9000))                       # 绑定 IP 地址和端口
            self.s.listen(1)                                      # 监听客户
            self.recorde.insert(INSERT,'服务已启动,等待客户连接...')
            self.client,self.addr=self.s.accept()                 # 等待客户连接
            self.recorde.insert(INSERT,time.strftime(self.DATETIMEFORMAT)+\
                            '当前连接到 IP 为'+str(self.addr[0])+'端口号为'+\
                            str(self.addr[1])+'\n')
            return
    # 向客户端发送数据
    def senddata(self):
            self.sendbuf=self.sendstr.get()
            self.client.send(bytes(self.sendbuf,'utf-8'))         # 发送数据
            self.recorde.insert(INSERT,time.strftime(self.DATETIMEFORMAT)+\
                            '服务器:'+self.sendbuf+'\n')
            return
    # 接收客户端数据
    def recvdata(self):
            try:
                self.recvbuf=str(self.client.recv(1024),'utf-8')  # 接收数据
                if not self.recvbuf:
                    return
                self.recvstr.set(self.recvbuf)
                self.recorde.insert(INSERT,\
                                time.strftime(self.DATETIMEFORMAT)+\
                                '客户端:'+self.recvbuf+'\n')
            except Exception as e:                                # 异常处理
                # print(e)
                pass
            return
    # 采用多线程方式分别执行 start()、senddata()和 recvdata()方法
    def tostart(self):
            threading.Thread(target=self.start).start()
            return
    def tosenddata(self):
            threading.Thread(target=self.senddata).start()
```

```
                return
        def torecvdata(self):
            threading.Thread(target=self.recvdata).start()
            return
        # 更新缓存区
        def update(self):
            try:
                self.torecvdata()
            except Exception as e:
                # print(e)
                pass
            self.root.after(500,self.update)  # 500ms 后执行一次 update 函数
            return

if__name__=='__main__':
    ser=server()
```

【例 5-18】 客户端。定义一个客户类 client，主要成员函数包括：

1）构造函数，完成图形界面设计工作，图形界面中主要包括"服务器 IP 地址""服务器端口""发送的信息""收到的信息"和"客户和服务器的聊天记录"5 个文本框，还包括"建立连接"和"发送"两个按钮，两个按钮的事件函数分别指向建立服务器连接线程处理函数 toconn 和发送信息线程处理函数 tosenddata。界面设计效果如图 5-16b 所示。

2）连接服务器函数 conn，完成服务器连接工作。

3）向服务器发送数据 senddata，该函数由线程处理函数 tosenddata 来调用。

4）接收服务器数据函数 recvdata，该函数由线程处理函数 torecvdata 来调用。

5）定时更新缓存区函数 after，该函数每 500ms 执行一次 update 函数。最后在主函数中创建客户类 client 的对象 clt。

程序代码：

```
# -*- coding: utf-8 -*-
import time
import socket
import threading
from tkinter import *
from tkinter import scrolledtext

# 定义一个 client 类
class client():
    # 构造函数实现图形界面的初始化
    def __init__(self):
        self.DATETIMEFORMAT = '%Y-%m-%d %H:%M:%S'      # 日期时间格式
        self.root=Tk()                                  # 窗体对象
        self.root.title('客户端')                       # 窗体标题
        self.root.geometry('600x400')                   # 窗体大小
        self.server_ip='127.0.0.1'                      # 服务器默认 IP 地址
        self.server_port=int(9000)                      # 服务器默认端口
        self.recvbuf=str()                              # 接收区缓存
        self.sendbuf=str()                              # 发送区缓存
        self.recvstr=StringVar(value=self.recvbuf)      # 接收内容
        self.sendstr=StringVar(value=self.sendbuf)      # 发送内容
```

```python
        self. ip = StringVar( value = self. server_ip)
        self. port = IntVar( value = self. server_port)
        self. sk = socket. socket( )                              # 建立客户端套接字
        # 标签控件
        self. ip_label = Label( self. root, text = '服务器 IP 地址:')
        self. port_label = Label( self. root, text = '服务器端口:')
        self. c_label = Label( self. root, text = '发送的信息')
        self. s_label = Label( self. root, text = '收到的信息:')
        self. recorde_label = Label( self. root, text = '客户和服务器的聊天记录')
        # 文本框控件,服务器 IP 地址输入
        self. ip_entry = Entry( self. root, textvariable = self. ip)
        # 文本框控件,服务器端口输入
        self. port_entry = Entry( self. root, textvariable = self. port)
        # 发送的信息
        self. c_entry = Entry( self. root, textvariable = self. sendstr)
        # 收到的信息
        self. s_entry = Entry( self. root, textvariable = self. recvstr, \
                state = 'disabled')
        # 聊天记录
        self. recorde = scrolledtext. ScrolledText( self. root, \
                width = 50, height = 10)
        # 按钮控件
        self. btn0 = Button( self. root, text = '建立连接', \
                command = lambda: self. conn( self. ip, self. port))
        self. btn1 = Button( self. root, text = '发送', \
                command = lambda: self. tosenddata( self. sk))
        # 控件排列次序与位置
        # 发送的信息
        self. c_label. grid( row = 0, column = 0)
        self. c_entry. grid( row = 0, column = 1)
        # 收到的信息
        self. s_label. grid( row = 1, column = 0)
        self. s_entry. grid( row = 1, column = 1)
        # 建立连接和发送按钮
        self. btn0. grid( row = 2, column = 0)
        self. btn1. grid( row = 2, column = 1)
        # 服务器 IP 地址
        self. ip_label. grid( row = 3, column = 0)
        self. ip_entry. grid( row = 3, column = 1)
        # 服务器端口
        self. port_label. grid( row = 4, column = 0)
        self. port_entry. grid( row = 4, column = 1)
        # 聊天记录
        self. recorde_label. grid( row = 5, column = 1)
        self. recorde. grid( row = 6, column = 1)

        self. root. after( 500, self. update)                    # 500 ms 后执行一次 update 函数
        self. root. mainloop( )
    # 连接服务器
    def conn( self, ip, port):
        self. recorde. insert( INSERT, '等待服务的启动 ... \n')
        self. sk. connect( ( self. server_ip, self. server_port))    # 连接服务器
        # print( '连接成功')
```

```
        self. recorde. insert(INSERT,\
                    time. strftime(self. DATETIMEFORMAT)+' 连接成功\n')
        return
    # 向服务器发送数据
    def senddata(self,s):
        self. sendbuf=self. sendstr. get()
        s. send(bytes(self. sendbuf,'utf-8'))                    # 发送数据
        self. recorde. insert(INSERT,\
        time. strftime(self. DATETIMEFORMAT)+' 客户端:'+self. sendbuf+'\n')
        return
    # 接收服务器数据
    def recvdata(self,s):
        try :
            self. recvbuf=str(s. recv(1024),'utf-8')            # 接收数据
            if not self. recvbuf:
                return
            self. recvstr. set(self. recvbuf)
            self. recorde. insert(INSERT,\
                        time. strftime(self. DATETIMEFORMAT)+\
                        '服务器:'+self. recvbuf+'\n')
        except Exception as e:
            # print(e)
            pass
        return
    # 采用多线程方式分别执行 senddata() 和 recvdata() 方法
    def tosenddata(self,s):
        threading. Thread(target=self. senddata,args=(s,)). start()
        return
    def torecvdata(self,s):
        threading. Thread(target=self. recvdata,args=(s,)). start()
        return
    # 更新缓存区
    def update(self):
        try:
            self. torecvdata(self. sk)
        except Exception as e:
            # print(e)
            pass
        self. root. after(500,self. update)                     # 500 ms 后执行一次 update 函数
        return

if__name__=='__main__':
    clt=client()
```

运行结果:

　　打开两个 Python 的 IDLE 窗口，各创建一个 Python 文件，分别写服务器程序和客户端程序。先运行服务器程序，再运行客户端程序。默认情况下，服务器 IP 地址为 127. 0. 0. 1，端口号为 9000。启动服务器的服务，在客户端中"建立连接"，就可以在窗口顶部的"发送的信息"文本框中输入文字，单击"发送"按钮，发送信息。在另一端的"收到的信息"文本框和"客户和服务器的聊天记录"文本框中可以看到对方发送的信息，如图 5-16a 和图 5-16b 所示。

5.6 习题

一、名词解释

1. 协议　　2. 网络体系结构　　3. 协议数据单元　　4. 数据封装
5. 域名　　6. URL　　　　　　7. 客户端/服务器　　8. 套接字

二、填空题

1. 当今计算机网络中的两个主要网络体系结构分别是_____模型和_____模型。

2. OSI 模型可以分成 7 个层次，由低到高分别为 _____、_____、_____、_____、_____、_____、_____。

3. 网络协议的三个要素是_____、_____和_____。

4. 常用端口号的端口范围为_____。

5. IP 地址是一种层次性的地址，分为_____和_____两个部分。

三、选择题

1. 在 TCP/IP 参考模型中，与 OSI 参考模型的传输层对应的是（　　）。
   A. 主机-网络层　　B. 应用层　　　C. 传输层　　　D. 互联层

2. 在 TCP/IP 协议族中，UDP 是一种（　　）协议。
   A. 传输层　　　　B. 互联层　　　C. 主机-网络层　D. 应用层

3. （　　）是指为网络数据交换而制定的规则、约定与标准。
   A. 接口　　　　　B. 层次　　　　C. 体系结构　　D. 通信协议

4. www. xjtu. edu. cn 是 Internet 中主机的（　　）。
   A. 硬件编码　　　B. 密码　　　　C. IP 地址　　　D. 域名地址

四、判断题

1. 传输层的 TCP 提供的是可靠的、面向连接的服务，而 UDP 提供的是不可靠的、无连接的服务。　　　　　　　　　　　　　　　　　　　　　　　　　　　　　　（　　）

2. 一个 C 类网络最多能容纳 256 台主机。　　　　　　　　　　　　　　　　（　　）

3. 迭代服务器可以同时处理多个客户端请求，与迭代服务器相反，并发服务器则不能。　　　　　　　　　　　　　　　　　　　　　　　　　　　　　　　　　（　　）

4. 一个服务器可以同时监听多个端口号。　　　　　　　　　　　　　　　　（　　）

五、简答题

1. 简述数据在网络传输过程中封装和拆封的过程。
2. IP 地址的结构是怎样的？IP 地址可以分为哪几种？
3. 什么是域名系统？请说明域名的结构。
4. 简述 TCP 和 UDP 的异同以及各自适用的场合。
5. 请说明传输层端口的作用以及常用 Internet 服务的端口号。
6. 请说明客户端/服务器计算模型。
7. 请说明使用 TCP 和 Socket 创建服务器和客户端程序的步骤。
8. 请说明使用 UDP 和 Socket 创建服务器和客户端程序的步骤。
9. 请解释迭代服务器和并发服务器的概念。
10. 请说明使用 urllib 和 requests 模块获取网页的编程步骤。

11. 请说明使用 bs4 模块解析网页的编程步骤。

六、编程题

1. 编写 client 和 server 程序，client 向 server 发出一个 get time 请求，server 读取自己的系统时钟，将得到的时间返回给 client，client 收到后显示在屏幕上。请使用 TCP 实现上述的功能（提示：time 模块的 strftime('%Y-%m-%d %H:%M:%S') 函数可以获得当前时间的字符串形式）。

2. 使用 UDP 和 Socket 重新实现上述的功能。

3. 使用迭代方式重新设计上题的 server，使得它可以服务多个 client。

4. 使用多线程方法重新设计上题的 server，使得它可以服务多个 client。

5. 使用 Python tkinter GUI 窗口界面和 Socket 重新实现上述客户端和服务器程序。

6. 编写一个可以聊天的程序。编写服务器，可以多次和客户端进行接收与发送信息的操作，直到客户端发送"bye"，结束对话。编写客户端程序，可以多次和客户端进行接收和发送信息的操作，要结束对话，可以给服务器发送"bye"。

7. 第 6 题结束对话的主动方是客户端。修改规则，使服务器也可以发送结束通话的请求（其实这就是双方的协议）。

8. 设计一个使用 urllib、requests 和 bs4 相结合获取和解析你的学校主页的文本，以及主页中的链接、图片和表格数据的网络爬虫程序。

第6章　多媒体编程技术

多媒体技术是指通过计算机对文字、数据、图形、图像、动画、声音等多种媒体信息进行综合处理和管理，使用户可以通过多种感官与计算机进行信息交互的技术。本章将着重讲解利用 Python 语言进行多媒体编程的常用方法，主要涉及图形、图像、音频和视频编程。

6.1　绘图编程技术

在日常工作中，人们经常需要利用柱状图、直方图、饼图、折线图、曲线图等将数据直观地展现出来。由于这类绘图应用场景极其广泛，微软公司甚至在 Excel 软件中增加了根据数据绘制图形的功能。但是像 Excel 这样的软件只能对数据做一些简单的统计，而现实需求可能复杂得多。比如，需要对数据进行筛选、规范化，再执行数据挖掘或机器学习算法，最后才是将结果呈现出来。这时就需要借助编程语言来实现目标。

6.1.1　Matplotlib 库概述

视频：Matplotlib 库概述

Matplotlib 是 Python 语言在绘图方面使用最广泛的一个库，其设计借鉴了 MATLAB 的绘图功能，可以绘制线图、散点图、等高线图、直方图、柱状图、3D 图形，甚至图形动画等。它可以和科学计算库 NumPy 很好地结合，将用户的计算数据图形化。它提供了多种图形存储格式，如存储为矢量图、位图、动画等。

安装 Matplotlib 时，首先使用〈Windows+R〉组合键打开"运行"对话框，执行 cmd 命令后打开命令窗口，进入 Python 安装目录下的 Scripts 目录，再使用以下命令进行安装。

```
pip install matplotlib
```

Matplotlib 生成的图形主要由以下几个部分构成。

- Figure：指整个图形。可以把它理解成一个用于工程制图的绘图板。
- Axes：一个绘图区，它被包含在 Figure 中。一个 Figure 可包含多个 Axes。
- Axis：指坐标轴及相关刻度、标签等。
- Artist：除去坐标轴之外，所有绘制在图纸上的元素都属于 Artist 对象，如标题、直线、曲线、直方图、饼图等。

图 6-1 给出了以上各部分之间的关系，Figure 包含 Axes，而 Axes 包含了各种 Axis 以及 Artist 对象。注意，在实际绘图时，Figure 和 Axes 的外边框一般不显示。以上各部分的关系可以通俗地理解为，Figure 是一个画板，Axes 是固定在画板上的图纸，每张图纸都可以画一幅画，每幅画上包括坐标轴、曲线等多种图元素。

绘制一个 Matplotlib 图形的基本步骤为先创建 Figure，再创建 Axes，最后在 Axes 内绘制各种图形、坐标和图例。下面的例 6-1 说明了这一过程。

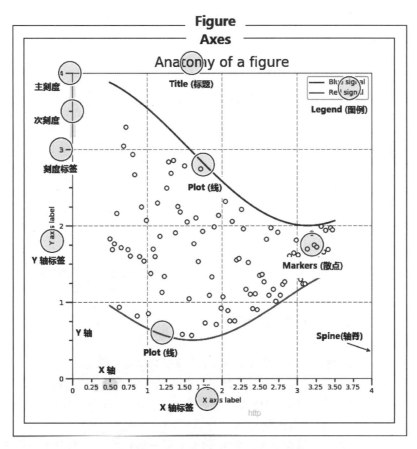

图 6-1　Matplotlib 图形中的各种对象

【例 6-1】 编写 Python 程序，绘制一个折线图（显式创建 Figure、Axes）。

解： 设已安装 Python 和 Matplotlib，源程序如下。

```
import matplotlib. pyplot as plt      # 导入 pyplot 子模块
x = [1,3,5,7]                         # 所有点的 x 坐标
y = [1,9,3,7]                         # 所有点的 y 坐标
fig = plt. figure( )                  # 按默认方式创建 Figure
ax = fig. add_subplot( )             # 按默认方式创建一个 Axes
ax. plot(x,y)                        # 用 Axes 对象画图
plt. show( )                         # 显示图形
```

注意： 当利用 Matplotlib 绘图时，一般都需要引入 Matplotlib 的子库 pyplot，该子库提供了和 MATLAB 类似的绘图功能。另外，在程序末尾都要使用show( )函数将 Figure 窗口显示出来。plot( )函数的作用是将 x、y 表示的一系列点连接起来。

执行例 6-1 程序，将生成一个如图 6-2 所示的 Figure 窗口。单击图 6-2 中的存储按钮 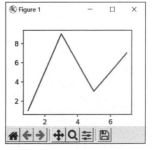，可将图形存储为位图（png、jpg 格式）或矢量图（eps、svg 格式）。

实际上，人们在绘制图 6-2 所示的图形时，还常常使用例 6-2 的编程方式。

图 6-2　生成 Figure 窗口

【例 6-2】 编写程序，绘制一个折线图（隐式创建 Figure、Axes）。

解：不创建 Figure 和 Axes 就可以直接画图的真相是隐式创建了 Figure 和一个 Axes。

```
import matplotlib. pyplot as plt
x = [1,3,5,7]
y = [1,9,3,7]
plt. plot(x,y)              # 直接使用 pyplot 函数
plt. show()                # 显示 Figure
```

例 6-2 的代码虽然没有创建 Figure 和 Axes，但是 plt. plot() 函数会创建默认的 Figure 和 Axes 对象，并在默认的 Axes 上画图。

6.1.2 基本图形绘制

本节介绍如何绘制点、线、矩形、圆形等基本图形。

1. 绘制散点图

可以使用 pyplot 中的 scatter() 方法来绘制散点图。下面给出一个简化的函数原型：

```
scatter(x, y, s, c, marker, alpha, linewidths)
```

注意：以上函数从 s 开始采用关键字调用。

其中的参数说明如下。

- x，y：长度相同的两个数组，表示即将绘制的数据点坐标数据。
- s：点的大小，默认为 20，也可以是数组，数组的每个值为对应点的大小。
- c：点的颜色，默认为蓝色，也可以是颜色数组，数组的每个值为对应点的颜色。
- marker：点的样式，默认为小圆点（即样式'o'）。
- alpha：透明度设置，取值在 0（透明）到 1（不透明）之间，默认为不透明。
- linewidths：标记点的边缘线的宽度，默认为 1.5。

例 6-3 和例 6-4 分别绘制不同的散点图。

【例 6-3】 绘制一个简单的散点图。

解：下列程序绘制散点图。

```
import matplotlib. pyplot as plt               # 导入绘图模块
import numpy as np                            # 导入 NumPy 模块
x = np. array([1, 2, 3, 4, 5, 6])            # 点的 x 坐标
y = np. array([1.1, 4.5, 1.9, 3.3, 6.0, 5.1]) # 点的 y 坐标
plt. scatter(x, y)                            # 绘图函数
plt. show()                                   # 显示图形
```

例 6-3 运行结果如图 6-3 所示。

【例 6-4】 绘制一个点的大小和颜色均不同的半透明散点图。

解：

```
import matplotlib. pyplot as plt
import numpy as np
x = np. array([1.5, 2.2, 2.4,  3, 3.1, 4, 1.8, 2.6, 3.5])     # 点的 x 坐标
y = np. array([1.6, 2.2, 2.5, 3.3, 3.5, 4.5,1.9, 3.1, 4.0])   # 点的 y 坐标
sizes = np. array([160,990,700,1000,400,60,80,100,200])
alp = 0.5                                          # 设置透明度，取值在 0（透明）到 1（不透明）之间
colors = np. array(['red','green','black','orange','brown','y','c','b','# 18c900'])
```

```
plt. scatter(x, y, s = sizes, c = colors, alpha = alp)      # 坐标以外的参数均采用关键字调用
plt. show( )
```

例 6-4 运行结果如图 6-4 所示。

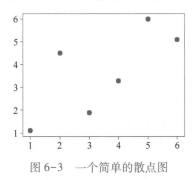

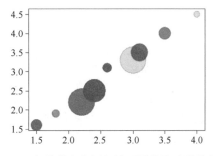

图 6-3　一个简单的散点图　　　　　　　图 6-4　点的大小和颜色均不同的半透明散点图

用 Matplotlib 绘图时，颜色可以取英文名代表的预设值（如'r'、'k'、'red'、'blue'等，参见表 6-1），也可以用 32 位整数表示（如# 18c900）。在颜色# 18c900 中，十六进制数 18 表示红色，c9 表示绿色，00 表示蓝色。另外，用 Matplotlib 绘图时，点的样式也有多种，表 6-2 给出了部分样式。

表 6-1　常用颜色的英文名称

字符（串）	代表的颜色
b 或 blue	蓝色
g 或 green	绿色
r 或 red	红色
c 或 cyan	青绿色
m 或 magenta	洋红色
y 或 yellow	黄色
k 或 black	黑色
w 或 white	白色

注：c 和 cyan、y 和 yellow 有少量色差。

表 6-2　定义点的样式（marker）的部分符号

标记	符号	描述
o	●	实心圆
v	▼	下三角
^	▲	上三角
<	◄	左三角
>	►	右三角
s	■	正方形
*	★	星号
+	+	加号
x	×	乘号

2. 绘制直线和曲线

可以使用 pyplot 中的 plot( )方法来绘制直线或曲线。该函数的参数非常丰富，下面给出两种简化的函数原型。

（1）第一种函数原型

```
plot(x, y, color, linestyle, linewidth, marker, markersize)
```

注意：以上参数从 color 开始采用关键字调用。

其中的参数说明如下。

- x，y：长度相同的两个数组，表示一系列点的 x、y 坐标。函数将依次连接这些点。
- color：线的颜色，取值见前文绘制散点图部分。
- linestyle，linewidth：线型、线宽（以像素为单位）。线型见表 6-3。
- marker，markersize：点的标记形式及大小。取值见前文绘制散点图部分。

表 6-3　线型的字符表示方式

线 型 字 符	说　　明
-	实线
--	虚线（由短直线构成）
-.	点画线
:	点线（由点构成）
	不绘制

（2）第二种函数原型

```
plot(x, y, fmt, linewidth, markersize)
```

注意： 这里的参数 fmt 是一个字符串，该字符串可将表示 color、marker、linestyle 的字符连在一起，从而快速设定这几个参数。例如，"bs-" 表示绘制蓝色的实线且点的标记为方形，"ro" 表示点的标记为红色的实心圆但不绘制线。注意在 fmt 字符串中要用单字符表示颜色。

下面的例 6-5 和例 6-6 说明了 plot 函数的这两种调用方法。

【例 6-5】 绘制 cos 函数曲线（按第一种函数原型调用 plot）。

解：

```
import matplotlib. pyplot as plt
import numpy as np
x = np. linspace(0, np. pi, 10)          # 在[0,π]上均匀生成 10 个点
y_cos = np. cos(x)                       # 计算 10 个点的 cos 值
y_cos_h = y_cos/2                        # 将 10 个点的每个 cos 值除以 2
plt. plot(x, y_cos, color='red', marker='+', linestyle='--')
plt. plot(x, y_cos_h, color='b', marker='^', linestyle=':')
plt. show()
```

例 6-5 运行结果如图 6-5 所示。

【例 6-6】 绘制 sin 函数曲线（按第二种函数原型调用 plot）。

解：

```
import matplotlib. pyplot as plt
import numpy as np
x = np. linspace(0, np. pi, 10)          # 在[0,π]上均匀生成 10 个点
y_sin = np. sin(x)                       # 计算 10 个点的 sin 值
y_sin_half = y_sin / 2                   # 将 10 个点的每个 sin 值除以 2
plt. plot(x, y_sin, 'bs-', linewidth=2, markersize=6)
plt. plot(x, y_sin_half, 'ro', linewidth=2, markersize=6)
plt. show()
```

例 6-6 运行结果如图 6-6 所示。

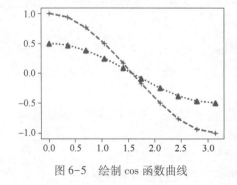

图 6-5　绘制 cos 函数曲线

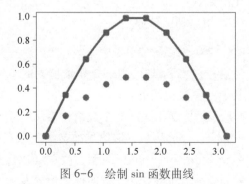

图 6-6　绘制 sin 函数曲线

plot( )函数使用直线连接两个相邻的点。在例 6-5 和例 6-6 的程序中，如果在区间内给出足够稠密的点，那么所绘制的图形就会成为光滑的曲线。

3. 绘制柱状图

柱状图将一系列数据以垂直或水平的矩形表示，常常用于数据对比的场合。柱状图分为垂直或水平两种，分别可使用 bar( )和 barh( )函数绘制。其简化的函数原型如下：

```
bar(x, height, width, bottom, color, align, edgecolor)
barh(y, width, height, left, color, align, edgecolor)
```

建议除了前三个参数外，其他均采用关键字调用。

bar( )函数的参数如下：

- x：数组，指定所有柱状图的水平坐标。
- height：数组，指定柱状图的高度，也就是需要展示的数据的大小。
- width：实数，指定柱状图的宽度，默认值为 0.8。
- bottom：数组，指定每个柱状图的起始高度。
- align：柱状图水平对齐方式，可选 center（中心对齐）或 edge（边缘对齐）。
- edgecolor：柱状图边框的颜色。

barh( )函数的参数 y、width、height、left 依次为柱状图的纵坐标、宽度、高度、起始位置，相当于 bar( )函数的 x、height、width、bottom 顺时针旋转 90°。barh( )函数其他参数的含义和 bar( )函数一样。这里，bottom 和 left 参数可用于绘制堆叠柱状图。例 6-7、例 6-8 和例 6-9 给出了 bar( )和 barh( )函数的应用示例。

【例 6-7】绘制垂直堆叠柱状图。

解：

```
import numpy as np
import matplotlib. pyplot as plt
x = np. arange(4)
y1 = np. array([2.5,3.3,4.6,1.5])
y2 = np. array([2.5,3.3,4.0,1.5])
plt. bar(x, y1, 0.5, color='y', align='center', edgecolor='k', linewidth=1)
# 下面绘制的第 2 组柱状图以 y1 为底部坐标，达到堆叠效果
plt. bar(x, y1, 0.5, color='m', align='center', edgecolor='k', linewidth=1, bottom=y1)
plt. show( )
```

例 6-7 运行结果如图 6-7 所示。

【例 6-8】绘制水平堆叠柱状图。

解：

```
import numpy as np
import matplotlib. pyplot as plt
x = np. array([1.5,2.5,4.5,5.5])
y1 = np. array([2.5,3.3,4.6,1.5])
y2 = np. array([1.3,1.3,2.9,2.5])
plt. barh(x, y1, 0.5, color='orange', align='edge')        # 按水平方向绘制
plt. barh(x, y2, 0.5, color='c', left=y1, align='edge')    # 第 2 组柱状图以 y1 为左侧起点
plt. show( )
```

例 6-8 运行结果如图 6-8 所示。

【例6-9】绘制分组对照柱状图。

解：

```
import numpy as np
import matplotlib. pyplot as plt
x = np. array([1,2,3,4])
y = [(2,4,5,8),(2.4,4.6,5.8,6.8)]
bar_width = 0.35                    # 设置柱状图宽度
plt. bar(x, y[0], bar_width, color='# 0072BC')
plt. bar(x + bar_width, y[1], bar_width, color='# ED1C24')
plt. show()
```

例6-9运行结果如图6-9所示。本例的第2组柱状图的x坐标位置相对于第1组柱状图向右移动了bar_width距离（代码为x + bar_width），从而实现了两组柱状图的逐项对比。

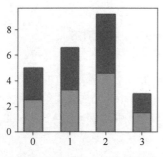

图6-7　绘制垂直堆叠柱状图

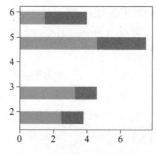

图6-8　绘制水平堆叠柱状图

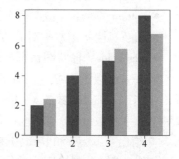

图6-9　绘制分组对照柱状图

4. 绘制直方图

直方图是多个数值数据分布的图形表示。为了构建直方图，需要将数据的取值范围划分为一系列连续的等宽区间，在每个区间上绘制矩形表达该区间内数据的某种特征。如果矩形高度为落在该区间内的数据数量，则称为**频数分布直方图**。如果矩形高度为落在该区间的数据所占比例再除以组距（即区间长度），则称为**频率分布直方图**。频率分布直方图所有柱形面积之和为1。柱状图和直方图主要的不同在于，柱状图横轴上的数据是相对孤立的、离散的，而直方图横轴上的数据是连续的一个范围。

一般可使用pyplot中的hist()函数绘制直方图，下面是一个简化的函数原型。

```
hist(x, bins, range, density, color, edgecolor, alpha)
```

其中的参数说明如下。
- x：数组，存储要计算直方图的数据。
- bins：直方图的柱数，默认为10。
- range：所考察的数值范围。默认值为所有数据的最小值到最大值。
- density：默认为False，表示频数分布直方图；若为True，则表示频率分布直方图。
- color：直方图颜色。
- edgecolor：直方图每个柱形边框颜色。
- alpha：透明度，取值范围为0~1，0表示透明，1表示不透明。

除了前两个参数以外的参数均建议采用关键字调用。

【例 6-10】 绘制一个频数分布直方图。

解：

```
import numpy as np
import matplotlib. pyplot as plt
data = np. random. standard_normal( 1000)            # 按正态分布取值，生成 1000 个数
n_bins = 16
plt. hist( data, n_bins, color='c', edgecolor='k')
plt. show( )
```

例 6-10 绘制了一个频数分布直方图，数据是按正态分布生成的随机数，运行结果如图 6-10 所示。

【例 6-11】 绘制两组直方图。

解：

```
import numpy as np
import matplotlib. pyplot as plt
g1 = np. random. normal( 90,15,1000)            # 按正态分布生成 1000 个数，平均值为 90
g2 = np. random. normal( 60,18,1500)            # 按正态分布生成 1500 个数，平均值为 60
data = np. array( list( zip( g1,g2) ) )
n_bins = 30
plt. hist( data, n_bins, density=True, color=['c', 'r'])       # 两组数据颜色为'c'和'r'
plt. show( )
```

例 6-11 绘制了两组数据的频率分布直方图，数据也是按正态分布生成的随机数，但平均值不同。运行结果如图 6-11 所示。

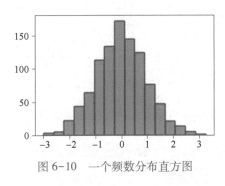 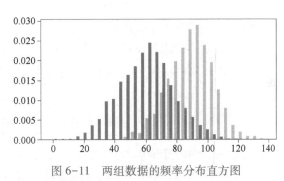

图 6-10　一个频数分布直方图　　　　　　图 6-11　两组数据的频率分布直方图

5. 绘制饼图

可以使用 pyplot 中的 pie( ) 函数绘制饼图，下面的函数原型列出了部分常用参数。

```
pie( x, explode, labels, colors, autopct, shadow)
```

建议除了第一个参数以外的参数均采用关键字调用。

其中的参数说明如下。

- x：数组，表示每个扇形的面积。
- explode：数组，表示各个扇形之间的间隔，默认值为 0。
- labels：列表，各个扇形的标签，默认值为 None。
- colors：数组，表示各个扇形的颜色。
- autopct：设置每个扇形的百分比显示格式，%d%%表示整数百分比，%0. 1f 表示一位小数，%0. 1f%%表示一位小数百分比，%0. 2f%%表示两位小数百分比。

● shadow：设置饼图的阴影，取值为 True 或 False，默认为 False，表示不设置阴影。

【例 6-12】绘制一个简单的饼图。

解：

```
import matplotlib. pyplot as plt
num = [20, 30, 40, 50]
grade = ['A', 'B', 'C', 'D']
clr = ['lightgreen', 'cyan', 'red', 'yellow']
exp = (0.1, 0, 0, 0)
plt. pie(num, explode=exp, labels=grade, colors=clr, autopct='%. 1f%%')
plt. show()
```

例 6-12 运行结果如图 6-12 所示。

6. 绘制圆、矩形和多边形

前文介绍了绘制线图、柱状图、饼图等图形的方法，但当需要绘制一些特定的形状时，这些方法并不方便。比如要绘制椭圆，如果用前面的方法，就需要先计算出椭圆上一系列点的坐标，再用短直线依次连接这些点。如果要填充椭圆，则更加麻烦。matplotlib. patches 包定义了一系列形状对象，包括箭头、矩形、椭圆等，也称之为"块"。利用这个包，可以方便地绘制圆、矩形、多边形等图形。

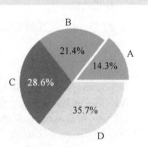

图 6-12　一个简单的饼图

首先要引入 patches 包，可以使用下列语句：

```
import matplotlib. patches as mpatches
```

然后分三步绘制形状，步骤如下。

第一步：创建绘图对象以及子图。

```
fig, ax = plt. subplots()          # 仅有一个子图。fig 为 Figure，ax 为 Axes
```

或

```
fig = plt. figure()                # Figure
# 多子图，参数分别为子图总行数、总列数、图号。即 ax 为 2 行 1 列的第 1 个子图
ax = fig. add_subplot(2, 1, 1)
```

关于多个子图的内容，可参见后文 6.1.4 节"实现一页多图"。

第二步：创建标准图形对象。

可创建矩形、圆、箭头等，例如创建椭圆：

```
e1 = mpatches. Ellipse(xy=(0.6, 0.6), width=0.2, height=0.4, angle=60, color='g')
```

第三步：将图形对象添加到子图中。

这里需要用 add_patch() 方法将图形对象添加进 Axes 对象中（即第一步中的 ax 对象）。

```
ax. add_patch(e1)
```

还可以将多个形状对象先添加到一个集合，再将此集合添加进 ax，语句如下：

```
patches=[]                              # 创建容纳对象的表
patches. append(e1)                     # 将形状 e1 放入列表
patches. append(e2)                     # 将形状 e2 放入列表
collection = PatchCollection(patches)   # 通过列表构造一个对象集合
ax. add_collection(collection)          # 将集合添加进 ax 对象
```

最后用 plt. show( )显示图片即可。

下面列出矩形、椭圆、圆、多边形的简化函数原型：

```
Rectangle(xy, width, height, color, angle, alpha, linewidth, linestyle, fill, hatch)
Ellipse(xy, width, height, color, angle, alpha, linewidth, linestyle, fill, hatch)
Circle(xy, radius, alpha, color, linewidth, linestyle, fill, hatch)
Polygon(xy, color, alpha, linewidth, linestyle, fill, hatch)
```

其中的参数说明如下。

- xy：对于矩形而言，这是左下角位置（见图 6-13）；对于椭圆或圆而言，这是圆心；对于多边形而言，这是一个点的列表。
- width, height：矩形或椭圆外接矩形的宽度、高度。
- radius：圆的半径。
- fill, color, hatch：是否填充颜色、填充色、填充的纹理图案。
- angle：逆时针旋转的角度。
- alpha：透明度，取值在[0, 1]之间，0 表示透明，1 表示不透明。
- linewidth, linestyle：边线宽度、线的类型。

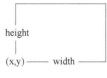

图 6-13　矩形
形状参数图

【例 6-13】绘制基本形状，包括圆、矩形和多边形。

解：

```
import matplotlib. pyplot as plt
import numpy as np
import matplotlib. patches as mpatches
fig, ax = plt. subplots( )
# 创建矩形对象
s1 = mpatches. Rectangle(xy=(0. 5, 0. 4), width=0. 2, height=0. 4, alpha=0. 8, angle=60)
s2 = mpatches. Rectangle(xy=(0. 5, 0. 2), width=0. 4, height=0. 2, fill=False, hatch='O',
                        linewidth=3, linestyle='--')          # 虚线边，圆圈填充
ax. add_patch(s1)
ax. add_patch(s2)
# 创建圆、椭圆对象
c1 = mpatches. Circle(xy=(0. 2, 0. 4), radius=0. 2, alpha=0. 7, color='red')          # 圆
e1 = mpatches. Ellipse(xy=(0. 6, 0. 6), width=0. 2, height=0. 4, angle=60, color='g')  # 椭圆
ax. add_patch(c1)
ax. add_patch(e1)
# 创建多边形对象
p1 = mpatches. Polygon(xy=[[0. , 0. 2], [0. , 0. 3], [0. 1, 0. 2]], color='red')
ptlist = [[0. 25, 0. 7], [0. 2, 0. 8], [0. 3, 0. 9], [0. 4, 0. 8], [0. 35, 0. 7]]
p2 = mpatches. Polygon(xy=ptlist, color='y', alpha=0. 5)
ax. add_patch(p1)
ax. add_patch(p2)
plt. axis('equal')                         # 设置 x 方向、y 方向坐标比例为 1:1
plt. tick_params(labelsize=16)             # 调整坐标轴上数字大小
plt. show( )
```

例 6-13 运行结果如图 6-14 所示，其中圆和五边形是半透明的，其他形状则是不透明的。这里设置了 x 方向和 y 方向坐标长度比例为 1:1，否则可能出现圆形变椭圆的情况。绘制一个矩形时，用到了纹理填充。hatch 取不同字符代表不同的纹理样式，如图 6-15 所示。

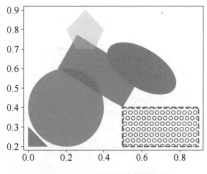

图 6-14　形状绘制结果图

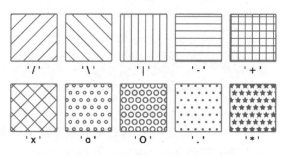

图 6-15　封闭图形纹理样式

6.1.3　字体、图例和坐标轴

1. 字体、轴标签、文字和图例

字体一般可以用一个字典来定义，例如：

```
font1 = {'family':'calibri', 'style':'italic', 'color':'r', 'size':15}
```

这里的属性 family、style、color、size 分别是字体名、是否为粗体或斜体、颜色、大小。

函数 xlabel( ) 和 ylabel( ) 用来设置 x 轴和 y 轴的标签，函数 title( ) 用来设置标题。例如：

```
font1 = { "family" : "Simsun" , "fontsize" : 13,"color" : "b"}    # 定义字体 font1
plt. xlabel( "这是 x 轴标签", font1)                              # 在 xlabel( ) 中使用 font1
plt. title( "这是标题", font1)                                    # 在 title( ) 中使用 font1
```

使用字体还有其他方法，读者可查阅 Matplotlib 相关文档。

显示文字可使用 text( ) 方法。简化的函数原型为：

```
text( x, y, s, fontdict)
```

其中的参数说明如下。

- x，y：放置文本的位置。默认以图中数据坐标定位。
- s：需要显示的文本。
- fontdict：所使用的字体，可以用字典形式定义。

在 text 函数中，如果加一个参数 transform，并设定 transform = ax. transAxes，就是用百分比确定文本位置。这时画面左下角为 (0, 0)，右上角为 (1, 1)。画面中任意位置的水平和垂直方向的坐标都是一个 0~1 之间的数，比如 (0.5, 0.5) 代表画面中心。

图例用于显示图中不同颜色、不同线型的图形的含义。可以使用 pyplot 的 legend( ) 函数绘制图例。下面是一个简化的 legend( ) 函数原型：

```
legend( labels ,ncol ,labelspacing, columnspacing, bbox_to_anchor, prop, handletextpad)
```

其中的参数说明如下。

- labels：字符串列表，代表图例中每一项的文字名称。
- ncol：图例分几列显示，默认为 1 列。
- labelspacing：调整图例中各行之间的距离。
- columnspacing：调整图例中各列之间的间距。
- bbox_to_anchor：取值为 (rx, ry)，rx 和 ry 为实数，分别是横向相对位置和纵向相对位置。通过调节此参数可修改图例的位置。

- prop：图例中使用的字体（字典形式），属性有 family（字体）、size（大小）等。
- handletextpad：调节图例的图形标记和文字之间的距离。

注意：prop 的属性中没有颜色，这一点和普通文本的字体设置不同，具体内容可查阅 Matplotlib 相关文档。

【例 6-14】绘制有坐标轴标签、标题和图例的图。

解：

```
import numpy as np
import matplotlib. pyplot as plt
from scipy import interpolate                              # 引入插值函数包
x = np. array([1, 2, 3, 4, 5, 6])                          # 时间
y = np. array([1, 0.9, 0.5, 0.2, 0.05, 0.0])              # 兔的速度
z = np. array([0.2, 0.2, 0.2, 0.2, 0.2, 0.2])            # 龟的速度
font1 = { "family" : "simsun" , "fontsize" : 13}
font2 = { "family" : "Microsoft YaHei" , "fontsize" : 16, "color" : "b"}  # 标题字体
tck = interpolate. splrep(x, y)                            # 用 x, y 生成 B 样条函数
x_new = np. linspace(1, 6, 200)                           # 生成[1, 6]中的 200 个等距点
y_new = interpolate. splev(x_new, tck)                    # 计算 x_new 的样条函数值
plt. plot(x_new, y_new, label='兔')                       # 绘制样条曲线
plt. plot(x,y,marker='o', linewidth=0)                    # 绘制样条曲线上已知的数据结点
plt. plot(x,z,marker='s', label='龟')                     # 绘制乌龟的速度线
plt. title("速度变化图",font2)                             # 绘制标题
plt. xlabel("时间（分）", font1)                           # 绘制 x 轴标签
plt. ylabel("速度（米/秒）", font1)                        # 绘制 y 轴标签
plt. legend(ncol=2,prop={ "family" : "simsun" , "size" : 13})  # 图例
plt. text(4, 0.25, "$P_1$", fontsize=13)                  # 标记交点
plt. text(3, 0.55, "B-Spline 插值曲线", font1)            # 曲线说明
plt. show()
```

例 6-14 运行结果如图 6-16 所示。本程序使用了 B 样条插值生成光滑的兔子速度变化曲线。这需要引入 scipy 库的 interpolate 模块，然后用已知的少量数据点为参数，利用 splrep 方法生成 B 样条函数 tck。再生成定义域内足够多的点 x_new，利用函数 splev 方法计算点集 x_new 对应的样条函数值 y_new。最后利用 x_new 和 y_new 画出一条光滑曲线。

在 legend 函数中的 labels 参数常常直接放在绘图语句中，比如例 6-14 就是放在 plot 语句中。这时 legend 函数不再需要设定 labels 参数。

2. 坐标轴和刻度设置

研究数学问题时，经常需要将坐标轴放在图形中央。在 Matplotlib 中，图形四周的边框称为 **spines**，位于底部、左侧的 spines 就是默认的 x、y 轴。可以使用 gca() 函数获得图形坐标轴对象，该对象包括 spines（即四周的边框），通过设置 spines 就可以达到目的。例如：

```
ax = plt. gca()                                           # 获得坐标轴对象
ax. spines['left']. set_position('center')               # 设置 y 轴居中
ax. spines['bottom']. set_position(('data', 0))          # 设置 x 轴位于 y 值 0 处
ax. spines['right']. set_visible(False)                  # 设置右边框不可见
```

函数 tick_params() 可以设置刻度线的长度、宽度和颜色，以及坐标轴上标识刻度的数字的大小和颜色。例如：

```
# 设置刻度线宽为 2，长为 5，刻度字体为 16，都是用蓝色绘制
plt. tick_params( width = 2, length = 5, colors = 'b', labelsize = 16)
```

函数 xlim( )、ylim( ) 可以设置横纵坐标轴的范围，例如：

```
plt. xlim(0, 1.5)          # 设置 x 轴范围为[0, 1.5]，等价于 plt. xlim([0,1.5])
plt. ylim(3, 4.5)          # 设置 y 轴范围为[3, 4.5]
```

函数 xticks( )、yticks( ) 可以在指定位置标注刻度，并可指定标注的内容和字体，例如：

```
x_ticks = [0.1, 0.3, 0.5, 0.8]
x_ticks_label = ['D', 'C', 'B', 'A']
plt. xticks(x_ticks, x_ticks_label, fontproperties = 'Times New Roman', fontsize = 15)
```

上面三条语句将分别在 0.1、0.3、0.5 和 0.8 四个位置画刻度线，并把 D、C、B、A 标注在刻度线旁边，字体为 15 号新罗马体。yticks( ) 函数也是一样的用法。

【例 6-15】绘制图形中央的直角坐标系和函数曲线。

解：

```
import matplotlib. pyplot as plt
import numpy as np
plt. ylim(-4,4)
ax = plt. gca( )                                    # 获得坐标轴对象
ax. spines['left']. set_position('center')          # 设置 y 轴居中
ax. spines['bottom']. set_position(('data', 0))     # 设置 x 轴位于 y 值 0 处
ax. spines['right']. set_visible(False)             # 设置右边框不可见
ax. spines['top']. set_visible(False)               # 设置上边框不可见
plt. tick_params(colors = 'b', labelsize = 12)      # 设置坐标轴上字体颜色、尺寸
x = np. linspace(-3, 3, 60)
y = x ** 3-3 * x
plt. plot(x, y, 'g-')
plt. text(-3,3, '$f(x) = x^3-3x $',fontsize = 14)   # 显示函数方程
plt. show( )
```

例 6-15 运行结果如图 6-17 所示。除了修改了坐标轴位置，本例程序使用了 Latex 语法显示数学公式。这里两个 $ 中间就是一个 Latex 公式，x^3 代表 x^3。相关内容可查阅 Latex 帮助文档。

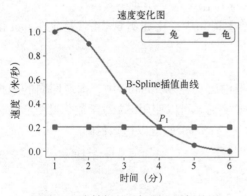

图 6-16　有轴标签、标题和图例的图

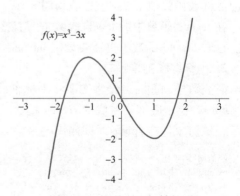

图 6-17　调整了坐标轴的图

6.1.4　实现一页多图

使用 pyplot 的 subplot( ) 函数可以在一幅图（Figure）中绘制多个子图，其函数原型为：

```
subplot(nrows, ncols, plot_num)
```

其中的参数说明如下。

- nrows, ncols：分别为所包含子图的总行数、总列数。
- plot_num：将要绘制的子图号。所有子图自左向右、自上而下从 1 开始编号。

在使用 subplot() 绘图时，如果使用默认的子图布局绘制，那么子图之间可能出现过于拥挤甚至部分重叠的情况。为了解决这种问题，这里介绍两个 pyplot 的函数，它们可以用来优化子图的布局。

第一个函数 figure() 设置图的大小，函数原型如下：

```
figure(figsize = (width, height), dpi)
```

其中，figsize 为图形大小（width 为宽度，height 为高度，单位为英寸），dpi 设置图形每英寸点数。图形的宽为 width * dpi 像素，高为 height * dpi 像素。

第二个函数 subplots_adjust() 调整子图间的距离，函数原型如下：

```
subplots_adjust(left, right, top,　bottom, wspace, hspace)
```

其中的参数说明如下。

- left, right, top, bottom：设定所有子图占据的矩形区与左、右、上、下边界的距离。
- wspace：设定子图间横向间距。
- hspace：设定子图间纵向间距。

注意，以上各参数取值均在 0~1 之间。设定边界距离时，0 代表显示窗口的最左侧或底部，1 代表最右侧或顶端。例如，left = 0 且 right = 1 表示子图区域从 Figure 最左侧一直延伸到最右侧，这时 y 轴紧靠着左边界（不包含左边的标签、刻度）。参数 top 和 bottom 的设定与此类似。wspace 表示子图横向间距占一个子图宽度的百分比，例如，wspace = 0.5 表示间距为一个子图宽度的 50%。与此类似，hspace 表示纵向间距占一个子图高度的百分比。

【例 6-16】 绘制有 4 个子图（两行两列）的图形。

解：

```
import matplotlib. pyplot as plt
import numpy as np
plt. figure(figsize = (7.3,5.5), dpi = 100)        # 设置图的宽度、高度（像素）
plt. subplots_adjust(wspace = 0.3, hspace = 0.4)   # 设置子图间距
# 开始绘制 1 号子图
x1 = np. array([0, 5, 10])
y1 = np. array([0, 4, 6])
z1 = np. array([2, 6, 8])
plt. subplot(2, 2, 1)                              # 左上角子图，编号 1
plt. plot(x1,y1,'rs-',label='A1')
plt. plot(x1,z1, 'go-.', label='A2')
plt. legend()
plt. title("plot 1")
# 开始绘制 2 号子图
x2 = np. array([1, 2, 3, 4])
y2 = np. array([1, 2, 2.5, 2.6])
z2 = np. array([2, 0.8, 0.2, 0])
plt. subplot(2, 2, 2)                              # 右上角子图，编号 2
plt. plot(x2,y2)
plt. plot(x2,z2)
```

```
plt. legend(['B1','B2'])
plt. title(" plot 2")
# 开始绘制 3 号子图
x3 = np. array([1,  2,  3,  4,  5,  6])
y3 = np. array([6,  10,  7,  6,  3.8, 7])
z3 = np. array([8,  10,  6,  5,  2,  4])
plt. subplot(2, 2, 3)                        # 左下角子图,编号 3
bar_width = 0. 4
plt. bar(x3, y3, bar_width, color='m',label='C1')
plt. bar(x3+bar_width, z3, bar_width, color='c',label='C2')
plt. legend(ncol=2)
plt. title(" plot 3")
# 开始绘制 4 号子图
x4 = np. array([3,  6,  10,  7,  2])
plt. subplot(2, 2, 4)                        # 右下角子图,编号 4
grade = ['A', 'B','C', 'D', 'E']
clr = ['lightgreen', 'cyan', 'orange', 'yellow', 'lightblue']
plt. pie(x4, labels=grade, colors=clr, autopct='%. 1f%%')
plt. xlim(-1. 0, 2. 1)                        # 设置 x 轴数值
plt. ylim(-1. 2, 1. 4)
plt. title(" plot 4")
plt. legend(bbox_to_anchor=(1. 1,0. 8))
plt. suptitle(" subplot Test",)
plt. show()
```

例 6-16 运行结果如图 6-18 所示。

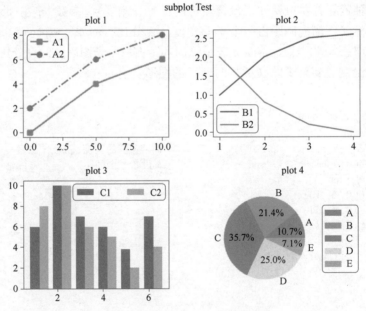

图 6-18　一个包含四个子图的图形

本程序绘制第 4 个子图时，使用了语句 plt. xlim(-1. 0, 2. 1)。这个语句设定了 x 轴的数值范围，实际上实现了饼图的左移，为图例的显示腾出了空间。同时在 legend()函数中，用参数 bbox_to_anchor =(1. 1,0. 8)设定了图例的位置，从而让饼图完美地显示出来。

6.1.5　生成 GIF 动画

Matplotlib 中的 FuncAnimation 类可以用于绘制由函数生成的动态图像，下面给出了该类构造函数的简化形式：

FuncAnimation(fig, func, frames, interval)

其中的参数说明如下。

- fig：显示图形的 Figure 对象。
- func：创建每一帧图形的函数。这个函数的形式为 func(frame, * fargs)，其中第一个参数一定是帧号，后面是可选参数。
- frames：是一个帧号的整数序列，比如[1,2,3,4,5]一共有 5 帧图像，分别编号为 1~5。也可以是一个整数 k，这时等价于[0,1,…,k-1]。
- interval：是两帧图形之间的时间间隔，以毫秒为单位。每隔 interval 毫秒，系统就调用func 函数一次，同时传入帧号。

【例 6-17】动态生成 sin 函数曲线。

解：

```
import matplotlib. animation as ani
import matplotlib. pyplot as plt
import numpy as np
# 生成一帧动画
def animate(i):                                 # 传入帧数 i
    x = xlist[ :i+1]                             # 取前 i 个坐标
    y = ylist[ :i+1]                             # 取前 i 个坐标
    line. set_data(x,y)                          # 设定曲线的 x, y 坐标
    pt. set_data(x[-1],y[-1])                    # 绘制曲线尾部圆点
fig = plt. figure()
xlist = np. linspace(0, np. pi * 2, 120)        # sin 曲线的 x 坐标
ylist = np. sin(xlist)                          # sin 曲线的 y 坐标
plt. tick_params(labelsize=11)                  # 调整坐标轴上的数字大小
plt. xlim(0, np. pi * 2)                        # 设置 x 轴坐标范围
plt. ylim(-1.5, 1.5)                            # 设置 y 轴坐标范围
line, = plt. plot([], [], 'b-', label='sin(x)')  # 绘制 sin 曲线，返回曲线对象 line
pt, = plt. plot([], [], 'ro')                    # 绘制一个点，返回对象 pt
plt. legend(fontsize='12')
sin_an = ani. FuncAnimation(fig, animate, frames=120, interval=20)
sin_an. save('sin. gif')                        # 生成动画文件
plt. show()                                     # 实时显示动画
```

运行以上程序，将动态生成 0 到 2π 的函数曲线，如图 6-19 所示。在例 6-17 的主程序内，将 plot 绘制的线和点对象赋值给 line 和 pt。然后每次调用 animate()函数后，对象 line 和pt 的绘制数据（即主程序段 line 和 pt 绘制语句中的[]）都会被更新。结果是原来的图形会被自动擦除，并绘制新的 line 和 pt，动画就此生成。

在例 6-17 中，更新曲线数据的函数是 set_data()，它并不生成新对象，所以图中只有一条线。而如果每一帧都调用 plot()函数重新绘制，则会生成新的线对象，但旧对象不会消失。这时就必须先手工删除旧的图形对象才能正常显示。所以用 set_data()生成动画是很方便的。但是 set_data()只是类 Line2D 的方法，如果在动画中使用其他绘图方式，则更新数

据的方法也会不同。例如，当使用 Polygon 绘制多边形时，更新顶点数据要使用 set_xy() 方法；当使用 Rectangle 绘制矩形时，需要用 set_xy() 更新左下角位置坐标，用 set_height() 和 set_width() 更新矩形高度和宽度。所以在绘制动画时，使用什么方法更新数据要根据具体情况确定。

如果绘制的图形较多，那么用 set_*** 方法更新每个图形就比较烦琐。甚至对于某些图形，比如用 plot_surface() 绘制的曲面，还找不到更新图形数据的函数。在这种情况下，能否在生成动画的函数中直接绘制每一帧图形呢？答案是肯定的，具体的例子请参阅本章 6.4 节"实例：编程语言流行度变化图"。

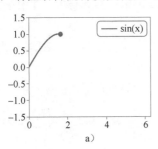 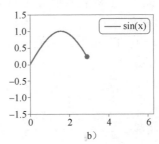 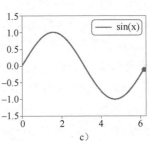

图 6-19　生成 sin 函数的过程

例 6-17 程序的末尾用 FuncAnimation 对象的 save() 方法将动画保存为文件 sin.gif，该语句的执行需要 Pillow 库的支持。关于 Pillow 的详细介绍请参阅本章 6.2 节。另外，该程序的最后一句利用 show() 方法显示动画，这时动画是实时显示的。也就是说，程序会一边计算画面一边显示。如果一帧图形的计算量较大，显示过程会有明显的卡顿。比如在官方文档提供的三维曲面动画例子（见图 6-20）中，由于每一帧图像的计算量较大，实时显示会明显慢于其生成的动画文件的播放速度。而播放动画文件则属于非实时播放，播放过程没有卡顿，因为每一帧画面都已经生成完毕。

图 6-20　三维曲面动画

6.2　图像编程技术

Python 语言常用的图像处理库有 PIL、Pillow、OpenCV 和 Scikit-image 等，其中 PIL 和 Pillow 只提供基础的数字图像处理功能。PIL 只支持 Python 2，Pillow 是 PIL 的一个派生分支，支持 Python 3。OpenCV 是一个 C++ 库，只提供了 Python 接口。Scikit-image 是基于 scipy 的一款图像处理包，它将图片作为 NumPy 数组进行处理，这一点与 MATLAB 一样。与 Pillow 相比，OpenCV 和 Scikit-image 的功能更为丰富，使用起来也更为复杂，主要应用于机器视觉、图像分析等领域。本章仅介绍简单易用的 Pillow 库。

6.2.1　图像库 Pillow

视频：图像库 Pillow

Pillow 库中有 20 多个模块，比如图像处理模块 Image、绘图模块 ImageDraw、添加文本模块 ImageFont、图像增强模块 ImageEnhance、图像滤波模块 ImageFilter、颜色处理模块 ImageColor 等，每个模块各自实现了不同的功能，同时模块之间又可以互相配合。本章内容主要涉及 Image、ImageDraw、ImageFont、ImageEnhance、ImageFilter 这几个模块。

通过 Python 包管理器 pip 来安装 Pillow 是最简单的一种安装方式，执行以下命令即可：

```
pip install pillow
```

在图像处理中，常常用到图像的色彩模式的概念。色彩模式定义了图像中像素的类型和深度。通俗地讲就是一个像素由哪些颜色组合而成，每个像素使用了多少位二进制来表示。Pillow 库支持多种色彩模式，最常用的几种色彩模式如下。

- 1：每像素 1 位，表示黑和白，但存储的时候每个像素存储为 8 位。
- L：每像素 8 位，表示黑白灰度图像。
- P：每像素 8 位，图像中包含一个 256 色颜色索引表，像素的颜色均取自该表。
- RGB：每像素 24 位，红、绿、蓝各 8 位，真彩色。
- RGBA：每像素 32 位，红、绿、蓝各 8 位，透明度 8 位，真彩色。
- CMYK：每像素 32 位，青、洋红、黄、黑各 8 位，该模式主要用于印刷。

6.2.2　图像的简单编辑

1. 图像信息获取及图像显示

Image 模块提供了一个同名的类，用于表示图像。该模块的 open( ) 方法可以打开一幅图像，参数为带路径的文件名。open( ) 方法返回一个 Image 类对象，该对象具有 width（宽）、height（高）、mode（色彩模式）、format（格式）等属性，很容易获取这些信息。另外，Image 类的 show( ) 方法可以显示图像。

【例 6-18】使用 PIL 获取图像基本信息并显示图像。

解：

```
from PIL import Image                                         # 使用 Image 模块
img = Image. open('test. jpg')                               # 返回一个 Image 图形对象
print('图像宽度(px)：', img. width, '\t 图像高度(px)：', img. height)   # 显示宽度、高度
print('色彩模式：', img. mode, ' \t 图像格式：', img. format)          # 色彩模式和文件格式
img. show( )
```

在程序目录中放入一个 test. jpg 文件。运行例 6-18，将输出以下信息，并在一个窗口中显示图像（见图 6-21）。

```
图像宽度(px)： 800 图像高度(px)： 475
色彩模式： RGB 图像格式： JPEG。
```

2. 图像裁剪、复制和粘贴

人们定义了图像自身的坐标系统用来标识每个像素位置。图像左上角像素为原点，坐标为 (0，0)。水平向右为 x 轴正向，垂直向下为 y 轴正向。这样，每个像素就可以用一对正整数表示坐标位置。

Image 类的 crop( ) 方法用于裁剪图像，其函数原型为：

```
crop( box)
```

这里 box = (left，top，right，bottom) 是一个裁剪区域。(left，top) 为左上角像素坐标，(right，bottom) 是右下角像素坐标。

【**例 6-19**】编写程序，裁剪图像并保存。

解：

```
from PIL import Image
img = Image. open('test. jpg')                 # 打开图像
img_crop = img. crop((20, 93, 609, 435))      # 调用 crop 方法，传入裁剪区域，获得区域内的图像
img_crop. save('test_crop. jpg')               # 保存裁剪后的图像
```

运行以上例程可得到 test_crop. jpg 图像文件，如图 6-22 所示。crop( ) 方法以及后续多数图形对象的方法都不会直接修改原图，而是返回一个新的 Image 类对象，再通过 Image 类的 save( ) 方法可保存为图形文件。

【**思考题**】本例裁剪区域使用的是常量值，这样获得的区域与图片的尺寸有关。尝试修改程序，左右各裁剪宽度的 1/5，上下各裁剪高度的 1/5。

图 6-21　获取图像基本信息并显示图像

图 6-22　裁剪后的图像

Image 类的 copy( ) 方法产生一个原图像的副本，没有参数。paste( ) 方法将一个图像粘贴在另一个图像上面。paste( ) 方法的函数原型如下：

```
paste(img, box, mask)
```

其中的参数说明如下。

- img：源图像，用于粘贴到目标图像上。
- box：二元组（目标图像粘贴区域左上角坐标）；或四元组（目标区域左上角及右下角坐标）。如果是四元组，其定义区域必须和被粘贴图像的尺寸一致。
- mask：掩码图像。是与源图像同样大小的灰度图，定义了每个像素的透明度。

在下面的例 6-20 中，需要在原始图像上粘贴两种部分透明的文字图像，并生成两个新图。这就需要先复制一个图形对象，然后在两个图形对象上分别调用 paste( ) 方法。

为了可以正确地粘贴部分透明的图像，需要得到该图像的掩码图。图 6-23a 和图 6-23b 中的灰色方格就是透明部分，它们是 RGBA 模式的 png 文件。可以使用图形对象的 split( ) 方法，将 png 文件按照通道 R、G、B、A 分解为四个图像，其中 A 通道分离出来的图像就是原文字图像的掩码图。掩码图使得透明部分仍保持为背景像素，而不透明部分则显示为红色的文字图。

【**例 6-20**】粘贴透明文字图像到另一个图像中。

解：

```
from PIL import Image
im = Image. open('test. jpg')
```

```
copyIm = im. copy( )                                # 创建图像副本
nameIm = Image. open('name. png')
r,g,b,a = nameIm. split( )                          # 分离通道
copyIm. paste(nameIm, (550, 23), mask=a)            # 在图像副本上粘贴文字图 1
copyIm. save('pasteImg1. png')
mottoIm = Image. open('motto. png')
r,g,b,a = mottoIm. split( )                         # 分离通道
im. paste(mottoIm, (580, 16), mask=a)               # 在图像上粘贴文字图 2
im. save('pasteImg2. png')
```

运行例 6-20 可生成图 6-23c 和图 6-23d 所示的两张图像。

a)

b)

c)

d)

图 6-23   粘贴背景透明的文字图像到原图中

a）文字图像 1   b）文字图像 2   c）粘贴文字图像 1 到原图中生成的图像

d）粘贴文字图像 2 到原图中生成的图像

3. 图像色彩模式转换

在日常工作中，常常需要将彩色图像转换为灰度图、黑白图，或者将 jpg 图像转换为 png 图像、gif 图像。这些操作实际上涉及色彩模式的转换。Image 类的 convert( ) 方法可用于转换图像的色彩模式，只需将模式字符串作为参数传入即可。

【例 6-21】图像色彩模式转换。将 RGB 真彩色的 jpg 图像分别转换为黑白图像、灰度图像和 RGBA 图像。

解：

```
from PIL import Image
img=Image. open('test. jpg')
png = img. convert('1')                   # 转换为黑白图像
png. save('BlackWhite. jpg')
png = img. convert('L')                   # 转换为灰度图像
png. save('GrayScale. jpg')
png = img. convert('RGBA')                # 转换为带透明度的 RGBA 图像
png. save('TrueColor. png')
```

运行例 6-21 可生成三个图像文件：黑白图像 BlackWhite. jpg 如图 6-24a 所示，灰度图像 GrayScale. jpg 如图 6-24b 所示，以及 RGBA 图像 TrueColor. png。黑白图像是通过黑点的密集程度表现图像，灰度图像利用黑色到白色的 256 级灰度构成图像。而本例生成的 RGBA 图像仅仅添加了透明度通道，而图像显示内容与原 jpg 图像没有差别。

a)   b)

图 6-24 将 RGB 真彩色的 jpg 图像转换为黑白图像和灰度图像
a）黑白图像   b）灰度图像

6.2.3 图像几何变换

1. 图像翻转操作

Image 类的 transpose( )方法可以实现图像的垂直、水平翻转，语法格式如下：

transpose(method)

method 参数决定了图片要如何翻转，参数值如下。
- Image. Transpose. FLIP_LEFT_RIGHT：左右水平翻转。
- Image. Transpose. FLIP_TOP_BOTTOM：上下垂直翻转。
- Image. Transpose. ROTATE_90：图像旋转 90°。
- Image. Transpose. ROTATE_180：图像旋转 180°。
- Image. Transpose. ROTATE_270：图像旋转 270°。
- Image. Transpose. TRANSPOSE：图像转置。
- Image. Transpose. TRANSVERSE：将图像进行转置，再水平翻转。

在例 6-22 中，将翻转后的图像都粘贴在一个新的空白图像中。生成新图像使用 Image 类的静态方法 new( )，其函数原型如下：

Image. new(mode, size, color = 0)

其中的参数说明如下。
- mode：新图像的色彩模式。
- size：参数形式为（宽度、高度），以像素为单位。
- color：图像背景色。

【例 6-22】图像翻转测试。

解：

```
from PIL import Image
img = Image. open( 'flower. jpg')
n_img = Image. new( 'RGB', (2435,434), color = (255,255,255))
```

```
n_img. paste(img, (0,1))
img2 = img. transpose(Image. Transpose. FLIP_LEFT_RIGHT)
n_img. paste(img2, (500,1))
img3 = img. transpose(Image. Transpose. FLIP_TOP_BOTTOM)
n_img. paste(img3, (1000,1))
img4 = img. transpose(Image. Transpose. ROTATE_90)
n_img. paste(img4, (1500,1))
img5 = img. transpose(Image. Transpose. TRANSPOSE)
n_img. paste(img5, (2000,1))
n_img. save("Transpose. jpg")
n_img. show()
```

运行例 6-22 可得到如图 6-25 所示的包含 5 张图像的新图像。transpose( )方法的旋转都是按逆时针方向以 90°的倍数转动。当以 90°或 270°转动图像后，图像的宽和高会彼此调换。

图 6-25　利用 transpose( )翻转图像的 4 种情形
a) 原图像　b) 水平镜像　c) 垂直镜像　d) 旋转 90°　e) 转置图像

2. 任意角度旋转

如果要将图像旋转任意角度，可以使用 Image 类的 rotate( )函数，其函数原型如下：

```
rotate(angle, expand, center, translate, fillcolor)
```

其中的参数说明如下。

- angle：表示旋转的角度。
- expand：表示是否对图像进行扩展。若值为 True，则扩大输出图像；若值为 False 或者省略，则表示按原图大小输出（图像可能被裁切）。
- center：指定旋转中心，是表示坐标的二元组。默认以图像中心进行旋转。
- translate：为二元组，表示如何对旋转后的图像进行平移，以左上角为原点。
- fillcolor：填充颜色。图像旋转后，对图像之外的区域进行填充所使用的颜色。

例 6-23 用 new( )方法建立一个新图，并把原图和旋转后的图像粘贴到新图中。

【例 6-23】图像旋转测试。

解：

```
from PIL import Image
img = Image. open('flower. jpg')
n_img = Image. new('RGB', (2640,630),color=(255,255,255))
n_img. paste(img, (5,190))
im_r1 = img. rotate(45,expand=True, fillcolor="Yellow")          # 中心旋转，背景为黄色
n_img. paste(im_r1, (550, 10))
im_r2 = img. rotate(45,expand=True,center=(0,0), fillcolor="Yellow")   # 围绕左上角旋转
n_img. paste(im_r2, (1280,10))
```

```
# 围绕左上角旋转, 然后沿 x 轴移动-90, 沿 y 轴移动 215
im_r3 = img. rotate(45, expand = True, center = (0,0), translate = (-90,215), fillcolor = "Yellow")
n_img. paste(im_r3, (2010,10))
n_img. show()
n_img. save("rotate. png")
```

运行以上程序可得到如图 6-26 所示的包含 4 张图像的新图 rotate. png。参数 expand 为 True 意味着图形对象的尺寸刚好可以包含旋转后的图, 如图 6-26b 所示。但是图 6-26b 是中心旋转的结果, 如果旋转中心不是图像中心, 那么图像旋转后可能超出图形对象的区域 (也就是图中的灰色矩形)。图 6-26c 就是这种情况, 它围绕左上角旋转了 45°。为了将图 6-26c 中的原图像拉回灰色矩形区域, 可使用 translate 参数平移旋转后的图像。图 6-26d 就是先旋转再平移后的结果。

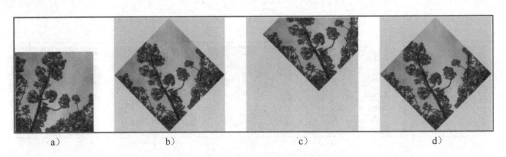

图 6-26　利用 rotate( )旋转图像

a)原图像　b)中心旋转 45°　c)围绕左上角旋转 45°　d)旋转且平移

3. 图像缩放操作

Image 类提供的 resize( )方法能够实现任意缩小和放大图像。resize( )的简化函数原型为:

```
resize(size, box)
```

其中的参数说明如下。

- size: 二元组 (宽度, 高度), 指图片缩放后的尺寸。
- box: 对指定的图像区域进行缩放, box 的值是四元组 (左, 上, 右, 下), 指定了区域左上角和右下角坐标。注意, 若指定区域超出原图范围, 会报错。当不传递该参数时, 默认对整个原图进行缩放。

【例 6-24】图像放大与缩小。

解:

```
from PIL import Image
img = Image. open("flower. jpg")
n_img = Image. new('RGB', (1900,650), color = (255,255,255))    # 创建空白图
n_img. paste(img, (20, 215))                                     # 粘贴原图
img1 = img. resize((int(img. width/2), int(img. height/2)))
n_img. paste(img1, (630, 430))                                   # 缩小的图
img2 = img. resize((int(img. width * 2), int(img. height * 1. 5)))
n_img. paste(img2, (1020, 0))                                    # 放大的图
n_img. save('Resize. jpg')                                       # 保存
```

运行例 6-24 可得到如图 6-27 所示的图像文件。其中, 图 6-27b 将原图的宽和高都缩小了一半, 图 6-27c 将宽度放大 1 倍、高度放大了 0.5 倍。

图 6-27　图像的缩小与放大

a）原图像　b）缩小一半　c）非等比例放大

6.2.4　绘制几何图形和文字

ImageDraw 模块支持各种几何图形和文本的绘制。使用该模块时，首先要创建可用于绘制几何图形的 Draw 类对象。创建过程调用下面的构造函数：

Draw(im, mode = None)

其中的参数说明如下。

- im：Image 类对象，表示要在此图像中绘图。
- mode：色彩模式。

Draw 类常用绘图函数包括：绘制直线函数 line、绘制矩形函数 rectangle、绘制圆弧函数 arc、绘制弦函数 chord、绘制椭圆函数 ellipse、绘制多边形函数 polygon、绘制文字函数 text 等。

与 Matplotlib 不同，利用 ImageDraw 绘制的几何图形最终都是以位图方式保存的，这并不适合后期的图形修改。因此 ImageDraw 绘图更多用来在现有图像上添加一些修饰性几何图形或文字，比如添加说明、水印等。

这里给出 rectangle( ) 和 text( ) 方法的用法，其他方法可查阅相关文档。rectangle 函数原型为：

rectangle(xy, fill, outline, width = 1)

其中的参数说明如下。

- xy：形式为 [x0, y0, x1, y1]，表示矩形左上角和右下角坐标。
- fill：填充矩形的颜色。
- outline：矩形边框的颜色。
- width：矩形线框的宽度。

text( ) 函数参数很多，下面是一个简化的原型：

text(xy, text, fill, font)

其中的参数说明如下。

- xy：文字的位置。
- text：要绘制的文本。
- fill：文本的颜色。
- font：字体，是一个 ImageFont 类对象。

ImageFont 类可以利用 TrueType 或 OpenType 矢量字体建立字体对象，该对象可以与 Image-Draw 的 Draw. text()方法一起使用，从而在位图上绘制文字。ImageFont 类的 truetype()函数用来建立字体对象，其简化原型为：

```
truetype(font, size = 10, encoding)
```

其中的参数说明如下。

- font：TrueType 字体文件名。若在 Windows 下，加载程序会在 Windows 的 fonts 目录中查找。
- size：字体大小，以磅为单位。
- encoding：使用哪种字体编码，默认为 Unicode。

【例 6-25】在图像上绘制几何图形和文字。

解：

```
from PIL import Image, ImageDraw, ImageFont
img = Image. open("test. jpg")
draw = ImageDraw. Draw(img)
font1 = ImageFont. truetype('SIMLI. TTF',35)                          # 建立隶书字体
draw. rectangle([523,13,790,52],fill = (128,128,128))               # 绘制灰色矩形阴影
draw. rectangle([520,10,787,49],fill = (250,250,250))               # 绘制白色矩形
draw. text((532,13),'国际会展中心',fill = (55,0,0),font = font1)      # 绘制文字
img. save("Font. jpg")
img. show()
```

运行例 6-25 生成如图 6-28 所示的图形。SIMLI. TTF 是隶书字体的文件名。

图 6-28 在图像上添加文字

6.2.5 图像增强

ImageEnhance 模块用于图像增强，可以调节图像亮度、对比度、饱和度等。使用该模块的方法是首先建立一个图像增强对象，再利用该对象调节相应指标。

建立图像增强对象一般使用下面的语句之一，它们都是以一个 Image 图形对象作为参数的。

```
enhancer = ImageEnhance. Brightness(image)     # 建立亮度调节对象
enhancer = ImageEnhance. Contrast(image)       # 建立对比度调节对象
enhancer = ImageEnhance. Color(image)          # 建立饱和度调节对象
```

任何一种图像增强对象都是通过调用对象的 enhance() 方法来调节相应指标，方法如下：

```
enhancer. enhance(factor)
```

其中，factor 为增强因子，取值是大于等于零的实数，factor 为 1.0 表示保持图像原有状态。比如，当调节亮度时，增强因子为 0.0 将产生黑色图像，随着因子增大，亮度也增加；当调节对比度时，增强因子为 0 将产生黑色图像，随着因子增大，对比度也增加。

【例 6-26】调节图像的亮度和对比度。

解：

```
from PIL import Image, ImageEnhance
image = Image. open('test. jpg')               # 原始图像
# 亮度增强
enh_bri = ImageEnhance. Brightness(image)
brightness = 1. 5
image_brightened = enh_bri. enhance(brightness)
image_brightened. save("pic_bright. jpg")
# 对比度增强
enh_con = ImageEnhance. Contrast(image)
contrast = 1. 5
image_contrasted = enh_con. enhance(contrast)
image_contrasted. save("pic_contrast. jpg")
```

运行例 6-26 将生成如图 6-29 和图 6-30 所示的两张图像。

图 6-29　图像亮度增强

图 6-30　图像对比度增强

6.2.6　图像过滤器

ImageFilter 模块包含多种图像滤波器，包括模糊（BLUR）、轮廓效果（CONTOUR）、边界增强（EDGE_ENHANCE）、浮雕效果（EMBOSS）等。将某种滤波器作为参数传给 Image 的 filter() 方法，就可以修改图像。

【例 6-27】对图像做模糊处理。

解：

```
from PIL import Image, ImageFilter          # 导入 Image 类和 ImageFilter 类
im = Image. open("test. jpg")
im_blur=im. filter(ImageFilter. BLUR)        # 图像模糊处理
im_blur. show()
```

运行例 6-27 将生成如图 6-31 所示的图像。

【例 6-28】获得图像的轮廓图。

解：

```
from PIL import Image, ImageFilter
im = Image. open( "test. jpg" )
im = im. filter( ImageFilter. CONTOUR )        # 生成轮廓图
im. show( )
```

运行例 6-28 会生成如图 6-32 所示的图像。图像效果显而易见。

图 6-31　图像模糊处理　　　　　　　　　　　　　　图 6-32　图像轮廓图

【例 6-29】对图像的边界进行增强。

解：

```
from PIL import Image, ImageFilter
im = Image. open( "test. jpg" )
im = im. filter( ImageFilter. EDGE_ENHANCE )        # 图像边界增强
im. show( )
```

运行例 6-29 会生成如图 6-33 所示的图像。所谓边界增强效果，会将图像中物体边界处的对比度加强。可以看出图 6-33 中建筑物边界、幕墙上的栏杆，甚至石头上的字体都变得更清晰了。

【例 6-30】获得具有浮雕效果的图像。

解：

```
from PIL import Image, ImageFilter
im = Image. open( "test. jpg" )
im = im. filter( ImageFilter. EMBOSS )        # 浮雕图
im. show( )
```

运行例 6-30 会生成如图 6-34 所示的图像。

图 6-33　图像边界增强　　　　　　　　　　　　　　图 6-34　图像浮雕效果

6.3　音视频编程技术

因音视频文件的原始数据量巨大，为了便于存储和传输，这些原始数据需要编码和压缩。而播放音视频时，又需要解压缩和解码。另外，音视频的剪辑、增强、过滤、融合等处理都较为复杂。以上这些方面都使得音视频编程技术难度较高。幸运的是，由于开源软件的发展和一大批优秀程序员的不懈努力，人们已经拥有了多个成熟稳定的音视频处理开源软件包。这其中就包括以下 3 款。

- PortAudio：音频输入/输出库，提供了音频流的读写功能。
- SDL（Simple DirectMedia Layer）：多媒体开发函数库，提供了对音频、键盘、鼠标、操纵杆和图形硬件的低级访问控制，常用于游戏开发。
- FFmpeg：多媒体处理库以及工具包，其音视频编码解码、格式转换模块广泛应用于各类多媒体软件，是最重要的多媒体开发框架之一。

这些音视频软件包都是基于 C/C++开发的、跨平台的软件开发程序包。为了使 Python 语言也能处理多媒体信息，人们又基于这些 C/C++软件包开发了相应的 Python 软件包，如 pyaudio、sounddevice、pygame、pydub、moviepy 等。本节讲解如何利用这些模块快速编写简单的音视频处理程序。

6.3.1　音频录制与回放

录制音频可以使用 pyaudio 软件包实现，它绑定了 PortAudio 音频输入/输出库，提供了不压缩 wav 音频的录制和播放等功能。如果只需要播放音频，使用 playsound 模块最简单。playsound 是纯 Python 编写的软件包，只能用于播放 wav 或 mp3 文件。本节介绍利用 pyaudio 录制音频和利用 playsound 播放音频的基本方法。

如安装 pillow 库一样，playsound 软件包可以直接用 pip 命令安装，这里不再介绍。在安装 pyaudio 时，可以先从 https://www.lfd.uci.edu/~gohlke/pythonlibs/# pyaudio 下载合适的 whl 文件。例如环境是 64 位 Windows 操作系统，并安装了 Python 3.8，这时就选择下载 PyAudio-0.2.11-cp38-cp38-win_amd64.whl 文件（参见图 6-35），以此类推。安装时，首先用管理员模式打开 cmd 控制台窗口，然后输入以下语句即可安装。

```
pip install PyAudio-0.2.11-cp38-cp38-win_amd64. whl
```

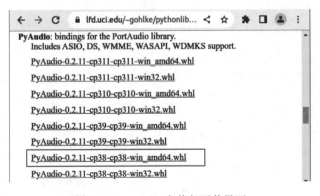

图 6-35　pyaudio 安装包下载界面

如果安装不成功，提示信息为"没有找到 wheel"，则需先利用 pip 命令安装 wheel 模块。

利用 pyaudio 进行录音，关键步骤有三步：①建立音频流对象；②建立 wav 文件；③循环将音频流中的数据写入 wav 文件。

建立音频流对象须使用 PyAudio 类的 open 方法，其参数包括采样格式（format）、声道数（channels）、采样率（rate）、数据块大小（frames_per_buffer）、是否为输入流（input）、是否为输出流（output）等。录音时将参数 input 设为 True，播音时将参数 output 设为 True。

录音文件可利用 wave 模块的 open 方法建立。为了正确存储音频，新建的 wav 文件的参数（采样格式、声道数等）应该和音频流对应的参数保持一致。

【例 6-31】实现一个简单录音机，具有录音、保存文件和播放文件的功能。

解：

```
import wave                                             # 引入 wave 模块
import threading                                        # 引入线程模块
import pyaudio                                          # 导入 pyaudio
from playsound import playsound                         # 导入 playsound
filename = ''                                           # 录音的文件名, 由用户输入, 初始为空
allowRecording = False                                  # 录音状态
# 录音函数, 在独立线程中运行
def record( ):
    global allowRecording
    p = pyaudio. PyAudio( )                             # 建立 PyAudio 类对象
    # 建立音频流对象
    stream = p. open( format = pyaudio. paInt16,        # 16 位量化格式
                      channels = 1,                      # 声道数
                      rate = 16000,                      # 音频采样率
                      input = True,                      # 是输入流
                      frames_per_buffer = 1024)          # 数据块大小 (采样点数量)
    out = wave. open( filename, 'wb')                   # 建立音频文件
    out. setnchannels( 1)                               # 设置声道数
    out. setsampwidth( p. get_sample_size( pyaudio. paInt16))  # 设置样本位数
    out. setframerate( 16000)                           # 设置采样率
    allowRecording = True                               # 准备工作完成, 设置状态为 True
    # 读取流数据写入文件
    while allowRecording:                               # 状态为 True 时不断执行录音过程
        data = stream. read( 1024)                      # 读取
        out. writeframes( data)                         # 写入
    stream. stop_stream( )                              # 停止数据流
    stream. close( )                                    # 关闭数据流
    p. terminate( )
    out. close( )                                       # 关闭文件
filename = input( "请输入录音文件名(. wav):")
threading. Thread( target = record). start( )          # 创建线程
while True:
    if allowRecording == True:                          # 等待 allowRecording 为真, 再显示"正在录音……"
        break
choice = input( "正在录音……, 按回车键停止录音")
allowRecording = False
print( "录音结束 .")
playsound( filename)                                    # 播放录制的音频
print( "播放完毕")
```

例 6-31 运行过程如下：

```
请输入录音文件名(.wav)：out.wav
正在录音……，按回车键停止录音
录音结束.
播放完毕.
```

注意，在例 6-31 的录音过程中使用了单独的线程，这样主程序段在启动该线程后就可以继续执行后面的程序。在主程序段加入 while 循环，是为了等待线程做好录音准备工作。待线程的录音准备工作完成，主程序段会结束 while 循环，再显示"正在录音……"。这时开始录音可以保证声音是完整的。全局变量 allowRecording 初始状态为假。在 record( )函数中，当录音准备工作做完后，才会将 allowRecording 设为真，从而使得主程序段的 while 循环结束。如果主程序段没有 while 循环，则启动录音线程后会立刻显示"正在录音……"，如果这时马上进行录音，由于录音准备工作尚未完成，所录制的音频会缺少开头的部分内容。状态标志 allowRecording 用于控制不同线程的执行过程，从而让整个程序正确执行，这种思想在多线程编程中十分常见。wav 音频的播放也可以用 pyaudio 实现，限于篇幅，这里不再介绍。

如果录音的时间长度是确定的，那么只需在例 6-31 的 record( )函数中修改读取流数据写入文件的循环语句即可。假定录音时长为 second 秒，可将该函数中的 while 循环替换为：

```
num = int( Rate * second / CHUNK )          # Rate：采样频率，CHUNK：采样点数量
for k in range( 0, num )：
    data = stream.read( CHUNK )             # 读取数据块
    out.writeframes( data )                 # 写入数据块
```

这里计算**采样频率×秒数/采样点数量**，得到的就是要写入文件的块缓冲区的数量。这个循环结束后，就得到了 second 秒的录音数据。

6.3.2　音频编辑

音频剪辑可以使用 pydub 库实现。该模块自身只支持 wav 格式的文件处理。如果想处理其他格式的音频，那么需要在本地安装 FFmpeg 库。pydub 安装简便，仍然是使用 pip 命令。安装 FFmpeg 时，首先从官网 http://ffmpeg.org 下载预编译版本，解压缩到安装目录，再将此安装目录添加到 Windows 环境变量即可。详细安装过程请查阅 FFmpeg 官网安装说明。

1. 打开音频文件

打开音频文件要使用 pydub 的 AudioSegment 类，下面是打开不同格式的音频文件的方法：

```
from pydub import AudioSegment
music = AudioSegment.from_wav( '东方红.wav' )        # 读取 wav 文件
music = AudioSegment.from_mp3( '东方红.mp3' )        # 读取 mp3 文件
music = AudioSegment.from_ogg( '东方红.ogg' )        # 读取 ogg 文件
music = AudioSegment.from_flv( '东方红.flv' )        # 读取 flv 文件的音频
music = AudioSegment.from_file( "东方红.mp4" )       # 读取 mp4 文件的音频
```

使用 from_file 方法可以打开 FFmpeg 支持的其他音频格式文件。在以下的音频编辑功能讲解中，均假定 music 为已经打开的音频对象。

2. 音频剪切

打开音频文件后，就可以进行剪切、拼接等操作。音频剪切是通过类似 Python 列表的切片操作实现的，例如：

```
clip = music[:20 * 1000]              # 截取前 20 s
clip = music[-20000:]                 # 截取后 20 s
clip = music[20 * 1000:40 * 1000]     # 从第 20 s 截取到第 40 s
```

以上括号[]内的时间都要转换成以毫秒为单位。

3. 音频拼接

两段音频的拼接用加号就可以实现，例如：

```
clip1 = music[:20 * 1000]             # 裁剪前 20 s 音频
clip2 = music[-20 * 1000:]            # 裁剪后 20 s 音频
clip = clip1 + clip2                  # 拼接音频
```

4. 调节音量

音量的增减只需要用音频对象加一个常数即可：

```
music = music - 5                     # 音量减少 5 dB
music = music + 5                     # 音量增加 5 dB
```

5. 渐入渐出效果

在连续演奏多段音乐时，交叉渐入渐出（淡入、淡出）是两段音乐之间常见的过渡方式。通俗地讲，在两段音乐的连接处，前一段逐渐转弱，后一段逐渐增强，且两个音频会有一段时间的重叠。可以用 Python 程序实现这种效果。

假如有 music1 和 music2 两段音频，实现交叉渐入渐出的代码如下：

```
music3 = music1. append(music2, crossfade=6000)     # 有 6 s 的交叉过渡
```

合成后的 music3 的时长将短于 music1 和 music2 的时长之和，这是因为转场的时候有 6 s 重合时间片段。

如果要设置一段音频开头 5 s 渐强、结束 6 s 渐弱的效果，可使用如下代码：

```
sound = music. fade_in(5000). fade_out(6000)
```

这条语句等价于下面两句：

```
sound = music. fade_in(5000)
sound = sound. fade_out(6000)
```

6. 音频片段保存

剪切好的音频片段可以另存为一个文件，例如：

```
clip. export('cut. wav', format='wav')     # 保存 clip 片段为 cut. wav
```

例 6-32 利用音频剪切功能模拟实现了一个歌词同步音乐播放器。一般而言，mp3 播放器需要同时有歌曲 mp3 及其对应的 lrc 歌词才能实现歌词同步播放。为了简化程序，本例的歌曲是固定的，且将 lrc 歌词直接放到程序中。每一句 lrc 歌词的头部都是格式固定的时间字符串。在程序中，首先将这些时间字符串转换为以毫秒为单位并放入列表 st 中。这样 st[k] 到 st[k+1] 就是第 k 句歌词的起始时间和结束时间。在循环语句中，首先输出该句的歌词，然后用 playsound 播放音频片段。由于采用了阻塞式播放，因此该句音频播放完成前，循环过程将处于等待状态。这样就实现了"显示一句歌词，播放一句音频"的过程。

【例 6-32】 编写歌词同步音频播放器。

解：

```
from pydub import AudioSegment
from playsound import playsound
filename = "中国人民解放军军歌.mp3"
lrc = [ '[00:18.600]向前！向前！向前',    '[00:24.200]我们的队伍向太阳',
        '[00:28.200]脚踏着祖国的大地',  '[00:32.200]背负着民族的希望',
        '[00:36.200]我们是一支不可战胜的力量',  '[00:38.900]我们是工农的子弟',
        '[00:44.100]我们是人民的武装',  '[00:48.100]从不畏惧，绝不屈服，英勇战斗',
        '[00:52.900]直到把反动派消灭干净',  '[00:55.700]毛泽东的旗帜高高飘扬',
        '[00:59.700]听！风在呼啸军号响！',  '[01:03.700]听！革命歌声多嘹亮！',
        '[01:08.800]同志们整齐步伐奔向解放的战场',
        '[01:12.800]同志们整齐步伐奔赴祖国的边疆',
        '[01:16.300]向前！向前！我们的队伍向太阳',
        '[01:19.300]向最后的胜利！向全国的解放！',
        '[01:28.800]'  ]
wav = AudioSegment.from_mp3(filename)
st = [ ]
for i in range(0,len(lrc)):
    micro = int((float(lrc[i][1:3]) * 60+float(lrc[i][4:10])) * 1000)    # 转换时间串为以毫秒为单位
    st.append(micro)
for k in range(0, len(lrc)-1):                            # 逐句播放
    clip = wav[st[k]:st[k+1]]                             # 截取一段音频
    clip.export('tmp.wav', format='wav')                 # 存储音频片段
    print(lrc[k][11:])                                   # 输出一句歌词
    playsound('tmp.wav')                                 # 播放相应音乐片段
```

执行例 6-32 程序时，每唱一句的同时显示这一句的歌词，过程如下：

向前！向前！向前	（播放第 1 句）
我们的队伍向太阳	（播放第 2 句）
脚踏着祖国的大地	（播放第 3 句）
……	……

6.3.3　视频回放

利用 Python 播放视频有多种方法。第一类方法用绑定了开源播放器的 Python 软件包播放，比如 python-vlc 就是 vlc 播放器的包装。第二类方法是用基于 FFmpeg、SDL 的 Python 模块播放。在第一类方法中，Python 模块的每一个函数都对应播放器代码的一个 C 语言函数，而开源播放器的函数并不简单，所以这种编程方式也不是很简单。

本节使用 ffpyplayer 模块实现视频播放，它是建立在 Cython、FFmpeg 和 SDL 之上的库。Cython 是在 Python 语言基础上添加了对 C 语言类型、函数以及 C++类的支持，可以提高程序的运行速度。Cython 的安装使用 pip 命令即可。FFmpeg 和 SDL 是知名的 C 语言库，其安装方式请参考官网指导。与开源的播放器不同，ffpyplayer 模块只能获取每个帧的数据，并不能显示图像。这样的设计使得 ffpyplayer 模块本身比较小，也便于它和各种 Python 窗口系统（如 tkinter、pyQt 等）结合。

ffpyplayer 库共有 Player、Writer、Images、Tools 4 个模块，其中 Player 模块用于音视频播放，Writer 模块用于生成视频文件（不含音频），Images 模块用于图像格式转换，Tools 模块用于获取编码信息、编码转换等操作。Player 模块只有一个 MediaPlayer 类，它移植了 FFmpeg 中

的播放器 FFplay 的大多数功能。该类使用 get_frame( ) 函数获取视频中的一帧图像,同时利用 SDL 自动播放音频。get_frame( ) 函数返回二元组(frame,val)。当 val 为'paused'或'eof'时,frame 为 None;当 val 为实数(该值与视频播放速度相关)时,frame 也是一个二元组(image,pts),其中 image 为视频中一帧图像的数据(ffpyplayer. pic. Image 类型),pts 为当前帧的时间戳。

例 6-33 的视频播放器代码使用了 ffpyplayer 库的 MediaPlayer 类、Image 类,pillow 库的 Image 类、ImageTk 类。其中 ImageTk 可以从 pillow 图像创建适合 tkinter 使用的位图图像。最终图像在 tkinter 的 Label 上显示。具体步骤如下:

1)利用 MediaPlayer 类的 get_frame( ) 方法获取每一帧图像。

2)利用 ffpyplayer 的 Image 类方法 to_memoryview( ) 将图像转换成内存中的数组。

3)利用 pillow 的 Image 类方法 fromarray( ) 将得到的数组转换成 pillow 图像。

4)利用 pillow 的 ImageTk 类方法将 pillow 图像转换成适合 tkinter 使用的图像,并在 Label 上显示该图像。

【例 6-33】实现简单视频播放器。

解:

```
from tkinter import *
import numpy as np
from PIL import Image, ImageTk
from ffpyplayer. player import MediaPlayer
val = ''
player = None
def PlayVideo( ):
    global val
    frame, val = player. get_frame( )
    while val ! = 'eof':
        if frame is not None:
            img, tm = frame                         # 获取帧的图及当前时间
            [w,h] = img. get_size( )                 # 获取图像宽、高
            # 利用 ffpyplayer 中 Image 类的 to_memoryview( ) 将图像转为数组
            arr = np. asarray( img. to_memoryview( )[0]). reshape( h,w,3)
            # 将数组转换成 pillow 图像的对象,再进行缩放
            current_image = Image. fromarray( arr). resize( (560, 320))
            # 将 pillow 图像转换成适合 tkinter 使用的图像
            imgtk = ImageTk. PhotoImage( image = current_image)
            # 动态修改标签上的图像
            movieLabel. config( image =imgtk)
            movieLabel. update( )                    # 每次执行都更新界面
        frame, val = player. get_frame( )            # 读取下一帧
    player. close_player( )

# 关闭窗口时检查是否正在播放(防止未播完就关闭时产生的异常)
def closeWindow( ):
    if val ! = 'eof':
        player. close_player( )                      # 若正在播放,则先停止播放
    root. destroy( )

player = MediaPlayer( "西迁精神 . mp4")
root = Tk( )
```

```
root. title('视频播放')
root. geometry("580x350+400+200")              # 更改大小和位置
img1 = Image. new("RGB", (560, 320), 'darkgray')   # 建立图像(大小等于播放尺寸)
img2 = ImageTk. PhotoImage(image=img1)         # 转换图像为适合 tkinter 使用的图像
movieLabel = Label(root, image=img2)           # 创建用于播放视频的 Label 容器
movieLabel. pack(padx=10, pady=10)
root. protocol('WM_DELETE_WINDOW', closeWindow)
PlayVideo()
```

运行例 6-33 将得到如图 6-36 所示的播放界面。get_frame()方法获得的图像和声音默认将以视频原有的速度播放。

图 6-36　视频播放界面

图 6-36 的播放界面十分简单，没有任何播放进度控制功能。实际上，MediaPlayer 类有播放控制相关的方法，例如，seek()方法用于定位到视频中某一时刻，get_pause()可以得到视频是否处于暂停状态，set_pause()用于设置暂停或取消暂停，set_volume()用于设置音量大小等。相关的内容细节，可以在 https://matham. github. io/ffpyplayer/上查阅。

6.3.4　视频编辑

视频的编辑操作可以利用 moviepy 或 OpenCV 进行，它们都需要 FFmpeg 的支持才能很好地工作。安装这两个模块只需要运行 pip 命令即可。相比较而言，利用 moviepy 操作视频更加便利，本节仅介绍 moviepy 的简单使用方法。

1. 打开视频文件
引入 moviepy. editor 下的全部类：

```
from moviepy. editor import *
```

利用 VideoFileClip 类打开视频，建立相关对象：

```
video = VideoFileClip('西迁精神 . mp4')
```

2. 保存视频片段
假设 clip 是修改完成的视频对象，使用下面的方法可以保存视频文件：

```
clip. write_videofile("newclip. mp4")
```

3. 获取视频信息
下面的语句输出视频片段 clip 的时长（秒）、图像分辨率（宽和高的像素）、每秒帧数：

```
print(clip. duration, clip. size, clip. fps)
```

4. 截取视频片段

视频文件对象类的 subclip( )方法用于剪切一段视频：

```
clip1 = video. subclip(50, 60)          # clip1 是视频中从第 50 秒到第 60 秒的片段
clip2 = video. subclip((1, 20), (2, 3))  # clip2 是从 1 分 20 秒到 2 分 3 秒的片段
```

5. 视频片段拼接

假设 clip1 和 clip2 为两个视频片段，可以用 concatenate_videoclips 方法拼接，下面语句中的参数 method = 'compose'表示对于任何视频参数均以原视频的最大值为基础进行拼接。

```
final_clip = concatenate_videoclips([clip1,clip2], method ='compose')
final_clip. write_videofile("composition. mp4")          # 保存片段
```

6. 按区域裁剪

视频对象类的 crop( )方法可以裁剪一个矩形区域的视频，其参数(x1, y1)指定区域的左上角，(x2, y2)指定区域的右下角。

```
cropped = clip. crop(x1=0, y1=0, x2=460, y2=275)     # 裁剪 clip 的一个区域
cropped. write_videofile("cut. mp4")                 # 保存结果
```

7. 截取一帧图像

下面用视频对象类的 save_frame( )函数截取视频 clip 中第 7.2 秒的视频画面并存储为 screen. jpg。

```
clip. save_frame('screen. jpg', t=7. 2)
```

8. 调节音量大小

视频对象类的 volumex( )函数用于调节音量大小，参数为实数。

```
# 在生成的 clip1 中调低音量为当前的 70% (volume * 0. 7)
clip1 = clip. volumex(0. 7)
# 在生成的 clip1 中调高音量为当前的 2 倍 (volume * 2. 0)
clip1 = clip. volumex(2. 0)
```

9. 调整分辨率

可以用视频对象类的 resize( )方法调整分辨率。以下两条语句是等价的。

```
clip_scale = clip. resize((clip. w//2, clip. h//2))     # 宽度 clip. w 和高度 clip. h 都缩一半
clip_scale = clip. resize(0. 5)                        # 等比缩一半
```

10. 调整播放速度

可以用视频对象类的 speedx( )方法调整播放速度。

```
clip_sp2x = clip. speedx(2)                # 创建倍速视频
clip_sp05x = clip. speedx(0. 5)            # 创建速度减半的视频
```

11. 调节视频帧率

可以用视频对象类的 set_fps( )方法调整视频帧率。

```
clip_fps15 = clip. set_fps(15)          # 调整帧率，变为每秒 15 帧
```

增大视频帧率后，新视频每秒播放的画面比原视频多，从而加快了视频播放。反之，若减小视频帧率，则新视频的播放速度会减慢。

12. 音频提取

利用视频对象的 audio 属性可以提取音频。

```
au = clip. audio                                    # 将视频 clip 中的音频提取出来
au. write_audiofile('audio. mp3')                   # 保存音频文件
```

13. 去除视频里的声音

使用视频对象的 without_audio( )方法可以得到一段没有声音的视频数据。

```
vid = clip. without_audio( )
vid. write_videofile('test2. mp4')                  # 保存视频文件
```

14. 合成音频与视频

假设 vid 是一段没有声音的视频，现在要将音乐 audio. mp3 和 vid 合成为一段视频，可使用下面的语句。

```
audio = AudioFileClip('audio. mp3')                 # 读取音频
vid1 = vid. set_audio(audio)                        # 设置视频的音频
vid1. write_videofile('new. mp4')                   # 保存为带声音的视频文件
```

如果音频和视频长度不一致，则合成的视频长度为视频或音频的最大长度。播放新合成的文件时，当短的音频或视频播放完毕，另一部分仍将继续播放。

6.4　实例：编程语言流行度变化图

本节讲解一个实例，利用 Matplotlib 绘制最近 20 年的编程语言流行度动态变化图，数据来自于网页 https：//www. tiobe. com/tiobe-index/。该网页上有一张近 20 年最流行编程语言的变化趋势图，如图 6-37 所示。本例的目标是将每个月的编程语言按流行度从高到低绘制成如图 6-38 所示的柱状图，随着月份从前到后变化，这个流行度柱状图（部分截取）就显示为动画的形式。

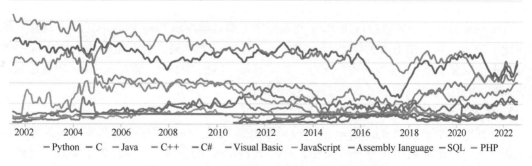

图 6-37　近 20 年最流行编程语言的变化趋势图

1. 数据获取与整理

先将网页 https：//www. tiobe. com/tiobe-index/切换成网页源代码形式（快捷键〈Ctrl+U〉），在源代码中可以找到一段包含了 10 种编程语言最近 20 年流行度的文本数据。其中多数语言，除了 Visual Basic 和 ASM（ASsembly Language，汇编语言），都含有连续 251 个月的完整数据，每月一个数据。每个数据包含了发布日期以及流行度百分比，形式为〔Date. UTC(2001, 7,

30），1.20]。为方便编程，将每个数据更改为列表"[[年，月]，流行度]"的形式。考虑到SQL语言一般不被看作全功能的编程语言，所以本实例去掉了SQL语言的数据。另外，在程序中将Visual Basic和ASM缺少的数据用列表"[None，0]"补全（0为流行度），这也是为了方便编程。注意原始数据中月份取值为0到11，对应实际的1月到12月。

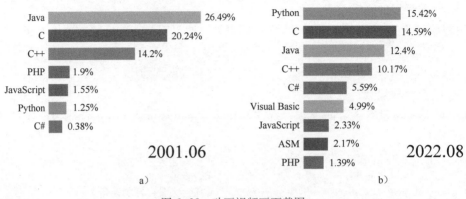

图6-38 动画视频画面截图
a）视频初始画面 b）视频结束画面

2. 算法设计

将每一种语言的数据直接放到一个列表中，依次为py、c_lang、java等，再将这些列表组成一个大列表data。这样data[0][t]、data[1][t]、data[2][t]等就是Python、C、Java等语言在第t个月（从2001年6月开始）的数据。另外按照不同编程语言在data列表中的顺序，构建了列表Lang = [['Python', 'c', 0], ['C', 'm', 0], ['Java', 'y', 0], ……]，其中每一个子列表包括编程语言名、柱图颜色、流行度。

当处理第t个月的数据时，将该月不同语言的流行度数据data[0][t][1]、data[1][t][1]……复制到Lang列表中每种语言的流行度位置。再将Lang中的子列表按流行度从高到低排序。最后将Lang中的子列表从前至后绘制成水平柱状图，每个子列表（即一种语言）对应一行。对于每个子列表，只需要在图中显示第一项的语言名，并按第二项的颜色绘制长度为第三项（权重）的一条粗直线即可。

需要注意的是，如果直接使用Lang列表排序，那么排序后Lang列表中元素（语言）的顺序可能就和data列表中语言的顺序不一致。那么在下一个时刻，就不能简单地将data中的流行度数据依次复制到Lang列表中。所以，在计算每一帧的数据时，都是从Lang列表复制一个列表lan，而后操作lan列表并保持Lang列表不变。

3. 程序实现

在下面的程序中，没有使用set_data()函数更新数据，而是每次在函数中重新绘制一帧图形。程序的最后将动画存储为mp4文件，这需要FFmpeg的支持。另外，为了美观，动画在开始阶段没有显示权值为0的Visual Basic和ASM语言。

【例6-34】编写程序，显示最近20年的编程语言流行度动态变化图。

解：

```
import matplotlib. pyplot as plt
import matplotlib. animation as anime
import numpy as np
```

```python
import copy
# Lang 列表元素中的三项依次为名称、颜色、流行度权重
Lang = [['Python', 'c', 0], ['C', 'm', 0], ['Java', 'y', 0], ['C++', 'peru', 0], ['C#', 'deeppink', 0],
        ['Visual Basic', 'orange', 0], ['JavaScript', 'g', 0], ['ASM', 'b', 0],['PHP','r', 0]]
py = [[[2001,5], 1.25], [[2001,6], 1.13], ......, [[2022,6], 13.44], [[2022,7], 15.42]]
# 为节省篇幅, 此处省略部分数据
c_lang = [[[2001,5], 20.24], [[2001,6], 20.77], ......, [[2022,6], 13.13], [[2022,7],
14.59]]
java = [[[2001,5], 26.49], [[2001,6], 25.03], ......, [[2022,6], 11.59], [[2022,7], 12.4]]
cpp = [[[2001,5], 14.2], [[2001,6], 16.11], ......, [[2022,6], 10.0], [[2022,7], 10.17]]
csharp = [[[2001,5], 0.38], [[2001,6], 0.43], ......, [[2022,6], 5.65], [[2022,7], 5.59]]
vb = [[[2010, 8], 0.33], [[2010, 9], 0.33], ......, [[2022,6], 4.97], [[2022,7], 4.99]]
js = [[[2001,5], 1.55], [[2001,6], 1.72], ...... , [[2022,6], 1.78], [[2022,7], 2.33]]
asm = [[[2010, 11], 0.66], [[2011, 0], 0.86], ...... , [[2022,6], 1.65], [[2022,7], 2.17]]
php = [[[2001,5], 1.9], [[2001,6], 1.38], ...... , [[2022,6], 1.2], [[2022,7], 1.39]]
data = [py, c_lang, java, cpp, csharp, vb, js, asm, php]


# 将所有 data[i] 列表补充为等长
for i in range(0, len(data)):
    while len(data[i]) < len(c_lang):
        data[i].insert(0, [None, 0])                    # 在头部插入元素, 设流行度权重为 0


# 取列表最后一项 (流行度权重), 用于排序
def getWeight(li):
    return li[-1]


# 一帧画面的生成函数
def animate(t):
    lan = copy.deepcopy(Lang)                           # 深度 copy, 保留原 Lang 列表
    for i in range(0, len(Lang)):
        lan[i][2] = data[i][t][1]                       # 复制第 t 个月权重到 lan 列表
    lan.sort(reverse=True, key=getWeight)               # 排序
    plt.clf()                                           # 画面清空
    plt.axis([0, 600, 0, 180])                          # 设置坐标范围
    plt.axis('off')                                     # 隐藏坐标轴
    y = range(170, 0, -20)                              # 9 种语言纵坐标
    for i in range(0, len(lan)):                        # 循环绘制每一种语言的权重线
        if lan[i][2] > 0:                               # 仅绘制权重 > 0 的数据
            length = lan[i][2] * 15                      # 按权重计算线长度
            # 绘制横向直线, 宽度 20
            plt.plot([110, 110+length], [y[i], y[i]], color=lan[i][1], linewidth=20)
            # 绘制语言名称, ha 表示右对齐, va 表示竖直对齐
            plt.text(80, y[i], lan[i][0], fontsize=12, ha='right', va='center')
            # 绘制权重
            plt.text(145+length, y[i], str(lan[i][2])+'%', fontsize=12, va='center')
    # 生成并显示日期 (原数据月份为 0 到 11, 需要加 1)
    if c_lang[t][0][1] < 9:
        date = str(c_lang[t][0][0])+'.0'+str(c_lang[t][0][1]+1)
    else:
        date = str(c_lang[t][0][0])+'.'+str(c_lang[t][0][1]+1)
    plt.text(370, 20, date, fontsize=25, va='center')


fig = plt.figure()                                      # 生成图板
```

```
# 生成动画，不重复播放
ani = anime.FuncAnimation(fig, func=animate, frames=251, interval=300, repeat=False)
ani.save('TIOBE.mp4', writer='ffmpeg', codec='h264')    # 编码为 h264
```

最后来解释一下本程序为什么没有用对象的 set_data() 方法来生成动画。在一帧画面中，有9个直线对象、9个名称（文本）对象和9个权重（文本）对象。因为各种语言的排序是不停变化的，如果不改变每条直线的颜色和文本内容，则每一帧都要上下调整所有直线和文本的位置以及直线长度。如果不改变直线和文本在垂直方向的坐标，则每一帧都要修改所有直线的颜色、长度，以及文本的内容。如果使用 set_×××方法更新对象数据，则是比较烦琐的，差不多相当于再写一遍绘制一帧画面的过程。

当然作为学习，尝试将本程序改为用 set_×××方法实现也是很好的。这里提供一个思路，前文提到直接使用 Lang 列表排序的问题是，排序后 Lang 中语言的顺序和 data 中语言的顺序不一致。一个解决方法是为 Lang 列表中每种语言加一个编号 id，从前到后依次为1、2、3等。在主程序段绘制9条直线、9个语言名称和9个权重，并将直线对象、名称对象和权重对象分别放入列表 L、T、W 中。在生成一帧图像的函数中，首先将 Lang 列表中的元素按编号 id 排序，恢复元素顺序为初始状态；然后将 data 中下一时刻的权重依次复制给 Lang 列表中的元素；再将 Lang 列表按权值逆序排序。接着就可以利用 Lang 列表内容对 L、T、W 中的元素数据进行更新。假设不修改直线和文本在垂直方向的坐标，那么可以用 set_data() 修改直线长度，用 set_color() 修改直线颜色，用 set_text() 修改文本内容（名称和权重），用 set_x() 修改权重文本的 x 坐标。这样也可以生成同样的动画。

6.5 习题

一、名称解释
1. 解释以下 matplotlib 库中的词汇：
figure、legend、marker、spines
2. 解释以下 pillow 库中的词汇：
image、ImageDraw、ImageEnhance、ImageFilter
3. 解释以下词汇：
SDL 库、FFmpeg 库

二、填空题
1. 在线安装 Python 第三方模块最常用的命令是_____。
2. Matplotlib 中绘制直线使用_____方法，绘制柱状图使用_____方法，绘制饼图使用_____方法，绘制散点图使用_____方法。
3. 在 Matplotlib 中，直线线型 linestyle 用字符表示，其中_____表示虚线，_____表示点画线，_____表示点线。
4. 在 Matplotlib 中，标识一个点使用_____参数。该参数为_____表示圆点，为_____表示方块，为_____表示十字星。
5. 在 Matplotlib 中，将圆、矩形和多边形当作一个块进行绘制的模块是_____。
6. 在 Matplotlib 中，设置 x 轴标签使用_____方法，设置标题使用_____方法，设置图例使用_____方法。

7. 在 Matplotlib 中，要设置 x 轴特定的刻度标记可以使用_____方法。

8. 引入模块 matplotlib. pyplot 为 plt，那么语句 plt. subplot（2,2,3）表示将要绘制第_____行第_____列的子图。

9. 在 Matplotlib 中，调整子图之间间距的函数是_____。

10. 在 Pillow 库的色彩模式中，_____代表黑白模式，_____代表黑白灰度模式，_____代表 256 色位图模式。

11. 利用_____模块录音的方法，录制的音频为_____格式。

12. _____模块用于音频编辑，打开文件时使用该模块的_____类。

13. ffpyplayer 模块可用于播放媒体文件，它需要_____、_____以及_____库的支持。

14. ffpyplayer 模块的 MediaPlayer 类用于媒体播放，它的_____函数可得到当前帧图像。

15. 可以用 moviepy 的_____类打开视频文件，而存储视频片段时使用该类的_____函数。

三、选择题

1. 下面（　　）模块主要用于二维矢量绘图。
    A. Matplotlib　　　　　B. pillow　　　　　C. NumPy　　　　　D. SDL

2. 下面各项中不是 C/C++程序包的是（　　　）。
    A. SDL　　　　　　　B. scipy　　　　　C. portAudio　　　　D. FFmpeg

3. 要调整图例的位置，可以使用参数（　　　）。
    A. location　　　　　B. bbox_to_anchor　C. xy　　　　　　　D. pos

4. matplotlib. pyplot 的 gca（）函数的作用是（　　　）。
    A. 获得坐标轴对象　　　　　　　　B. 获得某个子图
    C. 清空图形内容　　　　　　　　　D. 清空坐标轴

5. 利用 Pillow 库旋转图像时，默认的旋转中心是（　　　）。
    A. 图像左下角　　　B. 图像中心　　　C. 图像左上角　　　D. 图像右下角

6. 修改图像对比度、亮度需要使用（　　　）模块。
    A. Image　　　　　　B. ImageDraw　　　C. ImageEnhance　　D. ImageFilter

7. 生成图像的轮廓效果需要使用（　　　）模块。
    A. Image　　　　　　B. ImageDraw　　　C. ImageEnhance　　D. ImageFilter

8. 在使用 pydub 处理音频片段时，保存音频的函数是（　　　）。
    A. saveFile　　　　　B. exportFile　　　C. export　　　　　D. save

9. 利用 pydub 打开一个音乐文件，并生成了 music 对象。现在要截取前 5 s 内容，下面正确的表示是（　　　）。
    A. music[5]　　　　　B. music[1:5]　　　C. music[:5]　　　　D. music[:5000]

10. 下列不属于位图存储格式的是（　　　）。
    A. h264　　　　　　　B. jpeg　　　　　　C. png　　　　　　D. gif

11. 下列利用 moviepy 截取一段时间的视频，使用的函数或方法为（　　　）。
    A. crop　　　　　　　B. clip　　　　　　C. 以[start：end]获取　D. subclip

12. ffpyplayer 模块的 MediaPlayer 类有播放控制相关的方法，其中（　　　）方法可以定位到视频的某一时刻。
    A. set_pause　　　　　B. set_postion　　　C. locate　　　　　D. seek

四、编程题

1. 登录网站 http://www. weather. com. cn/weather1d/101110101. shtml，获取西安地区一天的温度和空气质量的数据（每小时 1 个数据），利用 Matplotlib 绘制如图 6-39 和图 6-40 所示的两个图形。

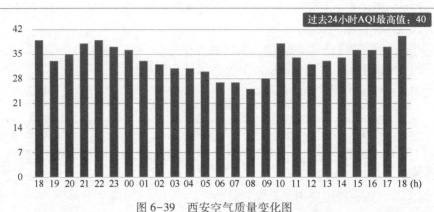

图 6-39　西安空气质量变化图

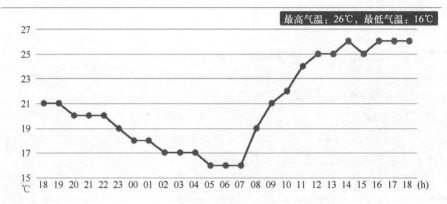

图 6-40　西安温度变化图

2. 利用 Matplotlib 绘制 $y = x^{1/3}$，$y = x$，$y = x^3$ 三条曲线，其中 x 的范围是 [-5, 5]。三条曲线用不同颜色、不同线型绘制，要有图例或其他方式说明三条线的方程。

3. 利用 Matplotlib 绘制一个有 4 个子图的图形（2 行 2 列），分别绘制两个直方图和两个饼图，数据自定。

4. 利用 Matplotlib 绘制矩形、圆形、多边形的方法绘制一个图形，其中有太阳（红色）、草地（绿色矩形）、小山（棕色多边形）。

5. 在题目 4 的基础上，编程生成 gif 动画，让图中的太阳从左向右移动。

6. 请选择一个图像，利用 Pillow 库编程，分别实现将图像放大一倍，将图像平均分割成 4 份，将亮度、对比度都提高 20%，并分别保存结果。

7. 请选择一个音频文件，利用 pydub 库编程，实现截取音频的前 5 s，将音量调高 5 dB，将 mp3 格式音频转化为 ogg 格式，并分别保存结果。

8. 请选择一个视频文件，利用 moviepy 库编程，实现截取视频的前 5 s，截取第 10 s 画面，提取视频音乐，将播放速度加快一倍，并分别保存结果。

附录 实 验

实验1 利用顺序表实现一元多项式

1. 实验目的
- 掌握顺序表结构的实现方式。
- 掌握顺序表常用算法的实现。
- 熟悉利用顺序表解决问题的一般思路。

2. 实验内容与要求

以[系数,指数]为数据元素建立一元多项式的顺序表，例如，多项式 $2x^4+6x^3-x+9$ 可表示为顺序表{[9,0], [-1,1], [6,3], [2,4]}。编程实现多项式类，通过键盘输入两个多项式，并计算它们的和。运行样例如下。

```
请输入一元多项式 P1 的项数: 3
请分 3 行输入 P1 的每一项，每行为"系数    指数":
2 1
5 0
3 4
P1 为: 3x^4+2x^1+5
请输入一元多项式 P2 的项数: 5
请分 5 行输入 P2 的每一项，每行为"系数    指数":
4 7
-3 4
-5 5
1 1
7 0
P2 为: 4x^7-5x^5-3x^4+1x^1+7
将 P2 加到 P1 上，结果为: 4x^7-5x^5+3x^1+12
```

具体要求：

1) 类的成员函数包括初始化、是否空（IsEmpty）、是否满（IsFull）、求长度（Length）、获取元素（GetItem）、插入元素（Insert）、删除元素（Delete）、与另一个多项式相加（Add）、输出多项式（PrintList）。

2) 多项式按指数升序方式保存，因此 Insert 函数的参数不需要插入位置，其参数仅为一个待插入的元素值。

3) Insert 函数要有合并同类项的功能。比如建立顺序表时，如果输入的项依次是[9,3]、[-1,1]、[6,3]、[1,1]、[7,0]，则将建立顺序表 {[7, 0], [15, 3]}。

4) Delete 函数的参数只有指数一项，它会删除指数为此参数值的一个元素。

5) GetItem 函数的参数也只有指数一项，它会返回指数为此参数值的一个元素。

6) Add 函数的参数是另一个多项式对象，它将自身与另一个多项式相加，结果为一个新的多项式对象，并返回此对象。

7）PrintList 函数将多项式按指数从高到低显示每一项。要易于理解，兼顾美观。

3. 实验环境

PC（个人计算机），Windows 操作系统，安装了 Python 3.8 或以上版本，并安装了适合本机的 NumPy 模块。

4. 编程指导

可仿照本章顺序表的形式定义一元多项式的顺序表类，但是其中某些函数要重新编写，比较复杂的是 Insert 和 Add 函数。下面给出算法提示。

1）Insert 函数算法。设插入元素为 va，比较 va[1]（指数）与顺序表中各项的指数 data[i][1]，找到插入位置 i；若需要合并同类项（va[1]与 data[i][1]相等），则合并系数，若合并后系数为零，则删除该项；若不需要合并同类项，则直接将 va 插入到 i 位置。

2）Add 函数可以利用 Insert 函数实现。基本思路是：先建立一个空表 P3，将 P1 的每一项插入 P3（相当于复制 P1），再将 P2 的每一项插入 P3。由于 Insert 插入函数有合并同类项功能，这时 P3 就是 P1+P2 的结果。函数最后返回 P3 即可。

主程序段完成的操作为：先声明两个空的顺序表 P1、P2，用 Insert 函数分别插入两个多项式的每一项。然后执行 R=P1. Add(P2)将 P1 和 P2 相加，R 就是结果。

5. 实验报告要求

1）新建一个以"自己的学号+sd-01"命名的 Word 文件。

2）Word 文件开头说明自己的班级、学号及姓名。程序中应有足够的注释，如需要说明编程思路，直接在程序的开始处以注释的形式给出。

3）将实验内容写到 Word 文件中，每个实验题目后面写入源代码并插入运行结果截图。所有实验题目写在一个 Word 文件中。

4）按作业系统要求上传 Word 文件。

6. 进一步的工作

如果想进一步完善程序，可以增加多项式乘法运算。另外可以思考一下，能否将二元多项式存储为顺序表。

实验 2 利用栈计算四则运算表达式的值

1. 实验目的

- 熟悉堆栈的概念。
- 掌握堆栈结构的实现方式。
- 了解利用堆栈求解算术表达式的算法。

2. 实验内容与要求

利用一个数字堆栈和一个运算符栈计算一个四则运算表达式的值。运行样例如下。

```
请输入四则运算表达式(以空格分割各部分):6 ／ ((3 - 1) ／ 3 + 1)
计算结果 = 3.6
```

说明：输入表达式时，任何两个元素（数字或运算符）之间均以空格分隔。表达式的运算符有（、+、-、*、／、)。为了简化问题，表达式中的数字全是正整数。但是在计算过程中，可以出现有符号的实数。另外，本程序不检查输入表达式是否合理。

本题目的算法参见编程指导。

3. 实验环境

PC，Windows 操作系统，安装了 Python 3.8 或以上版本，并安装了适合本机的 NumPy 模块。

4. 编程指导

利用一个数字栈和一个运算符栈计算四则运算表达式的值是一个经典问题。计算四则运算表达式，需要了解任意两个符号之间优先级的高低。比如先乘除后加减；若左'+'遇到右'-'，则左'+'优先级高；若左'+'遇到右'('，则右'('优先级高；若左'('遇到右'+'，则右'+'的优先级高，等等。为了构造本题的算法，一般要引入符号'#'，并规定'#'的优先级比任何符号都低，不论'#'是在其他符号左边还是右边。同时，规定左'('遇到右')'时或两个'#'相遇，优先级相等。

假设程序已获得表达式的每个元素（不含'#'），可以在表达式尾部添加#，这样就可以使用下面的算法进行计算。

① 建立空的数字栈和符号栈，将'#'放入符号栈。

② 读取表达式的一个元素，若遇到数字，就放入数字栈。

③ 若遇到符号，就将它和符号栈顶部符号比较优先级：

情形 1. 若当前符号高于栈顶符号，则当前符号放入符号栈，回到②。

情形 2. 若当前符号低于栈顶符号，则数字栈依次出栈 b、a，符号栈出栈©，计算 $c = a©b$ 后将 c 重新放入数字栈，回到③。注意此循环回到③后不读新元素。

情形 3. 若当前符号等于栈顶符号，则若是左右括号相遇，那么栈顶符号出栈，回到②；若是两个'#'相遇，则结束循环，这时数字栈中的元素就是结果。

为了更清楚地说明算法，表 A-1 给出了计算 $6/((3-1)/3+1)$ 的循环过程中堆栈的变化。

表 A-1　利用两个栈计算表达式 $6/((3-1)/3+1)$ 的循环过程

循环	数　字　栈	符　号　栈	操　作
1	[6]	[#]	遇数字入栈，读取'/'
2	[6]	[#, /]	'#'比'/'优先级低，后面先算，'/'入栈，读取'('
3	[6]	['#', '/', '(']	'/'比'('优先级低，后面先算，'('入栈，读取'('
4	[6]	['#', '/', '(', '(']	第一个'('比第二个'('优先级低，后面先算，第二个'('入栈，读取 3
5	[6, 3]	['#', '/', '(', '(']	遇数字入栈，读取'-'
6	[6, 3]	['#', '/', '(', '(', '-']	'('比'-'优先级低，后面先算，'-'入栈，读下一项 1
7	[6, 3, 1]	['#', '/', '(', '(', '-']	遇数字入栈，读取')'
8	[6, 2]	['#', '/', '(', '(']	'-'比')'优先级高，1，3 出栈，'-'出栈，计算 3-1 得 2 并将其入栈，不读下一项
9	[6, 2]	['#', '/', '(']	继续比较栈顶'('与')','('出栈，读取'/'
10	[6, 2]	['#', '/', '(', '/']	'('比'/'优先级低，后面先算，'/'入栈，读取 3
11	[6, 2, 3]	['#', '/', '(', '/']	遇数字入栈，读取'+'
12	[6, 0.66…]	['#', '/', '(']	'/'比'+'优先级高，3，2 出栈，'/'出栈，计算 2/3 得 0.66…并将其入栈，不读下一项
13	[6, 0.66…]	['#', '/', '(', '+']	比较栈顶'('与'+'后，'+'入栈，读取 1
14	[6, 0.66…, 1]	['#', '/', '(', '+']	遇数字入栈，读取')'

（续）

循环	数 字 栈	符 号 栈	操 作
15	[6, 1.66…]	['#', '/', '(']	'+'比')'优先级高，两数出栈，'+'出栈，计算 0.66…+1 得 1.66… 并将其入栈，不读下一项
16	[6, 1.66…]	['#', '/']	比较栈顶'('与')'后，'('出栈，读取'#'
17	[3.6]	['#']	'/'比'#'优先级高，两数出栈，'/'出栈，计算 6/1.66… 得 3.6 并将其入栈，不读下一项
18	[3.6]	['#']	比较栈顶'#'与'#'后，跳出循环

为了能迅速地得到两个符号优先级的比较结果，可以定义如下的字典和列表：

```
Dic = { '#' : 0, '(' : 1, '+' : 2, '-' : 3, '*' : 4, '/' : 5, ')' : 6 }      # 符号编号
comp=[[    0,    -1,    -1,    -1,    -1,    -1,    9 ],          # '#'
      [    9,    -1,    -1,    -1,    -1,    -1,0 ],              # '('
      [    1,    -1,    1,    1,    -1,    -1,1 ],                # '+'
      [    1,    -1,    1,    1,    -1,    -1,1 ],                # '-'
      [    1,    -1,    1,    1,    1,    1,1 ],                  # '*'
      [    1,    -1,    1,    1,    1,    1,1 ],                  # '/'
      [    1,    9,    1,    1,    1,    1,1 ]]                   # ')'
```

以上列表 comp 的行代表左侧的符号，列代表右侧的符号。从上至下或从左至右，依次代表符号'#'、'('、'+'、'-'、'*'、'/'、')'。在 comp 中，如果(i, j)元素为 1，代表左侧为 i 行的符号遇到右侧为 j 列的符号时，左侧符号优先级高。如果该值为-1，则代表右侧 j 列的符号优先级高。例如，当要查询左'+'和右')'的优先级比较结果，只要寻找'+'所在的第 3 行、')'所在的第 7 列的数字即可。这里可以找到 1，意味着左'+'的优先级高于右')'，这意味着加法运算就可以执行了。矩阵中的数字 9 代表遇到了不合理的情况，因为'#)'、'(# 或')('的组合说明表达式逻辑不正确。注意在 comp 中，组合'()'或'# #'的值为 0，因为这两种情形需要特殊处理。若有两个变量 p、r 存储了左右两个运算符，要得到优先级的比较结果，只需要查看 comp[Dic[p]][Dic[r]] 即可。这里 Dic[p] 和 Dic[r] 通过字典得到了左右两个符号所在的行与列。为降低编程难度，下面给出算法主要框架的伪代码。

```
读 x
while True：
    if x 为数字：
        x 入栈 od                   # 数字栈
        读下一元素到 x
    else：
        p =取 op 栈顶元素             # 符号栈
        获取"左边 p 右边 x"的优先级比较结果
        if 结果为 -1：
            x 入栈 op
            读下一元素到 x
        elif 结果为 1：
            op 出栈 b,a
            op 出栈运算符©
            将 a©b 入栈 od
        else：                        # 优先级相等
            if op 顶部是'('且 x 为')'：
                op 执行出栈
```

> 读下一元素到 x
> else：
> 两个#相遇，退出循环

5. 实验报告要求

1）新建一个以"自己的学号+sd-02"命名的 Word 文件。

2）Word 文件开头说明自己的班级、学号及姓名。程序中应有足够的注释，如需要说明编程思路，直接在程序的开始处以注释的形式给出。

3）将实验内容写到 Word 文件中，每个实验题目后面写入源代码并插入运行结果图。所有实验题目写在一个 Word 文件中。

4）按作业系统要求上传 Word 文件。

6. 思考题

如果表达式的数字可以是实数，应该如何处理？如果表达式中的元素不用空格隔开而是紧紧相邻，能否处理？

实验 3 　二叉树的生成和遍历

1. 实验目的

- 熟悉二叉树结点的定义和生成方式。
- 熟悉二叉树链式结构的生成方式。
- 掌握二叉树遍历算法的实现。

2. 预备知识介绍

任何一棵普通二叉树都是深度相同的完全二叉树的一个子集。如果将普通二叉树补足成完全二叉树，则可以利用完全二叉树的性质，用一个特定的序列表示一棵普通二叉树。

例如，图 A-1 不是完全二叉树，将图 A-1 补足为图 A-2 形式的完全二叉树（# 代表虚拟结点）。若从 1 开始，对此完全二叉树从上到下、从左至右依次进行编号，则二叉树中任一编号为 i 的结点，其左孩子若存在，则编号为 2i，其右孩子若存在，则编号为 2i+1。于是该完全二叉树可用图 A-3 的列表表示。序列的下标位置关系隐含了结点间的联系。例如 B 为 2 号位，则 4 号位和 5 号位的# 和 C 分别为 B 的左孩子和右孩子。反过来也一样，结点 i 的父结点若存在，则整数 i//2 为其父结点编号。

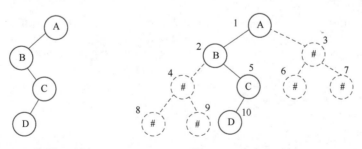

图 A-1　普通二叉树　　　　图 A-2　完全二叉树

可以用序列 AB##C####D 表示图 A-1 中的二叉树，其中#为虚拟结点。显然，任意一棵普通二叉树都有类似的表示序列。

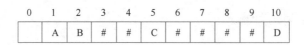

0	1	2	3	4	5	6	7	8	9	10
	A	B	#	#	#	C	#	#	#	#	D

图 A-3　普通二叉树的序列表示法

3. 实验内容与要求

以预备知识中介绍的方法表示二叉树,在程序中读取二叉树序列并将其转换为二叉链表存储形式,最后按先序、中序、后序方式遍历二叉树并输出结果。具体要求如下。

1)二叉树结点数据为 A～Z 中任意一个字母,# 表示扩充为完全二叉树时附加的虚拟结点。

2)根据用户输入的二叉树的字符序列,生成一个二叉链表形式的二叉树,保留根指针。

3)按先序、中序、后序方式遍历二叉树并输出结果序列。

4)不检查用户输入序列的合理性(假定输入的序列是正确的)。

运行样例如下。

```
输入完全二叉树序列:AB##C####D
先序遍历:A B C D
中序遍历:B D C A
后序遍历:D C B A
```

4. 实验环境

PC,Windows 操作系统,安装了 Python 3.8 或以上版本,并安装了适合本机的 NumPy 模块。

5. 编程指导

二叉树生成算法是本实验的难点。因为当生成第 i 个结点后,需要找到第 i//2 个结点的指针才能将新结点与双亲结点连起来。一种可行方案是将二叉树对应的完全二叉树各结点指针保存在一个数组内,附加结点指针设为空。这样就可通过指针数组下标算出新结点的双亲结点指针。

假设已经读取完全二叉树序列到字符串 ch,在 ch 前增加'# ',使得完全二叉树序列从下标 1 开始。下面给出二叉树的生成算法框架,供读者参考。

```
……
# 建立列表 q 存放完全二叉树每个结点的引用(见图 A-4)
# 放入占位符 '# ',使得后续结点引用从下标 1 开始
q=['# ']
for i=1 to len(ch)-1 :              # 从第 1 个元素开始,直到序列结束
    if ch[i] is '# ' then:         # 处理虚拟结点
        q尾部添加'# '               # 在 q 列表中添加虚拟结点占位符
    else:                          # 处理非虚拟结点
        以 ch[i]为数据建立 bintreeNode 对象 s;
        if  是第 1 个元素 then:
            root = s;              # 保留根结点
        else:
            if i为偶数 then:
                s 是父结点 q[i//2]的左孩子;
            else:
                s 是父结点 q[i//2]的右孩子;
        q尾部添加结点 s;
...
```

利用上述算法可生成二叉树，并得到根结点指针 root。于是可进一步进行各种遍历运算。

6. 实验报告要求

1）新建一个以"自己的学号+sd-03"命名的 Word 文件。

2）Word 文件开头说明自己的班级、学号及姓名。程序中应有足够的注释，如需要说明编程思路，直接在程序的开始处以注释的形式给出。

3）将实验内容写到 Word 文件中，每个实验题目后面写入源代码并插入运行结果图。所有实验题目写在一个 Word 文件中。

4）按作业系统要求上传 Word 文件。

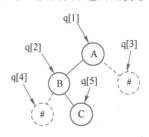

图 A-4　列表 q 存放
所有结点引用

实验 4　学生成绩的查找和排序

1. 实验目的

● 掌握常用查找算法的基本实现方式。

● 掌握常用排序算法的基本实现方式。

2. 实验内容与要求

以学生成绩信息为数据元素建立列表。一个学生的信息也用列表表示，包括学号、姓名以及数学、语文、英语三科成绩。程序中预定义了 10 位同学的成绩，形成了一个嵌套列表，这些记录按学号排序。用户可通过数字键选择某种查找或排序功能。具体要求如下。

1）程序启动后，显示下列选项信息：

1-查找　　　　　2-排序　　　　　0-退出

2）输入数字"1"，进入查找区。进一步显示下列选项信息：

4-顺序查找　　5-折半查找　　6-退出查找

① 输入"4"，程序提示用户输入学号，然后按学号进行顺序查找并显示结果。

② 输入"5"，程序提示用户输入学号，然后按学号进行折半查找并显示结果。

③ 输入"6"，退回上一层选项菜单。

3）输入数字"2"，进入排序区。进一步显示下列选项信息：

7-插入排序　　8-选择排序　　9-冒泡排序　　　　10-退出排序

① 输入"7"，程序按数学成绩进行插入排序并显示结果。

② 输入"8"，程序按语文成绩进行选择排序并显示结果。

③ 输入"9"，程序按英语成绩进行冒泡排序并显示结果。

④ 输入"10"，程序退回上一层选项菜单。

4）输入数字"0"，程序结束。当用户执行查找或排序功能时，若用户未选择"6"或"10"选项退回上一层菜单，则程序继续在查找区或排序区循环。

3. 实验环境

PC，Windows 操作系统，安装了 Python 3.8 或以上版本，并安装了适合本机的 NumPy 模块。

4. 编程指导

1）建立学生成绩信息的二维列表。

2）在主程序段，通过在 while 循环结构中嵌入 if…elif 分支结构实现操作选择功能。其结构如下。

```
x = -1
y = -1
while x!=0 :
    x = int(input("1-查找        2-排序        0-退出\n 请选择: "))
    if x==1:
        while y != 6:
            y = int(input(":::4-顺序查找   5-折半查找   6-退出查找 \n:::请选择: "))
            if y==4:
                print("         ----   演示顺序查找   ----")
            elif y==5:
                print("         ----   演示折半查找   ----")
            elif y==6:
                print("         ----   退出查找   ----")
    elif x==2:
        while y != 10:
            y = int(input(":::7-插入   8-选择   9-冒泡   10-退出排序\n:::请选择: "))
            if y==7:
                print("         ----   演示插入排序   ----")
            elif y==8:
                print("         ----   演示选择排序   ----")
            elif y==9:
                print("         ----   演示冒泡排序   ----")
            elif y==10:
                print("         ----   退出排序   ----")
    elif x==0:
        print(" -- 结束程序 --  ")
```

3）参考第2章中查找和排序的算法描述，实现各种查找和排序的函数。

5. 实验报告要求

1）新建一个以"自己的学号+sd-04"命名的 Word 文件。

2）Word 文件开头说明自己的班级、学号及姓名。程序中应有足够的注释，如需要说明编程思路，直接在程序的开始处以注释的形式给出。

3）将实验内容写到 Word 文件中，每个实验题目后面写入源代码并插入运行结果图。所有实验题目写在一个 Word 文件中。

4）按作业系统要求上传 Word 文件。

实验5　Windows 多线程程序设计

1. 实验目的

● 掌握 Python 多线程程序设计的方法。

● 掌握线程通信和同步的方法。

2. 实验内容与要求

1）编写随机生成"数学"成绩的线程函数1。

2）编写随机生成"语文"成绩的线程函数2。

3）编写随机生成"计算机"成绩的线程函数3。

4）编写对"数学""语文"和"计算机"成绩求平均值的线程函数4。

5）设计控制台框架结构的程序，启动 4 个线程独立运行，但遵守"当平均值计算完时才重新生成 3 门课的新成绩，当 3 门课的成绩都生成时才能进行新的平均值计算"的规则。

3. 实验环境

PC，Windows 操作系统，Python 3.8 或以上版本，threading 模块，random 模块，time 模块。

4. 编程指导

创建三个队列，队列大小为 1，用于存放生成的数学、语文和计算机成绩。

创建三个生成成绩的线程，每个线程中，首先等待一个随机的时间（1~3 s，可调），然后生成一个 0~100 之间的随机数作为成绩，将其放入队列，显示相应信息，为了使程序能够终止，每个线程可以生成 5 个随机成绩（可调）。

创建一个求平均值的线程，等待一个随机时间，然后依次取三个队列中的成绩，计算平均值，显示相关信息。

以下是一组可能的输出：

```
数学 97
语文 83
计算机 72
数学 88
97 83 72 84.00
```

其中，前三行是生成的三科成绩，第 5 行显示了三科成绩和平均成绩，第 4 行应该是成绩被取出后显示平均成绩之前，又生成的数学成绩。观察后面的序列，生成的科目顺序和每次在求平均值之前产生的科目都是不同的，说明它们不是顺序执行的。

具体使用的函数和参考成绩见 3.3.1 节。

5. 思考题

1）修改随机参数、生成的成绩的组数，观察输入序列，进行解释。

2）将多线程改为多进程实现。

6. 实验报告要求

1）新建一个以"自己的学号+sd-05"命名的 Word 文件。

2）Word 文件开头说明自己的班级、学号及姓名。程序中应有足够的注释，如需要说明编程思路，直接在程序的开始处以注释的形式给出。

3）将实验内容写到 Word 文件中，实验题目后面写入源代码并插入运行结果图，对运行结果进行解释和说明。将对参数的修改和运行结果、观察到的现象、解释也写到实验报告中。

4）按作业系统要求上传 Word 文件。

实验 6　图片浏览器

1. 实验目的

- 熟悉 tkinter 使用方法。
- 掌握图形界面程序的相关概念。
- 掌握编写 Python 图形用户界面程序的基本方法。

2. 实验内容与要求

编写一个图片浏览器程序，能够选择文件夹，通过"上一个""下一个"按钮浏览文件夹下的每个图片文件，通过按钮实现图片的放大、缩小、平移等操作。程序退出时能保存当前文件夹，下次打开时默认为当前文件夹。

3. 实验环境

PC，Windows 操作系统，Python 3.8 或以上版本，tkinter 模块、PIL 等图像处理工具包等。

4. 编程指导

1）图形用户界面、菜单设计、按钮设计、文件夹选择、上下翻页、图像显示等参考 3.3.5 节内容、3.4 节的实例，图像的简单处理参考 6.2 节。

2）放大和缩小，可以使用 PIL 的 Image 对象的 resize( ) 方法，使用 Image 对象的 crop( ) 方法获取图像的一部分，可以实现图像区域显示和平移操作。crop( ) 的用法如下。

```
from PIL import Image
image = Image. open('IMG_6725. jpg')        # 打开图片文件
# 定义要裁剪的区域
left = 500                                   # 左边界位置
top = 500                                    # 上边界位置
right = left + 400                           # 右边界位置
bottom = top + 300                           # 下边界位置
region = (left, top, right, bottom)
cropped_image = image. crop(region)          # 裁剪图像
```

5. 思考题

1）尝试为图片浏览器添加复制、删除功能。

2）参考 6.2 节的内容或自己查找资料，实现图像的简单处理功能，如旋转、反转、色彩平衡等。

6. 实验报告要求

1）新建一个以"自己的学号+sd-06"命名的 Word 文件。

2）Word 文件开头说明自己的班级、学号及姓名。程序中应有足够的注释，如需要说明编程思路，直接在程序的开始处以注释的形式给出。

3）将实验内容写到 Word 文件中，实验题目后面写入源代码并插入运行结果图。程序中应有适当的注释，程序后给出软件的使用说明。

4）按作业系统要求上传 Word 文件。

实验 7　数据库的建立和操作

1. 实验目的

- 掌握 MySQL 数据库管理系统和 Navicat 管理工具的基本操作。
- 掌握基本的 SQL 语句。

2. 实验内容与要求

1）熟练使用 MySQL 数据库管理系统和 Navicat 管理工具中的 4 项主要功能，包括：建立数据库、建立数据表结构、建立多表关系以及建立数据。

2）熟练使用 Navicat 进行 SQL 语句的输入、查错和执行等操作。

3）建立一个商店数据库（名称为商品信息），记录顾客、商品及其购物情况，由下面 3 个表组成：

商品（商品号，商品名，单价，商品类别，供应商）

顾客（顾客号，姓名，住址）

购买（顾客号，商品号，购买数量）

要求首先写出建立以上 3 个表的 SQL 语句，然后参考这些语句使用 Navicat 管理工具完成建表工作，注意每一个字段的类型、宽度、默认值，其中，顾客的姓名和商品名不能为空值；每个表还需要包含主码以及与其他表之间的关系。

4）使用 Navicat 管理工具向表中插入以下数据。

商品：

M01，N73，2299，手机，诺基亚

M02，N96，2500，手机，诺基亚

M03，6300，1399，手机，诺基亚

M04，W810c，1555，手机，索尼爱立信

M05，W850i，1680，手机，索尼爱立信

M06，W908c，2780，手机，索尼爱立信

M07，ROKR-E6，1950.0，手机，摩托罗拉

M08，AZR2-V8，2598.0，手机，摩托罗拉

M09，SGH-U608，2099.0，手机，三星

M010，i909，980，手机，联想

M011，M560-00256，407，MP3，纽曼

M012，M570-00256，415，MP3，纽曼

M013，YP55VQ-00256，667，MP3，三星

M014，NWE103-00256，722，MP3，索尼

顾客：

C01，Zhang，北京

C02，Wang，上海

C03，Tom，　西安

C04，Li，　　深圳

C05，Chen，西安

购买：

C01，M01，3　　　C01，M05，2　　　C01，M08，2　　C01，M11，2

C02，M02，5　　　C02，M06，4　　　C02，M13，4

C03，M01，1　　　C03，M05，1　　　C03，M06，3　　C03，M08，1

C04，M03，7　　　C04，M04，3　　　C04，M12，3

C05，M06，2　　　C05，M07，8　　　C05，M13，1

5）写出 SQL 语句，完成下列操作，然后在查询分析器中执行并得到结果。

① 显示所有的商品清单。

② 显示各供应商的商品的品种数量。

③ 显示手机的品种数量。

④ 显示购买了供应商"诺基亚"产品的所有顾客。

⑤ 将所有的单价小于 2000 元并且不是"索尼爱立信"生产的商品涨价 10%。

3. 实验环境

MySQL 8. 0. 30 和 Navicat 11. 1. 23 等。

4. 编程指导

1）在管理工具 Navicat 中建立数据库。打开 Navicat 数据库管理工具，在"文件"菜单中新建 MySQL 数据库管理系统连接（需要输入连接名、主机 IP 地址、主机端口、账号和密码），然后新建自己的数据库（需要输入数据库名、字符集和排序规则）；在左侧导航窗格中选择已经存在的数据库名称，并在其下方的表项上单击鼠标右键，然后新建数据库表，输入表名、字段名、字段类型、字段宽度、默认值、主码和外码，注意主表和从表之间的关系。双击每一个表名可以打开表的数据记录，右键单击并选择设计表可以打开表的结构。

2）在管理工具 Navicat 中执行 SQL 语句。打开 Navicat 数据库管理工具，选择已经建立好的数据库，并在其下方的查询项上单击鼠标右键，然后新建查询，在查询语句区域内输入 SQL 查询语句，最后单击"运行"按钮即可得到执行结果。

5. 实验报告要求

1）将在管理工具 Navicat 中所显示的每一个表的结构截图粘贴到实验报告中。

2）将每一个表在管理工具 Navicat 中所显示的记录截图粘贴到实验报告中。

3）写出所执行的 SQL 语句。

4）将在管理工具 Navicat 中对以上 SQL 语句的执行结果截图粘贴到实验报告中。

实验 8   数据库编程

1. 实验目的

● 掌握 Python 语言的 pymysql 包的基本功能。

● 掌握用 Python 语言（tkinter 包可选）开发数据库应用程序（图形用户界面应用程序可选）的基本方法。

2. 实验内容与要求

针对实验 7 中的数据库，编程实现以下功能。

1）可以给"购买"表中添加购买记录（各数据项通过键盘输入）。

2）可以显示顾客的购买记录，并统计其购买总金额（顾客号由键盘输入）。

3）可以删除"商品"表中的商品信息（商品号由键盘输入，并要考虑同时删除"购买"表中的相应记录）。

4）更改顾客的姓名和地址（顾客号、姓名和地址由键盘输入）。

5）主（控）程序（编写主函数 main）。

3. 实验环境

MySQL 数据库管理系统、Python 语言 IDLE 集成开发学习环境、pymysql 包以及 tkinter 包等。

4. 编程指导

利用 Python 语言和 pymysql 包实现。

1）安装数据库接口包。使用 cmd 命令"pip install pymysql"下载和安装 pymysql 包。

2）连接数据库。首先使用"import pymysql"命令导入 pymysql 包，然后调用 pymysql 包的 connect 函数建立与 MySQL 数据库的连接，并获得连接对象。

3）获得游标对象。调用连接对象的 cursor 方法获得数据库访问的游标对象。

4）调用游标对象的 execute 方法执行 SQL 语句。对于要返回结果集的一条或全部记录的查询操作，可以进一步分别通过 fetchone 或 fetchall 方法实现，得到元组类型的记录和字段数据集，最后解析结果集所包含的记录和字段值。对于不返回结果集的其他 SQL 语句，当执行完 SQL 语句后，还需要调用连接对象的 commit 方法提交事务。

5）关闭游标对象。通过游标对象的 close 方法关闭游标。

6）断开与数据库的连接。通过连接对象的 close 方法断开与数据库的连接。

5. 实验报告要求

在实验报告中写出程序代码，并将自己输入的代码用灰色底纹标记。同时将完整程序代码和数据库（结构创建和数据记录插入的 SQL 语句）打包，按要求提交。

实验 9   消息回声

1. 实验目的
- 熟悉在 Python 语言环境下开发网络应用程序的步骤。
- 掌握 TCP 流式 Socket 的相关函数的使用。
- 掌握简单协议的设计和开发。

2. 实验内容与要求

分别编写 Client 和 Server 控制台程序，当程序启动后，Client 首先和 Server 建立 TCP 连接，然后从键盘读取用户的输入，每读入一行，就给 Server 发送一次；Server 收到 Client 发送的一行信息后，在屏幕显示，并且在信息前面加上"Echo："，然后返回给 Client，Client 将接收到的信息在屏幕上显示；当 Client 单独输入"Bye"后，双方断开连接，并且分别退出。

3. 实验环境

操作系统：Windows 7/10/11；开发语言：Python；开发平台和工具：Python IDLE。

4. 编程指导

程序编写请参考 5.2.2 节的实例，Client 与 Server 程序的框架和 5.2.2 节实例是相同的。程序处理代码片段如下。

客户端程序（Client）：

```
...                                         # 建立和服务器的连接
while True：
    client_req = input("请输入要发送的信息：")      # 读取用户输入
    if client_req=="Bye"：
        break
    client_req = client_req. encode("UTF-8")    # 编码为 UTF-8 二进制字节序列
    tcp_client. send(client_req)                # 发送给服务器
    server_resp = tcp_client. recv(1024)        # 接收服务器的字节序列结果
    server_resp = server_resp. decode("UTF-8")  # 解码为 UTF-8 字符串
    print(server_resp)                          # 显示服务器发来的信息
...                                             # 断开连接
```

服务器程序（Server）：

```
...                                         # 创建服务，监听用户连接
while True：
```

```
    client_resp = client_conn. recv(1024)             # 接收客户端发来的信息
    client_resp = client_resp. decode("UTF-8")        # 解码为 UTF-8 字符串
    print(client_resp)                                # 显示客户端发来的信息
    if client_req=="Bye":
        break
    # 发送给客户端回应信息
    server_req = "Echo:"+client_resp
    server_req = server_res. encode("UTF-8")          # 编码为 UTF-8 二进制字节序列
    client_conn. send(server_req)                     # 给客户端发送信息
    …                                                 # 断开连接,结束程序
```

Python 已经内置了 socket 包,在编写基于 TCP 的 Socket 程序时,需要使用"import socket"命令导入此包。

5. 实验报告要求

1)Server 源程序,并且加上必要的注释(以便表明你对代码含义的理解)。

2)Client 源程序,并且加上必要的注释(以便表明你对代码含义的理解)。

3)说明文档,包括以下内容:

① 如何完善和查错?如何运行?如何使用?

② 设计的思路和关键数据结构。

③ 测试数据。请在提交前进行充分的测试,包括对于异常情况的处理。

④ 总结,包括在设计、实现和测试中发现的问题以及你的解决方案。

6. 思考题

目前 Server 程序在某一时刻只能服务一个 Client,请添加多线程的支持,使 Server 可以同时服务多个 Client。

实验 10　访问计数器

1. 实验目的

- 熟悉在 Python 语言环境下开发网络应用程序的方法。
- 掌握 UDP 数据包式 Socket 的相关函数的使用。
- 掌握简单协议的设计和开发。

2. 实验内容与要求

编写 Client 和 Server 程序。Client 程序使用 UDP 将自己的用户名(由用户输入)发送给 Server,Server 需要记录已经被 Client 访问的总次数。Server 收到 Client 发送的用户名后,将用户名和该用户的 IP 地址以及计数值连接成一个字符串返回给 Client 显示,连接的字符串的格式为:

<用户名>@ <IP>是第 <总的次数> 个访问者

例如,用户 xt 从 IP 地址为 202. 117. 50. 26 的主机上访问 Server,设 Server 被访问的总次数为 100,则 Server 返回的信息为:

xt@ 202. 117. 50. 26 是第 100 个访问者

3. 实验环境

操作系统:Windows 7/10/11;开发语言:Python;开发平台和工具:Python IDLE。

4. 编程指导

程序编写请参考 5.2.3 节的实例。程序处理代码片段如下：

```
Client:
        …
    client_req = input("请输入你的姓名:")              # 读取用户输入的姓名
    client_req = client_req.encode("UTF-8")           # 编码为 UTF-8 二进制字节序列
    udp_client.sendto(client_req, server_addr)        # 发送给服务器

    # 接收服务器信息和服务器地址(IP 地址和端口号)
    server_resp, server_addr = udp_client.recvfrom(1024)
    server_resp=server_resp.decode("UTF-8")           # 解码为 UTF-8 字符串
    print(server_resp)                                # 输出服务器的信息
    …


Server:
        …
    count = 1                                         # 访问计数变量
    while True:
        # 接收客户端信息和客户端地址 (IP 地址和端口号)
        client_resp,client_addr = udp_server.recvfrom(1024)
        client_resp = client_resp.decode("UTF-8")     # 解码为 UTF-8 字符串
        # 生成发送给客户端的信息
        server_req="%s@%s 是第%d 个访问者"%(client_resp,client_addr[0],count)
        server_req = server_req.encode("UTF-8")       # 编码为 UTF-8 二进制字节序列
        udp_server.sendto(server_req, client_addr)    # 发送给客户端
        count = count + 1                             # 计数值加 1
    …
```

5. 实验报告要求

1）Server 源程序，并且加上必要的注释（以便表明你对代码含义的理解）。

2）Client 源程序，并且加上必要的注释（以便表明你对代码含义的理解）。

3）说明文档，包括以下内容：

① 如何完善和查错？如何运行？如何使用？

② 设计的思路和关键数据结构。

③ 测试数据。请在提交前进行充分的测试，包括对于异常情况的处理。

④ 总结，包括在设计、实现和测试中发现的问题以及你的解决方案。

6. 思考题

修改服务器程序，使得 Server 程序不但统计 Client 的总的访问次数，还对不同用户的访问次数分别进行统计并返回给 Client 显示。

实验 11　搜索网页图片

1. 实验目的

- 熟悉在 Python 语言环境下开发基于 Web 的因特网应用程序。

- 掌握使用 urllib 和 requests 包访问 URL 资源的相关函数。

- 掌握使用 bs4 包解析网页的相关函数。

2. 实验内容与要求

编写网络爬虫程序。该程序首先使用 urllib 包获取指定网页的文本内容，然后用 bs4 包解析网页中的图片标签，最后使用 requests 包获取每个图片标签中的图片并保存到本地图片文件夹之中。

3. 实验环境

操作系统：Windows 7/10/11；开发语言：Python；开发平台和工具：Python IDLE、urllib、bs4、requests 等。

4. 编程指导

程序编写请参考 5.4.2 节 ~ 5.4.4 节的实例。程序处理代码片段如下。

```
...
# 获取指定网页的文本内容
response = urlopen( url = myurl, timeout = 3 )        # 发送请求，设置超时 3 s，接收应答
html = response. read( )                              # 读取应答的二进制字节序列
html = html. decode( "utf-8" )                        # 解码为 UTF-8 文本
# 解析网页中的图片链接标签
soup = BeautifulSoup( html, 'lxml' )                  # 创建 BeautifulSoup 类的对象
img_list = soup. select( 'img' )                      # 搜索全部图片标签

index = 1
for img in img_list:                                 # 处理每一个图片标签
    img_url = img[ 'src' ]                            # 获得图片的网址
    response = requests. get( img_url, headers=headers, stream = True )
    # 获取每个图片标签中的图片并保存到本地 png 图片文件夹之中
    with open('image-%d. png'%( index ), 'wb') as file:
        for data in response. iter_content( 128 ):    # 每次取 128 个字节
            file. write( data )                       # 写文件
        file. close( )                                # 关闭文件
    response. close( )                                # 关闭请求
...
```

5. 实验报告要求

1）源程序，并且加上必要的注释（以便表明你对代码含义的理解）。

2）要访问的相关网页文本或截图内容。

3）说明文档，包括以下内容：

① 如何完善和查错？如何运行？如何使用？

② 设计的思路和关键数据结构。

③ 测试数据。请在提交前进行充分的测试，包括对于异常情况的处理。

④ 总结，包括在设计、实现和测试中发现的问题以及你的解决方案。

6. 思考题

修改该网络图片爬虫程序，进一步使用 Matplotlib 包显示各个图片。

实验 12 绘制曲线与折线图

1. 实验目的

● 了解 Matplotlib 编程的基本流程。

- 掌握 Matplotlib 绘制函数曲线的方法。
- 掌握 Matplotlib 绘制折线的方法。
- 掌握坐标变换相关方法。

2. 实验内容与要求

（1）绘制折线图

打开网站 https://www.tiobe.com/tiobe-index/，查看网页源代码，可找到 10 种流行编程语言最近 20 年的流行度数据。找出 5 种最流行语言在最近 20 个月的数据（数据直接放入程序即可），绘制成如图 A-5 所示的折线图。

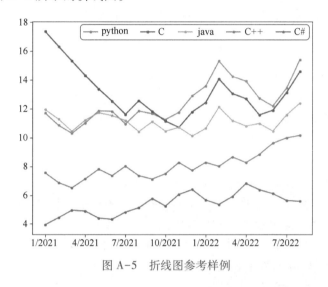

图 A-5　折线图参考样例

要求：①每条折线颜色不同；②折线上每个月的位置有一个点标记；③有图例说明每条线代表什么；④水平轴每隔 4 个月一个标记，标记包含年、月。

（2）绘制牛顿迭代法求根示意图

函数 $f(x)$ 有实根，且在根附近，函数有二阶导数且二阶导数不变号，那么可以用牛顿迭代法求根。本实验要求绘制如图 A-6 所示的牛顿迭代法求根示意图。

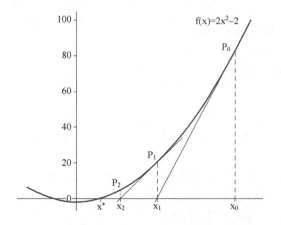

图 A-6　牛顿迭代法求根示意图参考样例

这里 $f(x)=2x^2-2$，初始值 $x_0=6.5$。第一步先计算点 $P_0(x_0,y_0)$ 的纵坐标 $y_0=f(x_0)$，在 P_0 处作函数切线交 x 轴于点 x_1；第二步，计算点 $P_1(x_1,y_1)$ 的纵坐标 $y_1=f(x_1)$，在 P_1 处作函数切线交 x 轴于点 x_2。显然，序列 $\{x_0, x_1, x_2, \cdots\}$ 将逐渐靠近方程的根 $x*$，这就是 Newton 迭代法。

要求：①绘制 $f(x)$ 在 $[-2,8]$ 上的曲线；②计算点 P_0、x_1、P_1、x_2、P_2 相关数据；③使用适当的线形和颜色绘制线段 x_0P_0、x_1P_1、x_2P_2，以及切线 P_0x_1、P_1x_2；④将坐标轴移动到 $(0,0)$ 为原点，x 轴标记位置 $x*,x_2,x_1,x_0$；⑤标记点 P_0、P_1、P_2，并在适当位置显示方程 $f(x)$。

3. 实验环境

PC，Windows 操作系统，安装了 Python 3.8 或以上版本，并安装了适合本机的 NumPy、Matplotlib 模块。

4. 编程指导

请参考本书第 6.1 节绘制折线、曲线以及设置坐标、图例的例子。在标注 x 轴上的点时使用 Latex 格式字符串，即 $x*$、$x2$、$x1$、$x0$ 可用 '\$x^*\$'、'\$x_2\$'、'\$x_1\$'、'\$x_0\$' 表示。同样，在标注 P_0、P_1、P_2 及显示函数方程时（用 text( ) 函数实现），可用 '\$P_0\$'、'\$P_1\$'、'\$P_2\$'、'\$f(x)=2x^2-2\$' 表示。这样就可以得到图 A-6 中的标注形式。

5. 实验报告要求

1）新建一个以"自己的学号+sd-12"命名的 Word 文件。

2）Word 文件开头说明自己的班级、学号及姓名。程序中应有足够的注释，如需要说明编程思路，直接在程序的开始处以注释的形式给出。

3）将实验内容写到 Word 文件中，每个实验题目后面写入源代码并插入运行结果图。所有实验题目写在一个 Word 文件中。

4）按作业系统要求上传 Word 文件。

6. 思考题

看一下图形的 x 轴和 y 轴是否是等比例显示的，为什么会这样？

实验 13　绘制散点图、柱状图和饼图

1. 实验目的

- 了解 Matplotlib 编程的基本流程。
- 掌握 Matplotlib 绘制散点图、柱状图、饼图的方法。
- 熟悉读取文本文件的方法。

2. 实验内容与要求

（1）绘制鸢尾花散点图

从机器学习数据网站 https://archive.ics.uci.edu/ml/index.php 下载 Iris 数据集（data 文件）。这个数据集称为鸢尾花数据，是 UCI 最著名的数据集之一。它包括 setosa、versicolor、virginica 三个品种共 150 个数据，每个品种 50 个，大致内容如下：

```
5.1, 3.5, 1.4, 0.2, Iris-setosa
4.9, 3.0, 1.4, 0.2, Iris-setosa
...
```

```
5.0, 3.3, 1.4, 0.2, Iris-setosa
7.0, 3.2, 4.7, 1.4, Iris-versicolor
...
5.7, 2.8, 4.1, 1.3, Iris-versicolor
6.3, 3.3, 6.0, 2.5, Iris-virginica
...
5.9, 3.0, 5.1, 1.8, Iris-virginica
```

该数据集前 4 列分别为萼片长度、萼片宽度、花瓣长度和花瓣宽度。

要求：①读取该文件前两列，以萼片长度、宽度为 x、y 坐标，将每个品种的 50 个数据点以不同样式、色彩显示出来，如图 A-7a 所示；②读取该文件第 3、4 两列，以花瓣长度、宽度为 x、y 坐标，将每个品种的 50 个数据点以不同样式、色彩显示出来，如图 A-7b 所示；③两个子图要显示在一张图上，给每个子图加标题。

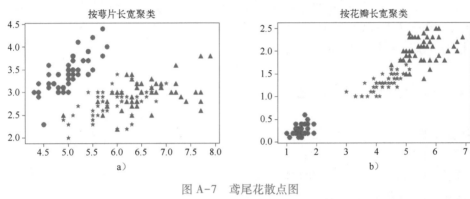

图 A-7　鸢尾花散点图
a）萼片长宽与类别　b）花瓣长宽与类别

（2）绘制学生成绩柱状图、饼图

已知两个班的学生某一门课的成绩。计算每个班分数在 85~100、80~84、70~79、60~69、0~60 中的人数所占的比例，将各分数段人数占比绘制成如图 A-8 所示的柱状图和如图 A-9 所示的饼图。

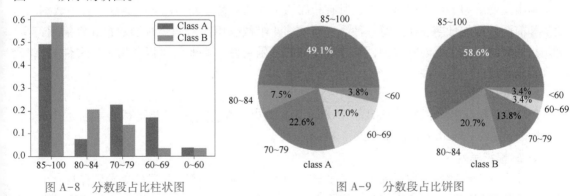

图 A-8　分数段占比柱状图　　　　　　　图 A-9　分数段占比饼图

要求：①数据可利用 Python 语言生成或手工构造直接写入程序，每个班的人数自定（人数在 50~70 之间）；②柱状图要求 x 轴显示分数段，要有图例说明每个班的颜色；③在饼图中，每个班生成一个子图，两个子图显示在一张图上；④饼图的每个部分名称为分数段，注明饼图属于哪个班级。

3. 实验环境

PC，Windows 操作系统，安装了 Python 3.8 或以上版本，并安装了适合本机的 NumPy、Matplotlib 模块。

4. 编程指导

请参考本书第 6.1 节绘制散点图、柱状图、饼图的例子。饼图中"Class A""Class B"用 text( )函数创建。

5. 实验报告要求

1）新建一个以"自己的学号+sd-13"命名的 Word 文件。

2）Word 文件开头说明自己的班级、学号及姓名。程序中应有足够的注释，如需要说明编程思路，直接在程序的开始处以注释的形式给出。

3）将实验内容写到 Word 文件中，每个实验题目后面写入源代码并插入运行结果图。所有实验题目写在一个 Word 文件中。

4）按作业系统要求上传 Word 文件。

实验 14 利用数据生成动画

1. 实验目的

- 理解位图动画制作的基本原理。
- 掌握 Matplotlib 中动画生成的基本方法。
- 熟悉视频和音频的合成方法。

2. 实验内容与要求

本实验以本书第 6.4 节"实例：编程语言流行度变化图"为基础，改进动画的显示效果，并配上适当的音乐。该动画每 300 ms 显示一帧，这样年和月的显示可以看得很清楚。但是动画的连续性不太好，因为这相当于每秒显示 3.3 帧。因此，可以增加每个月的数据，但不改变年和月的显示时长。

本实验要求如下：①编程实现在所有相邻两个月的数据之间增加 4 组数据，且新数据的日期都和前面数据的日期一样。每一种语言新增的 4 个数据用前后两个月的数据线性插值产生。②用扩展后的数据生成动画视频，并寻找适当的音乐文件（必要时可以剪切音乐文件），将动画和音乐合成在一个文件中。

3. 实验环境

PC，Windows 操作系统，安装了 Python 3.8 或以上版本，并安装了适合本机的 NumPy、Matplotlib、pillow、moviepy 模块，以及 FFmpeg 库。

4. 编程指导

可编写一个函数处理数据插入。为了显示的美观，应该把插入数据都变成只有两位小数的实数。添加数据后，每两帧之间被分成了 5 份。所以在生成动画时，可以设置两帧的时间间隔为 60 ms，这样可生成一个和原来时长相等的动画。

5. 实验报告要求

1）新建一个以"自己的学号+sd-14"命名的 Word 文件。

2）Word 文件开头说明自己的班级、学号及姓名。程序中应有足够的注释，如需要说明编程思路，直接在程序的开始处以注释的形式给出。

3）将实验内容写到 Word 文件中，每个实验题目后面写入源代码并插入运行结果图。所有实验题目写在一个 Word 文件中。

4）按作业系统要求上传 Word 文件。

实验 15　视频播放器

1. 实验目的

- 熟悉利用 FFpyplayer 模块播放音视频的方法。
- 熟悉窗口编程方法，理解事件处理机制。

2. 实验内容与要求

本实验以教材中例 6-33"实现简单视频播放器"为基础，添加文件选择、播放、暂停、前进 5 s、后退 5 s 的函数，并通过界面上的按钮调用这些函数。具体要求如下：

① 程序初始状态如图 A-10 所示。其中"打开"按钮可用，其他按钮不可用。

图 A-10　软件初始状态

② 单击"打开"按钮，调出如图 A-11 所示的打开文件对话框。选择一个 mp4 文件后，视频开始播放。同时，"暂停""继续""前进 5 秒""后退 5 秒"按钮激活。

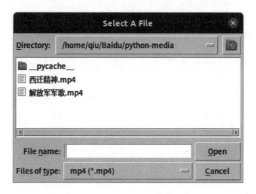

图 A-11　打开文件对话框

③"暂停""继续""前进 5 秒""后退 5 秒"按钮都可以实现相应的功能。

3. 实验环境

PC，Windows 操作系统，安装了 Python 3.8 或以上版本，并安装了适合本机的 ffpyplayer、

pillow 模块，以及 FFmpeg 库。

4. 编程指导

1）在建立按钮时，将除"打开"按钮之外的按钮状态都设置为 Disable。

2）在打开文件函数中，将播放器变量 player 设为全局变量，获得文件名称后，再运行 player = MediaPlayer('文件路径名')打开文件。将全部按钮设置为 Normal 状态，最后调用播放函数。

3）暂停播放、继续播放功能使用播放器对象的 set_pause( )函数，视频向前后快进使用 seek( )函数，具体细节请查阅 http：//matham. github. io/ffpyplayer/。

5. 实验报告要求

1）新建一个以"自己的学号+sd-15"命名的 Word 文件。

2）Word 文件开头说明自己的班级、学号及姓名。程序中应有足够的注释，如需要说明编程思路，直接在程序的开始处以注释的形式给出。

3）将实验内容写到 Word 文件中，每个实验题目后面写入源代码并插入运行结果图。所有实验题目写在一个 Word 文件中。

4）按作业系统要求上传 Word 文件。

参 考 文 献

[1] 赵英良，桂小林．大学计算机基础［M］. 6 版．北京：清华大学出版社，2024.

[2] 洪锦魁．Python GUI 设计 tkinter 菜鸟编程：增强版［M］. 北京：清华大学出版社，2024.

[3] 王珊，杜小勇，陈红．数据库系统概论［M］. 6 版．北京：高等教育出版社，2022.

[4] 柴田望洋．明解 Python 算法与数据结构［M］. 张弥，译．北京：人民邮电出版社，2023.

[5] 夏辉，白萍，李晋，等．MySQL 数据库基础与实践［M］. 北京：机械工业出版社，2017.

[6] 洪锦魁．matplotlib 数据可视化实战［M］. 北京：清华大学出版社，2023.

[7] 吴佳，于仕琪．图像处理与计算机视觉实践：基于 OpenCV 和 Python［M］. 北京：人民邮电出版社，2023.

[8] 吴灿铭．图解数据结构：使用 Python（视频教学版）［M］. 北京：清华大学出版社，2022.

[9] 陈虹，陈万志．计算机网络［M］. 2 版．北京：机械工业出版社，2023.

[10] 吕云翔，赵天宇．UML 面向对象分析、建模与设计［M］. 2 版．北京：清华大学出版社，2021.

[11] 马丁．敏捷软件开发［M］. 鄢倩，徐进，译．北京：清华大学出版社，2021.

[12] 严蔚敏，李冬梅，吴伟民．数据结构：C 语言版［M］. 2 版．北京：人民邮电出版社，2021.

[13] 刘宇宙．Python 实战之数据库应用和数据获取［M］. 北京：电子工业出版社，2020.

[14] 刘瑜，车紫辉，顾明臣，等．算法之美：Python 语言实现［M］. 北京：中国水利水电出版社，2020.

[15] 多布勒，高博曼．Python 数据可视化［M］. 李瀛宇，译．北京：清华大学出版社，2020.

[16] 戴伊．Python 图像处理实战［M］. 陈盈，邓军，译．北京：人民邮电出版社，2020.

[17] 米勒，拉努姆，亚西诺夫斯基．Python 数据结构与算法分析：第 3 版［M］. 吕能，刁寿钧，译．北京：人民邮电出版社，2023.

[18] 弗里格，阿特利．软件工程：第 4 版 修订版［M］. 杨卫东，译．北京：人民邮电出版社，2018.

[19] 江红，余青松．Python 程序设计与算法基础教程［M］. 2 版．北京：清华大学出版社，2019.

[20] 苗雪兰，刘瑞新，宋歌．数据库系统原理及应用教程［M］. 5 版．北京：机械工业出版社，2020.

[21] 米洛瓦诺维奇，富雷斯，韦蒂格利．Python 数据可视化编程实战：第 2 版［M］. 颛清山，译．北京：人民邮电出版社，2018.

[22] 赵英良．Python 程序设计［M］. 北京：人民邮电出版社，2016.

[23] 江红，余青松．Python 程序设计教程［M］. 北京：清华大学出版社，北京交通大学出版社，2014.